HTML5
CSS3、JavaScript
jQuery、Vue.js
RWD網頁設計

HTML、CSS 與 JavaScript 是網頁程式設計最核心也最基礎的技術，無論您是想從頭開發一個網頁或改寫既有的網頁，這三種技術都是必學的基本功。此外，我們還會介紹響應式網頁設計 (RWD)、jQuery、Vue.js 等進階的技術，幫助您更有效率地開發網頁。

本書內容如下：

- Part 1 － HTML5：HTML5 可以用來定義網頁的內容，開發各種網頁應用程式。在本篇中，我們會介紹 HTML5 常用的元素，例如文件結構、資料編輯與格式化、嵌入內容、表格、表單等。

- Part 2 － CSS3：CSS3 可以用來定義網頁的外觀，包括編排、顯示、格式化及特殊效果。在本篇中，我們會介紹 CSS3 常用的屬性，例如色彩、字型、文字、清單、Box Model、定位方式、背景、漸層、表格、版面設計、變形、轉場、媒體查詢等，尤其是在響應式網頁設計成為主流後，學會活用彈性版面 (Flexbox Layout) 和格線版面 (Grid Layout) 就更加重要了。

- Part 3 － JavaScript：JavaScript 可以用來定義網頁的行為，在本篇中，我們會介紹 JavaScript 的基本語法，包括型別、變數、常數、運算子、流程控制、函式、陣列、物件等，還會介紹 JavaScript 在瀏覽器端的應用，也就是如何利用 JavaScript 讓靜態網頁具有動態效果，包括文件物件模型 (DOM)、瀏覽器物件模型 (BOM)、事件處理等。

- Part 4 －其它技術：在本篇中，我們會介紹下列幾種技術：

  - 響應式網頁設計 (RWD，Responsive Web Design)：這是一種網頁設計方式，目的是根據使用者的瀏覽器環境 (例如寬度或行動裝置的方向等)，自動調整網頁的版面配置以提供最佳的顯示結果，換句話說，只要設計單一版本的網頁，就能完整顯示在 PC、平板電腦、智慧型手機等裝置，達到 One Web One URL 的目標。

- jQuery：這是一個快速、輕巧、功能強大的 JavaScript 函式庫，透過它所提供的 API，可以讓諸如操作 HTML 文件、選擇 HTML 元素、處理事件、建立特效、使用 Ajax 技術等動作變得更簡單。

- Vue.js：除了 jQuery 之外，近年來也出現不少前端框架 (framework)，例如 Vue.js、React、Angular 等，其中 Vue (唸做 /vju:/) 是一個用來建立使用者介面的 JavaScript 函式庫，建立在標準的 HTML、CSS 和 JavaScript 之上，提供 API 讓 Web 開發人員進行資料繫結及操作網頁上的元素，解決畫面顯示與資料狀態同步的問題。由於 Vue.js 簡單易學、容易導入並具有高度的擴充性，所以我們也會在本書中做介紹。

排版慣例

本書在條列 HTML 元素、CSS 屬性與 JavaScript 語法時，遵循下列排版慣例：

- HTML 不會區分英文字母大小寫，本書將統一採取小寫英文字母，至於 CSS 與 JavaScript 則會區分英文字母大小寫。

- 斜體字表示網頁設計人員輸入的屬性值、敘述或名稱，例如 src="*url*" 的 *url* 表示自行輸入的網址。

- 中括號 [] 表示可以省略不寫，例如 function 函式名稱 ([參數]) 的 [參數] 表示函式的參數可以有，也可以沒有。

- 垂直線 | 用來隔開替代選項，例如 font-style: normal | italic | oblique 表示 font-style (字型樣式) 屬性的值可以是 normal (正常)、italic (斜體) 或 oblique (傾斜體)。

連絡方式

如果您有建議或授課老師需要 PowerPoint 教學投影片、學習評量，歡迎與我們洽詢：碁峰資訊網站 https://www.gotop.com.tw/；國內學校業務處電話－台北 (02)2788-2408、台中 (04)2452-7051、高雄 (07)384-7699。

目錄

01 網頁設計基礎

網頁程式設計 ▼▼▼

02 文件結構

03 資料編輯與格式化

04 嵌入內容

05 表格

06 表單

07 CSS 基本語法

08 色彩、字型、文字與清單

09 Box Model 與定位方式

10 背景、漸層與表格

11 CSS 版面設計

12 變形、轉場與媒體查詢

13 JavaScript 基本語法

14 物件

15 事件處理

16 響應式網頁設計 (RWD)

17 jQuery

18 Vue.js

線上下載

本書範例程式請至 http://books.gotop.com.tw/download/AEL025600 下載，您可以運用本書範例程式開發自己的程式，但請勿販售或散布。

網頁設計基礎

1-1 網站建置流程

1-2 網頁設計相關的程式語言

1-3 HTML 的發展

1-4 HTML 文件的編輯工具

1-5 HTML 文件的基本結構

1-6 撰寫第一份 HTML5 文件

1-1 網站建置流程

網站建置流程大致上可以分成如下圖的四個階段，以下就為您做說明。

1-1-1 階段一：蒐集資料與規劃網站架構

階段一的工作是蒐集資料與規劃網站架構，除了釐清網站所要傳達的內容，更重要的是確立網站的目的、功能與目標使用者，也就是「誰會使用這個網站以及如何使用」，然後規劃出組成網站的所有網頁，將網頁之間的關係整理成一張階層式的架構圖，稱為網站地圖 (sitemap)。

下面幾個問題值得您深思：

- 網站的目的是為了銷售產品或服務？塑造並宣傳企業形象？還是方便業務聯繫或客戶服務？抑或技術交流或資訊分享？若網站本身具有商業用途，那麼您還需要進一步瞭解其行業背景，包括品牌理念、產品類型、企業文化、競爭對手等。
- 網站的建置與經營需要投入多少人力、時間、預算與資源？您打算如何行銷網站？有哪些管道及相關的費用？
- 網站將提供哪些資訊或服務給哪些對象？若是個人的話，那麼其統計資料為何？包括年齡層分佈、男性與女性的比例、教育程度、職業、收入、婚姻、居住地區、上網的頻率與時數、使用哪些裝置上網等；若是公司的話，那麼其統計資料為何？包括公司的規模、營業項目與預算。

  關於這些對象，他們有哪些共同的特徵或需求呢？舉例來說，彩妝網站的目標使用者可能鎖定為時尚愛美的女性，所以首頁往往呈現出豔麗的視覺效果，而購物網站的目標使用者比較廣泛，所以首頁通常展示出琳瑯滿目的商品。

彩妝網站的首頁往往呈現出豔麗的視覺效果

- 網站的獲利模式為何？例如銷售產品或服務、廣告贊助、手續費、訂閱費或其它。
- 網路上是否已經有相同類型的網站？如何讓自己的網站比這些網站更吸引目標使用者？因為人們往往只記得第一名的網站，卻分不清楚第二名之後的網站，所以定位清楚且內容專業將是網站勝出的關鍵。

此外，網站地圖的階層不宜過多，建議控制在三層以內，以免使用者在網站內迷路了，下面是一個具有三個階層的旅行社網站地圖範例。

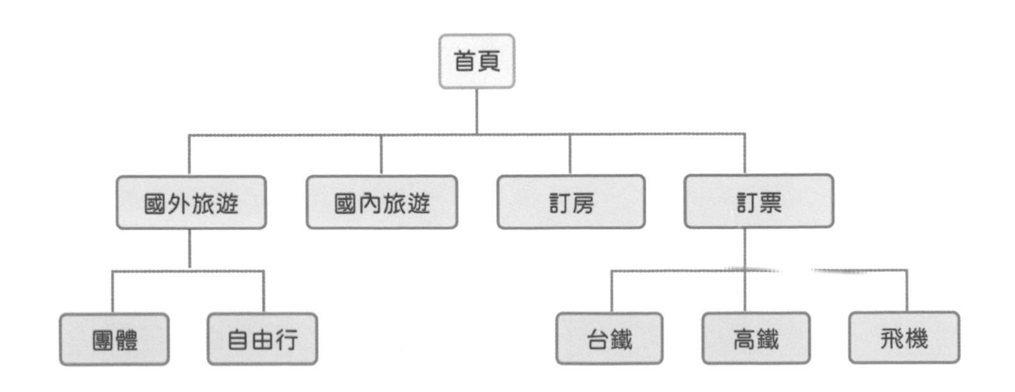

1-1-2 階段二：網頁製作與測試

階段二的工作是製作並測試階段一所規劃的網頁，包括：

1 網站視覺設計、版面配置與版型設計

首先，由視覺設計師 (Visual Designer) 設計網站的視覺風格；接著，針對 PC、平板或手機等目標裝置設計網頁的版面配置；最後，設計首頁與內頁版型，試著將圖文資料編排到首頁與內頁版型，如有問題，就進行修正。

2 前端程式設計

由前端工程師 (Front-End Engineer) 根據視覺設計師所設計的版型進行「切版與組版」，舉例來說，版型可能是使用 Photoshop 所設計的 PSD 設計檔，而前端工程師必須使用 HTML、CSS 或 JavaScript 重新切割與組裝，將圖文資料編排成網頁。

切版與組版需要專業的知識才能兼顧網頁的外觀與效能，例如哪些動畫、轉場、陰影或框線可以使用 CSS 來取代？哪些素材可以使用輪播、超大螢幕、標籤頁等效果來呈現？響應式網頁的斷點要設定在多少像素？圖文資料編排成網頁以後的內容是否正確等。

此外，前端工程師還要負責將後端工程師所撰寫的功能整合到網站，例如資料庫存取功能、後端管理系統等，確保網站能夠順利運作。

3 後端程式設計

相較於前端工程師負責處理與使用者接觸的部分，例如網站的架構、外觀、瀏覽動線等，後端工程師 (Back-End Engineer) 則是負責撰寫網站在伺服器端運作的資料處理、商業邏輯等功能，然後提供給前端工程師使用。

4 網頁品質測試

由品質保證工程師 (Quality Assurance Engineer) 檢查前端工程師所整合出來的網站，包含使用正確的開發方法與流程，校對網站的內容，測試網站的功能等，確保軟體的品質，如有問題，就讓相關的工程師進行修正。

1-1-3 階段三：網站上傳與推廣

階段三的工作是將網站上傳到 Web 伺服器並加以推廣，包括：

1 申請網站空間

透過下面幾種方式取得用來放置網頁的網站空間：

- 自行架設 Web 伺服器：向 HiNet 租用專線，將電腦架設成 Web 伺服器，除了要花費數萬元到數十萬元購買軟硬體與防火牆，還要花費數千元到數萬元的專線月租費，甚至聘請專業人員管理伺服器。
- 租用虛擬主機：向 HiNet、PChome、智邦生活館、WordPress.com、GitHub Pages、Hostinger、Weebly、Freehostia、Byethost、Wix.com、Bluehost、GoDaddy、HostGator 等業者租用虛擬主機，也就是所謂的「主機代管」，只要花費數百元到數千元的月租費，就可以省去購買軟硬體的費用與專線月租費，同時有專業人員管理伺服器。
- 申請免費網站空間：向 WordPress.com、GitHub Pages、Hostinger、Weebly、Freehostia、Byethost、Wix.com 等業者申請免費網站空間，或者像 HiNet 等 ISP 也有提供用戶免費網站空間。

若您的網站具有商業用途，請盡量不要使用免費網站空間，因為可能會有空間不足、頻寬受限、功能陽春、連線品質不穩定、被強迫放上廣告、無法客製化網頁、無法自訂網址、服務突然被取消、沒有電子郵件服務等問題。

此外，自行架設 Web 伺服器乍看之下成本很高，但若您需要比較大的空間或同時建置數個網站，這種方式的成本就會相對便宜，管理上也比較有彈性，不用擔心虛擬主機的連線品質或網路頻寬是否會影響網站的連線速度。

2 申請網址

向 HiNet、PChome、遠傳、台灣大哥大、亞太電信等網址服務廠商申請網址，每年的管理費約數百元不等。常見的網域名稱如下：

- 台灣網域名稱：.com.tw、.net.tw、.org.tw、.idv.tw、.game.tw、.tw(英文)、.tw(中文)、. 台灣 (中文)、. 台灣 (英文)。
- 國際網域名稱：.com、.net、.org、.biz、.info、.asia、.cc、.mobi、.taipei。
- 新頂級網域名稱：.bar、.bike、.blue、.cafe、.cash、.center、.click、.cloud、.code、.coffee、.company、.cool、.digital、.directory、.email、.estate、.fun、.gallery、.gifts、.guru、.house、.insure、.land、.legal、.life、.link、.loans、.love、.media、.money、.ninja、.one、.pet、.photography、.photos、.pink、.place、.red、.rentals、.run、.shop、.show、.site、.solar、.space、.style、.supply、.systems、.team、.technology、.tips、.today 等。

3 上傳網站

透過網址服務廠商提供的平台將申請到的網域名稱對應到 Web 伺服器的 IP 位址，此動作稱為「指向」，等候幾個小時就會生效，同時將網站上傳到網站空間，等指向生效後，就可以透過該網址連線到網站，完成上線的動作。

4 行銷網站

在網站上線後，就要設法提高流量，常見的做法是進行網路行銷，例如購買網路廣告、搜尋引擎優化、關鍵字行銷、社群行銷等。

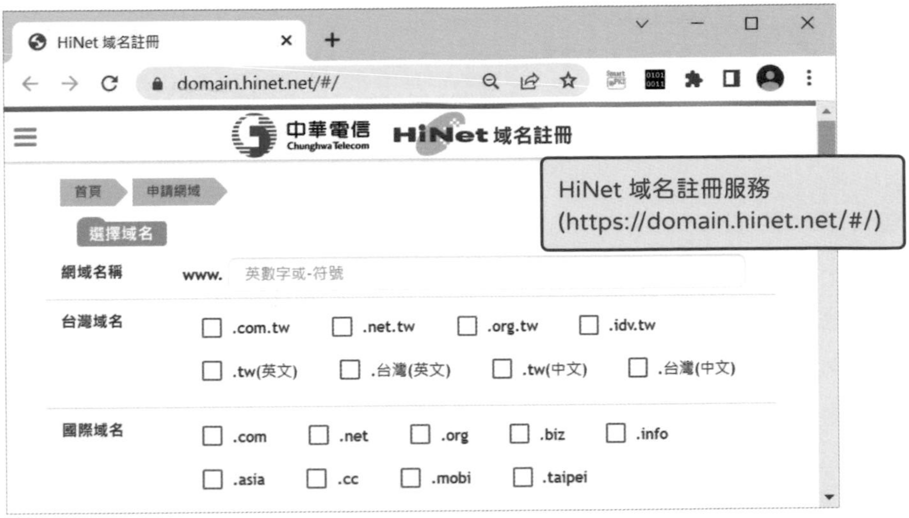
HiNet 域名註冊
domain.hinet.net/#/
中華電信 Chunghwa Telecom
HiNet 域名註冊
首頁
申請網域
選擇域名
網域名稱
www.
英數字或-符號
台灣域名
.com.tw
.net.tw
.org.tw
.idv.tw
.tw(英文)
.台灣(英文)
.tw(中文)
.台灣(中文)
國際域名
.com
.net
.org
.biz
.info
.asia
.cc
.mobi
.taipei
HiNet 域名註冊服務
(https://domain.hinet.net/#/)

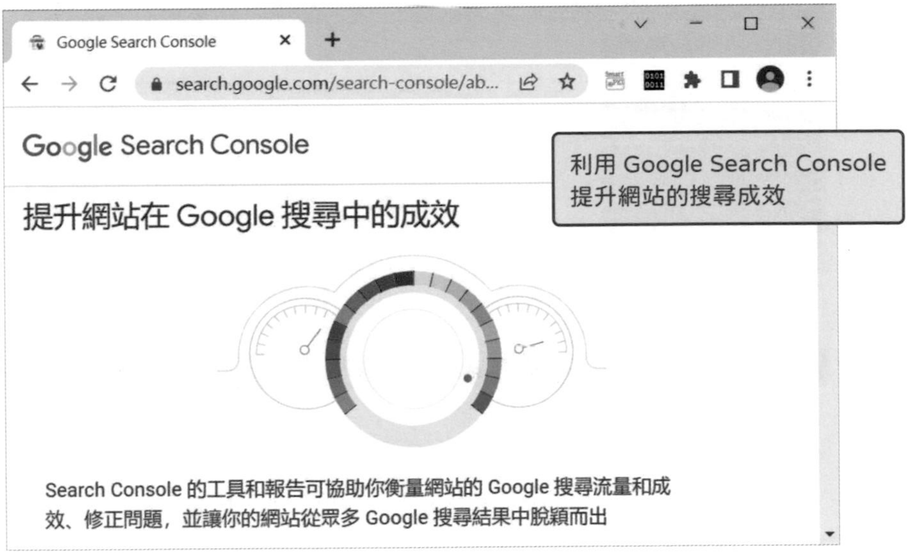
Google Search Console
search.google.com/search-console/ab...
Google Search Console
提升網站在 Google 搜尋中的成效
Search Console 的工具和報告可協助你衡量網站的 Google 搜尋流量和成效、修正問題，並讓你的網站從眾多 Google 搜尋結果中脫穎而出
利用 Google Search Console
提升網站的搜尋成效

1-1-4 階段四：網站更新與維護

您的工作可不是將網站上線就結束了，既然建置了這個網站，就必須負起更新與維護的責任。您可以利用本書所教授的技巧，定期更新網頁的內容，然後透過網頁空間提供者所提供的介面或 FTP 軟體，上傳更新後的網頁並檢查網站的運作是否正常。

1-2 網頁設計相關的程式語言

網頁設計相關的程式語言很多，常見的如下：

- HTML (HyperText Markup Language，超文字標記語言)：HTML 主要的用途是定義網頁的內容，讓瀏覽器知道哪裡有圖片或影片、哪些文字是標題、段落、超連結、表格或表單等。HTML 文件是由標籤 (tag) 與屬性 (attribute) 所組成，統稱為元素 (element)，瀏覽器只要看到 HTML 原始碼，就能解譯成網頁。

- CSS (Cascading Style Sheets，階層樣式表、串接樣式表)：CSS 主要的用途是定義網頁的外觀，也就是網頁的編排、顯示、格式化及特殊效果，有部分功能與 HTML 重疊。

  或許您會問，「既然 HTML 提供的標籤與屬性就能將網頁格式化，那為何還要使用 CSS？」，沒錯，HTML 確實提供一些格式化的標籤與屬性，但其變化有限，而且為了進行格式化，往往會使得 HTML 原始碼變得非常複雜，內容與外觀的倚賴性過高而不易修改。

  為此，W3C (World Wide Web Consortium) 遂鼓勵網頁設計人員使用 HTML 定義網頁的內容，然後使用 CSS 定義網頁的外觀，將內容與外觀分隔開來，便能透過 CSS 從外部控制網頁的外觀，同時 HTML 原始碼也會變得精簡。

- XML (eXtensible Markup Language，可延伸標記語言)：XML 主要的用途是傳送、接收與處理資料，提供跨平台、跨程式的資料交換格式。XML 可以擴大 HTML 的應用及適用性，例如 HTML 雖然有著較佳的網頁顯示功能，卻不允許使用者自訂標籤與屬性，而 XML 則允許使用者這麼做。

- 瀏覽器端 Script：嚴格來說，使用 HTML 與 CSS 所撰寫的網頁屬於靜態網頁，無法顯示動態效果，例如顯示目前的股票指數、即時通訊內容、線上遊戲、Google 地圖等即時更新的資料。此類的需求可以透過瀏覽器端 Script 來完成，這是一段嵌入在 HTML 原始碼的程式，通常是以 JavaScript 撰寫而成，由瀏覽器負責執行。

  事實上，HTML、CSS 和 JavaScript 是網頁設計最核心也最基礎的技術，其中 HTML 用來定義網頁的內容，CSS 用來定義網頁的外觀，而 JavaScript 用來定義網頁的行為。

- 伺服器端 Script：雖然瀏覽器端 Script 已經能夠完成許多工作，但有些工作還是得在伺服器端執行 Script 才能完成，例如存取資料庫。由於在伺服器端執行 Script 必須具有特殊權限，而且會增加伺服器端的負擔，因此，網頁設計人員應盡量以瀏覽器端 Script 取代伺服器端 Script。常見的伺服器端 Script 有 PHP、ASP/ASP.NET、CGI、JSP 等。

1-3 HTML 的發展

HTML 的起源可以追溯至 1990 年代，當時一位物理學家 Tim Berners-Lee 為了讓 CERN（歐洲核子研究組織）的研究人員共同使用文件，於是提出了 HTML，用來建立超文字系統 (hypertext system)。

不過，這個最初的版本只有純文字格式，直到 1993 年，Marc Andreessen 在他所開發的 Mosaic 瀏覽器加入 <img> 元素，HTML 文件才終於包含圖片，而 IETF (Internet Engineering Task Force) 首度於 1993 年將 HTML 發布為工作草案 (Working Draft)。之後 HTML 陸續有一些發展與修正，而且從 3.2 版開始，IETF 就不再負責 HTML 的標準化，改由 W3C 負責。

版本	發布時間
HTML2.0	1995 年 11 月發布為 IETF RFC 1866
HTML3.2	1997 年 1 月發布為 W3C 推薦標準
HTML4.0	1997 年 12 月發布為 W3C 推薦標準
HTML4.01	1999 年發布為 W3C 推薦標準
HTML5	2014 年發布為 W3C 推薦標準
HTML5.1	2016 年發布為 W3C 推薦標準
HTML5.2	2018 年發布為 W3C 推薦標準（註 [1]）

由於 PC 瀏覽器和行動瀏覽器對於 HTML5 已經有著相當程度的支援，因此，我們可以放心地在網頁上使用 HTML5 的新功能與 API（註 [2]）。

註 [1]：W3C 和 WHATWG (Web Hypertext Application Technology Working Group) 於 2019 年簽署協議，合作開發單一版本的 HTML，有關最新版的 HTML 規格可以到 WHATWG 官方網站查看 (https://html.spec.whatwg.org/multipage/)。

註 [2]：HTML5 提供的 API (Application Programming Interface，應用程式介面）是一組函式，網頁設計人員可以呼叫這些函式完成許多工作，例如撰寫離線網頁應用程式、存取用戶端檔案、地理定位、繪圖、影音多媒體、拖放操作、網頁儲存、跨文件通訊、背景執行等，而無須考慮其底層的原始碼或理解其內部的運作機制。

1-4 HTML 文件的編輯工具

撰寫 HTML 文件並不需要額外佈署開發環境，只要滿足下列條件即可：

- 一部安裝 Windows 或 macOS 作業系統的電腦。
- 網頁瀏覽器，例如 Chrome、Edge、Safari、Firefox 等。
- 文字編輯工具。

HTML 文件其實是一個純文字檔，只是副檔名為 .html 或 .htm，而不是我們平常慣用的 .txt。原則上，任何能夠用來輸入純文字的編輯工具，都可以用來撰寫 HTML 文件，下面是一些常見的編輯工具。

編輯工具	網址	是否免費
記事本、WordPad	Windows 作業系統內建	是
Notepad++	https://notepad-plus-plus.org/	是
Visual Studio Code	https://code.visualstudio.com/	是
Atom	https://atom.io/	是
Google Web Designer	https://webdesigner.withgoogle.com/	是
UltraEdit	https://www.ultraedit.com/	否
Dreamweaver	https://www.adobe.com/	否
Sublime Text	https://www.sublimetext.com/	否

本書的範例程式是使用 NotePad++ 所編輯，存檔格式統一採取 UTF-8 編碼。NotePad++ 具有下列特點，簡單又實用，相當適合初學者：

- 支援 HTML、CSS、JavaScript、ActionScript、TypeScript、C、C++、C#、Python、Perl、R、Java、JSP、ASP、Ruby、Matlab、Objective-C、Swift 等多種程式語言。
- 支援多重視窗同步編輯。
- 支援顏色標示、智慧縮排、自動完成等功能。

您可以到 NotePad++ 官方網站 https://notepad-plus-plus.org/ 下載安裝程式，在第一次使用 Notepad++ 撰寫 HTML 文件之前，請依照如下步驟進行基本設定：

1 從功能表列選取 [設定] \ [偏好設定]，然後在 [一般] 標籤頁中將語言設定為 [台灣繁體]。

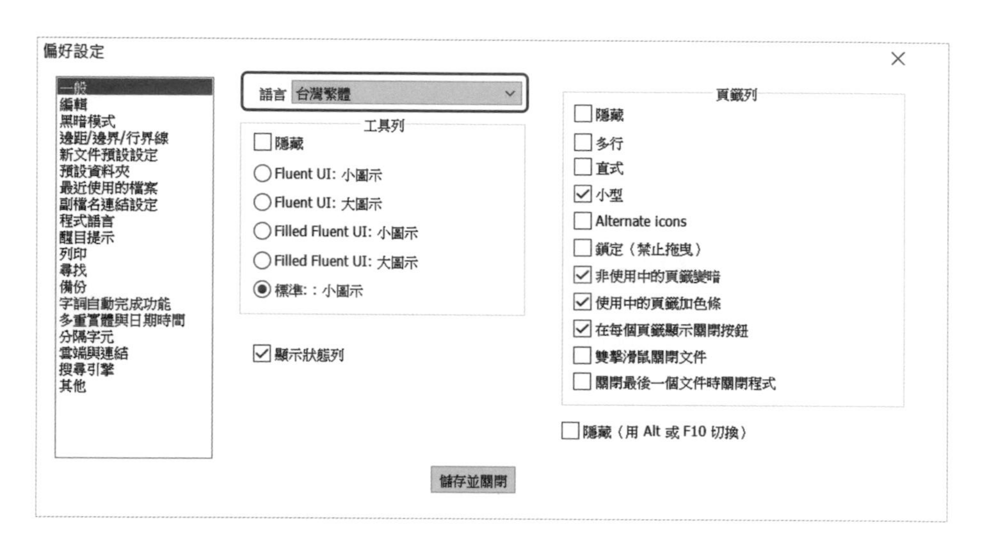

2 在 [新文件預設設定] 標籤頁中將編碼設定為 [UTF-8]，預設程式語言設定為 [HTML]，然後按 [儲存並關閉]。

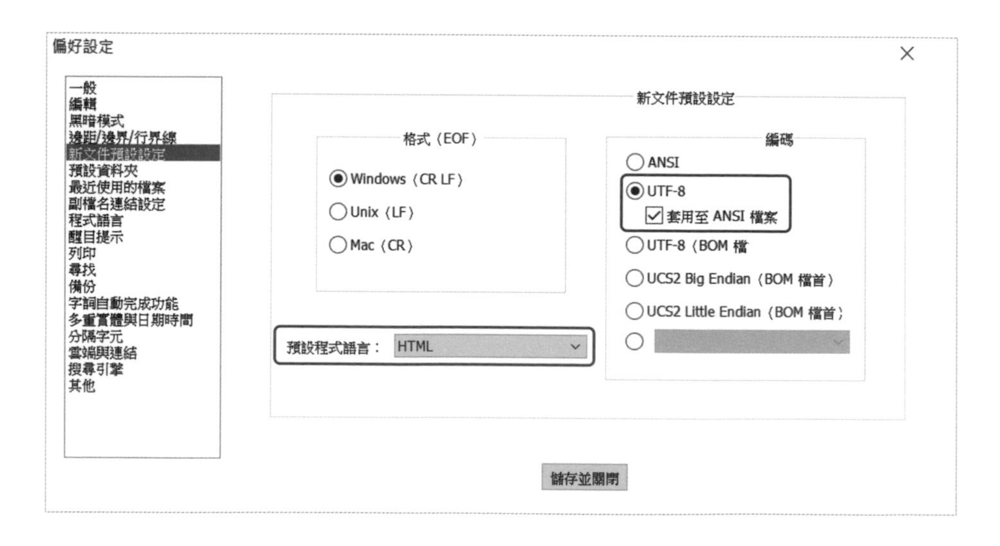

由於預設程式語言設定為 HTML，因此，NotePad++ 會根據 HTML 的語法，以不同顏色標示 HTML 標籤與屬性，也會根據輸入的文字顯示自動完成清單，如下圖，讓文件的編輯更有效率。

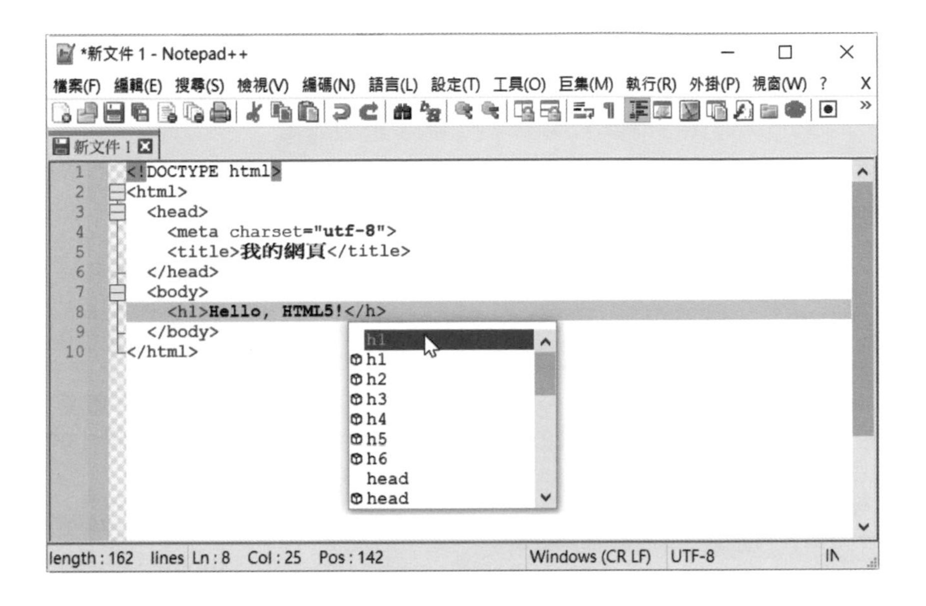

此外，當我們存檔時，NotePad++ 也會採取 UTF-8 編碼方式，且存檔類型預設為 HTML (副檔名為 .html 或 .htm)，若要儲存為其它類型，例如 PHP，可以在存檔類型欄位選擇 PHP，此時副檔名將變更為 .php。

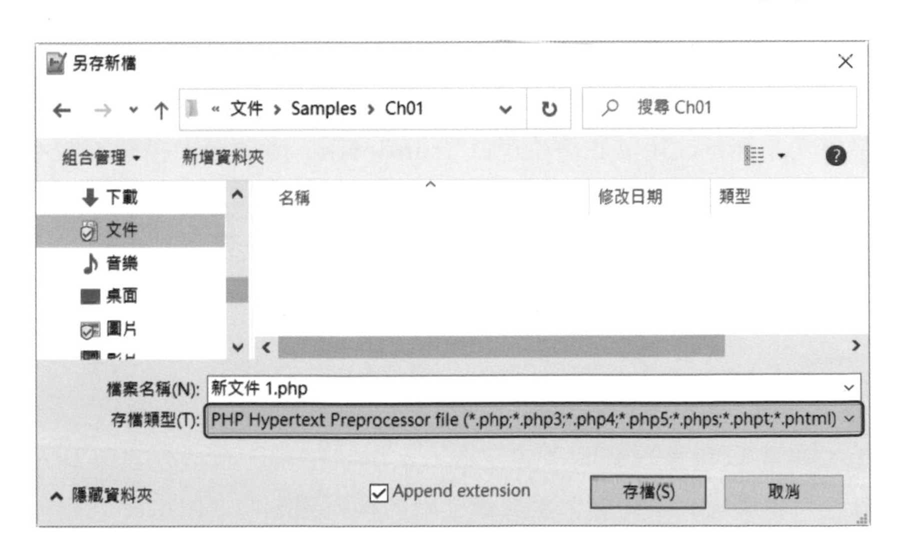

1-5 HTML 文件的基本結構

HTML 文件的基本結構如下，一開始是 DOCTYPE，接著是 <html> 元素，裡面有 <head> 和 <body> 兩個元素。

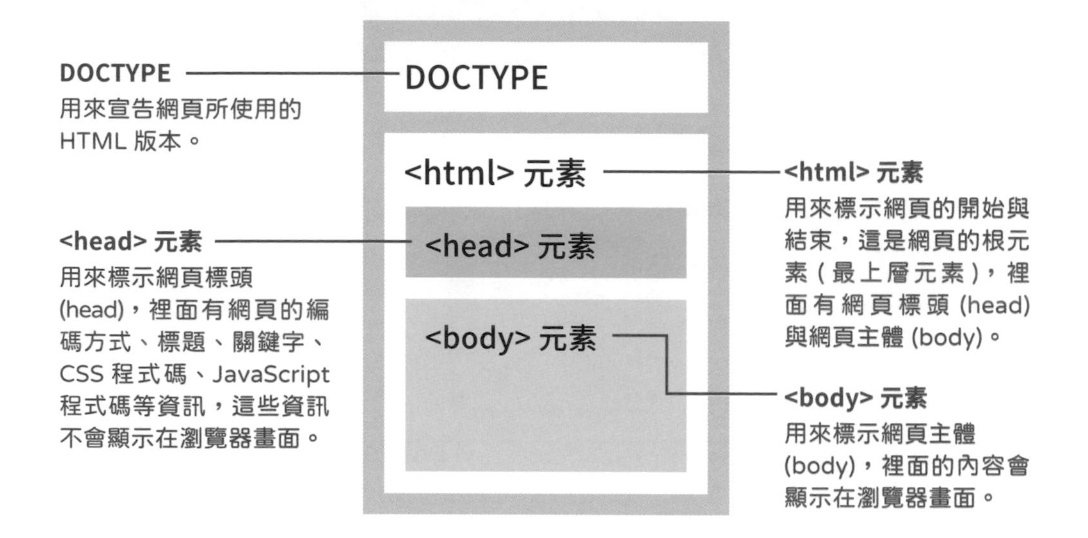
DOCTYPE
用來宣告網頁所使用的 HTML 版本。
DOCTYPE
<html> 元素
<head> 元素
<body> 元素
<html> 元素
用來標示網頁的開始與結束，這是網頁的根元素 (最上層元素)，裡面有網頁標頭 (head) 與網頁主體 (body)。
<head> 元素
用來標示網頁標頭 (head)，裡面有網頁的編碼方式、標題、關鍵字、CSS 程式碼、JavaScript 程式碼等資訊，這些資訊不會顯示在瀏覽器畫面。
<body> 元素
用來標示網頁主體 (body)，裡面的內容會顯示在瀏覽器畫面。

 DOCTYPE

HTML5 文件的第一行必須是如下的文件類型定義 (DTD，Document Type Definition)，前面不能有空行，也不能省略不寫，否則瀏覽器可能不會啟用標準模式，而是改用其它渲染模式 (rendering mode)，導致 HTML5 的新功能無法正常運作：

```
<!DOCTYPE html>
```

 根元素

HTML 文件可以包含一個或多個元素，呈樹狀結構，有些元素屬於兄弟節點，有些元素屬於父子節點，至於最上層的根元素則為 <html> 元素。

MIME 類型

HTML5 文件的 MIME 類型和前幾版的 HTML 文件一樣是 text/html，存檔後的副檔名也是 .html 或 .htm。

請注意，HTML 文件的檔案名稱只能使用半形的英文字母、阿拉伯數字、底線 (_) 或減號 (-)，不能使用 \、/、:、*、?、"、<、>、| 等符號或空白字元。由於 Web 伺服器會區分英文字母的大小寫，為了避免混淆，建議您將檔案名稱命名為小寫字母。

此外，建議您將網站的首頁命名為 index.html，因為多數的瀏覽器在存取網站時，會將 index.html 當作最先顯示的網頁。

不會區分英文字母的大小寫

HTML5 的標籤與屬性和前幾版的 HTML 一樣不會區分英文字母的大小寫 (case-insensitive)，本書將統一採取小寫字母。

HTML 元素

HTML 元素是由標籤 (tag) 與屬性 (attribute) 所組成，根據不同的用途，HTML 元素可以分成下列兩種類型：

- 用來標示網頁上的內容或描述內容的性質，例如 <head>（網頁標頭）、<body>（網頁主體）、<header>（頁首）、<footer>（頁尾）、<article>（文章）、<main>（主要內容）、<h1>（標題 1）、<p>（段落）、<ul>（項目清單）、<table>（表格）、<form>（表單）、<i>（斜體）、<b>（粗體）等。
- 用來指向其它資源，例如 <img>（嵌入圖片）、<video>（嵌入影片）、<audio>（嵌入聲音）、<object>（嵌入物件）、<iframe>（嵌入浮動框架）、<a>（超連結）等。

相關名詞與注意事項

- 標籤 (tag)：一直以來「標籤」和「元素」兩個名詞經常被混用，但嚴格來說，兩者的意義並不完全相同，「元素」一詞包含「開始標籤」、「結束標籤」和這兩者之間的內容，例如下面的敘述是將「聖誕快樂」標示為段落，其中 <p> 是開始標籤，而 </p> 是結束標籤。

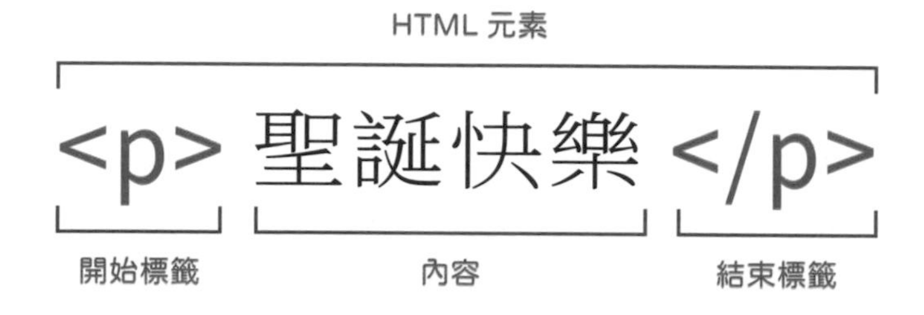

開始標籤的前後要以 <、> 兩個符號括起來，而結束標籤又比起始標籤多了一個 /（斜線）。不過，並不是每個元素都有結束標籤，諸如
（換行）、<hr>（水平線）、<img>（嵌入圖片）、<input>（表單輸入欄位）等元素就沒有結束標籤。

- 屬性 (attribute)：除了 HTML 元素本身所能描述的特性之外，大部分元素還會包含屬性，以提供更多資訊，而且一個元素裡面可以加上數個屬性，只要注意標籤與屬性及屬性與屬性之間以空白字元隔開即可。

舉例來說，假設要將「hTC」幾個字標示為連結到 hTC 網站的超連結，那麼除了要在這幾個字的前後分別加上開始標籤 <a> 和結束標籤 </a>，還要加上 href 屬性用來設定 hTC 的網址。

- 值 (value)：屬性通常會有一個值，而且有些屬性的值必須從預先定義好的範圍內選取，不能自行定義，例如 <form>（表單）元素的 method 屬性有 get 和 post 兩個值，使用者不能自行設定其它值。

  我們習慣在值的前後加上雙引號 (")，事實上，若值是由英文字母、阿拉伯數字 (0 ~ 9)、減號 (-) 或小數點 (.) 所組成，那麼值的前後可以不必加上雙引號 (")。

- 巢狀標籤 (nesting tag)：有時我們需要使用多個元素來標示資料，舉例來說，假設要將標題 1（例如 Hello,world!) 中的某個字（例如 world!) 標示為斜體，那麼就要使用 <h1> 和 <i> 兩個元素，此時要注意巢狀標籤的順序，原則上，第一個結束標籤須對應最後一個開始標籤，第二個結束標籤須對應倒數第二個開始標籤，依此類推。

```
<h1>Hello,<i>world!</i></h1>
```

- 空白字元：瀏覽器會忽略 HTML 元素之間多餘的空白字元或 [Enter] 鍵，因此，我們可以利用這個特點在 HTML 原始碼加上空白字元和 [Enter] 鍵，將 HTML 原始碼排列整齊，好方便閱讀。

- 特殊字元：若要顯示保留給 HTML 原始碼使用的特殊字元，例如 <、>、"、&、空白字元等，必須輸入實體名稱 (entity name) 或實體數值 (entity number)。下面是一些例子，更多字元可以參考 https://entitycode.com/。

特殊字元	實體名稱	實體數值
<（小於符號）	<	<
>（大於符號）	>	>
"（雙引號）	"	"
&	&	&
空白字元		
©（版權符號）	©	©

1-6 撰寫第一份 HTML5 文件

HTML5 文件包含 DOCTYPE、標頭 (header) 與主體 (body) 等三個部分，下面是一個例子，請依照如下步驟操作：

1 開啟 Notepad++，然後撰寫如下的 HTML5 文件，最左邊的行號和冒號是為了方便解說，不要輸入至程式碼。

\Ch01\hello.html

```
01：<!DOCTYPE html> ❶
02：<html>
03：  <head>
04：    <meta charset="utf-8">
05：    <title>我的網頁</title>
06：  </head>
07：  <body>
08：    <h1>Hello, HTML5!</h1>
09：  </body>
10：</html>
```

❶ DOCTYPE
❷ HTML 文件的標頭
❸ HTML 文件的主體

- 01：宣告 HTML5 文件的 DOCTYPE，HTML5 規定第一行必須是 <!DOCTYPE html>，前面不能有空行，也不能省略不寫。
- 02、10：使用 <html> 元素標示網頁的開始與結束，HTML 文件可以包含一個或多個元素，呈樹狀結構，而根元素就是 <html> 元素。
- 03 ~ 06：使用 <head> 元素標示 HTML 文件的標頭，其中第 04 行是使用 <meta> 元素將網頁的編碼方式設定為 UTF-8，這是全球資訊網目前最主要的編碼方式；第 05 行是使用 <title> 元素將瀏覽器的網頁標題設定為「我的網頁」。
- 07 ~ 09：使用 <body> 元素標示 HTML 文件的主體，其中第 08 行是使用 <h1> 元素將網頁內容設定為標題 1 格式的「Hello, HTML5!」字串。

2. 從功能表列選取［檔案］\［儲存］或［檔案］\［另存新檔］，將檔案儲存為 hello.html。

3. 利用檔案總管找到 hello.html 的檔案圖示並按兩下，就會開啟預設的瀏覽器載入文件，得到如下圖的瀏覽結果。

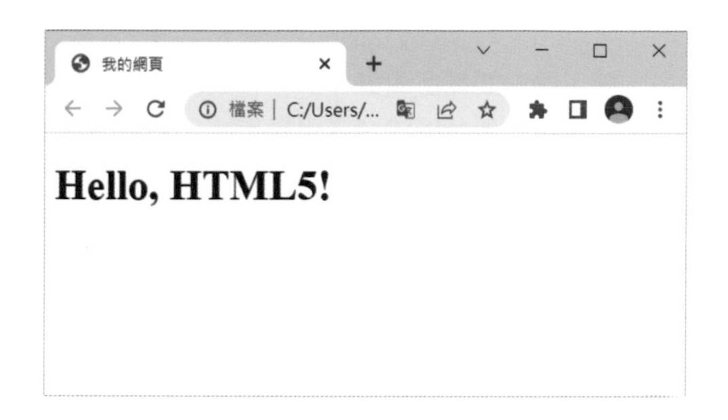

Note

我們可以將這個例子的樹狀結構描繪如下，其中有些元素屬於兄弟節點，也就是父節點相同的節點，有些元素屬於父子節點（上層的為父節點，下層的為子節點），至於根元素則為 <html> 元素。

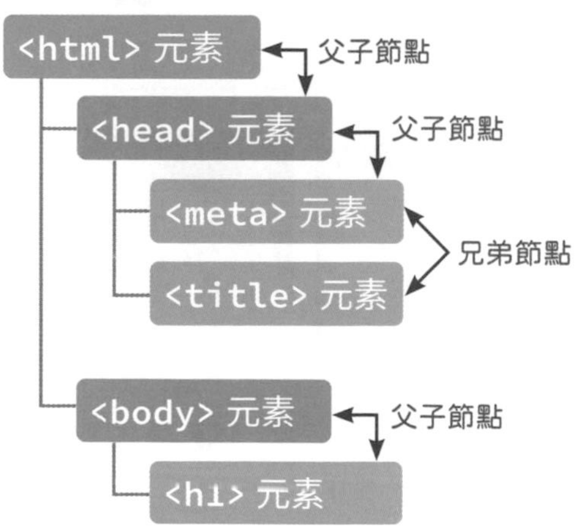

搜尋引擎優化 (SEO，Search Engine Optimization) 的構想起源於多數網站的新瀏覽者大都來自搜尋引擎，而且使用者往往只會留意搜尋結果中排名前面的幾個網站，因此，網站的擁有者不僅要到各大搜尋引擎進行登錄，還要設法提高網站的排名，因為排名愈前面，就愈有機會被使用者瀏覽。

至於如何提高排名，除了購買關鍵字廣告，另一種常見的方式就是利用搜尋引擎的搜尋規則來調整網站架構，即所謂的搜尋引擎優化。這種方式的效果取決於搜尋引擎所採取的搜尋演算法，而搜尋引擎為了提升搜尋的準確度及避免人為操縱排名，有時會變更搜尋演算法，使得 SEO 成為一項愈來愈複雜的任務。也正因如此，有不少網路行銷公司會推出網站 SEO 服務，代客調整網站架構，增加網站被搜尋引擎找到的機率，進而提升網站曝光度及流量。

除了委託網路行銷公司進行 SEO，事實上，我們也可以在製作網頁時留心下圖的幾個地方，亦有助於 SEO。

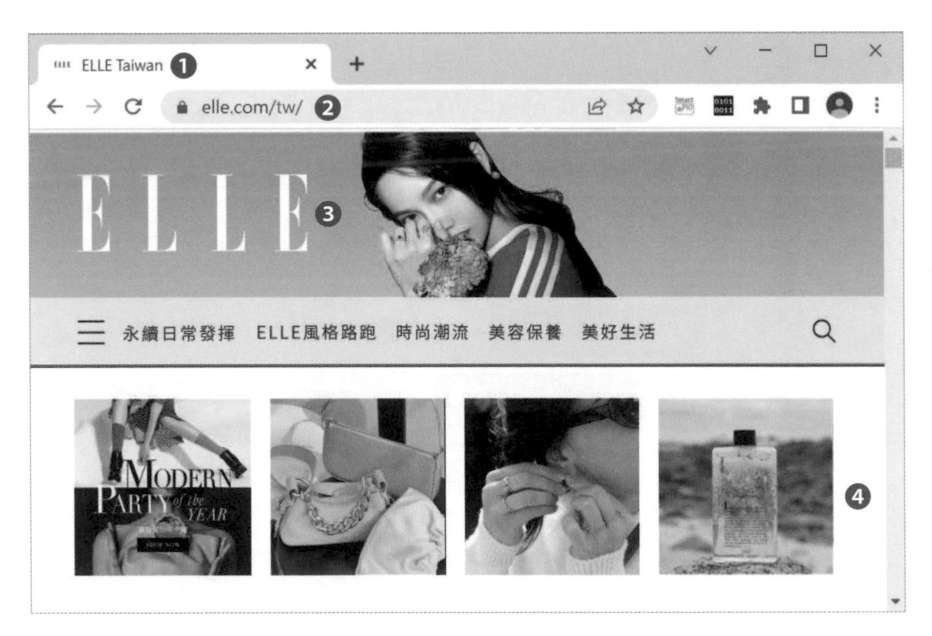

❶ 令網頁的關鍵字顯示在網頁標題

❷ 令網頁的關鍵字成為網址的一部分

❸ 令網頁的關鍵字出現在內容

❹ 為圖片或影片設定替代顯示文字以利搜尋

02

CHAPTER

文件結構

2-1 HTML 文件的根元素－ <html> 元素

2-2 HTML 文件的標頭－ <head> 元素

2-3 HTML 文件的主體－ <body> 元素

2-4 HTML5 新增的結構元素

2-1 HTML 文件的根元素－ <html> 元素

我們可以使用 <html> 元素標示 HTML 文件的開始與結束，其開始標籤 <html> 要放在 <!DOCTYPE html> 後面，接著的是 HTML 文件的標頭與主體，最後還要有結束標籤 </html>，如下：

```
<!DOCTYPE html>
<html>
  ...HTML 文件的標頭與主體 ...
</html>
```

<html> 元素的屬性有全域屬性 (global attribute)，這些屬性適用於所有 HTML 元素，下面是一些例子：

- accesskey="..."：設定將焦點移到元素的按鍵組合。
- autofocus：設定元素在網頁載入時就取得焦點。
- class="..."：設定元素的類別。
- contenteditable="{true,false}"：設定元素的內容能否被編輯。
- data-*="..."：自訂資料屬性以傳送資料給 JavaScript 等外部程式。
- dir="{ltr,rtl,auto}"：設定文字的方向，ltr (left to right) 表示由左向右，rtl (right to left) 表示由右向左，auto 表示由瀏覽器決定。
- draggable="{true,false}"：設定元素能否進行拖放操作。
- hidden：設定將元素的內容隱藏起來。
- id="..."：設定元素的識別字 (限英文且唯一)。
- lang="*language-code*"：設定元素的語系，例如 en 為英文，fr 為法文、de 為德文、ja 為日文、zh-TW 為繁體中文。
- role="..."：設定元素的角色以提升網頁的語意。

- spellcheck="{true,false}"：設定是否檢查元素的拼字與文法。
- style="..."：設定套用到元素的 CSS。
- title="..."：設定元素的標題，瀏覽器可能用它做為提示文字。
- tabindex="*n*"：設定元素的 [Tab] 鍵順序，也就是按 [Tab] 鍵時，焦點在元素之間跳躍的順序，*n* 為正整數，數字愈小，順序就愈高，-1 表示不允許以按 [Tab] 鍵的方式將焦點移到元素。
- translate="{yes,no}"：設定元素是否啟用翻譯模式。

此外，還有事件屬性 (event handler content attribute) 用來針對 HTML 元素的某個事件設定處理程式，種類相當多，下面是一些例子：

- onload="..."：設定當瀏覽器載入網頁時所要執行的 Script。
- onunload="..."：設定當瀏覽器卸載網頁時所要執行的 Script。
- onclick="..."：設定在元素上按一下滑鼠時所要執行的 Script。
- ondblclick="..."：設定在元素上按兩下滑鼠時所要執行的 Script。
- onmousedown="..."：設定在元素上按下滑鼠按鍵時所要執行的 Script。
- onmouseup="..."：設定在元素上放開滑鼠按鍵時所要執行的 Script。
- onmouseover="..."：設定當滑鼠移過元素時所要執行的 Script。
- onmousemove="...":設定當滑鼠在元素上移動時所要執行的 Script。
- onmouseout="..."：設定當滑鼠從元素上移開時所要執行的 Script。
- onfocus="...":設定當使用者將焦點移到元素上時所要執行的 Script。
- onblur="..."：設定當使用者將焦點從元素上移開時所要執行的 Script。
- onkeydown="..."：設定在元素上按下按鍵時所要執行的 Script。
- onkeyup="..."：設定在元素上放開按鍵時所要執行的 Script。
- onkeypress="...":設定在元素上按下再放開按鍵時所要執行的 Script。

2-2 HTML 文件的標頭－ <head> 元素

我們可以使用 <head> 元素標示 HTML 文件的標頭，裡面可以進一步使用 <title>、<meta>、<link>、<style>、<base>、<script> 等元素來設定文件標題、文件相關資訊、文件之間的關聯、CSS 程式碼、相對 URL 的路徑、JavaScript 程式碼。

<head> 元素要放在 <html> 元素裡面，而且有結束標籤 </head>，如下，至於 <head> 元素的屬性則有第 2-1 節所介紹的全域屬性。

```
<!DOCTYPE html>
<html>
  <head>
    ...HTML 文件的標頭 ...
  </head>
</html>
```

在接下來的小節中，我們會介紹 <title>、<meta>、<link>、<style> 等元素，而 <base>、<script> 等元素會在第 3-7、4-8 節做介紹。

2-2-1 <title> 元素 (文件標題)

<title> 元素用來設定 HTML 文件的標題，此標題會顯示在瀏覽器的標題列或索引標籤。<title> 元素要放在 <head> 元素裡面，而且有結束標籤 </title>，如下，至於 <title> 元素的屬性則有第 2-1 節所介紹的全域屬性。

```
<!DOCTYPE html>
<html>
  <head>
    <title> 我的網頁 </title>
    ... 其它標頭資訊 ...
  </head>
</html>
```

2-2-2 <meta> 元素（文件相關資訊）

<meta> 元素用來設定 HTML 文件的相關資訊，稱為 metadata，例如字元集、內容類型、關鍵字、描述文字等。<meta> 元素要放在 <head> 元素裡面，<title> 元素前面，而且沒有結束標籤，常見的屬性如下：

- charset="..."：設定 HTML 文件的字元集（編碼方式），例如下面的敘述是將 HTML 文件的字元集設定為 UTF-8：

```
<meta charset="utf-8">
```

- name="{application-name,author,description,generator,keywords}"：設定 metadata 的名稱，這些值分別表示網頁應用程式的名稱、作者的名稱、網頁的描述文字、編輯程式、關鍵字。

- content="..."：設定 metadata 的內容，例如下面的敘述是將 HTML 文件的描述文字設定為 " 提供優質客製化旅遊行程 "：

```
<meta name="description" content=" 提供優質客製化旅遊行程 ">
```

又例如下面的敘述是將 HTML 文件的關鍵字設定為 "旅行社,訂房,機票,高鐵假期"：

```
<meta name="keywords" content="旅行社,訂房,機票,高鐵假期">
```

- http-equiv="..."：這個屬性可以用來取代 name 屬性，因為 HTTP 伺服器是使用 http-equiv 屬性蒐集 HTTP 標頭，例如下面的敘述是將 HTML 文件的內容類型設定為 text/html：

```
<meta http-equiv="content-type" content="text/html">
```

- media="…"：設定 metadata 所要套用的媒體，例如 all（全部裝置）、screen（螢幕）、print（列印裝置）或 CSS 的媒體查詢 (media query)，我們會在第 12-3 節介紹媒體查詢。

- 第 2-1 節所介紹的全域屬性。

除了設定文件相關資訊之外，我們也可以利用 <meta> 元素讓網頁在指定時間內自動導向到其它網頁，其語法如下：

```
<meta http-equiv="refresh" content=" 秒數 ; url= 欲連結的網址 ">
```

下面是一個例子，它會在 5 秒鐘後自動導向到 Google 網站。

\Ch02\redirect.html

```
<!DOCTYPE html>
<html>
  <head>
    <meta charset="utf-8">
    <meta http-equiv="refresh" content="5; url=https://www.google.com.tw/">
  </head>
  <body>
    此網頁將於 5 秒鐘後自動導向到 Google 網站
  </body>
</html>
```

❶ 開啟網頁　❷ 5 秒鐘後自動導向到 Google 網站

2-2-3 <link> 元素（文件之間的關聯）

<link> 元素用來設定目前文件與其它資源的關聯，該元素要放在 <head> 元素裡面，而且沒有結束標籤，常見的屬性如下：

- rel="..."：設定目前文件與其它資源的關聯，例如 alternate（替代表示方式）、author（作者）、bookmark（書籤）、external（外部資源）、help（說明）、icon（圖示）、license（授權）、next（下一頁）、preload（預先載入資源）、prev（上一頁）、search（搜尋）、stylesheet（樣式表）。
- href="*url*"：設定資源的網址。
- type="*content-type*"：設定資源的內容類型，例如下面的敘述是設定目前文件會連結一個名稱為 mobile.css 的 CSS 檔案：

```
<link rel="stylesheet" type="text/css" href="mobile.css">
```

- sizes="..."：設定圖示的大小（針對 rel="icon"），例如：

```
<link rel="icon" sizes="144x144" href="icon144.png">
```

- as="..."：設定要載入之資源的類型（針對 rel="preload"），例如 audio、document、embed、fetch、font、image、object、script、style、track、video、worker 等。
- imagesrcset="..."：設定在高解析度顯示器、小螢幕等不同情況下所要顯示的圖片（針對 rel="preload" 和 as="image"）。
- imagesizes="..."：設定在不同版面配置下所要顯示的圖片大小（針對 rel="preload" 和 as="image"）。
- media="…"：設定資源所要套用的媒體，例如 all（全部裝置）、screen（螢幕）、print（列印裝置）或 CSS 的媒體查詢。
- disabled：設定在網頁載入時不要載入樣式表（針對 rel="stylesheet"）。
- 第 2-1 節所介紹的全域屬性。

2-2-4 <style> 元素 (嵌入 CSS)

<style> 元素用來嵌入 CSS，該元素要放在 <head> 元素裡面，常見的屬性如下：

- media="…"：設定 CSS 所要套用的媒體，例如 all (全部裝置)、screen (螢幕)、print (列印裝置) 或 CSS 的媒體查詢。
- 第 2-1 節所介紹的全域屬性。

下面是一個例子，其中第 05 ~ 07 行所嵌入的 CSS 是要套用在 <body> 元素，也就是將網頁主體的背景色彩設定為亮粉色。

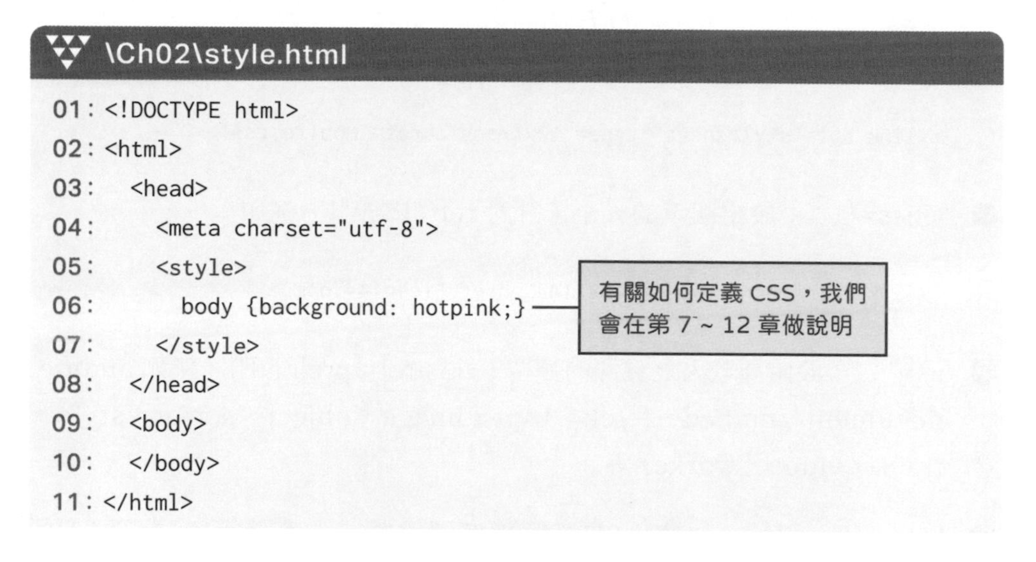

\Ch02\style.html

```
01: <!DOCTYPE html>
02: <html>
03:   <head>
04:     <meta charset="utf-8">
05:     <style>
06:       body {background: hotpink;}
07:     </style>
08:   </head>
09:   <body>
10:   </body>
11: </html>
```

有關如何定義 CSS，我們會在第 7 ~ 12 章做說明

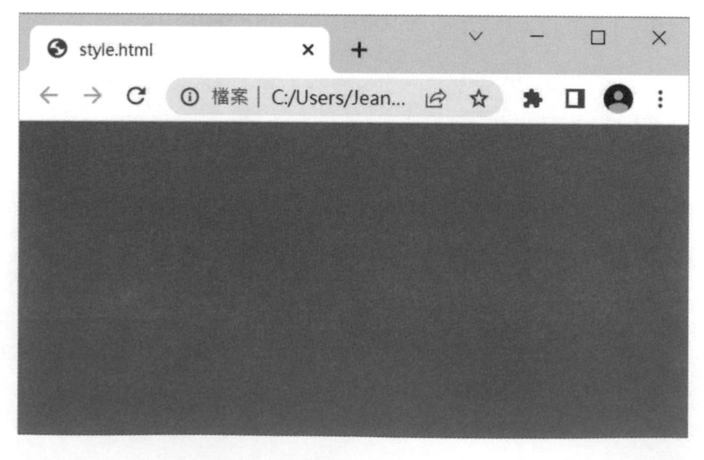
style.html
檔案 | C:/Users/Jean...

2-3 HTML 文件的主體－ <body> 元素

我們可以使用 <body> 元素標示 HTML 文件的主體，裡面可以包括文字、圖片、影片、聲音等內容。<body> 元素要放在 <html> 元素裡面，<head> 元素後面，而且有結束標籤 </body>，如下：

```
<!DOCTYPE html>
<html>
  <head>
    ...HTML 文件的標頭 ...
  </head>
  <body>
    ...HTML 文件的主體 ...
  </body>
</html>
```

<body> 元素的屬性有第 2-1 節所介紹的全域屬性，以及 onafterprint、onbeforeprint、onbeforeunload、onhashchange、onlanguagechange、onmessage、onoffline、ononline、onpagehide、onpageshow、onpopstate、onrejectionhandled、onstorage、onunhandledrejection、onunload 等事件屬性。

下面是一個例子，它會在網頁上顯示「Hello, world!」。

\Ch02\body.html

```
<!DOCTYPE html>
<html>
  <head>
    <meta charset="utf-8">
    <title> 我的網頁 </title>
  </head>
  <body>
    Hello, world!
  </body>
</html>
```

下面是另一個例子，它會透過 <body> 元素的 onload 事件屬性設定當瀏覽器發生 load 事件時（即載入網頁），就呼叫 JavaScript 的 alert() 方法，在對話方塊中顯示「Hello, world!」。

\Ch02\body2.html

```
<!DOCTYPE html>
<html>
  <head>
    <meta charset="utf-8">
    <title> 我的網頁 </title>
  </head>
  <body onload="javascript: alert('Hello, world!');">
  </body>
</html>
```

2-3-1 <h1> ~ <h6> 元素 (標題 1 ~ 6)

HTML 提供了 <h1>、<h2>、<h3>、<h4>、<h5>、<h6> 等六種層次的標題，以 <h1> 元素 (標題 1) 的字體最大，<h6> 元素 (標題 6) 的字體最小，這些元素的屬性有第 2-1 節所介紹的全域屬性，下面是一個例子。

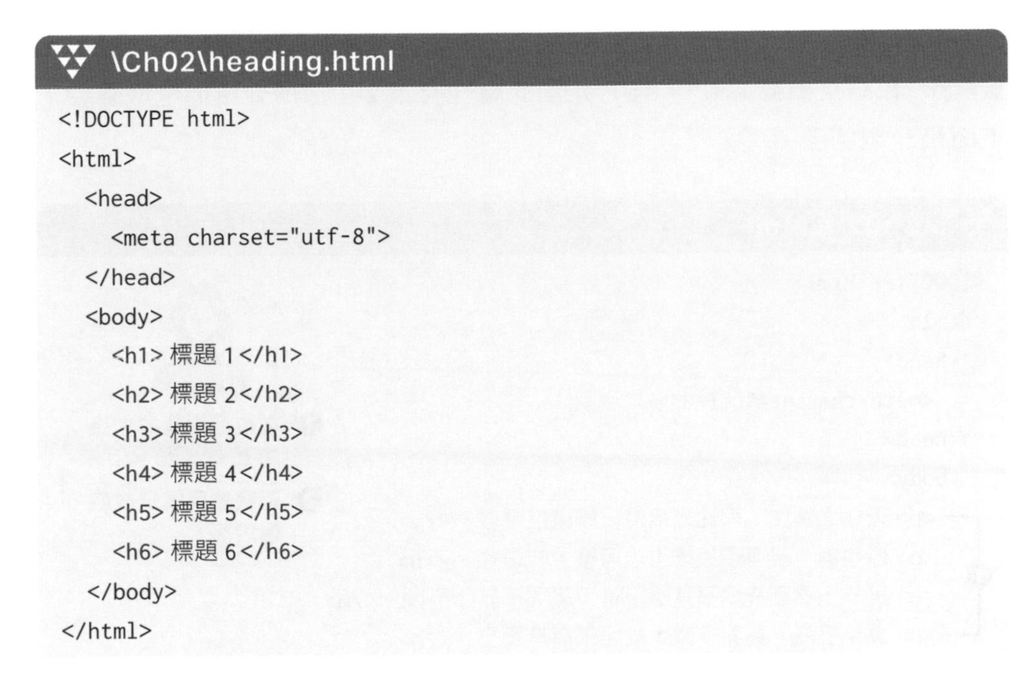

\Ch02\heading.html

```
<!DOCTYPE html>
<html>
  <head>
    <meta charset="utf-8">
  </head>
  <body>
    <h1> 標題 1</h1>
    <h2> 標題 2</h2>
    <h3> 標題 3</h3>
    <h4> 標題 4</h4>
    <h5> 標題 5</h5>
    <h6> 標題 6</h6>
  </body>
</html>
```

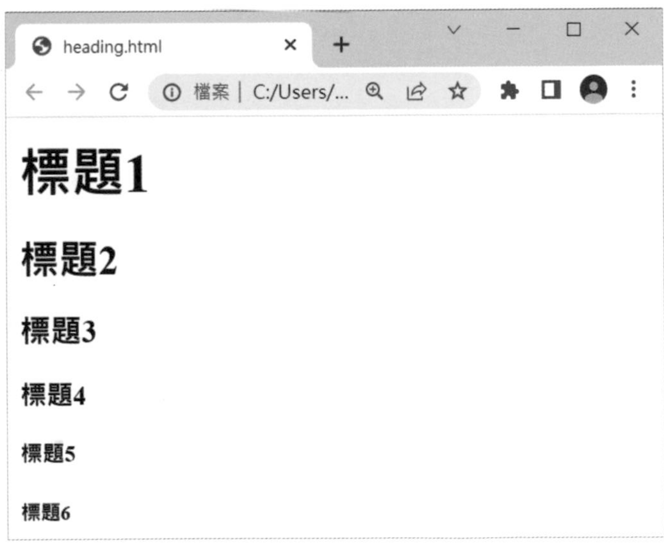

2-3-2 <p> 元素（段落）

網頁的內容通常會包含數個段落，不過，瀏覽器會忽略 HTML 文件中多餘的空白字元或 [Enter] 鍵，因此，即便是按 [Enter] 鍵企圖分段，瀏覽器一樣會忽略，而將文字顯示成同一段落。

若要顯示段落，必須使用 <p> 元素，也就是在每個段落的前後加上開始標籤 <p> 和結束標籤 </p>。<p> 元素的屬性有第 2-1 節所介紹的全域屬性，下面是一個例子。

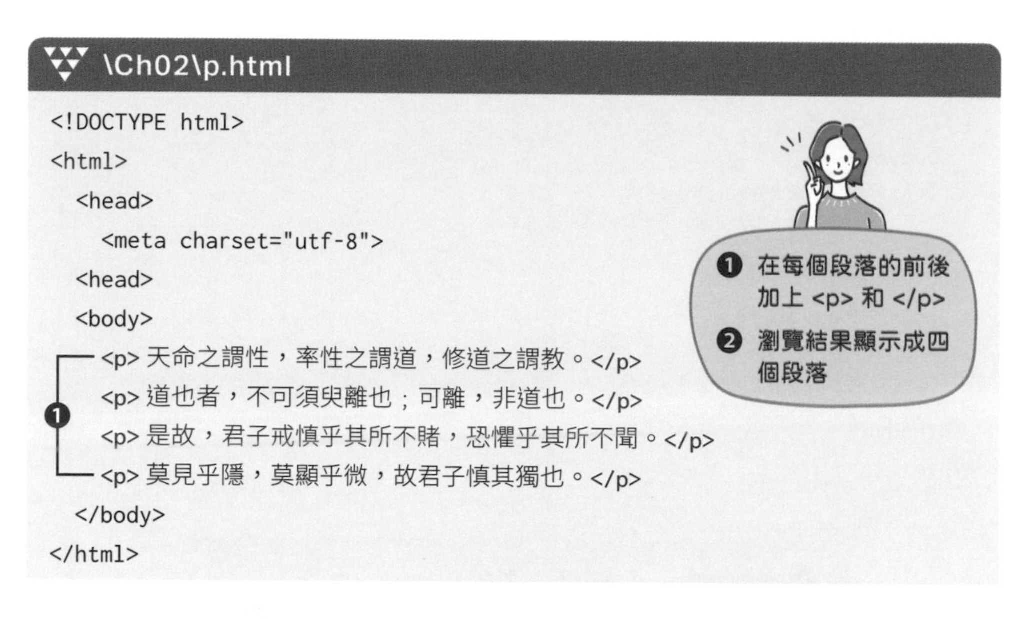

\Ch02\p.html

```
<!DOCTYPE html>
<html>
  <head>
    <meta charset="utf-8">
  <head>
  <body>
    <p> 天命之謂性，率性之謂道，修道之謂教。</p>
    <p> 道也者，不可須臾離也；可離，非道也。</p>
    <p> 是故，君子戒慎乎其所不賭，恐懼乎其所不聞。</p>
    <p> 莫見乎隱，莫顯乎微，故君子慎其獨也。</p>
  </body>
</html>
```

❶ 在每個段落的前後加上 <p> 和 </p>
❷ 瀏覽結果顯示成四個段落

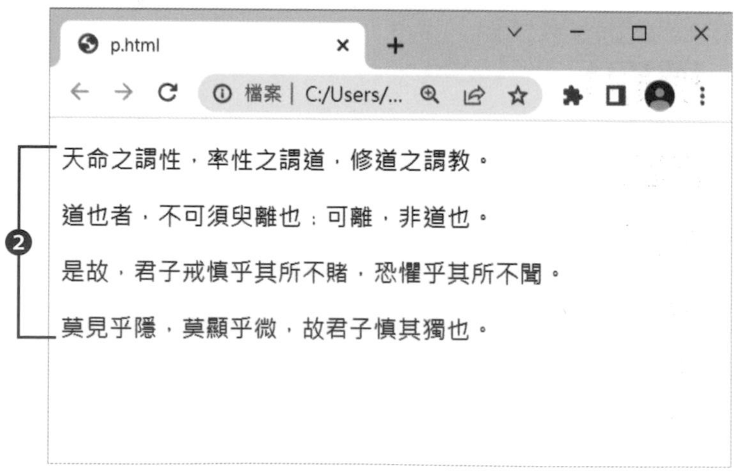

p.html
檔案 | C:/Users/...
天命之謂性，率性之謂道，修道之謂教。
道也者，不可須臾離也；可離，非道也。
是故，君子戒慎乎其所不賭，恐懼乎其所不聞。
莫見乎隱，莫顯乎微，故君子慎其獨也。
❷

2-3-3 <div> 元素 (群組成一個區塊)

<div> 元素用來將 HTML 文件中某個範圍的內容和元素群組成一個區塊，令文件的結構更清晰。<div> 元素的屬性有第 2-1 節所介紹的全域屬性，下面是一個例子，它使用 <div> 元素將一組超連結清單群組成一個具有導覽列功能的區塊。

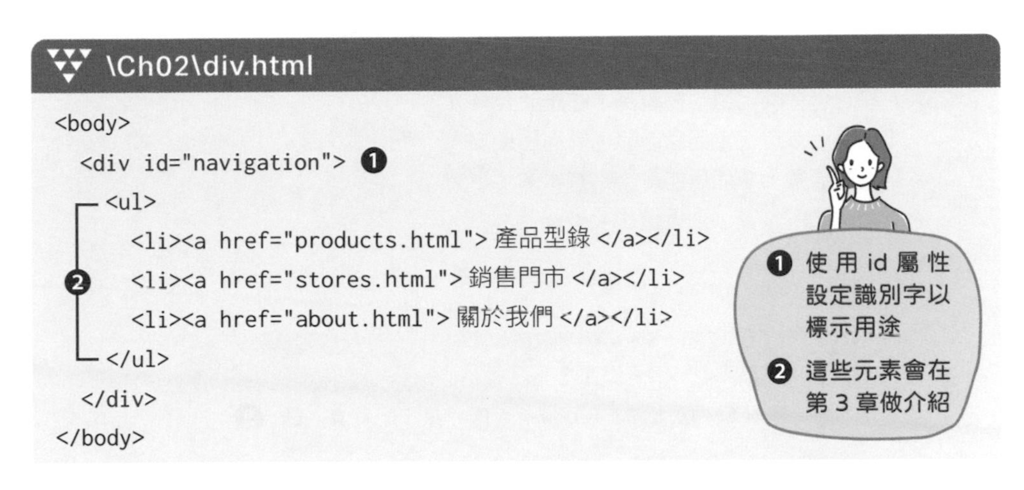
\Ch02\div.html

```
<body>
  <div id="navigation"> ❶
    <ul>
      <li><a href="products.html"> 產品型錄 </a></li>
      <li><a href="stores.html"> 銷售門市 </a></li>
      <li><a href="about.html"> 關於我們 </a></li>
    </ul>
  </div>
</body>
```

❶ 使用 id 屬性設定識別字以標示用途
❷ 這些元素會在第 3 章做介紹

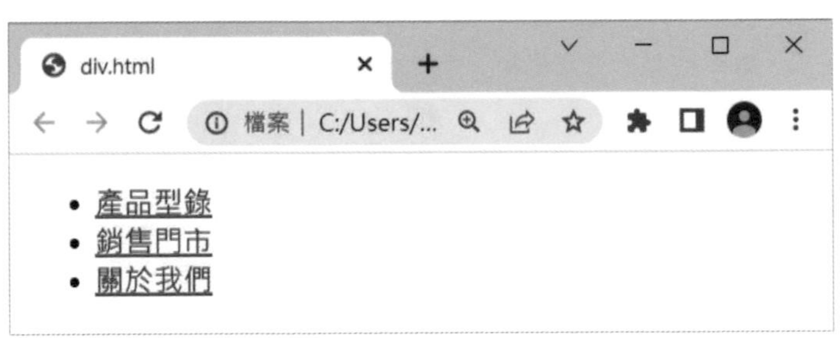
div.html
檔案 | C:/Users/...
產品型錄
銷售門市
關於我們

所謂區塊層級 (block level) 指的是元素的內容在瀏覽器中會另起一行，例如 <div>、<p>、<h1> 等均是區塊層級元素。雖然 <div> 元素的瀏覽結果純粹是將內容另起一行，沒有什麼特別，但我們通常會搭配 class、id、style 等屬性，將 CSS 套用到 <div> 元素所群組的區塊。此外，若元素 A 位於一個區塊層級元素 B 裡面，那麼元素 B 就是元素 A 的容器 (container)，例如在 \Ch02\div.html 中，<div> 元素就是 <ul> 元素的容器。

2-3-4 <!-- --> 元素（註解）

<!-- --> 元素用來標示註解，而且註解不會顯示在瀏覽器畫面，下面是一個例子。

\Ch02\comment.html

```
<body>
  <!-- 以下為大學經一章大學之道 --> ❶
  <p> 大學之道在明明德，在親民，在止於至善。
      知止而后有定，定而后能靜，靜而后能安，
      安而后能慮，慮而后能得，物有本末，事有
      終始，知所先後，則近道也。</p>
</body>
```

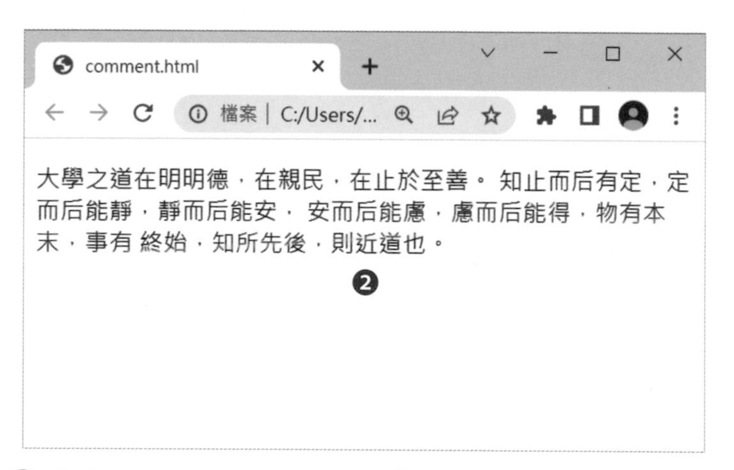

❶ 使用 <!-- --> 元素標示註解　❷ 註解不會顯示在瀏覽器畫面

Note

- 註解可以用來記錄程式的用途與結構，適當的註解可以提高程式的可讀性，讓程式更容易偵錯與維護。
- 建議您在程式的開頭以註解說明程式的用途，並在一些重要的區塊前面以註解說明其功能，同時盡可能簡明扼要，掌握「過猶不及」的原則。

2-4 HTML5 新增的結構元素

仔細觀察多數網頁，就不難發現其組成往往是有一定的脈絡可循。以下圖的網頁為例，它包含下列幾個部分：

- 頁首：通常包含標題、標誌圖案、區塊目錄、搜尋表單等。
- 導覽列：通常包含一組連結到網站內其它網頁的超連結，使用者只要透過導覽列，就可以穿梭往返於網站的各個網頁。
- 主要內容：通常包含文章、區段、圖片或影片。
- 側邊欄：通常包含與主要內容無直接關聯的其它內容，例如摘要、廣告、贊助廠商、相關網站、日期月曆等。
- 頁尾：通常包含網站的擁有者資訊、瀏覽人數、版權聲明，以及連結到隱私權政策、網站安全政策、服務條款等內容的超連結。

❶ 導覽列 ❷ 頁首 ❸ 主要內容 ❹ 頁尾 ❺ 側邊欄

在過去，網頁設計人員通常是使用 <div> 元素來標示網頁上的某個區塊，但 <div> 元素並不具有任何語意，只能泛指通用的區塊。

為了進一步標示區塊的用途，網頁設計人員可能會利用 <div> 元素的 id 或 class 屬性設定區塊的識別字或類別，例如透過類似 <div id="navigation"> 或 <div class="navigation"> 的敘述來標示做為導覽列的區塊，然而諸如此類的敘述並無法幫助瀏覽器辨識導覽列的存在，更別說是提供快速鍵讓使用者快速切換到導覽列。

為了幫助瀏覽器辨識網頁上不同的區塊，以提供更聰明貼心的服務，HTML5 新增了數個具有語意的結構元素，並鼓勵網頁設計人員使用這些元素取代慣用的 <div> 元素，將網頁結構轉換成語意更明確的 HTML5 文件。

結構元素	說明
<article>	標示網頁的本文或單篇獨立內容，例如部落格的一篇文章、新聞網站的一則報導。
<section>	標示通用的區塊或區段，例如將網頁的本文分割為不同的主題區塊，或將一篇文章分割為不同的章節或段落。
<nav>	標示導覽列。
<header>	標示網頁或區塊的頁首。
<footer>	標示網頁或區塊的頁尾。
<aside>	標示側邊欄，裡面通常包含與主要內容無直接關聯的其它內容。
<main>	標示網頁的主要內容，裡面通常包含文章、區段、圖片或影片。
<figure>、<figcaption>	標示在主要內容中所參考引用的獨立內容，例如圖片、影片、程式碼等。
註：這些結構元素的屬性有第 2-1 節所介紹的全域屬性。	

除了上述的結構元素，我們還可以利用下列兩個元素提供區塊的附加資訊，第 3 章有進一步的介紹：

- <address>：標示聯絡資訊。
- <time>：標示日期時間。

2-4-1 <article> 元素（文章）

<article> 元素用來標示網頁的本文或單篇獨立內容，例如部落格的一篇文章、新聞網站的一則報導。當網頁有多篇文章時，我們可以將每篇文章放在各自的 <article> 元素裡面。

下面是一個例子，它在兩個 <article> 元素裡面分別放入《翠玉白菜》和《肉形石》的介紹文章。

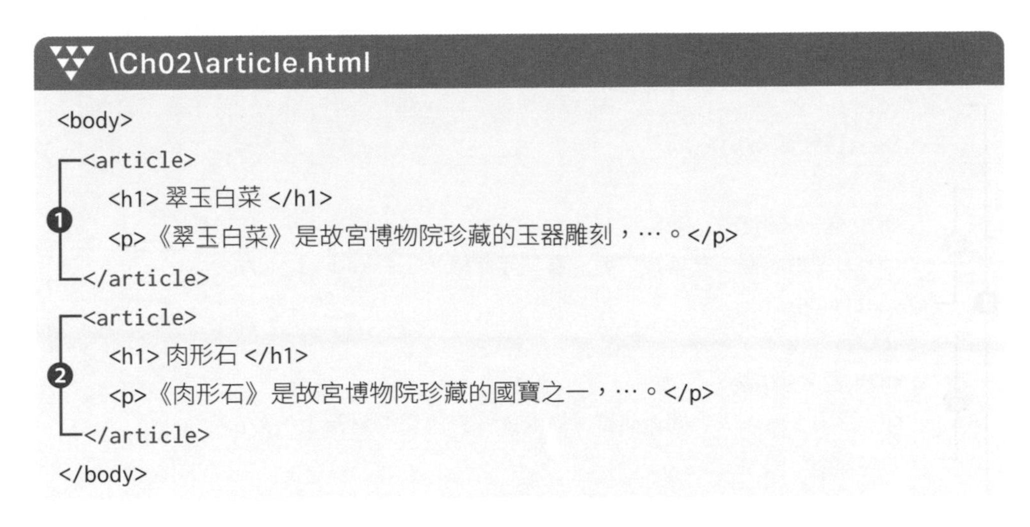

\Ch02\article.html

```
<body>
  <article>                                                    ❶
    <h1> 翠玉白菜 </h1>
    <p>《翠玉白菜》是故宮博物院珍藏的玉器雕刻，⋯。</p>
  </article>
  <article>                                                    ❷
    <h1> 肉形石 </h1>
    <p>《肉形石》是故宮博物院珍藏的國寶之一，⋯。</p>
  </article>
</body>
```

❶ 第一個文章　❷ 第二個文章

2-4-2 <section> 元素(通用的區塊或區段)

<section> 元素用來標示通用的區塊或區段，例如將網頁的本文分割為不同的主題區塊，或將一篇文章分割為不同的章節或段落。

下面是一個例子，它在一個 <article> 元素裡面放入兩個 <section> 元素，裡面分別有一首唐詩的標題與詩句。

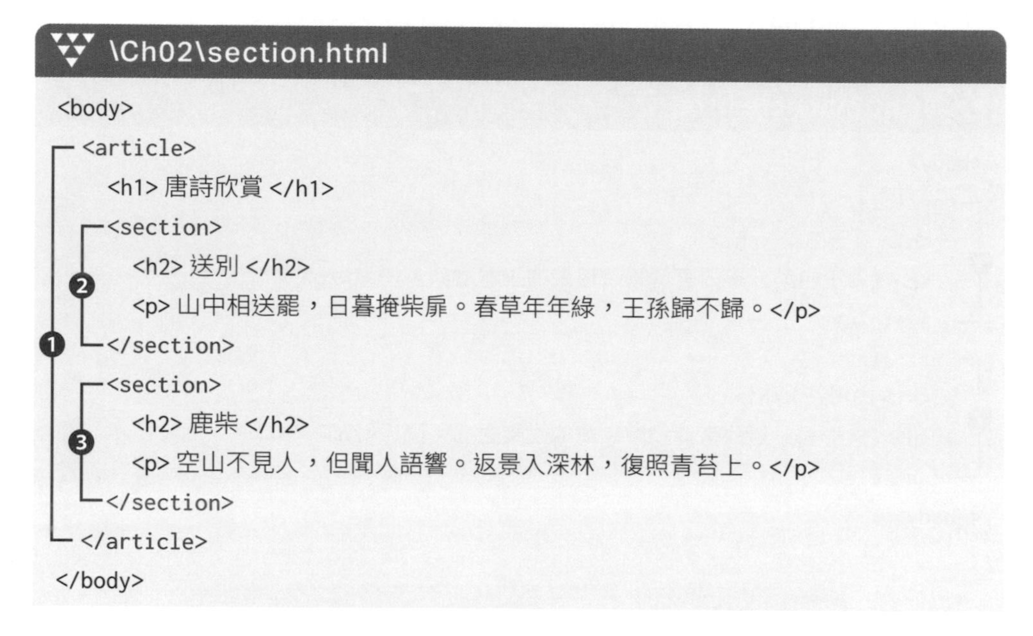

\Ch02\section.html

```
<body>
  <article>
    <h1> 唐詩欣賞 </h1>
    <section>
      <h2> 送別 </h2>
      <p> 山中相送罷，日暮掩柴扉。春草年年綠，王孫歸不歸。</p>
    </section>
    <section>
      <h2> 鹿柴 </h2>
      <p> 空山不見人，但聞人語響。返景入深林，復照青苔上。</p>
    </section>
  </article>
</body>
```

section.html
檔案 | C:/Users/...
唐詩欣賞
送別
山中相送罷，日暮掩柴扉。春草年年綠，王孫歸不歸。
鹿柴
空山不見人，但聞人語響。返景入深林，復照青苔上。

❶ 文章　❷ 文章的第一個區段　❸ 文章的第二個區段

2-4-3 <nav> 元素 (導覽列)

由於導覽列是網頁上常見的設計，因此，HTML5 新增 <nav> 元素用來標示導覽列，而且網頁上的導覽列可以不只一個，視實際的需要而定。W3C 並沒有規定 <nav> 元素的內容應該如何撰寫，常見的做法是以項目清單的形式呈現一組超連結，當然，若您不想加上項目符號，只想單純保留一組超連結，那也無妨，甚至您還可以針對這些超連結設計專屬的圖案。

提醒您，並不是任何一組超連結就要使用 <nav> 元素，而是要做為導覽列功能的超連結，諸如搜尋結果清單或贊助廠商超連結就不應該使用 <nav> 元素。

下面是一個例子，它使用 <nav> 元素設計一個導覽列，讓使用者點選「產品型錄」、「銷售門市」、「關於我們」等超連結，就會連結到 products.html、stores.html、about.html 等網頁。

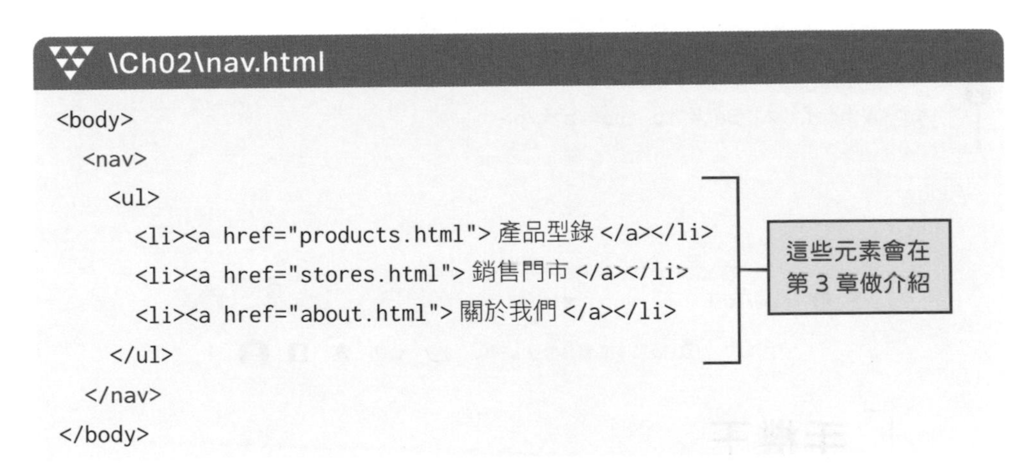
\Ch02\nav.html

```
<body>
  <nav>
    <ul>
      <li><a href="products.html"> 產品型錄 </a></li>
      <li><a href="stores.html"> 銷售門市 </a></li>
      <li><a href="about.html"> 關於我們 </a></li>
    </ul>
  </nav>
</body>
```

2-4-4 <header> 與 <footer> 元素 (頁首 / 頁尾)

除了導覽列之外，多數網頁也會設計頁首和頁尾。為了標示網頁或區塊的頁首和頁尾，HTML5 新增 <header> 與 <footer> 兩個元素。

下面是一個例子，它分別使用 <header> 與 <footer> 兩個元素標示網頁的頁首和頁尾，其中頁尾裡面有一個超連結，用來連結到網頁的頂端，我們會在第 3-6 節介紹 <a> 元素。

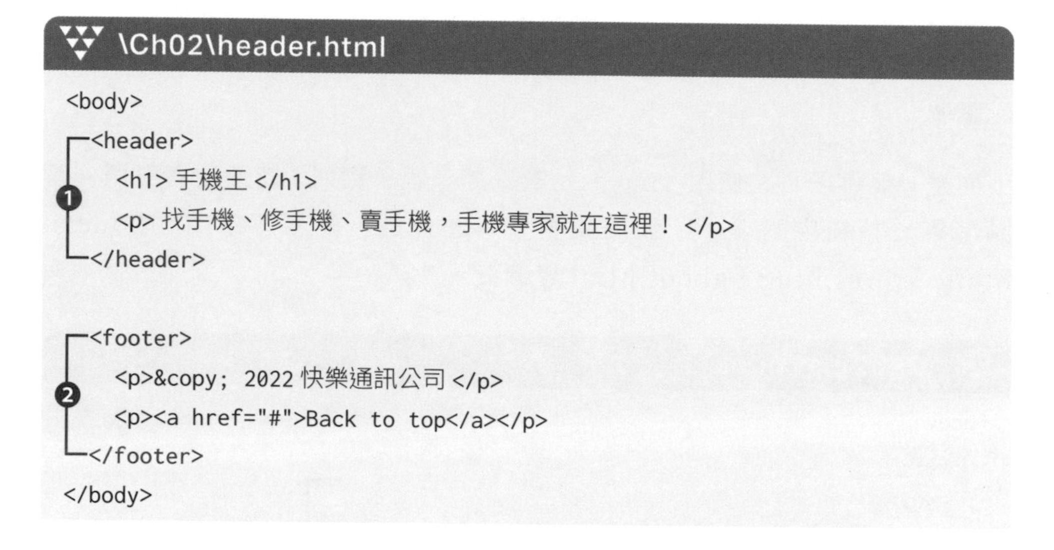

\Ch02\header.html

```
<body>
  <header>
    <h1> 手機王 </h1>
    <p> 找手機、修手機、賣手機，手機專家就在這裡！ </p>
  </header>

  <footer>
    <p>&copy; 2022 快樂通訊公司 </p>
    <p><a href="#">Back to top</a></p>
  </footer>
</body>
```

❶ 頁首　❷ 頁尾

2-4-5 <aside> 元素(側邊欄)

<aside> 元素用來標示側邊欄，裡面通常包含與主要內容無直接關聯的其它內容，例如摘要、廣告、贊助廠商、相關網站、日期月曆等。

下面是一個例子，它除了使用 <aside> 元素標示側邊欄，同時也在側邊欄裡面使用兩個 <section> 元素標示兩個區段，放置「您可能會有興趣的文章」和「贊助廠商」。

\Ch02\aside.html

```
<body>
  <aside>
    <section>
      <p> 您可能會有興趣的文章 </p>
      <ul>
        <li><a href="article1.html"> 文章 1</a></li>
        <li><a href="article2.html"> 文章 2</a></li>
        <!-- 此處可以繼續放置其它文章超連結 -->
      </ul>
    </section>
    <section>
      <p> 贊助廠商 </p>
      <!-- 此處可以放置贊助廠商廣告或超連結 -->
    </section>
  </aside>
</body>
```

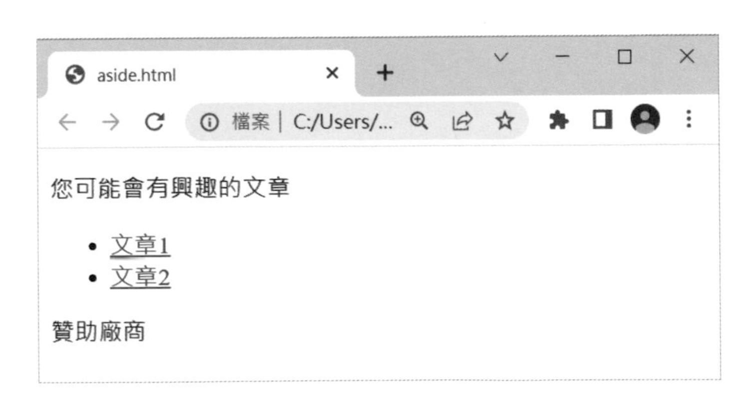

2-4-6 <main> 元素（主要內容）

<main> 元素用來標示網頁的主要內容，裡面通常包含文章、區段、圖片或影片。<main> 元素的內容應該是唯一的，也就是不會包含重複出現在其它網頁的資訊，例如導覽列、頁首、頁尾、版權聲明、網站標誌、搜尋表單等。

下面是一個例子，它示範了如何使用 <header>、<nav>、<main>、<aside>、<footer> 等元素標示網頁的頁首、導覽列、主要內容、側邊欄和頁尾，同時示範了如何在這些元素套用 CSS，對於這些 CSS，您可以先簡略看過，第 7 ~ 12 章有進一步的介紹。

\Ch02\main.html

```
01: <!DOCTYPE html>
02: <html>
03:   <head>
04:     <meta charset="utf-8">
05:     <style>
06:       * {margin: 0; padding: 0;}
07:       body {width: 100%; min-width: 600px;
08:         max-width: 960px; margin: 0 auto;}
09:       header {width: 100%; background: #eaeaea;}
10:       nav {width: 100%; color: white; background: black;}
11:       main {width: 70%; height: 300px; background: skyblue; float: left;}
12:       aside {width: 30%; height: 300px; background: pink; float: right;}
13:       footer {width: 100%; background: #eaeaea; clear: both;}
14:     </style>
15:   </head>
16:   <body>
17:     <header><h1> 頁首 </h1></header>
18:     <nav><h1> 導覽列 </h1></nav>
19:     <main><h1> 主要內容 </h1></main>
20:     <aside><h1> 側邊欄 </h1></aside>
21:     <footer><h1> 頁尾 </h1></footer>
22:   </body>
23: </html>
```

- 05 ~ 14：使用 <style> 元素嵌入 CSS，其中第 06 行是將所有元素的邊界與留白重設為 0；第 07 ~ 13 行是針對 <body>、<header>、<nav>、<main>、<aside>、<footer> 等元素設定 CSS，包括寬度、高度、最小寬度、最大寬度、邊界、前景色彩、背景色彩、文繞圖與解除文繞圖等。
- 17：標示網頁的頁首。
- 18：標示網頁的導覽列。
- 19：標示網頁的主要內容。
- 20：標示網頁的側邊欄。
- 21：標示網頁的頁尾。

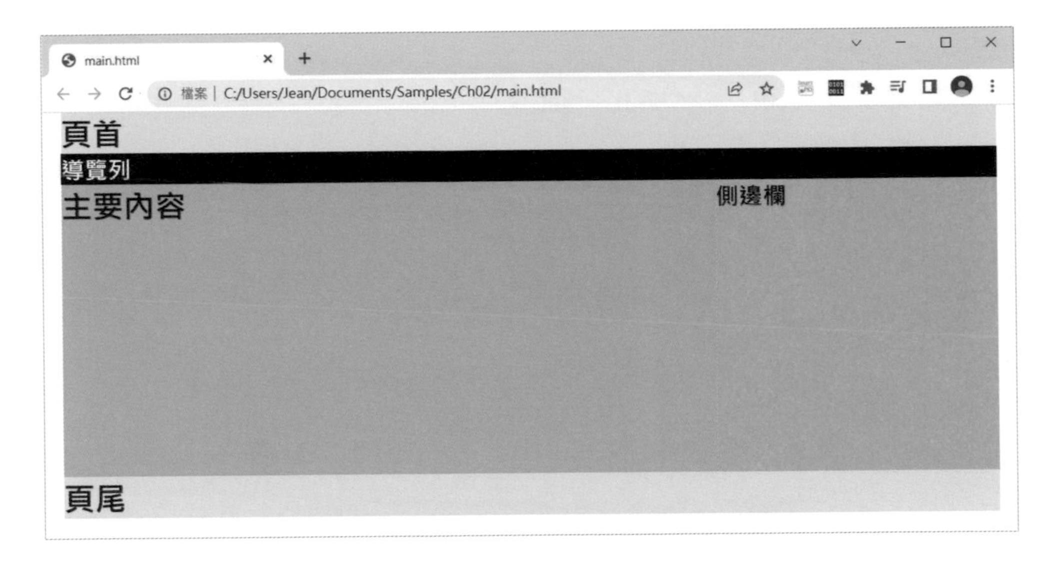

Note

原則上，網頁一次只能顯示一個 <main> 元素，而且不可以放在 <article>、<section>、<nav>、<footer>、<header>、<aside> 等元素裡面。

2-4-7 <figure>、<figcaption> 元素（獨立內容）

<figure> 元素用來標示在主要內容中所參考引用的獨立內容，例如圖片、影片、程式碼等，而 <figcaption> 元素用來針對 <figure> 元素的內容設定說明，這兩個元素的屬性有第 2-1 節所介紹的全域屬性。

<figure> 元素所標示的內容可以移到文件的其它位置或附錄，不會影響主要內容的動線。

下面是一個例子，它先使用 <figure> 元素將一張圖片標示為獨立內容，然後使用 <figcaption> 元素設定圖片的說明，至於 <img> 元素則是用來嵌入圖片，第 4 章有進一步的介紹。

\Ch02\figure.html

```
<body>
  <figure>
    <img src="flower.jpg" width="400">
    <figcaption>
      取材自攝影師：Somben Chea:https://www.pexels.com/
    </figcaption>
  </figure>
</body>
```

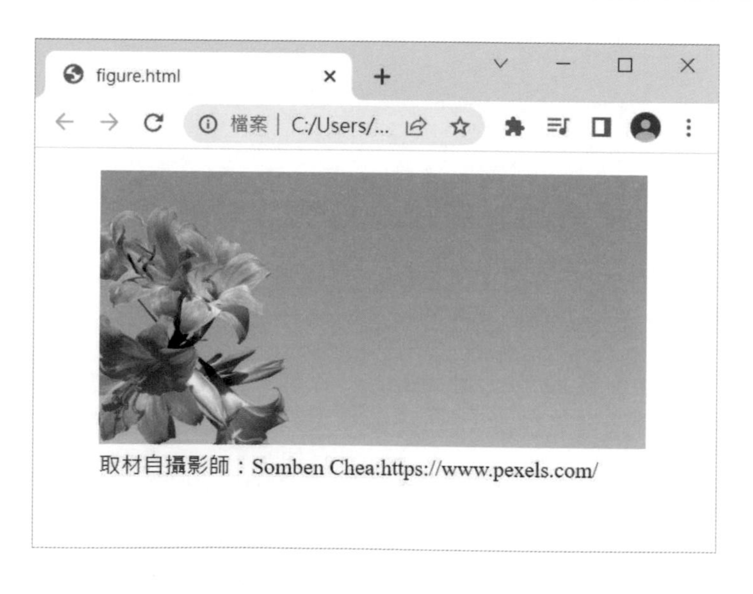

網頁程式設計

資料編輯與格式化

3-1 區塊格式

HTML 提供了一些用來標示區塊格式的元素，例如 <h1> ~ <h6>（標題 1 ~ 6）、<p>（段落）、<div>（群組成一個區塊）、<pre>（預先格式化區塊）、<blockquote>（引述區塊）、<address>（聯絡資訊）、<hr>（水平線）等，其中 <h1> ~ <h6>、<p> 和 <div> 等元素在第 2-3 節介紹過，此處就不再重複講解。

3-1-1 <pre> 元素（預先格式化區塊）

由於瀏覽器會忽略 HTML 元素之間多餘的空白字元和 [Enter] 鍵，導致在輸入某些內容時造成不便，例如程式碼，此時，我們可以使用 <pre> 元素預先將內容格式化，其屬性有第 2-1 節所介紹的全域屬性，下面是一個例子。

\Ch03\pre.html

```
<body>
  <pre>
  void main()
  {
    printf("Hello, world!\n");
  }
  </pre>
</body>
```

```
pre.html
檔案 | C:/Users/Jean/Docume...

void main()
{
  printf("Hello, world!\n");
}
```

❶ 使用 <pre> 元素標示預先格式化區塊　❷ 瀏覽結果會保留空白與換行

3-1-2 <blockquote> 元素（引述區塊）

<blockquote> 元素用來標示引述區塊，其屬性如下：

- cite="…"：設定引述的相關資訊或來源出處。
- 第 2-1 節所介紹的全域屬性。

下面是一個例子，其中第一段文字是一般的段落，而第二段文字是引述區塊，瀏覽器通常會以縮排的形式來顯示引述區塊，同時我們還加上 cite="https://www.w3.org/" 屬性標示引述的來源出處為 W3C 的官方網站。

\Ch03\blockquote.html

```
<body>
  <p>The Web of Things Working Group has published …. </p>

  <blockquote cite="https://www.w3.org/">
    <p>The Web of Things Working Group has published …. </p>
  </blockquote>
</body>
```

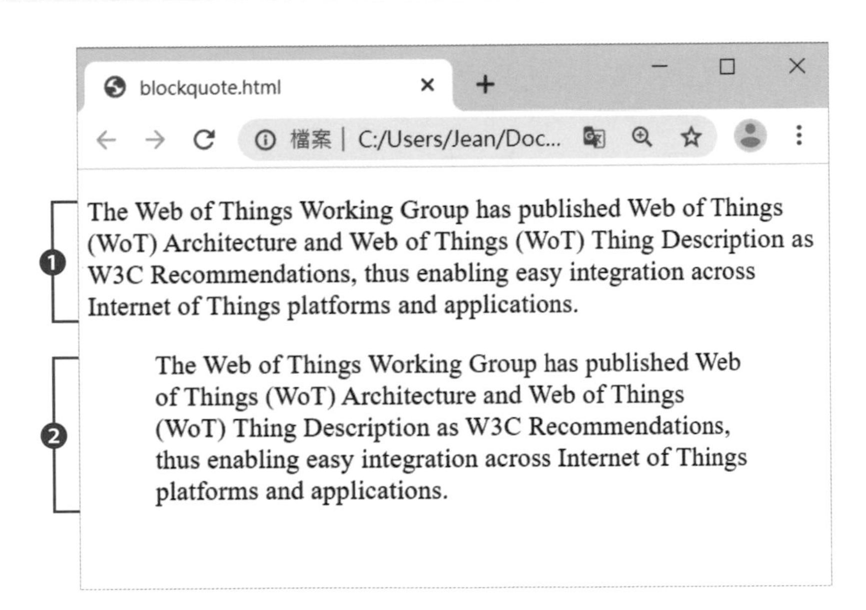

❶ 一般的段落不會左右縮排 ❷ 引述區塊會左右縮排

3-1-3 <address> 元素（聯絡資訊）

<address> 元素用來標示個人、團體或組織的聯絡資訊，例如地址、市內電話、行動電話、E-mail 帳號、即時通訊帳號、網址、地理位置資訊等，其屬性有第 2-1 節所介紹的全域屬性。

下面是一個例子，它使用 <address> 元素在文章的最後放上 jean@hotmail.com 超連結做為作者聯絡資訊。有關超連結的製作方式，第 3-6 節有進一步的說明。

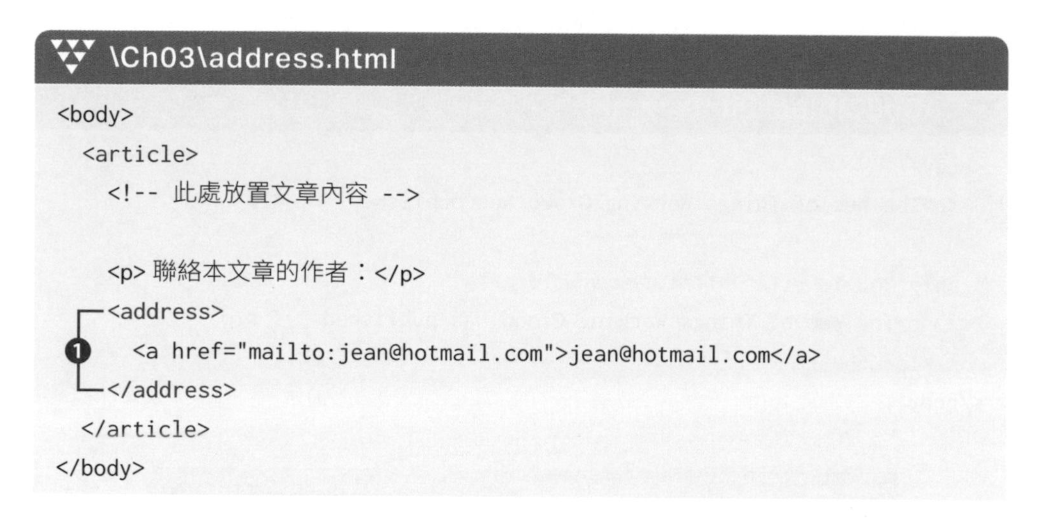

\Ch03\address.html

```
<body>
  <article>
    <!-- 此處放置文章內容 -->

    <p> 聯絡本文章的作者：</p>
 ┌ <address>
❶    <a href="mailto:jean@hotmail.com">jean@hotmail.com</a>
 └ </address>
  </article>
</body>
```

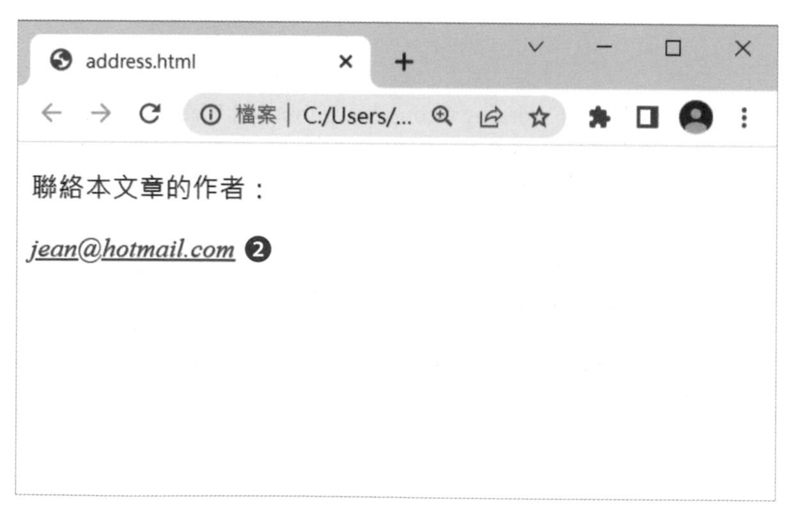

❶ 使用 <address> 元素標示聯絡資訊 ❷ 聯絡資訊的瀏覽結果

3-1-4 <hr> 元素（水平線）

<hr> 元素用來標示水平線，其屬性有第 2-1 節所介紹的全域屬性，該元素沒有結束標籤。

下面是一個例子，在視覺效果上，瀏覽器會顯示一條水平的分隔線，而在語意上，<hr> 元素代表的是段落層級的焦點轉移，例如從一首詩轉移到另一首詩，或從故事的一個情節轉移到另一個情節。

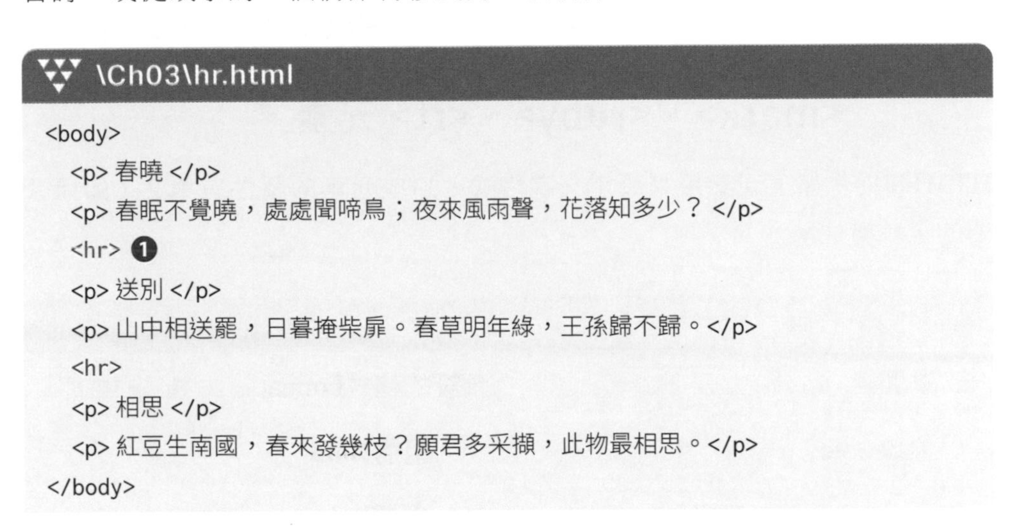

\Ch03\hr.html

```
<body>
  <p> 春曉 </p>
  <p> 春眠不覺曉，處處聞啼鳥；夜來風雨聲，花落知多少？ </p>
  <hr> ❶
  <p> 送別 </p>
  <p> 山中相送罷，日暮掩柴扉。春草明年綠，王孫歸不歸。</p>
  <hr>
  <p> 相思 </p>
  <p> 紅豆生南國，春來發幾枝？願君多采擷，此物最相思。</p>
</body>
```

❶ 使用 <hr> 元素標示水平線　❷ 水平線的瀏覽結果

3-2 文字格式

適當的文字格式可以提升網頁的可讀性和視覺效果，常見的文字格式有粗體、斜體、加底線、小字型、上標、下標等，以下就為您做說明。

3-2-1 <b>、<i>、<u>、<sub>、<sup>、<small>、<em>、<strong>、<dfn>、<code>、<samp>、<kbd>、<var>、<cite>、<abbr>、<s>、<q>、<mark>、<ruby>、<rt> 元素

HTML5 提供如下元素用來設定文字格式，這些元素的屬性有第 2-1 節所介紹的全域屬性。

範例	瀏覽結果	說明
預設的格式 Format	預設的格式Format	預設的格式
<b> 粗體 Bold</b>	**粗體Bold**	粗體
<i> 斜體 Italic</i>	*斜體Italic*	斜體
<u> 加底線 Underlined</u>	加底線Underlined	加底線
H₂O	H_2O	下標
X³	X^3	上標
<small>SMALL</small> FONT	SMALL FONT	小字型
<em> 強調斜體 Emphasized</em>	*強調斜體Emphasized*	強調斜體
<strong> 強調粗體 Strong</strong>	**強調粗體Strong**	強調粗體
<dfn> 定義 Definition</dfn>	*定義Definition*	定義文字
<code> 程式碼 Code</code>	程式碼Code	程式碼文字
<samp> 範例 SAMPLE</samp>	範例SAMPLE	範例文字

範例	瀏覽結果	說明
<kbd> 鍵盤 Keyboard</kbd>	鍵盤Keyboard	鍵盤文字
<var> 變數 Variable</var>	*變數Variable*	變數文字
<cite> 引用 Citation</cite>	*引用Citation*	引用文字
<abbr> 縮寫，如 HTTP</abbr>	縮寫，如HTTP	縮寫文字
<s> 刪除字 Strike</s>	~~刪除字Strike~~	刪除字
<q>Gone with the Wind</q>	"Gone with the Wind"	引用語
<mark> 螢光標記 </mark>	螢光標記	螢光標記
<ruby> 漢 <rt> ㄏㄢ ˋ</rt></ruby>	ㄏㄢˋ 漢	注音或拼音

- 雖然 HTML5 保留了這些涉及網頁外觀的元素，但 W3C 還是鼓勵網頁設計人員使用 CSS 來取代。
- HTML5 移除了 <font>、<basefont>、<big>、<blink>、<center>、<strike>、<tt>、<nobr>、<spacer> 等涉及網頁外觀的元素，建議使用 CSS 來取代，同時 HTML5 亦移除了 <acronym> 元素，建議使用 <abbr> 元素來取代。至於 <small> 元素雖然沒有被移除，但在定義上做了一些修改，用來標示版權聲明、法律限制等附屬細則。
- HTML5 修改了 <em> 和 <strong> 元素的意義，前者用來標示強調功能，而後者用來標示內容的重要性，但沒有要改變句子的意思或語氣。
- <mark> 元素是 HTML5 新增的元素，用來顯示螢光標記，它的意義和用來標示強調或重要性的 <em> 或 <strong> 元素不同。舉例來說，假設使用者在網頁上搜尋某個關鍵字，一旦搜尋到該關鍵字，就以螢光標記出來，那麼 <mark> 元素是比較適合的。
- <ruby> 與 <rt> 元素是 HTML5 新增的元素，其中 <ruby> 元素用來包住字串及其注音或拼音，而 <rt> 元素用來包住注音或拼音的部分。

3-2-2
 元素 (換行)

 元素用來換行，其屬性有第 2-1 節所介紹的全域屬性，該元素沒有結束標籤，下面是一個例子。

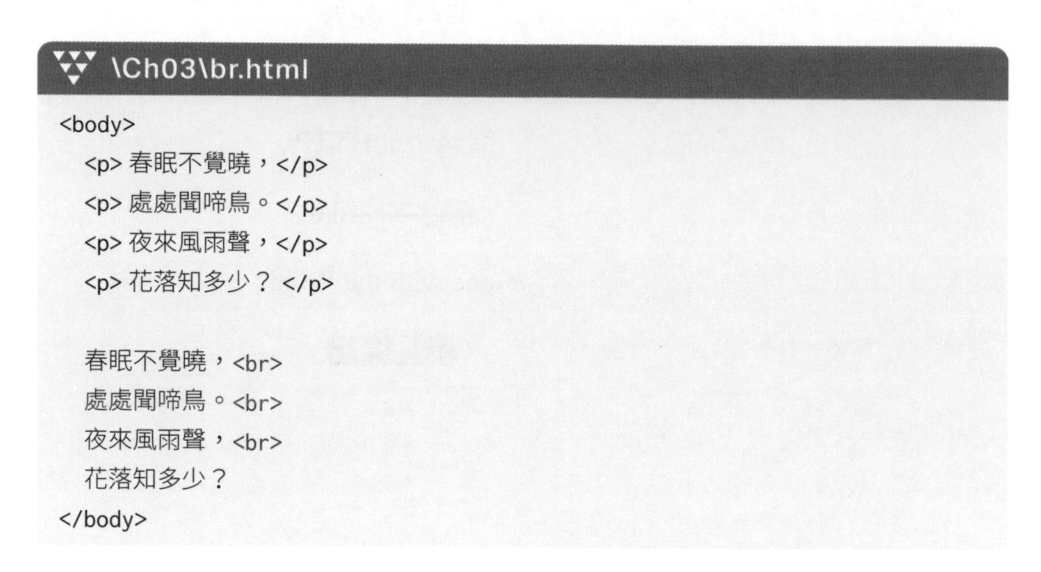

\Ch03\br.html

```
<body>
  <p> 春眠不覺曉，</p>
  <p> 處處聞啼鳥。</p>
  <p> 夜來風雨聲，</p>
  <p> 花落知多少？ </p>

  春眠不覺曉，<br>
  處處聞啼鳥。<br>
  夜來風雨聲，<br>
  花落知多少？
</body>
```

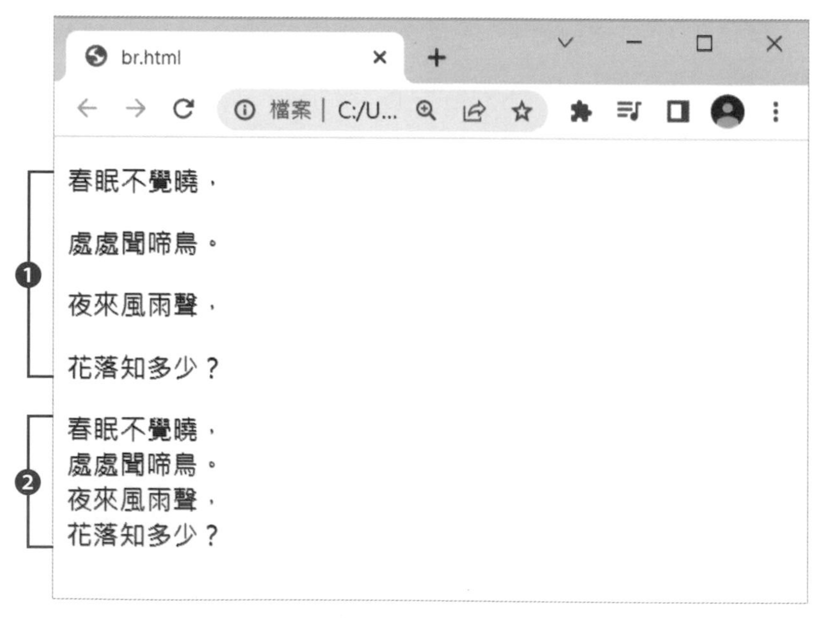

❶ 使用 <p> 元素標示段落的行距比較大

❷ 使用
 元素標示換行的行距比較小

3-2-3 <span> 元素 (群組成一行)

<span> 元素用來將 HTML 文件中某個範圍的內容和元素群組成一行，其屬性有第 2-1 節所介紹的全域屬性。所謂行內層級 (inline level) 指的是元素的內容在瀏覽器中不會另起一行，例如 <span>、<i>、<b>、<u>、<img>、<a>、<sub>、<sup>、<em>、<small> 等均是行內層級元素。

<span> 元素常見的用途就是搭配 class、id、style 等屬性，將 CSS 套用到 <span> 元素所群組的行內範圍，下面是一個例子。

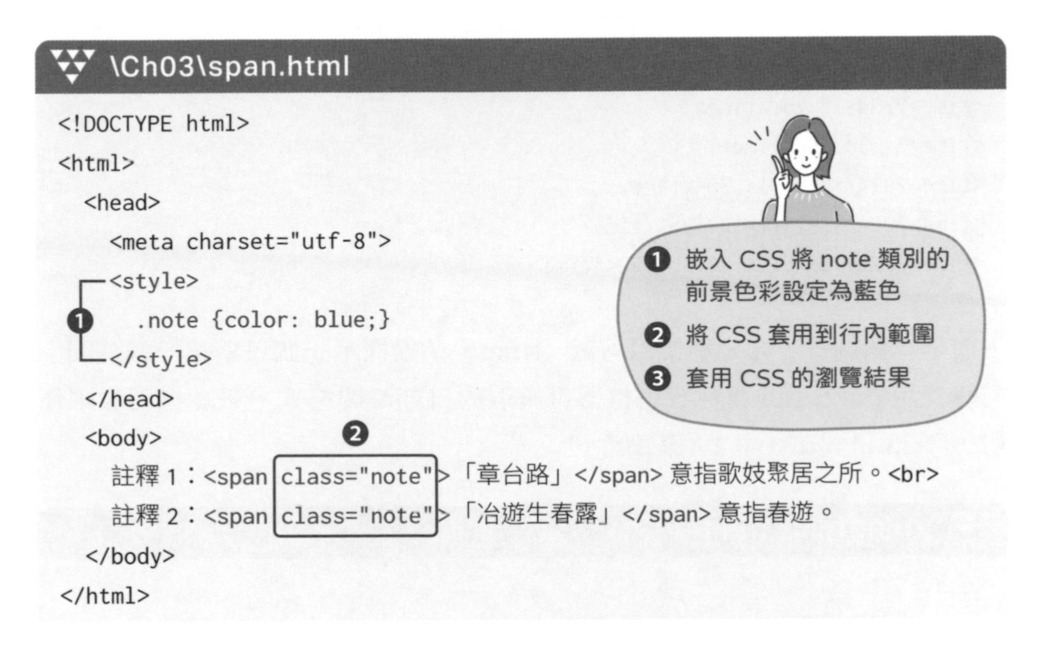

\Ch03\span.html

```
<!DOCTYPE html>
<html>
  <head>
    <meta charset="utf-8">
    <style>
      .note {color: blue;}
    </style>
  </head>
  <body>
    註釋 1：<span class="note">「章台路」</span> 意指歌妓聚居之所。<br>
    註釋 2：<span class="note">「冶遊生春露」</span> 意指春遊。
  </body>
</html>
```

❶ 嵌入 CSS 將 note 類別的前景色彩設定為藍色
❷ 將 CSS 套用到行內範圍
❸ 套用 CSS 的瀏覽結果

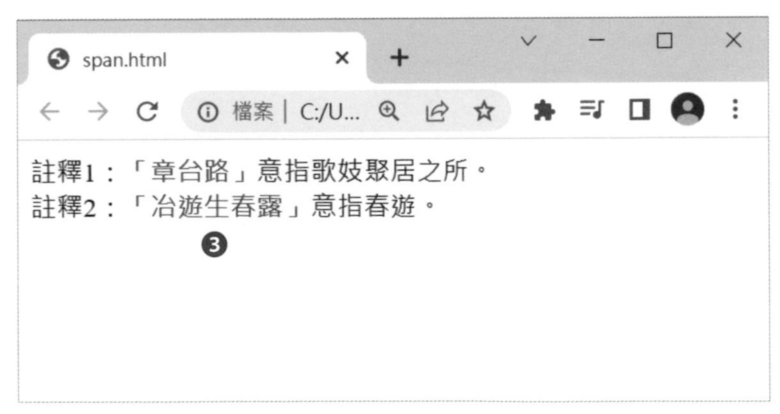
span.html
檔案 | C:/U...
註釋1：「章台路」意指歌妓聚居之所。
註釋2：「冶遊生春露」意指春遊。
❸

3-2-4 <time> 元素（日期時間）

HTML5 新增 <time> 元素用來標示日期時間，其屬性如下：

- datetime：設定機器可讀取的日期時間格式。
- 第 2-1 節所介紹的全域屬性。

機器可讀取的日期格式為 YYYY-MM-DD，時間格式為 HH:MM[:SS]，秒數可以省略不寫，兩者之間以 T 做區隔，若要設定更小的秒數單位，可以先加上小數點做區隔，然後設定更小的秒數，例如：

```
<time>2024-12-25</time>
<time>14:30:35</time>
<time>2024-12-25T14:30</time>
<time>2024-12-25T14:30:35</time>
<time>2024-12-25T14:30:35.922</time>
```

下面是一個例子，它分別使用兩個 <time> 元素標示一個日期和一個時間，同時使用 datetime 屬性設定機器可讀取的日期時間格式，畢竟機器看不懂「10 月 25 日」和「早上八點鐘」。

\Ch03\time.html

```
<body>
  <p> 本年度校慶日期為 <time datetime="2022-10-25">10 月 25 日 </time></p>
  <p> 進場時間為 <time datetime="08:00"> 早上八點鐘 </time></p>
</body>
```

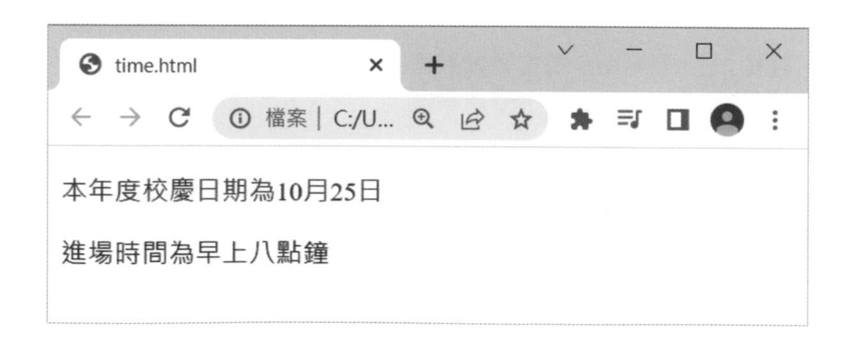

3-3 插入或刪除資料－ <ins>、<del> 元素

當我們要在網頁上插入資料時，可以使用 <ins> 元素，瀏覽器通常會以底線來顯示 <ins> 元素的內容；相反的，當我們要在網頁上刪除資料，可以使用 <del> 元素，瀏覽器通常會以刪除線來顯示 <del> 元素的內容。

這兩個元素的屬性如下：

- cite="..."：設定一個文件或訊息，以說明插入或刪除資料的原因。
- datetime="..."：設定插入或刪除資料的日期時間。
- 第 2-1 節所介紹的全域屬性。

下面是一個例子。

\Ch03\insdel.html

```
<!DOCTYPE html>
<html>
  <head>
    <meta charset="utf-8">
  </head>
  <body>
    指考倒數剩下 <del datetime="2022-07-01">2</del> 天
    <ins datetime="2022-07-02">1</ins> 天
  </body>
</html>
```

3-4 項目符號與編號－<ul>、<ol>、<li> 元素

當您閱讀書籍或整理資料時，可能會希望將相關資料條列式的編排出來，讓資料顯得有條不紊，此時可以使用 <ul> 元素為資料加上項目符號，或使用 <ol> 元素為資料加上編號，然後使用 <li> 元素設定個別的項目資料。

<ul> 元素用來標示項目符號，其屬性如下：

- 第 2-1 節所介紹的全域屬性。

<ol> 元素用來標示編號，其屬性如下：

- type="{1,A,a,I,i}"：設定編號的類型，設定值如下，省略不寫的話，表示阿拉伯數字。

設定值	說明
1（預設值）	從 1 開始的阿拉伯數字，例如 1.、2.、3.、4.、5.、…。
A	大寫英文字母，例如 A.、B.、C.、D.、E.、...。
a	小寫英文字母，例如 a.、b.、c.、d.、e.、...。
I	大寫羅馬數字，例如 I.、II.、III.、IV.、V.、…。
i	小寫羅馬數字，例如 i.、ii.、iii.、iv.、v.、…。

- start="*n*"：設定編號的起始值，省略不寫的話，表示從 1.、A.、a.、I.、i. 開始。
- reversed：以顛倒的編號順序顯示清單，例如 ...、5.、4.、3.、2.、1.。
- 第 2-1 節所介紹的全域屬性。

<li> 元素用來設定個別的項目資料，其屬性如下：

- value="*n*"：設定一個整數給項目資料，以代表該項目資料的序數。
- 第 2-1 節所介紹的全域屬性。

下面是一個例子，它定義了一個項目清單和一個編號清單，而且編號清單的編號是從 E 開始的大寫英文字母。

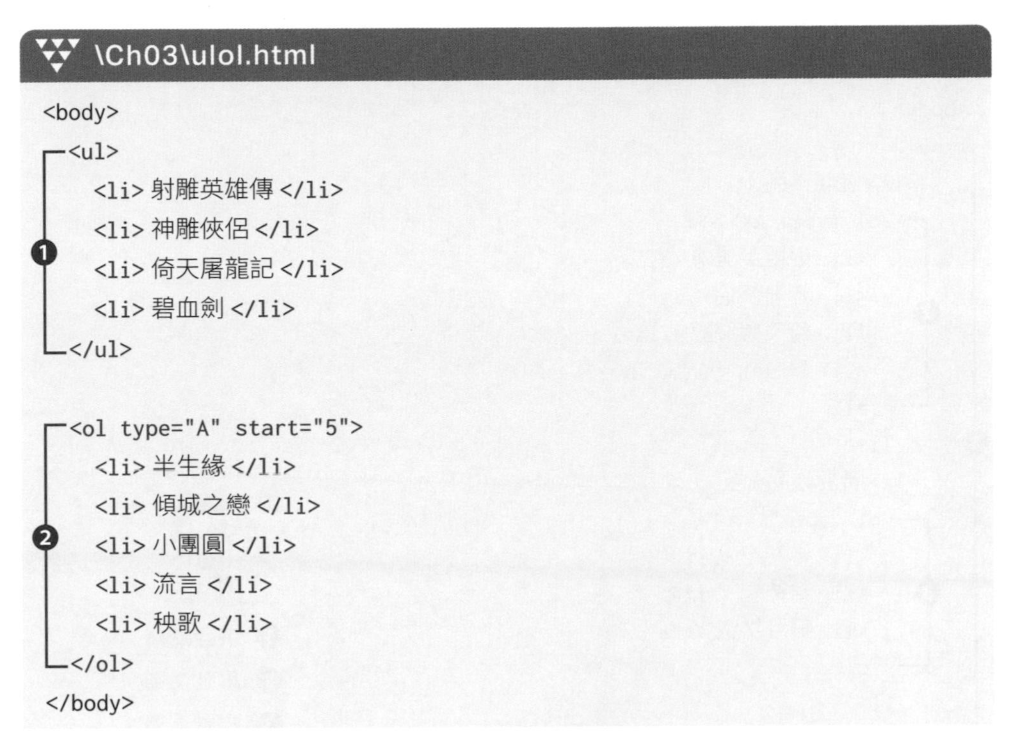

\Ch03\ulol.html

```
<body>
  <ul>
    <li> 射雕英雄傳 </li>
    <li> 神雕俠侶 </li>
    <li> 倚天屠龍記 </li>
    <li> 碧血劍 </li>
  </ul>

  <ol type="A" start="5">
    <li> 半生緣 </li>
    <li> 傾城之戀 </li>
    <li> 小團圓 </li>
    <li> 流言 </li>
    <li> 秧歌 </li>
  </ol>
</body>
```

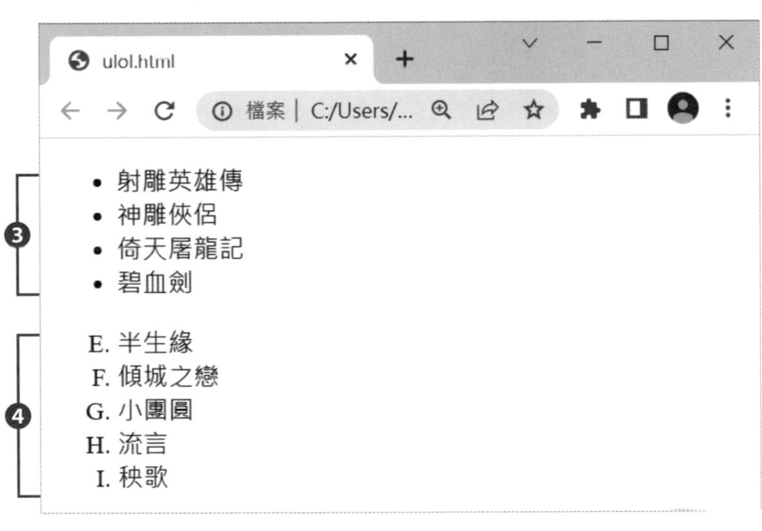

❶ 設定項目清單　❷ 設定編號清單　❸ 項目清單的瀏覽結果　❹ 編號清單的瀏覽結果

下面是另一個例子，它示範了如何製作巢狀清單，其中外層是一個項目清單，而內層是兩個編號清單。

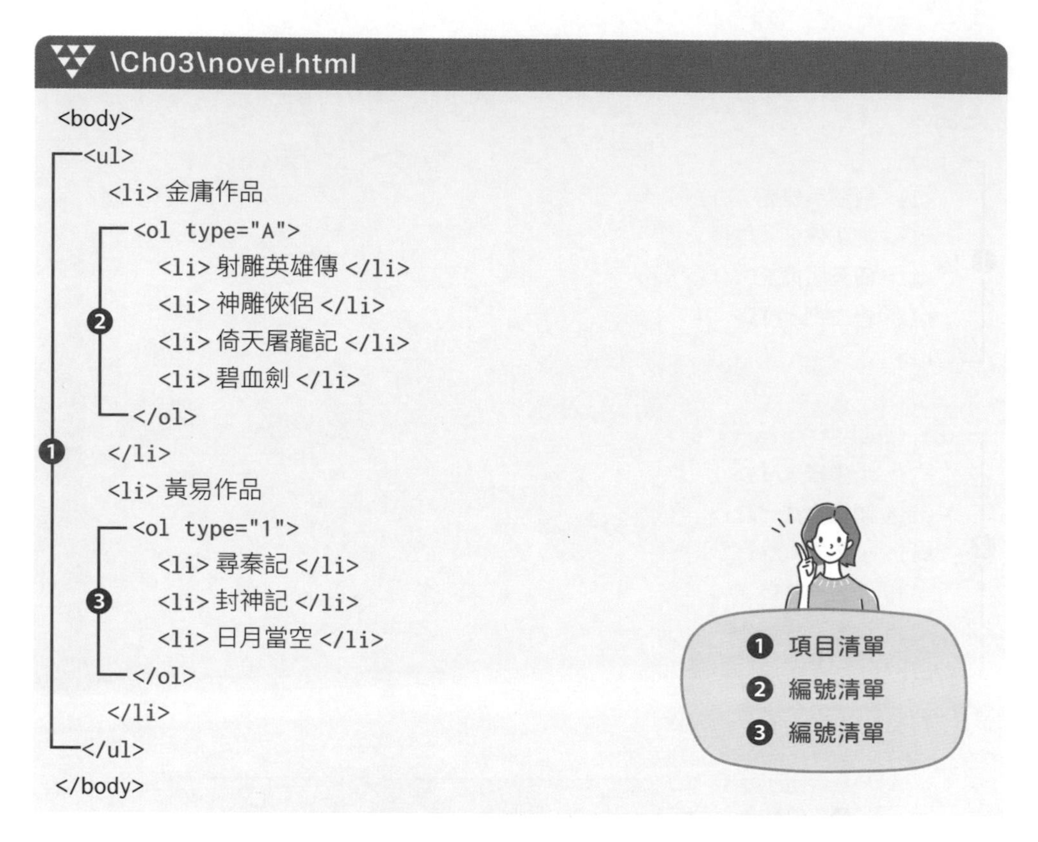

\Ch03\novel.html

```html
<body>
  <ul>
    <li> 金庸作品
      <ol type="A">
        <li> 射雕英雄傳 </li>
        <li> 神雕俠侶 </li>
        <li> 倚天屠龍記 </li>
        <li> 碧血劍 </li>
      </ol>
    </li>
    <li> 黃易作品
      <ol type="1">
        <li> 尋秦記 </li>
        <li> 封神記 </li>
        <li> 日月當空 </li>
      </ol>
    </li>
  </ul>
</body>
```


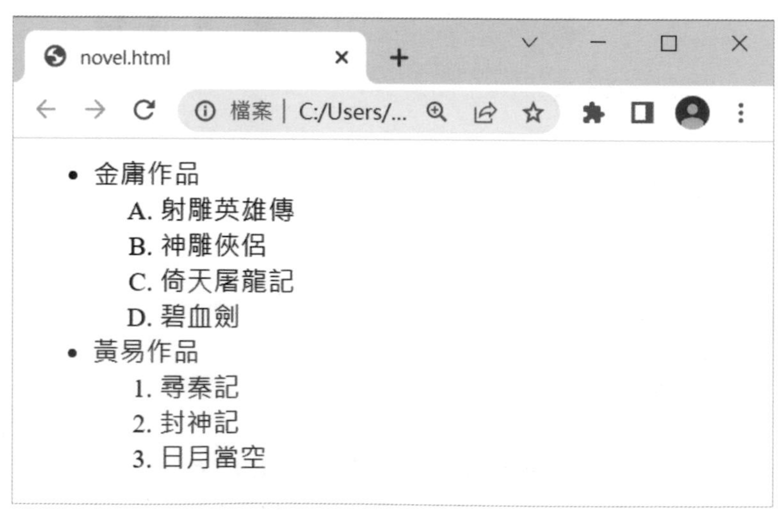

3-5 定義清單 – <dl>、<dt>、<dd> 元素

定義清單 (definition list) 是將資料格式化成兩個層次，您可以將它想像成類似目錄的東西，第一層資料是某個名詞，而第二層資料是該名詞的定義。

製作定義清單會使用到下列三個元素，其屬性有第 2-1 節所介紹的全域屬性：

- <dl>：標示定義清單的開頭與結尾。
- <dt>：標示定義清單的第一層資料。
- <dd>：標示定義清單的第二層資料。

下面是一個例子。

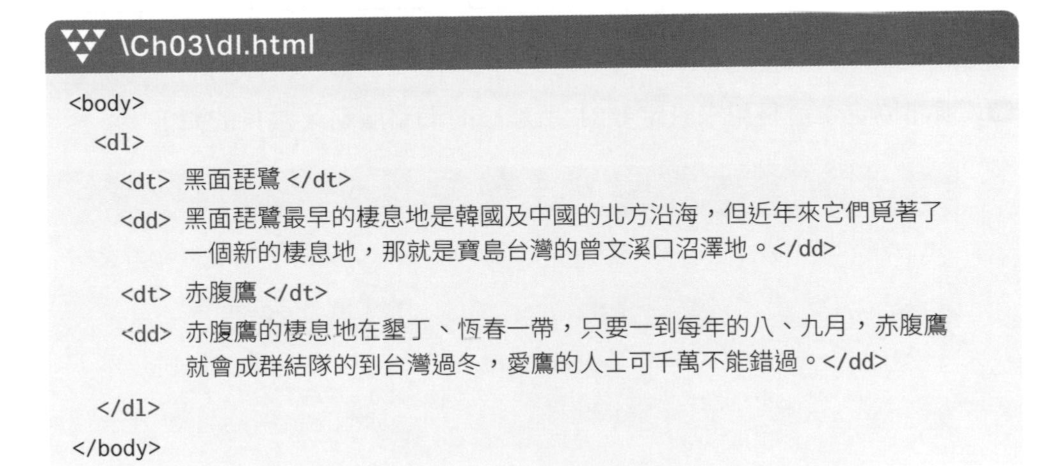

\Ch03\dl.html

```
<body>
  <dl>
    <dt> 黑面琵鷺 </dt>
    <dd> 黑面琵鷺最早的棲息地是韓國及中國的北方沿海，但近年來它們覓著了
         一個新的棲息地，那就是寶島台灣的曾文溪口沼澤地。</dd>
    <dt> 赤腹鷹 </dt>
    <dd> 赤腹鷹的棲息地在墾丁、恆春一帶，只要一到每年的八、九月，赤腹鷹
         就會成群結隊的到台灣過冬，愛鷹的人士可千萬不能錯過。</dd>
  </dl>
</body>
```

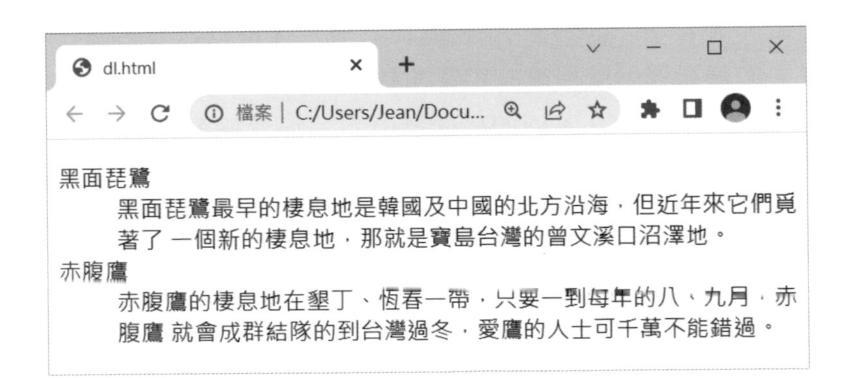

3-6 超連結

超連結 (hyperlink) 可以用來連結到網頁內的某個位置、E-mail 帳號、其它圖片、程式、檔案或網站。超連結的定址方式稱為 URL (Universal Resource Locator)，指的是 Web 上各種資源的網址。URL 通常包含下列幾個部分：

通訊協定 :// 伺服器名稱 [: 通訊埠編號]/ 資料夾 [/ 資料夾 2…]/ 文件名稱

例如：

http://www.lucky.com:80/products/list.html

通訊協定	伺服器名稱	通訊埠編號	資料夾	文件名稱
http://	www.lucky.com	80	products	list.html

- 通訊協定：這是用來設定 URL 所連結的網路服務，常見的如下。

通訊協定	網路服務	實例
http://、https://	全球資訊網	https://www.google.com.tw/
ftp://	檔案傳輸	ftp://ftp.lucky.com/
file:///	存取本機磁碟檔案	file:///c:/games/bubble.exe
mailto:	傳送電子郵件	mailto:jean@mail.lucky.com

- 伺服器名稱 [: 通訊埠編號]：伺服器名稱是提供服務的主機名稱，而冒號後面的通訊埠編號用來設定要開啟哪個通訊埠，預設值為 80。由於電腦可能會同時擔任不同的伺服器，為了便於區分，每種伺服器會各自對應一個通訊埠，例如 FTP、SMTP、HTTP、POP 的通訊埠編號為 21、25、80、110。

- 資料夾：這是儲存檔案的地方。

- 文件名稱：這是檔案的完整名稱，包括主檔名與副檔名。

3-6-1 絕對 URL 與相對 URL

URL 又分為「絕對 URL」與「相對 URL」兩種類型，絕對 URL (Absolute URL) 包含通訊協定、伺服器名稱、資料夾和文件名稱，通常連結到網際網路的超連結都是設定絕對 URL，例如 https://www.abc.com/index.html。

至於相對 URL (Relative URL) 則通常只包含資料夾和文件名稱，有時甚至連資料夾都可以省略不寫。當超連結所要連結的文件和超連結所屬的文件位於相同伺服器或相同資料夾時，就可以使用相對 URL。

相對 URL 又分為下列兩種類型：

- 文件相對 URL (Document-Relative URL)：以下圖的文件結構為例，假設 default.html 有連結到 email.html 和 question.html 的超連結，那麼超連結的 URL 可以寫成 Contact/email.html 和 Support/FAQ/question.html。由於這些資料夾和文件位於相同資料夾，故通訊協定和伺服器名稱可以省略不寫。

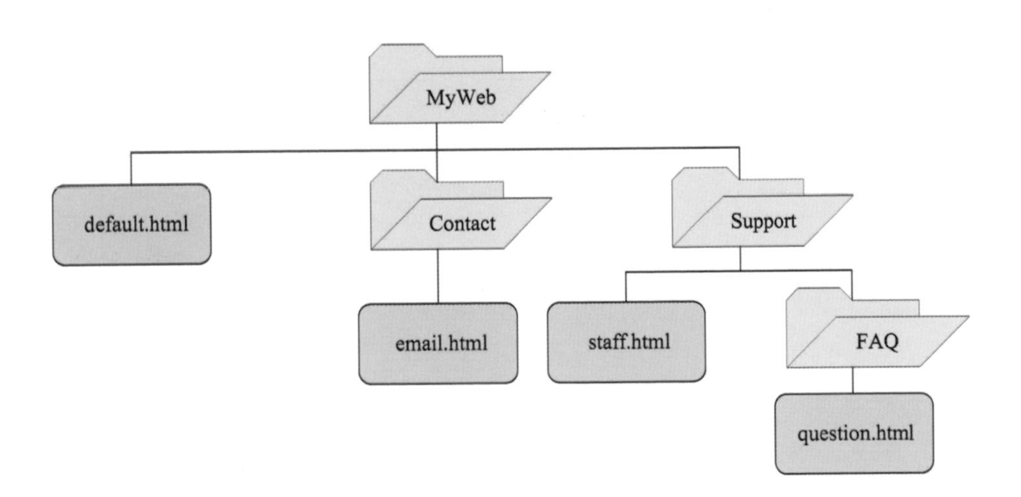

請注意，若 staff.html 有連結到 email.html 的超連結，那麼其 URL 必須設定為 ../Contact/email.html，".." 的意義是回到上一層資料夾；同理，若 question.html 有連結到 email.html 的超連結，那麼其 URL 必須設定為 ../../Contact/email.html。

- 伺服器相對 URL (Server-Relative URL)：伺服器相對 URL 是相對於伺服器的根目錄，以下圖的文件結構為例，斜線 (/) 代表根目錄，當我們要表示任何檔案或資料夾時，都必須從根目錄開始，例如 question.html 的位址為 /Support/FAQ/question.html，最前面的斜線 (/) 代表伺服器的根目錄，不能省略不寫。

  同理，若 default.html 有連結到 email.html 或 question.html 的超連結，那麼其 URL 必須設定為 /Contact/email.html 和 /Support/FAQ/question.html，最前面的斜線 (/) 不能省略不寫。

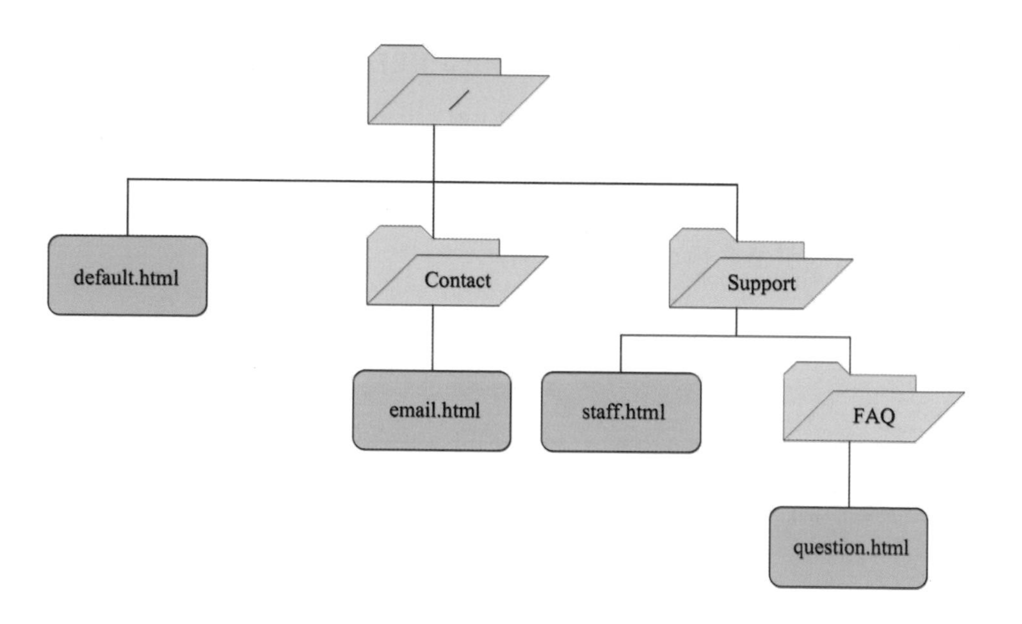

文件相對 URL 的優點是當我們將包含所有資料夾和文件的資料夾整個搬移到不同伺服器或其它位址時，文件之間的超連結仍可正確連結，無須重新設定；而伺服器相對 URL 的優點是當我們將所有文件和資料夾搬移到不同伺服器時，文件之間的超連結仍可正確運作，無須重新設定。

3-6-2 標示超連結－ <a> 元素

<a> 元素用來標示超連結，常見的屬性如下：

- href="*url*"：設定所連結之資源的網址，例如：

```
<a href="https://example.com">Website</a>
<a href="mailto:jean@mail.lucky.com">Email</a>
<a href="tel:+123456789">Phone</a>
```

- hreflang="*language-code*"：設定所連結之資源的語系。
- rel="..."：設定目前文件與所連結之資源的關聯，例如 alternate（替代表示方式）、author（作者）、bookmark（書籤）、external（外部資源）、help（說明）、icon（圖示）、license（授權）、next（下一頁）、preload（預先載入資源）、prev（上一頁）、search（搜尋）、stylesheet（樣式表）。
- type="*content-type*"：設定所連結之資源的內容類型。
- target="..."：設定要在哪裡開啟所連結的資源，設定值如下。

設定值	說明
_self（預設值）	將所連結的資源開啟在目前視窗。
_blank	將所連結的資源開啟在新索引標籤或新視窗，若不希望使用者就此離開原來的網頁，可以使用 target="_blank"，將所連結的資源開啟在新索引標籤或新視窗，如此一來，原來的網頁也會保持開啟在目前視窗。
_parent	將所連結的資源開啟在目前視窗的父視窗，若父視窗不存在，就開啟在目前視窗。
_top	將所連結的資源開啟在目前視窗的最上層視窗，若最上層視窗不存在，就開啟在目前視窗。

- download：設定要下載檔案而不是要瀏覽檔案。
- 第 2-1 節所介紹的全域屬性。

下面是一個例子，它會以項目清單的方式顯示四個超連結。

\Ch03\hyperlink.html

```
<ul>
  <li><a href="pre.html">連結到 pre.html 網頁 </a></li>
  <li><a href="poem.rar" download>下載 poem.rar 檔案 </a></li>
  <li><a href="https://www.google.com.tw/">連線到 Google</a></li>
  <li><a href="mailto:jean@mail.lucky.com">寫信給客服 </a></li>
</ul>
```

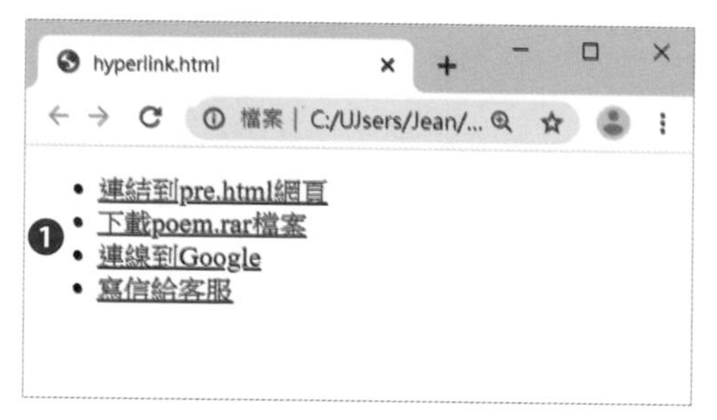

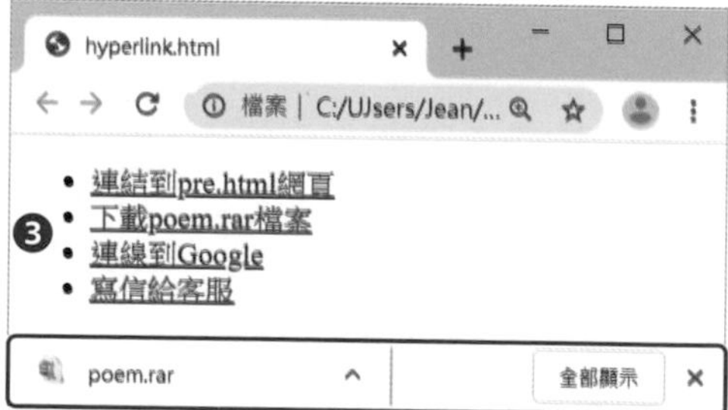

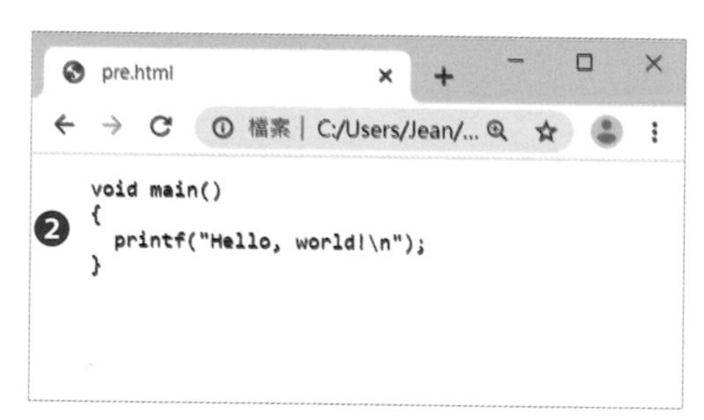

❶ 網頁的瀏覽結果

❷ 點取第一個超連結會開啟 pre.html 網頁

❸ 點取第二個超連結會下載 poem.rar 檔案

❹ 點取第三個超連結會開啟 Google 網站

❺ 點取第四個超連結會開啟 E-mail 程式並自動將收件者地址填寫上去

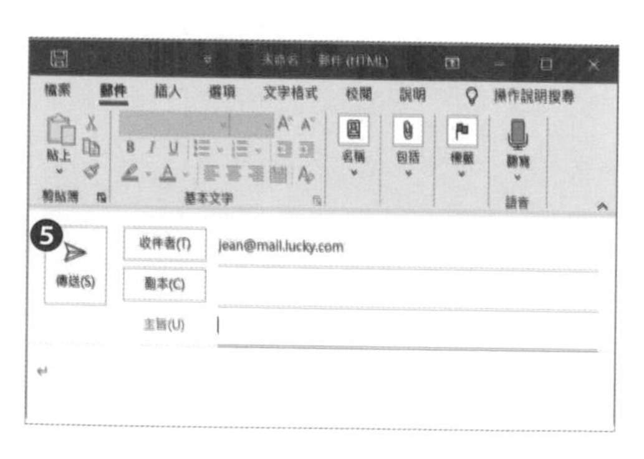

3-6-3 在新索引標籤開啟超連結

在預設的情況下，瀏覽器會將超連結所連結的資源開啟在目前視窗。若不希望使用者就此離開原來的網頁，可以在 <a> 元素加上 target="_blank" 屬性，將所連結的資源開啟在新索引標籤或新視窗，如此一來，原來的網頁也會保持開啟在目前視窗。

下面是一個例子，它會在新索引標籤開啟超連結所連結的 Apple 網站。

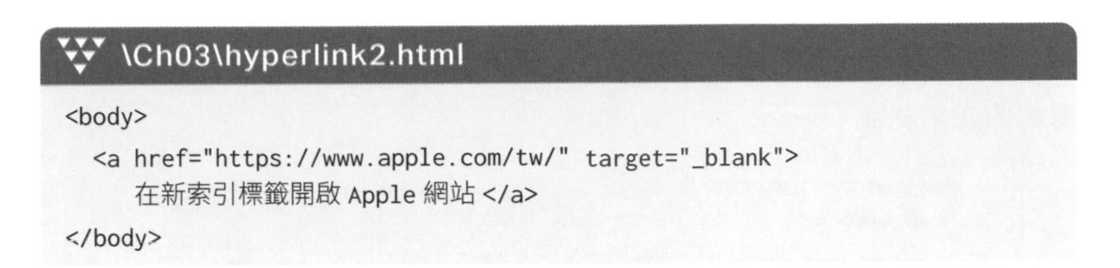

\Ch03\hyperlink2.html

```
<body>
  <a href="https://www.apple.com/tw/" target="_blank">
     在新索引標籤開啟 Apple 網站 </a>
</body>
```

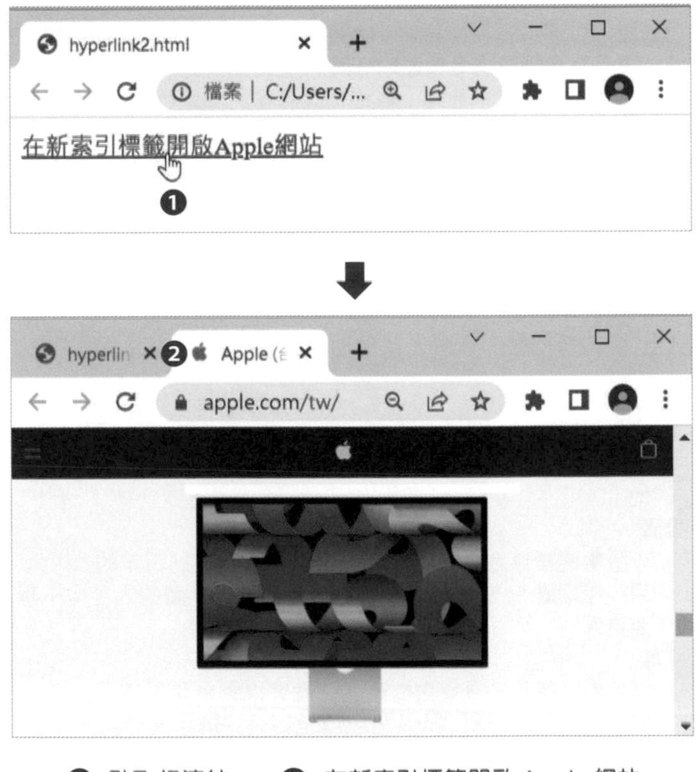

❶ 點取超連結　❷ 在新索引標籤開啟 Apple 網站

3-6-4 頁內超連結

超連結也可以用來連結到網頁內的某個位置，稱為頁內超連結。當網頁的內容比較長時，為了方便瀏覽資料，我們可以針對網頁上的主題建立頁內超連結，讓使用者一點取頁內超連結，就會跳到指定的內容。

下面是一個例子，由於這個網頁的內容比較長，使用者可能得移動捲軸才能瀏覽想看的資料，有點不方便，於是我們將網頁上方項目清單中的「黑面琵鷺」、「赤腹鷹」、「八色鳥」等三個項目設定為頁內超連結，分別連結到網頁下方定義清單中對應的介紹文字，令使用者一點取頁內超連結，就會跳到對應的介紹文字。

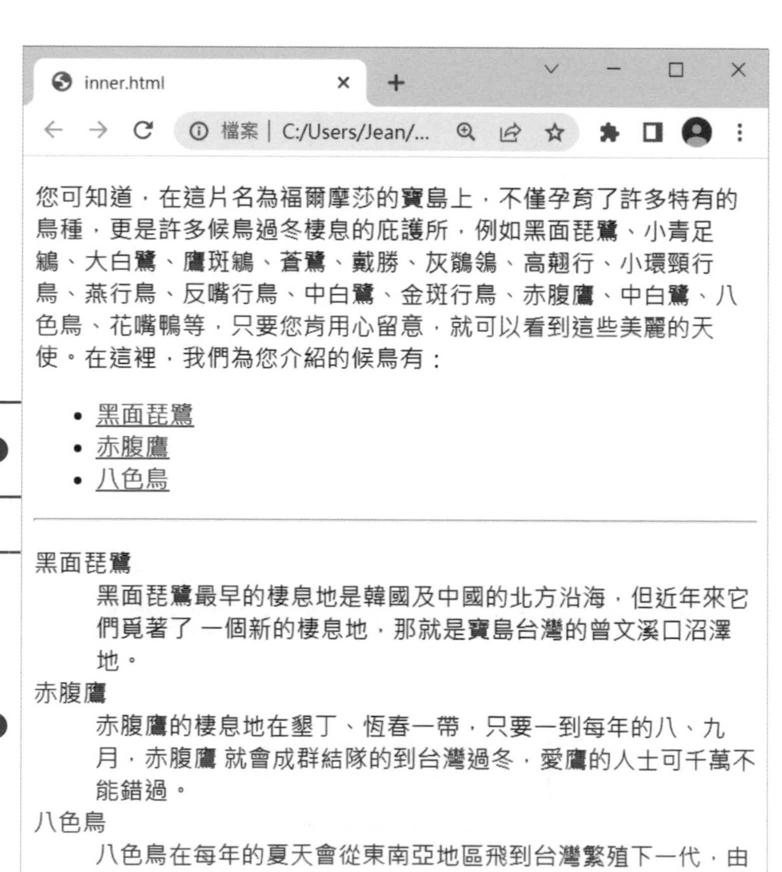

❶ 頁內超連結　❷ 對應的介紹文字

建立頁內超連結包含下列兩個步驟：

1. 在對應的介紹文字分別加上 id 屬性，以設定唯一的識別字做為識別。
2. 使用頁內超連結的 href 屬性設定所連結的識別字。由於此例的 href 屬性和欲連結的識別字位於相同檔案，所以檔名可以省略不寫。若識別字位於其它檔案，那麼在設定 href 屬性時，還要寫出檔名，例如 <a href="inner.html#bird1">。

\Ch03\inner.html

```
<body>
  <p> 您可知道，在這片名為福爾摩莎的寶島上，不僅孕育了許多特有的鳥種，更是
      許多候鳥過冬棲息的庇護所，例如黑面琵鷺、小青足鷸、大白鷺、鷹斑鷸、蒼
      鷺、戴勝、灰鶺鴒、高翹行、小環頸行鳥、燕行鳥、反嘴行鳥、中白鷺、金斑
      行鳥、赤腹鷹、中白鷺、八色鳥、花嘴鴨等，只要您肯用心留意，就可以看到
      這些美麗的天使。在這裡，我們為您介紹的候鳥有：</p>
  <ul>
    <li><a href="#bird1"> 黑面琵鷺 </a></li>
    <li><a href="#bird2"> 赤腹鷹 </a></li>
    <li><a href="#bird3"> 八色鳥 </a></li>
  </ul>        ❷
  <hr>
  <dl>        ❶
    <dt id="bird1"> 黑面琵鷺 </dt>
    <dd> 黑面琵鷺最早的棲息地是韓國及中國的北方沿海，但近年來它們覓著了一個
         新的棲息地，那就是寶島台灣的曾文溪口沼澤地。</dd>
    <dt id="bird2"> 赤腹鷹 </dt>
    <dd> 赤腹鷹的棲息地在墾丁、恆春一帶，只要一到每年的八、九月，赤腹鷹就會
         成群結隊的到台灣過冬，愛鷹的人士可千萬不能錯過。</dd>
    <dt id="bird3"> 八色鳥 </dt>
    <dd> 八色鳥在每年的夏天會從東南亞地區飛到台灣繁殖下一代，由於羽色艷麗
         （八種色彩），可以說是山林中的漂亮寶貝。</dd>
  </dl>
</body>
```

❶ 在對應的介紹文字分別加上 id 屬性，以設定唯一的識別字

❷ 使用 href 屬性設定所連結的識別字

3-7 相對 URL 的路徑資訊－<base> 元素

在 HTML 文件中，無論是連結到圖片、程式、檔案或樣式表的超連結，都是靠 URL 來設定路徑，而且為了方便起見，我們通常是將檔案放在相同資料夾，然後使用相對 URL 來表示超連結的位址。

若有天我們將檔案搬移到其它資料夾，那麼相對 URL 是否要一一修正呢？其實不用，只要使用 <base> 元素設定相對 URL 的路徑資訊就可以了。<base> 元素要放在 <head> 元素裡面，而且沒有結束標籤，常見的屬性如下：

- href="*url*"：設定相對 URL 的絕對位址。
- 第 2-1 節所介紹的全域屬性。

下面是一個例子，由於第 05 行在 <head> 元素裡面加入 <base> 元素設定相對 URL 的路徑資訊，因此，對第 08 行的相對 URL "hotnews.html" 來說，其實際位址為 "https://www.example.com/news/hotnews.html"。

\Ch03\relative.html

```
01: <!DOCTYPE html>
02: <html>
03:   <head>
04:     <meta charset="utf-8">
05:     <base href="https://www.example.com/news/index.html">
06:   </head>
07:   <body>
08:     <a href="hotnews.html">熱門新聞</a>
09:   </body>
10: </html>
```

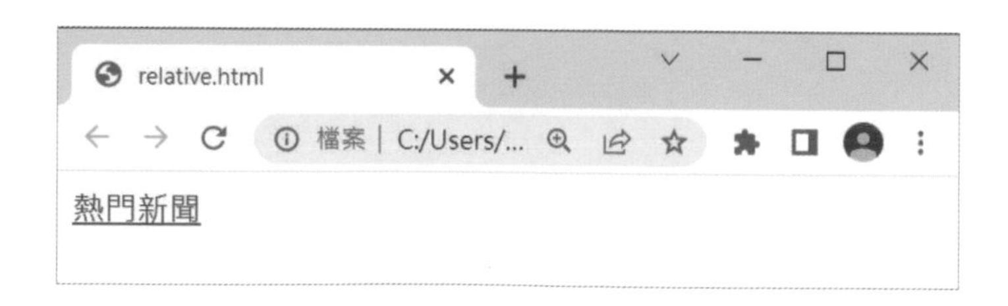

嵌入內容

4-1 嵌入圖片 – <img> 元素

我們可以使用 <img> 元素在 HTML 文件中嵌入圖片，該元素沒有結束標籤，常見的屬性如下：

- src="*url*"：設定圖片的網址。
- width="*n*"：設定圖片的寬度 (*n* 為像素數)。
- height="*n*"：設定圖片的高度 (*n* 為像素數)。
- alt="..."：設定圖片的替代顯示文字，用來描述圖片的性質。
- srcset="..."：設定在高解析度顯示器、小螢幕等不同情況下所要顯示的圖片。
- sizes="..."：設定在不同版面配置下所要顯示的圖片大小。
- ismap：設定圖片為伺服器端影像地圖。
- usemap="*url*"：設定所要使用的影像地圖。
- 第 2-1 節所介紹的全域屬性。

網頁上的圖檔格式通常是以 JPEG、GIF、PNG 為主，若圖片是由點與線的幾何圖形所組成，亦可使用 SVG 向量格式，其優點是檔案較小，適合縮放。

	JPEG	GIF	PNG
色彩數目	全彩	256 色	全彩
透明度	無	有	有
動畫	無	有	無 (可以透過擴充規格 APNG 製作動態效果)
適用時機	照片、漸層圖片	簡單圖片、需要去背或動態效果的圖片	照片、漸層圖片、簡單圖片、需要去背的圖片、動態貼圖

4-1-1 圖片的網址、寬度、高度與替代顯示文字

我們可以使用 <img> 元素的 src、width、height、alt 屬性設定圖片的網址、寬度、高度與替代顯示文字，下面是一個例子。

\Ch04\img1.html

```
01：<body>
02：  <img src="rose.jpg" width="200" alt=" 紅玫瑰 ">
03：  <img src="rose.jpg" width="200" height="300" alt=" 紅玫瑰 ">
04：  <img src="rose2.jpg" width="300" alt=" 紅玫瑰 ">
05：</body>
```

- 02：圖檔為 rose.jpg，寬度為 200 像素，替代顯示文字為「紅玫瑰」。由於只有設定寬度，所以高度會按比例調整，圖片不會變形。若都沒有設定寬度與高度，那麼瀏覽器會以圖片的原始大小來顯示。
- 03：圖檔為 rose.jpg，寬度為 200 像素，高度為 300 像素，替代顯示文字為「紅玫瑰」。由於有設定寬度與高度，所以圖片有點變形。
- 04：由於圖檔 rose2.jpg 不存在，瀏覽器無法順利顯示圖片，因而顯示「紅玫瑰」。

4-1-2 響應式圖片

當我們使用 PC 或手機瀏覽網頁上的圖片時，經常會遇到一種情況是圖片在 PC 上顯示很清晰，但在手機上顯示卻變得模糊，想要更換解析度較高的圖片，又怕拖慢網頁的載入速度。比較彈性的做法是預先準備多種尺寸的圖檔，讓瀏覽器根據不同的像素密度 (pixel density) 或圖片寬度載入適合的圖檔，這種技術就叫做響應式圖片 (responsive image)。

根據像素密度載入適合的圖檔

一般來說，PC 的像素密度通常是 1，而手機或平板的像素密度通常是 2 或 3，像素密度愈高，螢幕的畫質就愈細緻，所需要的圖檔也愈大。

我們可以利用 <img> 元素的 srcset 屬性讓瀏覽器根據像素密度選擇要載入哪個圖檔，舉例來說，假設有寬度為 320 像素和 640 像素兩個尺寸的圖檔，並命名為 pic_1x.jpg 和 pic_2x.jpg，接著撰寫如下敘述，當螢幕的像素密度為 1 時，瀏覽器會載入 pic_1x.jpg；當螢幕的像素密度為 2 時，瀏覽器會載入 pic_2x.jpg；若瀏覽器不支援 srcset 屬性或選不到適合的圖檔，就會載入 src 屬性所指定的 pic_2x.jpg：

```
<img srcset="pic_1x.jpg 1x, pic_2x.jpg 2x" src="pic_2x.jpg">
```

根據圖片寬度載入適合的圖檔

我們也可以利用 <img> 元素的 srcset 屬性讓瀏覽器根據圖片在螢幕上的寬度選擇要載入哪個圖檔，舉例來說，假設有寬度為 500 像素和 1000 像素兩個尺寸的圖檔，並命名為 pic_500w.jpg 和 pic_1000w.jpg，接著撰寫如下敘述，當圖片在螢幕上的寬度≦ 500 像素時，瀏覽器會載入 pic_500w.jpg；當圖片在螢幕上的寬度≦ 1000 像素時，瀏覽器會載入 pic_1000w.jpg；若瀏覽器不支援 srcset 屬性或選不到適合的圖檔，就會載入 src 屬性所指定的 pic_1000w.jpg：

```
<img srcset="pic_500w.jpg 500w, pic_1000w.jpg 1000w" src="pic_1000w.jpg">
```

這種設定方式必須搭配 <img> 元素的 sizes 屬性設定圖片大小，若沒有設定，就會使用預設值 "100vw"，也就是可視區域的 100% 寬度，所謂可視區域 (viewport) 指的是以瀏覽器觀看網頁時的顯示區域。sizes 屬性的單位可以是 px（像素）或 vw (viewport width)，亦支援媒體查詢的形式。

下面是一個例子，它除了使用 srcset 屬性設定相同內容但不同尺寸的圖檔，還搭配 sizes 屬性設定所要顯示的圖片大小。

\Ch04\img2.html

```
01: <body>
02:   <img srcset="rose-200w.jpg 200w, rose-400w.jpg 400w, rose-800w.jpg 800w"
03:        sizes="50vw"
04:        src="rose-800w.jpg"
05:        alt=" 紅玫瑰 ">
06: </body>
```

- 02：使用 srcset 屬性設定當圖片在螢幕上的寬度≦ 200、400、800 像素時，瀏覽器會分別載入 rose-200w.jpg、rose-400w.jpg、rose-800w.jpg。
- 03：使用 sizes 屬性設定所要顯示的圖片大小為 "50vw"，也就是可視區域的 50% 寬度。

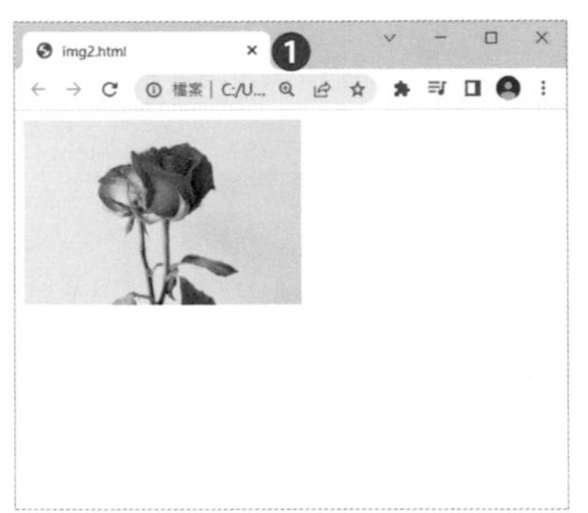

❶ 當瀏覽器縮小時，圖片會自動縮小至視窗的 50% 寬度
❷ 當瀏覽器放大時，圖片會自動放大至視窗的 50% 寬度

下面是另一個例子，比較特別的是它在設定 sizes 屬性的時候採取媒體查詢的形式，第 12 章有媒體查詢進一步的說明。

\Ch04\img3.html

```
01: <body>
02:   <img srcset="rose-400w.jpg 400w, rose-800w.jpg 800w"
03:        sizes="(max-width: 600px) 400px, 800px"
04:        src="rose-800w.jpg"
05:        alt=" 紅玫瑰 ">
06: </body>
```

- 02：使用 srcset 屬性設定當圖片在螢幕上的寬度≦ 400、800 像素時，瀏覽器會分別載入 rose-400w.jpg、rose-800w.jpg。
- 03：使用 sizes 屬性設定當瀏覽器的寬度≦ 600 像素時，所要顯示的圖片大小為 400 像素，如下圖 ❶；當瀏覽器的寬度＞ 600 像素時，所要顯示的圖片大小為 800 像素，如下圖 ❷。

  換句話說，只要瀏覽器的寬度≦ 600 像素，就會載入圖檔比較小的 rose-400w.jpg 以節省空間。

4-2 嵌入影片 – <video> 元素

和 HTML4.01 比起來，HTML5 最大的突破之一就是新增 <video> 和 <audio> 元素，以及相關的 API，進而賦予瀏覽器原生能力來播放影片與聲音，不再需要依賴 Windows Media Player、QuickTime、RealPlayer 等外掛程式。

至於 HTML5 為何要新增 <video> 和 <audio> 元素呢？主要的理由如下：

- 為了播放影片與聲音，各大瀏覽器無不使出各種招數，甚至自訂專用元素，彼此的支援程度互不相同，例如 <object>、<embed>、<bgsound> 等，而且經常需要設定一堆莫名的參數，令網頁設計人員相當困擾，而 <video> 和 <audio> 元素則提供了在網頁上播放影片與聲音的標準方式。
- 由於影片與聲音的格式眾多，所需要的外掛程式也不盡相同，但使用者卻不一定有安裝對應的外掛程式，導致無法順利播放。
- 對於必須依賴外掛程式來播放的影片，瀏覽器的做法通常是在網頁上保留一個區塊給外掛程式，然後就不去解譯該區塊，然而若有其它元素剛好也用到該區塊，可能會導致瀏覽器無法正確顯示網頁。

誠如前面所言，<video> 元素提供了在網頁上播放影片的標準方式，常見的屬性如下：

- src="*url*"：設定影片的網址。
- poster="*url*"：設定在影片下載完畢之前或開始播放之前所顯示的畫面，例如電影海報、光碟封面等。
- preload="{none,metadata,auto}"：設定是否要在載入網頁的同時將影片預先下載到緩衝區，none 表示否，metadata 表示要先取得影片的 metadata（例如畫格尺寸、片長、目錄列表、第一個畫格等），但不要預先下載影片的內容，auto 表示由瀏覽器決定，例如 PC 瀏覽器可能會預先下載影片，而行動瀏覽器可能礙於頻寬有限，不會預先下載影片。

- autoplay：設定讓瀏覽器在載入網頁的同時自動播放影片。
- controls：設定要顯示瀏覽器內建的控制面板。
- loop：設定影片重複播放。
- muted：設定影片為靜音。
- width="*n*"：設定影片的寬度 (*n* 為像素數)。
- height="*n*"：設定影片的高度 (*n* 為像素數)。
- crossorigin="..."：設定元素如何處理跨文件存取要求。
- 第 2-1 節所介紹的全域屬性。

下面是一個例子，它會播放 bird.mp4 影片，而且會顯示控制面板，載入網頁時自動播放影片，播放完畢之後會重複播放，一開始播放時為靜音模式，但使用者可以透過控制面板開啟聲音。

\Ch04\video1.html

```
<body>
  <video src="bird.mp4" controls autoplay loop muted></video>
</body>
```

此外，在影片下載完畢之前或開始播放之前，預設會顯示第一個畫格，但該畫格卻不見得具有任何意義，建議您可以使用 poster 屬性設定此時所顯示的畫面，例如電影海報、光碟封面等，下面是一個例子。

\Ch04\video2.html

```
<body>
  <video src="bird.mp4" controls poster="bird.jpg"></video>
</body>
```

HTML5 支援的視訊格式有 H.264/MPEG-4 (*.mp4、*.m4v)、WebM (*.webm)、Ogg Theora (*.ogv) 等，常見的瀏覽器支援情況如下。

	Chrome	Opera	Firefox	Edge	Safari
H.264/MPEG-4	Yes	Yes	Yes	Yes	Yes
WebM	Yes	Yes	Yes	Yes	No
Ogg Theora	Yes	Yes	Yes	Yes	No

4-3 嵌入聲音－<audio> 元素

<audio> 元素提供了在網頁上播放聲音的標準方式，常見的屬性有 src、preload、autoplay、loop、muted、controls、crossorigin 等，用法和 <video> 元素類似。下面是一個例子，只要按下播放鍵，就會播放 music.mp3 音樂。

\Ch04\audio.html

```
<body>
  <audio src="music.mp3" controls></audio>
</body>
```

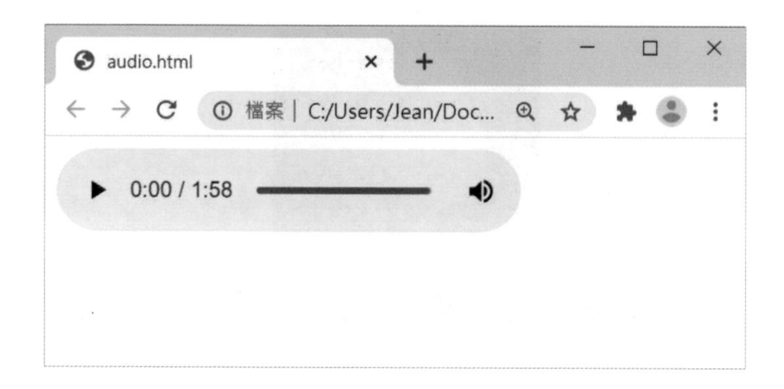

Note

HTML5 支援的音訊格式有 MP3 (.mp3、.m3u)、AAC (.aac、.mp4、.m4a)、Ogg Vorbis (*.ogg) 等，常見的瀏覽器支援情況如下。

	Chrome	Opera	Firefox	Edge	Safari
MP3	Yes	Yes	Yes	Yes	Yes
AAC	Yes	Yes	Yes	Yes	Yes
Ogg Vorbis	Yes	Yes	Yes	Yes	No

4-4 設定媒體資源－ <source> 元素

由於不同的瀏覽器所支援的視訊 / 音訊格式各異，為了確保使用者能夠順利觀看影片或聽見聲音，建議您同時在網頁中提供至少一種開放格式的影片檔 (WebM 或 Theora) 和 H.264/MPEG-4 格式的影片檔，以及至少一種開放格式的聲音檔 (Vorbis) 和 MP3 格式的聲音檔。

<source> 元素可以放在 <video>、<audio> 和 <picture> 元素裡面，用來設定影片、聲音或圖片的網址，該元素沒有結束標籤，常見的屬性如下，其中 src 屬性適用於父元素為 <video> 或 <audio> 元素，而 srcset、sizes、width、height、media 等屬性適用於父元素為 <picture> 元素：

- type="*content-type*"：設定資源的內容類型。
- src="*url*"：設定影音檔案的網址。
- srcset="..."：設定在高解析度顯示器、小螢幕等不同情況下所要顯示的圖片。
- sizes="..."：設定在不同版面配置下所要顯示的圖片大小。
- width="*n*"：設定圖片的寬度 (*n* 為像素數)。
- height="*n*"：設定圖片的高度 (*n* 為像素數)。
- media="…"：設定資源所要套用的媒體。

以下面的程式碼為例，瀏覽器會先判斷自己是否支援 video/webm 格式，是就播放 bird.webm，否則接著判斷自己是否支援 video/mp4 格式，是就播放 bird.mp4，否則顯示「瀏覽器無法播放這個影片！」。

```
<video>
  <source src="bird.webm" type="video/webm">
  <source src="bird.mp4" type="video/mp4">
  瀏覽器無法播放這個影片！
</video>
```

4-5 嵌入不同的圖片 – <picture> 元素

<picture> 元素可以用來針對不同的裝置或顯示畫面嵌入不同的圖片，其屬性有第 2-1 節所介紹的全域屬性。下面是一個例子，它會以 800 像素為分界，顯示兩張不同尺寸不同內容的圖片。

\Ch04\picture.html

```
01: <body>
02:   <picture>
03:     <source media="(max-width: 799px)" srcset="flower-400w-close.jpg">
04:     <source media="(min-width: 800px)" srcset="flower-800w.jpg">
05:     <img src="flower-800w.jpg" alt=" 美麗的花兒 ">
06:   </picture>
07: </body>
```

- 03：使用 <source> 元素設定當瀏覽器的寬度≦ 799 像素時，就載入 flower-400w-close.jpg，如下圖 ❶，這張圖片的漸層背景比較少。
- 04：使用 <source> 元素設定當瀏覽器的寬度≧ 800 像素，就載入 flower-800w.jpg，如下圖 ❷，這張圖片的漸層背景比較多。
- 05：若瀏覽器不支援 <source> 元素或選不到適合的圖檔，就載入 <img> 元素所指定的 flower-800w.jpg。

4-6 嵌入物件－ <object> 元素

若您原有的影片檔或聲音檔不是 <video> 和 <audio> 元素原生支援的視訊 / 音訊格式，那麼可以使用 HTML4.01 提供的 <object> 元素在 HTML 文件中嵌入圖片、影片、聲音或瀏覽器所支援的其它物件。

<object> 元素的屬性如下：

- data="*url*"：設定物件的網址。
- width="*n*"：設定物件的寬度 (*n* 為像素數)。
- height="*n*"：設定物件的高度 (*n* 為像素數)。
- name="..."：設定物件的名稱。
- type="*content-type*"：設定物件的內容類型，例如 MP4 影片檔的 MIME 類型為 video/mp4，Ogg Vorbis 聲音檔的 MIME 類型為 audio/ogg，PNG 圖檔的 MIME 類型為 image/png。
- form="*formid*"：設定物件隸屬於 ID 為 *formid* 的表單。
- 第 2-1 節所介紹的全域屬性。

嵌入影片

下面是一個例子，由於 AVI 影片不是 <video> 元素原生支援的視訊格式，因此，我們改用 <object> 元素嵌入影片，此時瀏覽器會先下載 bird.avi 影片，之後只要點取 [開啟]，就會啟動內建的播放程式開始播放影片。

\Ch04\object1.html

```
<body>
  <object data="bird.avi">
  </object>
</body>
```

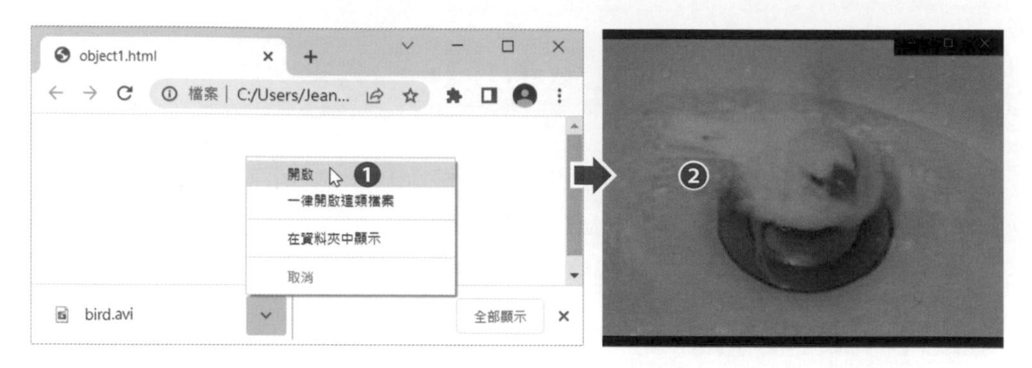

❶ 點取 [開啟]　　❷ 啟動播放程式開始播放影片

嵌入聲音

除了影片之外，我們也可以使用 <object> 元素嵌入聲音，下面是一個例子，只要按下播放鍵，就會開始播放 nanana.wav 音樂。

\Ch04\object2.html

```
<body>
  <object data="nanana.wav" type="audio/wav"
    width="200" height="200"></object>
</body>
```

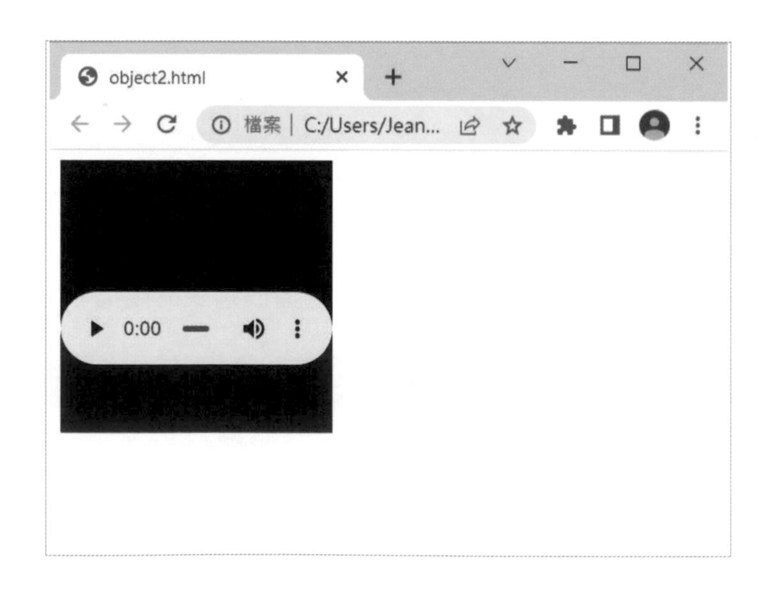

4-7 嵌入浮動框架 – <iframe> 元素

我們可以使用 <iframe> 元素在 HTML 文件中嵌入浮動框架，常見的屬性如下：

- src="*url*"：設定要顯示在浮動框架的資源網址。
- srcdoc="…"：設定要顯示在浮動框架的文件內容。
- name="..."：設定浮動框架的名稱。
- width="*n*"：設定浮動框架的寬度 (*n* 為像素數)。
- height="*n*"：設定浮動框架的高度 (*n* 為像素數)。
- sandbox="…"：設定套用到浮動框架的安全規則。
- allow="…"：設定套用到浮動框架的許可政策。
- allowfullscreen：允許以全螢幕顯示浮動框架的內容。
- loading="{eager, lazy}"：設定瀏覽器應該如何載入浮動框架，預設值為 eager，也就是無論浮動框架是否位於可視區域，都立刻載入浮動框架，而 lazy 是等浮動框架抵達可視區域的某個距離時才載入浮動框架。
- 第 2-1 節所介紹的全域屬性。

下面是一個例子，它將浮動框架的寬度與高度設定為 500 像素和 300 像素，並在裡面顯示 picture.html 網頁。我們也可以在浮動框架中顯示外部網站，不過，有些網站會拒絕顯示在浮動框架。

\Ch04\iframe1.html

```
<body>
  <iframe width="500" height="300" src="picture.html">
  </iframe>
</body>
```

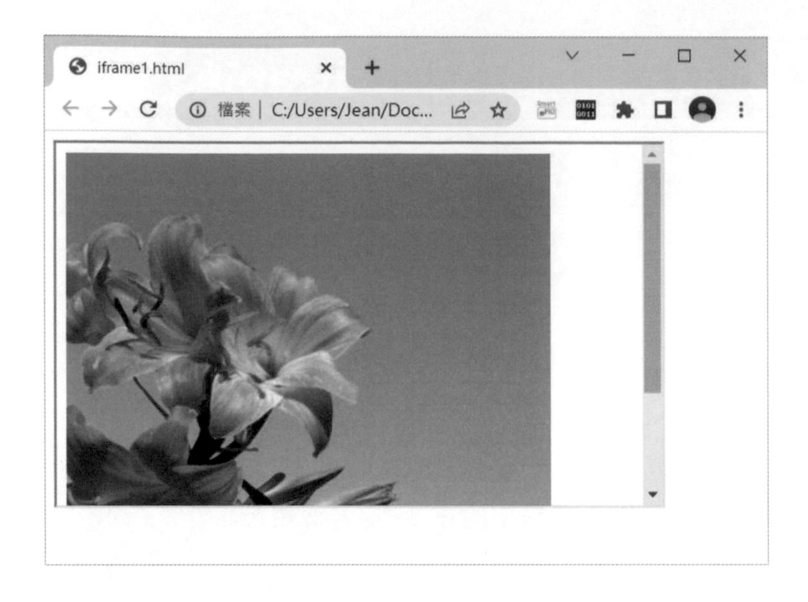

下面是另一個例子，它會透過 srcdoc 屬性設定要顯示在浮動框架的文件內容。

\Ch04\iframe2.html

```
<body>
  <iframe width="300" height="200" srcdoc="<p>This is iframe!</p>">
  </iframe>
</body>
```

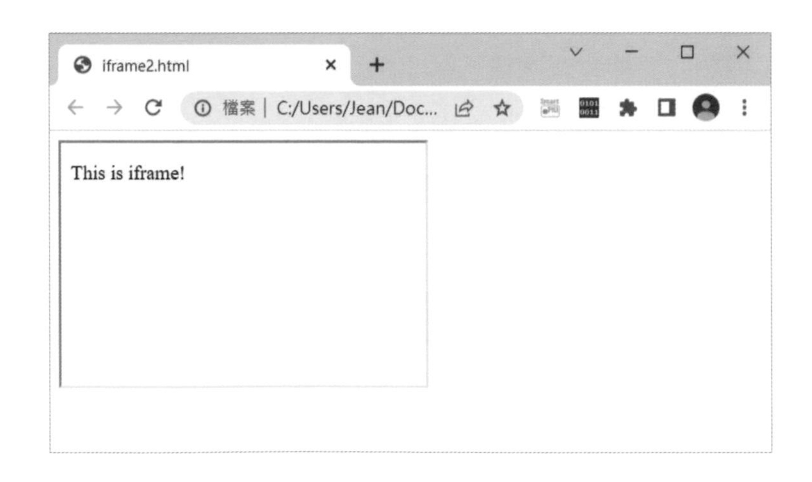

4-7-1 嵌入 YouTube 影片

我們可以利用浮動框架嵌入 YouTube 影片，操作步驟如下：

1. 以瀏覽器開啟 YouTube 並找到影片，然後在影片按一下滑鼠右鍵，選取 [複製嵌入程式碼]。

2. 將步驟 1. 複製的程式碼貼到網頁上要放置浮動框架的地方，然後儲存網頁。

\Ch04\iframe3.html

```
<body>
  <iframe width="683" height="384"
          src="https://www.youtube.com/embed/AxWqHF7LhAI"
          allow="accelerometer; autoplay; clipboard-write;
            encrypted-media; gyroscope; picture-in-picture"
          allowfullscreen>
  </iframe>
</body>
```

3 瀏覽結果如下圖。

4-7-2 嵌入 Google 地圖

除了 YouTube 影片，我們也可以嵌入 Google 地圖，操作步驟如下：

1 以瀏覽器開啟 Google 地圖並找到地點，例如台北 101 大樓，然後點取 [分享]。

網頁程式設計

2 點取 [嵌入地圖]。

3 點取網頁右上方的 [複製 HTML]。

4 將複製的程式碼貼到 HTML 文件，然後儲存網頁，這是一個浮動框架，裡面有一長串的地理位置資訊，簡略看過即可。

\Ch04\iframe4.html

```
<!DOCTYPE html>
<html>
  <head>
    <meta charset="utf-8">
  </head>
  <body>
    <iframe
      src="https://www.google.com/maps/embed?pb=!1m18!1m12!1m3!1d
      3615.0147121106443!2d121.5616626152849 6!3d25.03357478397253
      6!2m3!1f0!2f0!3f0!3m2!1i1024!2i768!4f13.1!3m3!1m2!1s0x3442
      abb6da80a7ad%3A0xacc4d11dc963103c!2z5Y-w5YyXMTAx!5e0!3m2!1szh-
      TW!2stw!4v1656576247455!5m2!1szh-TW!2stw"
      width="600" height="450" style="border:0;" allowfullscreen=""
      loading="lazy" referrerpolicy="no-referrer-when-downgrade">
    </iframe>
  </body>
</html>
```

5 瀏覽結果如下圖。

4-8 嵌入 Script – <script>、<noscript> 元素

我們可以使用 <script> 元素在 HTML 文件中嵌入瀏覽器端 Script，而這通常是 JavaScript。本節將示範如何嵌入已經寫好的 JavaScript 程式，至於如何撰寫 JavaScript 程式，第 13 ~ 15 章有進一步的說明。

<script> 元素常見的屬性如下：

- src="*url*"：設定 Script 的網址。
- type="*content-type*"：設定 Script 的內容類型。
- 第 2-1 節所介紹的全域屬性。

另外還有一個 <noscript> 元素用來針對不支援 Script 的瀏覽器設定顯示內容，例如下面的敘述是設定當瀏覽器不支援 Script 時，就顯示 <noscript> 元素裡面的內容：

```
<noscript>
  <p>很抱歉！瀏覽器不支援 Script ！</p>
</noscript>
```

下面是一個例子，當指標移到標題 1 時，就變成紅底白字；當指標離開標題 1 時，就恢復成預設樣式。

❶ 指標移到時會變成紅底白字　　❷ 指標離開時會恢復成預設樣式

\Ch04\jscript.html

```
01: <!DOCTYPE html>
02: <html>
03:   <head>
04:     <meta charset="utf-8">
05:   </head>
06:   <body>
07:     <h1 id="msg" onmouseover="change()" onmouseout="restore()">Hello!</h1>
08:     <script src="jscript.js"></script>
09:   </body>
10: </html>
```

\Ch04\jscript.js

```
11: // 當指標移到標題 1 時，就變成紅底白字
12: function change() {
13:   var msg = document.getElementById('msg');
14:   // 將前景色彩設定為白色
15:   msg.style.color = 'white';
16:   // 將背景色彩設定為紅色
17:   msg.style.backgroundColor = 'red';
18: }
19:
20: // 當指標離開標題 1 時，就恢復成預設樣式
21: function restore() {
22:   var msg = document.getElementById('msg');
23:   // 清除前景色彩（即恢復成預設樣式）
24:   msg.style.color = '';
25:   // 清除背景色彩（即恢復成預設樣式）
26:   msg.style.backgroundColor = '';
27: }
```

- 07：在 <h1> 元素裡面設定兩個事件處理程式，onmouseover="change()" 表示當指標移到時，就執行 change() 函式，而 onmouseout="restore()" 表示當指標離開時，就執行 restore() 函式。
- 08：使用 <script> 元素嵌入 jscript.js，這是一個 JavaScript 程式檔，裡面定義了 change() 和 restore() 兩個函式。

05

CHAPTER

表格

5-1 建立表格－<table>、<tr>、<th>、<td> 元素

當我們要陳列資料時，表格是很常見的形式，能夠讓讀者一目了然。在本節中，我們會說明如何使用 <table>、<tr>、<th>、<td> 等元素建立表格，以及示範一些常用的技巧。

<table> 元素

<table> 元素用來標示表格，其屬性如下：

- border="*n*"：設定表格的框線大小 (*n* 為像素數)。
- 第 2-1 節所介紹的全域屬性。

<tr> 元素

<tr> 元素用來在表格中標示一列 (row)，其屬性如下：

- 第 2-1 節所介紹的全域屬性。

<th> 元素

<th> 元素用來在一列中標示一個標題儲存格，其屬性如下：

- colspan="*n*"：設定標題儲存格是由幾行合併而成 (*n* 為行數)。
- rowspan="*n*"：設定標題儲存格是由幾列合併而成 (*n* 為列數)。
- headers="..."：設定標題儲存格的標題。
- abbr="..."：根據儲存格的內容設定一個縮寫。
- scope="{row,col,rowgroup,colgroup,auto}"：設定標題儲存格是一列、一行、一組列或一組行的標題，省略不寫的話，表示預設值 auto (自動)。
- 第 2-1 節所介紹的全域屬性。

<td> 元素

<td> 元素用來在一列中標示一個儲存格，其屬性如下：

- colspan="*n*"：設定儲存格是由幾行合併而成 (*n* 為行數)。
- rowspan="*n*"：設定儲存格是由幾列合併而成 (*n* 為列數)。
- headers="..."：設定與儲存格關聯的標題儲存格。
- 第 2-1 節所介紹的全域屬性。

下面是一個例子，它要製作如下圖的 4×3 表格 (4 列 3 行)，操作步驟如下：

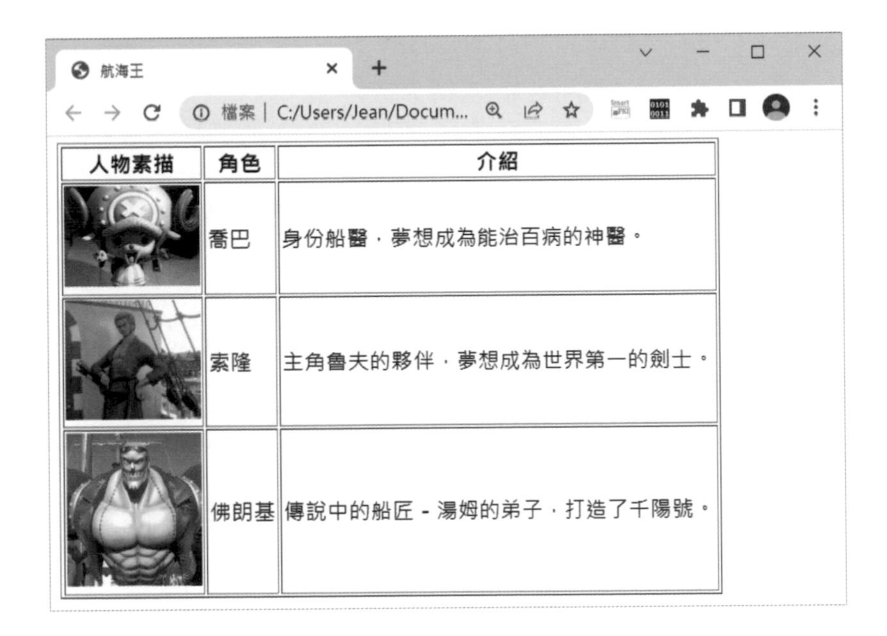

人物素描	角色	介紹
	喬巴	身份船醫，夢想成為能治百病的神醫。
	索隆	主角魯夫的夥伴，夢想成為世界第一的劍士。
	佛朗基	傳說中的船匠 - 湯姆的弟子，打造了千陽號。

1. 首先要標示表格，請在 <body> 元素裡面加入 <table> 元素，同時將表格框線設定為 1 像素，若沒有設定表格框線，就不會顯示框線。

```
<body>
  <table border="1">
  </table>
</body>
```

2 接著要標示表格的列數，請在 <table> 元素裡面加入 4 個 <tr> 元素。

```
<table border="1">
  <tr></tr>
  <tr></tr>
  <tr></tr>
  <tr></tr>
</table>
```

3 繼續要在表格的每一列中標示各個儲存格，由於表格有 3 行，而且第一列為標題列，所以在第一個 <tr> 元素裡面加入 3 個 <th> 元素，其餘各列則分別加入 3 個 <td> 元素，表示每一列有 3 行。

```
<table border="1">
  <tr>
    <th></th>
    <th></th>
    <th></th>
  </tr>
  <tr>
    <td></td>
    <td></td>
    <td></td>
  </tr>
  <tr>
    <td></td>
    <td></td>
    <td></td>
  </tr>
  <tr>
    <td></td>
    <td></td>
    <td></td>
  </tr>
</table>
```

4 最後在每個 <th> 和 <td> 元素裡面輸入各個儲存格的內容，就大功告成了。您可以在儲存格內嵌入圖片或輸入文字，同時可以設定圖片或文字的格式，有需要的話，還可以設定超連結。

\Ch05\piece.html

```
<!DOCTYPE html>
<html>
  <head>
    <meta charset="utf-8">
    <title> 航海王 </title>
  </head>
  <body>
    <table border="1">
      <tr>
        <th> 人物素描 </th>
        <th> 角色 </th>
        <th> 介紹 </th>
      </tr>
      <tr>
        <td><img src="piece1.jpg" width="100"></td>
        <td> 喬巴 </td>
        <td> 身份船醫，夢想成為能治百病的神醫。</td>
      </tr>
      <tr>
        <td><img src="piece2.jpg" width="100"></td>
        <td> 索隆 </td>
        <td> 主角魯夫的夥伴，夢想成為世界第一的劍士。</td>
      </tr>
      <tr>
        <td><img src="piece3.jpg" width="100"></td>
        <td> 佛朗基 </td>
        <td> 傳說中的船匠一湯姆的弟子，打造了千陽號。</td>
      </tr>
    </table>
  </body>
</html>
```

5-1-1 跨列合併儲存格

有時我們需要將某幾列的儲存格合併成一個儲存格，達到跨列的效果，此時可以使用 <td> 或 <th> 元素的 rowspan="*n*" 屬性，其中 *n* 為要合併的列數。

下面是一個例子，它在第二列的第一個儲存格加上 rowspan="2" 屬性，表示該儲存格是由兩個儲存格跨列合併而成，於是得到如下圖的瀏覽結果。

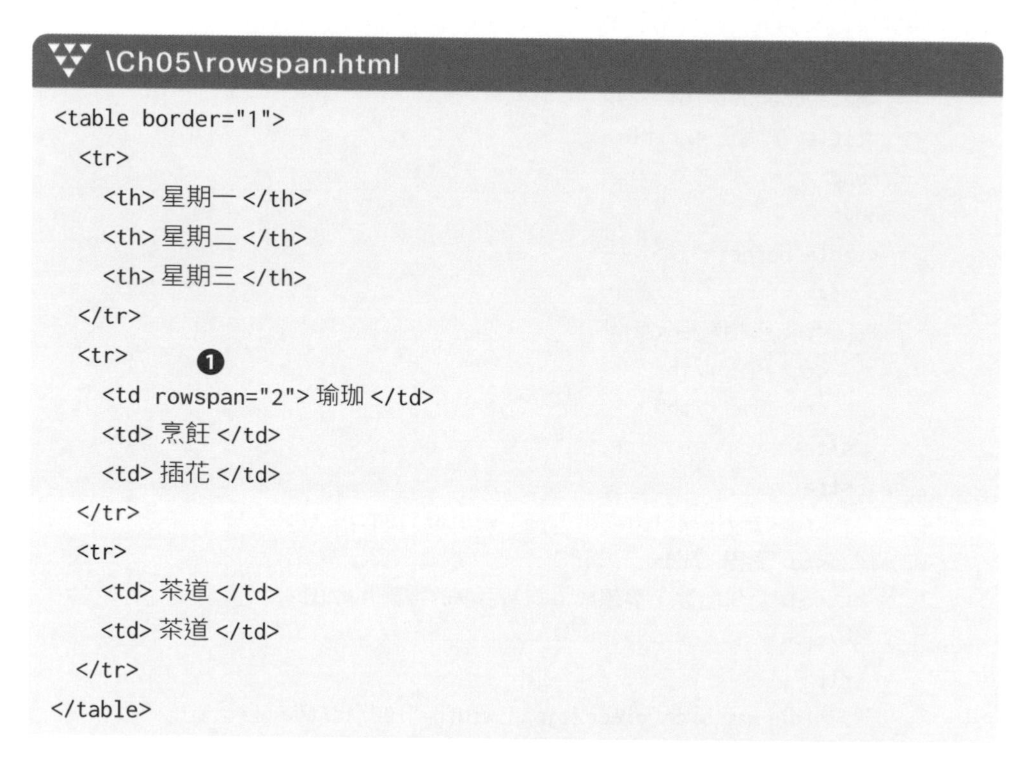

\Ch05\rowspan.html

```
<table border="1">
  <tr>
    <th> 星期一 </th>
    <th> 星期二 </th>
    <th> 星期三 </th>
  </tr>
  <tr>          ❶
    <td rowspan="2"> 瑜珈 </td>
    <td> 烹飪 </td>
    <td> 插花 </td>
  </tr>
  <tr>
    <td> 茶道 </td>
    <td> 茶道 </td>
  </tr>
</table>
```

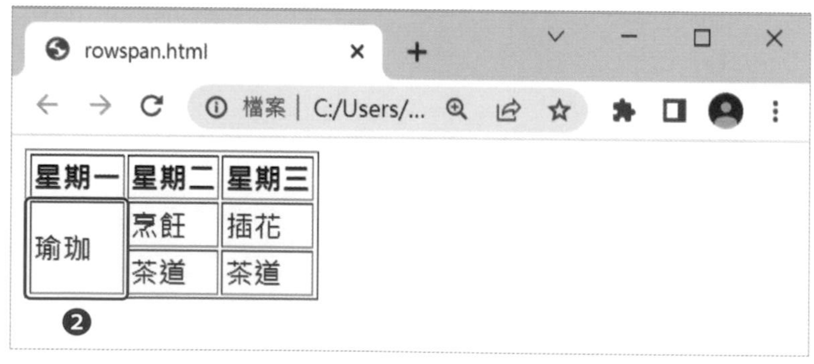

❶ 在此儲存格加上 rowspan="2" 屬性　❷ 跨列合併儲存格的結果

5-1-2 跨行合併儲存格

有時我們需要將某幾行的儲存格合併成一個儲存格，達到跨行的效果，此時可以使用 <td> 或 <th> 元素的 colpan="*n*" 屬性，其中 *n* 為要合併的行數。

下面是一個例子，它在第三列的第二個儲存格加上 colspan="2" 屬性，表示該儲存格是由兩個儲存格跨行合併而成，於是得到如下圖的瀏覽結果。

\Ch05\colspan.html

```
<table border="1">
  <tr>
    <th> 星期一 </th>
    <th> 星期二 </th>
    <th> 星期三 </th>
  </tr>
  <tr>
    <td> 瑜珈 </td>
    <td> 烹飪 </td>
    <td> 插花 </td>
  </tr>
  <tr>
    <td> 瑜珈 </td>
    <td colspan="2"> 茶道 </td>
  </tr>     ❶
</table>
```

❶ 在此儲存格加上 colspan="2" 屬性　❷ 跨行合併儲存格的結果

5-2 表格標題－<caption> 元素

我們可以使用 <caption> 元素設定表格標題，而且該標題可以是文字或圖片，其屬性有第 2-1 節所介紹的全域屬性，下面是一個例子。

\Ch05\piece2.html

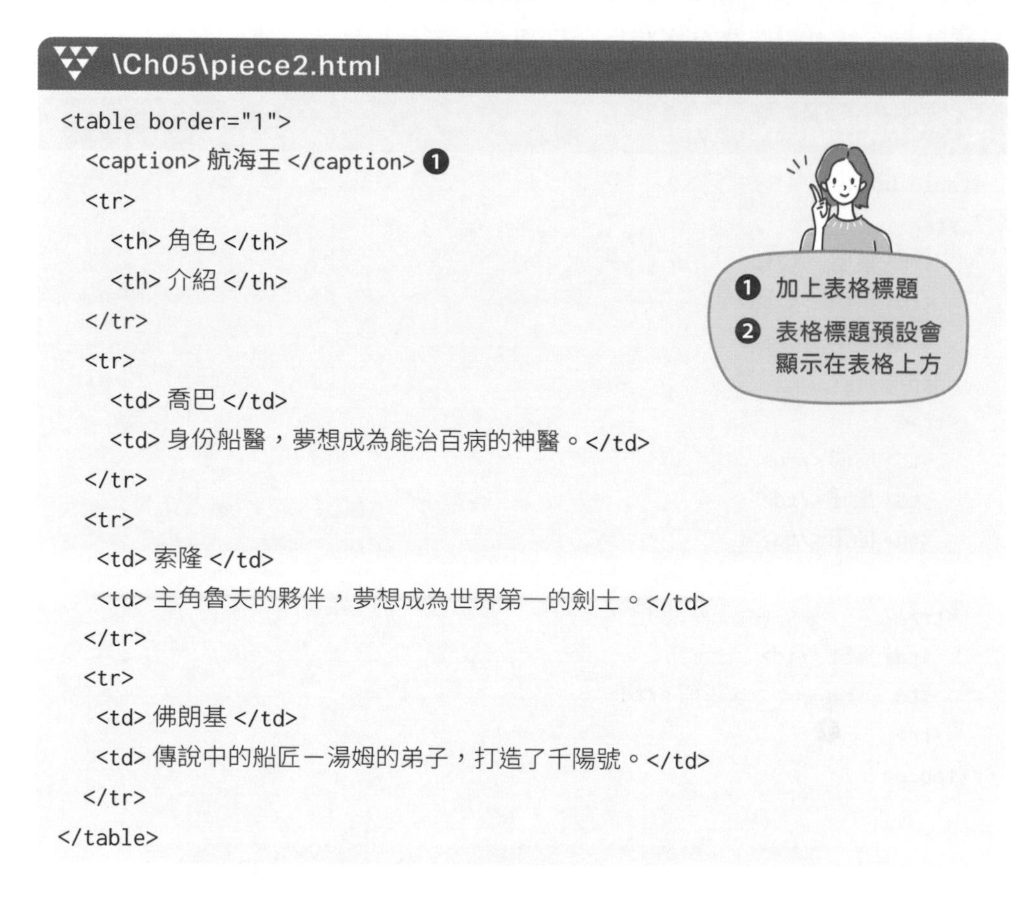

```
<table border="1">
  <caption> 航海王 </caption> ❶
  <tr>
    <th> 角色 </th>
    <th> 介紹 </th>
  </tr>
  <tr>
    <td> 喬巴 </td>
    <td> 身份船醫，夢想成為能治百病的神醫。</td>
  </tr>
  <tr>
   <td> 索隆 </td>
   <td> 主角魯夫的夥伴，夢想成為世界第一的劍士。</td>
  </tr>
  <tr>
   <td> 佛朗基 </td>
   <td> 傳說中的船匠一湯姆的弟子，打造了千陽號。</td>
  </tr>
</table>
```

❶ 加上表格標題
❷ 表格標題預設會顯示在表格上方

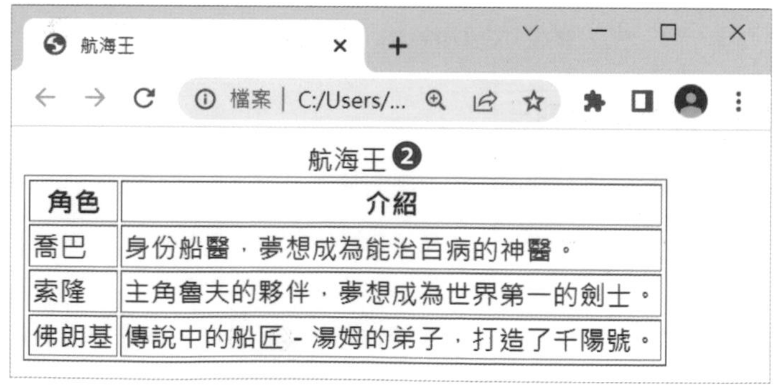

航海王
檔案 | C:/Users/...
航海王 ❷

角色	介紹
喬巴	身份船醫，夢想成為能治百病的神醫。
索隆	主角魯夫的夥伴，夢想成為世界第一的劍士。
佛朗基	傳說中的船匠 - 湯姆的弟子，打造了千陽號。

5-3 表格的表頭、主體與表尾－<thead>、<tbody>、<tfoot> 元素

有些表格的第一列、主內容與最後一列會提供不同的資訊，此時可以使用下列三個元素將它們區隔出來，其屬性有第 2-1 節所介紹的全域屬性：

- <thead>：標示表格的表頭，也就是第一列的標題列。
- <tbody>：標示表格的主體，也就是表格的主內容。
- <tfoot>：標示表格的表尾，也就是最後一列的註腳。

下面是一個例子，為了清楚呈現出表格的表頭、主體與表尾，我們使用 CSS 設定表格的框線、背景色彩、留白等樣式，您可以先簡略看過，第 7 ~ 12 章有進一步的說明。

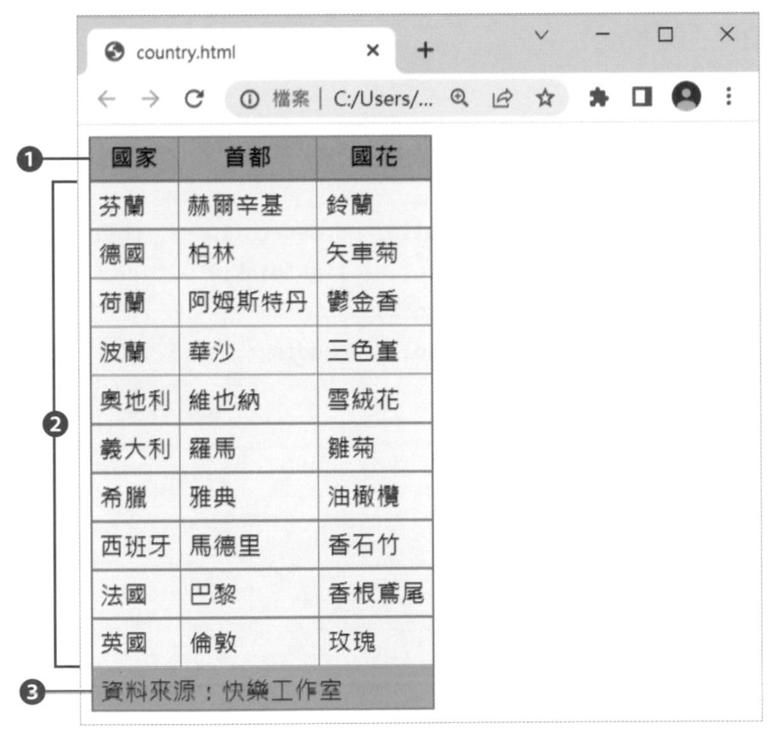

國家	首都	國花
芬蘭	赫爾辛基	鈴蘭
德國	柏林	矢車菊
荷蘭	阿姆斯特丹	鬱金香
波蘭	華沙	三色堇
奧地利	維也納	雪絨花
義大利	羅馬	雛菊
希臘	雅典	油橄欖
西班牙	馬德里	香石竹
法國	巴黎	香根鳶尾
英國	倫敦	玫瑰
資料來源：快樂工作室		

❶ 表格表頭　❷ 表格主體　❸ 表格表尾

這個例子的程式碼乍看之下有點長，但並不難懂，主要的重點如下：

- 06：設定整個表格的樣式 (框線為 1 像素、灰色、實線，框線重疊)。
- 07：設定表格表頭與表格表尾的樣式 (背景色彩為淺粉紅色)。
- 08：設定表格主體的樣式 (背景色彩為雪白色)。
- 09：設定標題儲存格與儲存格的樣式 (框線為 1 像素、灰色、實線，留白為 5 像素)。
- 14 ~ 20：使用 <thead> 元素標示表格的表頭。
- 21 ~ 48：使用 <tbody> 元素標示表格的主體。
- 49 ~ 53：使用 <tfoot> 元素標示表格的表尾。

\Ch05\country.html (下頁續 1/2)

```
01: <!DOCTYPE html>
02: <html>
03:   <head>
04:     <meta charset="utf-8">
05:     <style>
06:       table {border: 1px gray solid; border-collapse: collapse;}
07:       thead, tfoot {background-color: lightpink;}
08:       tbody {background-color: snow;}
09:       th, td {border: 1px gray solid; padding: 5px;}
10:     </style>
11:   </head>
12:   <body>
13:     <table>
14:       <thead>
15:         <tr>
16:           <th> 國家 </th>
17:  ❶        <th> 首都 </th>
18:           <th> 國花 </th>
19:         </tr>
20:       </thead>
```

\Ch05\country.html (接上頁 2/2)

```
21:    <tboby>
22:      <tr>
23:        <td> 芬蘭 </td>
24:        <td> 赫爾辛基 </td>
25:        <td> 鈴蘭 </td>
26:      </tr>
27:      <tr>
28:        <td> 德國 </td>
29:        <td> 柏林 </td>
30:        <td> 矢車菊 </td>
31:      </tr>
32:      <tr>
33:        <td> 荷蘭 </td>
34:        <td> 阿姆斯特丹 </td>
35:        <td> 鬱金香 </td>
36:      </tr>
37:      …
38:      <tr>
39:        <td> 法國 </td>
40:        <td> 巴黎 </td>
41:        <td> 香根鳶尾 </td>
42:      </tr>
43:      <tr>
44:        <td> 英國 </td>
45:        <td> 倫敦 </td>
46:        <td> 玫瑰 </td>
47:      </tr>
48:    </tbody>
49:    <tfoot>
50:      <tr>
51:        <td colspan="3"> 資料來源：快樂工作室 </td>
52:      </tr>
53:    </tfoot>
54:   </table>
55:  </body>
56: </html>
```

❶ 表格表頭
❷ 表格主體
❸ 表格表尾

5-4 直行式表格－ <colgroup>、<col> 元素

前幾節的討論都是針對表格的「列」，若要改成針對表格的「行」來做設定，該怎麼辦呢？此時可以使用下列兩個元素：

- <colgroup>：標示表格中的一組直行。
- <col>：標示表格中的一個直行，該元素沒有結束標籤，必須與 <colgroup> 元素合併使用。

這兩個元素的屬性有第 2-1 節所介紹的全域屬性，以及 span="*n*" 屬性，表示將連續的 *n* 行視為一組直行或一個直行，預設值為 1。

下面是一個例子，它在 <colgroup> 元素裡面放了兩個 <col> 元素，分別代表第一行和第二、三行，然後將其 class 屬性設定為 style1 和 style2，以便使用 CSS 針對第一行和第二、三行設定不同的背景色彩。

國家	首都	國花
芬蘭	赫爾辛基	鈴蘭
德國	柏林	矢車菊
荷蘭	阿姆斯特丹	鬱金香
波蘭	華沙	三色堇
奧地利	維也納	雪絨花
義大利	羅馬	雛菊
希臘	雅典	油橄欖
西班牙	馬德里	香石竹
法國	巴黎	香根鳶尾
英國	倫敦	玫瑰

❶ 第一行的背景色彩為淺粉紅色　❷ 第二、三行的背景色彩為雪白色

這個例子的程式碼乍看之下有點長，但並不難懂，主要的重點如下：

- 06：設定整個表格的樣式（框線為 1 像素、灰色、實線，框線重疊）。
- 07：設定標題儲存格與儲存格的樣式（框線為 1 像素、灰色、實線，留白為 5 像素）。
- 08：設定第一行的樣式（背景色彩為淺粉紅色）。
- 09：設定第二、三行的樣式（背景色彩為雪白色）。
- 14 ~ 17：使用 <colgroup> 元素標示一組直行。
- 15：使用 <col> 元素標示第一個直行，也就是表格的第一行。
- 16：使用 <col> 元素標示第二個直行，該直行涵蓋連續兩行，也就是表格的第二、三行。

Ch05\country2.html （下頁續 1/2）

```
01: <!DOCTYPE html>
02: <html>
03:   <head>
04:     <meta charset="utf-8">
05:     <style>
06:       table {border: 1px gray solid; border-collapse: collapse;}
07:       th, td {border: 1px gray solid; padding: 5px;}
08:       .style1 {background-color: lightpink;}
09:       .style2 {background-color: snow;}
10:     </style>
11:   </head>
12:   <body>
13:     <table>
14:       <colgroup>
15:         <col class="style1">
16:         <col span="2" class="style2">
17:       </colgroup>
18:       <tr>
19:         <th> 國家 </th>
20:         <th> 首都 </th>
```

Ch05\country2.html (接上頁 2/2)

```
21:         <th> 國花 </th>
22:       </tr>
23:       <tr>
24:         <td> 芬蘭 </td>
25:         <td> 赫爾辛基 </td>
26:         <td> 鈴蘭 </td>
27:       </tr>
28:       <tr>
29:         <td> 德國 </td>
30:         <td> 柏林 </td>
31:         <td> 矢車菊 </td>
32:       </tr>
33:       <tr>
34:         <td> 荷蘭 </td>
35:         <td> 阿姆斯特丹 </td>
36:         <td> 鬱金香 </td>
37:       </tr>
38:       <tr>
39:         <td> 波蘭 </td>
40:         <td> 華沙 </td>
41:         <td> 三色堇 </td>
42:       </tr>
43:       …
44:       <tr>
45:         <td> 法國 </td>
46:         <td> 巴黎 </td>
47:         <td> 香根鳶尾 </td>
48:       </tr>
49:       <tr>
50:         <td> 英國 </td>
51:         <td> 倫敦 </td>
52:         <td> 玫瑰 </td>
53:       </tr>
54:     </table>
55:   </body>
56: </html>
```

06

CHAPTER

表單

6-1 建立表單－<form>、<input> 元素

表單 (form) 可以提供輸入介面讓使用者輸入資料，然後將資料傳回 Web 伺服器以做進一步的處理，常見的應用有 Web 搜尋、線上投票、網路民調、會員登錄、網路購物等。

舉例來說，高鐵訂票網站就是透過表單提供一套訂票系統，使用者只要依照畫面指示輸入起程站、到達站、車廂種類、時間、票數、驗證碼等資料，然後按 [開始查詢]，便能將資料傳回 Web 伺服器以進行訂票作業。

表單的建立包含下列兩個部分：

1. 使用 <form>、<input>、<textarea>、<select>、<option> 等元素設計表單的介面，例如文字方塊、選擇鈕、核取方塊、下拉式清單等。
2. 撰寫表單的處理程式，也就是表單的後端處理，例如將表單資料傳送到電子郵件地址、寫入檔案、寫入資料庫或進行查詢等。

在本章中，我們將示範如何撰寫表單的介面，至於表單的處理程式因為需要使用到 PHP、ASP/ASP.NET、JSP、CGI 等伺服器端 Scripts，所以不做進一步的討論，有興趣的讀者可以參閱《PHP8&MariaDB/MySQL 網站開發》一書 (碁峰資訊出版，書號：AEL025000)，或《ASP.NET 4.6 網頁程式設計》一書 (碁峰資訊出版，書號：AEL018200)。

<form> 元素

<form> 元素用來在 HTML 文件中插入表單，常見的屬性如下：

- accept-charset="..."：設定表單資料的字元編碼方式 (超過一個的話，中間以逗號隔開)，Web 伺服器會據此處理表單資料，例如 accept-charset="ISO-8859-1" 表示設定為西歐語系。
- name="..."：設定表單的名稱 (限英文且唯一)，此名稱不會顯示出來，但可以做為後端處理之用，供 Script 或表單處理程式使用。

- enctype="..."：設定將表單資料傳回 Web 伺服器所使用的編碼方式，預設值為 "application/x-www-form-urlencoded"。若允許上傳檔案給 Web 伺服器，則 enctype 屬性的值要設定為 "multipart/form-data"；若要將表單資料傳送到電子郵件地址，則 enctype 屬性的值要設定為 "text/plain"。

- method="{get,post}"：設定將表單資料傳送給表單處理程式的方法，預設值為 get。

  當 method="get" 時，表單資料會附加在網址後面進行傳送，適合用來傳送少量、不要求安全的資料，例如搜尋關鍵字；當 method="post" 時，表單資料會透過 HTTP 標頭進行傳送，適合用來傳送大量或要求安全的資料，例如上傳檔案、密碼等。

- action="*url*"：設定表單處理程式的網址，若要將表單資料傳送到電子郵件地址，可以設定電子郵件地址的 *url*；若沒有設定 action 屬性的值，表示使用預設的表單處理程式，例如：

```
<form method="post" action="handler.php">
<form method="post" action="mailto:jean@mail.lucky.com.tw">
```

- target="{_self,_blank,_parent,_top}"：設定要在哪裡顯示表單處理程式的結果，這些設定值分別表示目前視窗、新索引標籤或新視窗、父視窗、最上層視窗，預設值為 _self。

- autocomplete="{on,off,default}"：設定是否啟用自動完成功能，on 表示啟用，off 表示關閉，default 表示繼承所屬之 <form> 元素的 autocomplete 屬性，而 <form> 元素的 autocomplete 屬性預設為 on。

- novalidate：設定在提交表單時不要進行驗證。

- 第 2-1 節所介紹的全域屬性，其中比較重要的有 onsubmit="..." 用來設定當使用者傳送表單時所要執行的 Script，以及 onreset="..." 用來設定當使用者重設表單時所要執行的 Script。

<input> 元素

<input> 元素用來在表單中插入輸入欄位或按鈕，常見的屬性如下，該元素沒有結束標籤：

- type="*state*"：設定表單欄位的輸入類型。

HTML4.01 提供的 type 屬性值	輸入類型	HTML4.01 提供的 type 屬性值	輸入類型
type="text"	單行文字方塊	type="reset"	重設按鈕
type="password"	密碼欄位	type="file"	上傳檔案
type="radio"	選擇鈕	type="image"	圖片提交按鈕
type="checkbox"	核取方塊	type="hidden"	隱藏欄位
type="submit"	提交按鈕	type="button"	一般按鈕

HTML5 新增的 type 屬性值	輸入類型	HTML5 新增的 type 屬性值	輸入類型
type="email"	電子郵件地址	type="color"	色彩
type="url"	網址	type="date"	日期
type="search"	搜尋欄位	type="time"	時間
type="tel"	電話號碼	type="month"	月份
type="number"	數字	type="week"	一年的第幾週
type="range"	指定範圍的數字	type="datetime-local"	本地日期時間

- accept="..."：設定提交檔案時的內容類型，例如 <input type="file" accept="image/gif,image/jpeg">。
- alt="..."：設定圖片的替代顯示文字。
- autocomplete="{on,off,default}"：設定是否啟用自動完成功能。
- checked：將選擇鈕或核取方塊等表單欄位預設為已選取的狀態。

- disabled：取消表單欄位，使該欄位的資料無法被接受或提交。
- form="*formid*"：設定表單欄位隸屬於 ID 為 *formid* 的表單。
- maxlength="*n*"：設定單行文字方塊、密碼欄位等表單欄位的最多字元數。
- minlength="*n*"：設定單行文字方塊、密碼欄位等表單欄位的最少字元數。
- min="*n*"、max="*n*"、step="*n*"：設定數字輸入類型或日期輸入類型的最小值、最大值和間隔值。
- multiple：允許使用者輸入多個值。
- name="..."：設定表單欄位的名稱（限英文且唯一）。
- pattern="..."：設定表單欄位的輸入格式，例如 <input type="tel" pattern="[0-9]{4}(\-[0-9]{6})"> 是設定輸入值必須符合 xxxx-xxxxxx 的格式，而 x 為 0 到 9 的數字。
- placeholder="..."：設定在表單欄位顯示提示文字。
- readonly：不允許使用者變更表單欄位的資料。
- required：設定使用者必須在表單欄位輸入資料，否則瀏覽器會出現提示文字要求輸入。
- size="*n*"：設定單行文字方塊、密碼欄位等表單欄位的寬度 (*n* 為字元數)，這指的是使用者在畫面上可以看到的字元數。
- src="*url*"、width="*n*"、height="*n*"：設定圖片提交按鈕的網址、寬度與高度（當 type="image" 時，*url* 為網址、*n* 為像素數）。
- value="..."：設定表單欄位的初始值。
- 第 2-1 節所介紹的全域屬性，其中比較重要的有 onfocus="..." 用來設定當使用者將焦點移到表單欄位時所要執行的 Script，onblur="..." 用來設定當使用者將焦點從表單欄位移開時所要執行的 Script，onchange="..." 用來設定當使用者修改表單欄位時所要執行的 Script，onselect="..." 用來設定當使用者在表單欄位選取內容時所要執行的 Script。

6-2 HTML4.01 提供的輸入類型

在本節中，我們將透過如下圖的行動電話使用意見調查表，示範如何使用 <input> 元素在表單中插入 HTML4.01 提供的輸入類型，同時會示範如何使用 <textarea> 和 <select> 元素在表單中插入多行文字方塊與下拉式清單，至於 HTML5 新增的輸入類型則留待下一節再做介紹。

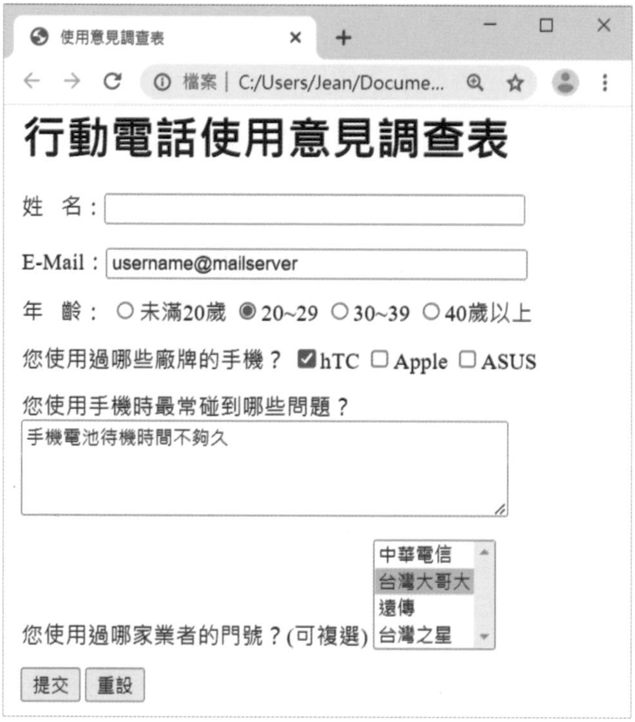

使用意見調查表

檔案 | C:/Users/Jean/Docume...

行動電話使用意見調查表

姓　名：

E-Mail：username@mailserver

年　齡：○ 未滿20歲 ◉ 20~29 ○ 30~39 ○ 40歲以上

您使用過哪些廠牌的手機？ ☑ hTC ☐ Apple ☐ ASUS

您使用手機時最常碰到哪些問題？

手機電池待機時間不夠久

您使用過哪家業者的門號？(可複選) 中華電信 台灣大哥大 遠傳 台灣之星

提交 重設

6-2-1 submit、reset（提交與重設按鈕）

建立表單的首要步驟是使用 <form> 元素插入表單，然後是使用 <input> 元素插入按鈕。表單中通常會有 [提交] (submit) 與 [重設] (reset) 兩個按鈕，當使用者點取 [提交] 按鈕時，瀏覽器預設的動作會將使用者輸入的資料傳回 Web 伺服器；而當使用者點取 [重設] 按鈕時，瀏覽器預設的動作會清除使用者輸入的資料，令表單恢復至起始狀態。

我們來為這個調查表插入按鈕：

1 首先，在 <body> 元素裡面使用 <h1> 元素插入一個標題，然後使用 <form> 元素插入一個表單。

```
<!DOCTYPE html>
<html>
  <head>
    <meta charset="utf-8">
    <title> 使用意見調查表 </title>
  </head>
  <body>
    <h1> 行動電話使用意見調查表 </h1>
    <form>
    </form>
  </body>
</html>
```

2 在 <form> 元素裡面使用 <input> 元素插入 [提交] 和 [重設] 兩個按鈕，type 屬性為 "submit" 和 "reset"，而 value 屬性用來設定按鈕的文字。

```
<form>
  <input type="submit" value=" 提交 ">
  <input type="reset" value=" 重設 ">
</form>
```

6-2-2 text (單行文字方塊)

「單行文字方塊」允許使用者輸入單行的文字敘述，例如姓名、電話、地址、E-mail 等，我們來為這個調查表插入單行文字方塊：

1 插入第一個單行文字方塊，這次一樣是使用 <input> 元素，不同的是 type 屬性為 "text"，名稱為 "userName" (限英文且唯一)，寬度為 40 個字元。

```
<p> 姓     名：<input type="text" name="userName" size="40"><p>
```

2 插入第二個單行文字方塊，名稱為 "userMail" (限英文且唯一)，寬度為 40 個字元，初始值為 "username@mailserver"。

```
<form>
  <p> 姓     名：<input type="text" name="userName" size="40"></p>
  <p>E-Mail：<input type="text" name="userMail" size="40" value="username@mailserver"></p>
  <input type="submit" value=" 提交 ">
  <input type="reset" value=" 重設 ">
</form>
```

6-2-3 radio（選擇鈕）

「選擇鈕」就像單選題，我們通常會使用選擇鈕列出數個選項，詢問使用者的年齡層、最高學歷等只有一個答案的問題。我們來為這個調查表插入一組包含 " 未滿 20 歲 "、"20~29"、"30~39"、"40 歲以上 " 等四個選項的選擇鈕，群組名稱為 "userAge"（限英文且唯一），預先選取的選項為第二個，每個選項的值為 "age1"、"age2"、"age3"、"age4"（中英文皆可），同一組選擇鈕的每個選項必須擁有唯一的值，這樣在使用者點取 [提交] 按鈕，將表單資料傳回 Web 伺服器後，表單處理程式才能根據傳回的群組名稱與值判斷哪組選擇鈕的哪個選項被選取。

```
<form>
  <p> 姓     名：<input type="text" name="userName" size="40"></p>
  <p>E-Mail：<input type="text" name="userMail" size="40" value="username@mailserver"></p>
  <p> 年     齡：
  <input type="radio" name="userAge" value="age1"> 未滿 20 歲
  <input type="radio" name="userAge" value="age2" checked>20~29
  <input type="radio" name="userAge" value="age3">30~39
  <input type="radio" name="userAge" value="age4">40 歲以上 </p>
  <input type="submit" value=" 提交 ">
  <input type="reset" value=" 重設 ">
</form>
```

6-2-4 checkbox（核取方塊）

「核取方塊」就像複選題，我們通常會使用核取方塊列出數個選項，詢問使用者喜歡從事哪幾類的活動、使用過哪些廠牌的手機等可以複選的問題。

我們來為這個調查表插入一組包含 "hTC"、"Apple"、"ASUS" 等三個選項的核取方塊，名稱為 "userPhone[]"（限英文且唯一），其中第一個選項 "hTC" 的初始狀態為已核取，要注意的是我們將群組方塊的名稱設定為陣列，目的是為了方便表單處理程式判斷哪些選項被核取。

```
<form>
  <p>姓   名：<input type="text" name="userName" size="40"></p>
  <p>E-Mail：<input type="text" name="userMail" size="40" value="username@mailserver"></p>
  ...
  <p>您使用過哪些廠牌的手機？
  <input type="checkbox" name="userPhone[]" value="hTC" checked>hTC
  <input type="checkbox" name="userPhone[]" value="Apple">Apple
  <input type="checkbox" name="userPhone[]" value="ASUS">ASUS</p>
  <input type="submit" value="提交">
  <input type="reset" value="重設">
</form>
```

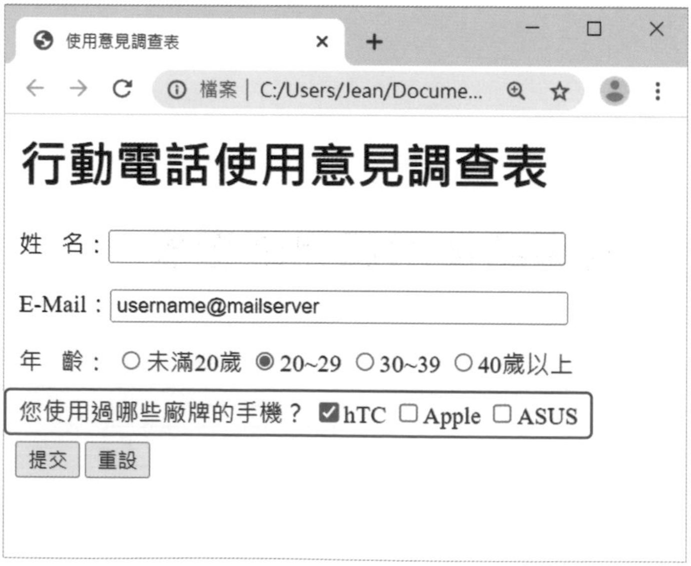

6-2-5 <textarea>（多行文字方塊）

「多行文字方塊」允許使用者輸入多行的文字敘述，例如意見、評語、自我介紹、問題描述等。我們可以使用 <textarea> 元素在表單中插入多行文字方塊，常見的屬性如下，多行文字方塊預設是呈現空白不顯示任何資料，若要在多行文字方塊顯示預設的資料，可以將資料放在 <textarea> 元素裡面：

- cols="*n*"：設定多行文字方塊的寬度 (*n* 為字元數)。
- rows="*n*"：設定多行文字方塊的高度 (*n* 為列數)。
- name="..."：設定多行文字方塊的名稱（限英文且唯一），此名稱不會顯示出來，但可以做為後端處理之用。
- disabled：取消多行文字方塊，使之無法存取。
- readonly：不允許使用者變更多行文字方塊的資料。
- maxlength="*n*"：設定多行文字方塊的最多字元數 (*n* 為字元數)。
- minlength="*n*"：設定多行文字方塊的最少字元數 (*n* 為字元數)。
- autocomplete="{on,off,default}"：設定是否啟用自動完成功能。
- form="*formid*"：設定多行文字方塊隸屬於 ID 為 *formid* 的表單。
- required：設定使用者必須在多行文字方塊輸入資料。
- placeholder="..."：設定在多行文字方塊顯示提示文字。
- wrap="{hard,soft}"：設定是否自動換行，預設值為 soft，表示不自動換行，而 hard 表示自動換行，使每行內容不會超過多行文字方塊的寬度。
- 第 2-1 節所介紹的全域屬性，其中比較重要的有 onfocus="..." 用來設定當使用者將焦點移到表單欄位時所要執行的 Script，onblur="..." 用來設定當使用者將焦點從表單欄位移開時所要執行的 Script，onchange="..." 用來設定當使用者修改表單欄位時所要執行的 Script，onselect="..." 用來設定當使用者在表單欄位選取內容時所要執行的 Script。

我們來為這個調查表插入一個多行文字方塊，詢問使用手機時最常碰到哪些問題，其名稱為 userTrouble、寬度為 45 個字元、高度為 4 列、初始值為「手機電池待機時間不夠久」。

```
<form>
  <p> 姓     名：<input type="text" name="userName" size="40"></p>
  <p>E-Mail：<input type="text" name="userMail" size="40" value="username@mailserver"></p>
  ...
  <p> 您使用過哪些廠牌的手機？
  <input type="checkbox" name="userPhone[]" value="hTC" checked>hTC
  <input type="checkbox" name="userPhone[]" value="Apple">Apple
  <input type="checkbox" name="userPhone[]" value="ASUS">ASUS</p>
  <p> 您使用手機時最常碰到哪些問題？ <br>
  <textarea name="userTrouble" cols="45" rows="4"> 手機電池待機時間不夠久
  </textarea></p>
  <input type="submit" value=" 提交 ">
  <input type="reset" value=" 重設 ">
</form>
```

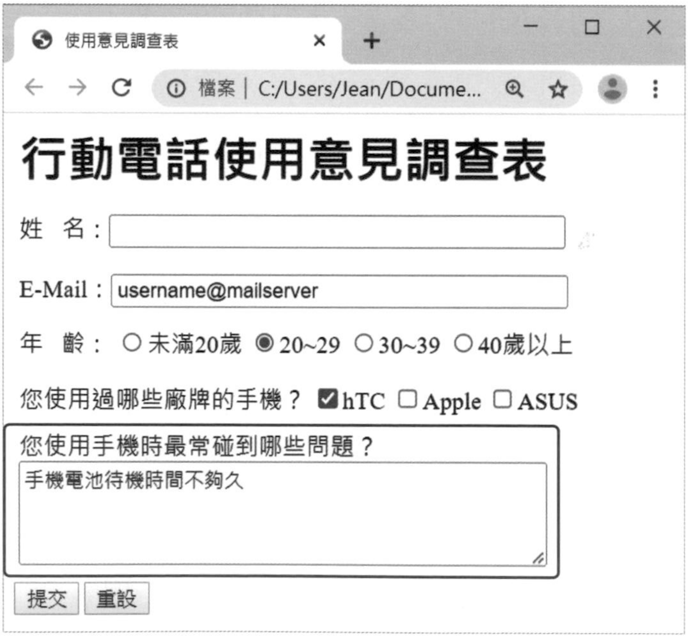

6-2-6 <select>、<option>（下拉式清單）

「下拉式清單」允許使用者從下拉式清單中選取項目，例如興趣、最高學歷、國籍、行政地區等。

我們可以使用 <select> 元素搭配 <option> 元素在表單中插入下拉式清單，常見的屬性如下：

- autocomplete="{on,off,default}"：設定是否啟用自動完成功能。
- disabled：取消下拉式清單，使之無法存取。
- form="*formid*"：設定下拉式清單隸屬於 ID 為 *formid* 的表單。
- multiple：設定使用者可以在下拉式清單中選取多個項目。
- name="..."：設定下拉式清單的名稱（限英文且唯一），此名稱不會顯示出來，但可以做為後端處理之用。
- size="*n*"：設定下拉式清單的高度 (*n* 為列數）。
- required：設定使用者必須在下拉式清單中選取項目。
- 第 2-1 節所介紹的全域屬性，其中比較重要的有 onfocus="..."、onblur="..."、onchange="..."、onselect="..."。

<option> 元素是放在 <select> 元素裡面，用來設定下拉式清單中的項目，常見的屬性如下，該元素沒有結束標籤：

- disabled：取消項目，使之無法存取。
- selected：設定預先選取的項目。
- value="..."：設定項目的值。
- label="..."：設定項目的標籤文字。
- 第 2-1 節所介紹的全域屬性。

我們來為這個調查表插入一個下拉式清單（名稱為 userNumber[]、高度為 4 列、允許複選），裡面有四個項目，其中 " 台灣大哥大 " 為預先選取的項目，要注意的是我們將下拉式清單的名稱設定為陣列，目的是為了方便表單處理程式判斷哪些項目被選取，最後將網頁存檔為 \Ch06\phone.html。

```
<form>
  ...
  <p> 您使用過哪家業者的門號？（可複選）
  <select name="userNumber[]" size="4" multiple>
    <option value=" 中華電信 "> 中華電信
    <option value=" 台灣大哥大 " selected> 台灣大哥大
    <option value=" 遠傳 "> 遠傳
    <option value=" 台灣之星 "> 台灣之星
  </select></p>
  <input type="submit" value=" 提交 ">
  <input type="reset" value=" 重設 ">
</form>
```

使用意見調查表

檔案 | C:/Users/Jean/Docume...

行動電話使用意見調查表

姓　名：

E-Mail：username@mailserver

年　齡：未滿20歲　20~29　30~39　40歲以上

您使用過哪些廠牌的手機？ hTC　Apple　ASUS

您使用手機時最常碰到哪些問題？

手機電池待機時間不夠久

您使用過哪家業者的門號？(可複選)　中華電信　台灣大哥大　遠傳　台灣之星

提交　重設

由於這個網頁沒有自訂表單處理程式，因此，當我們填妥表單資料並按 [提交] 時，如下圖，表單資料會被傳回 Web 伺服器。

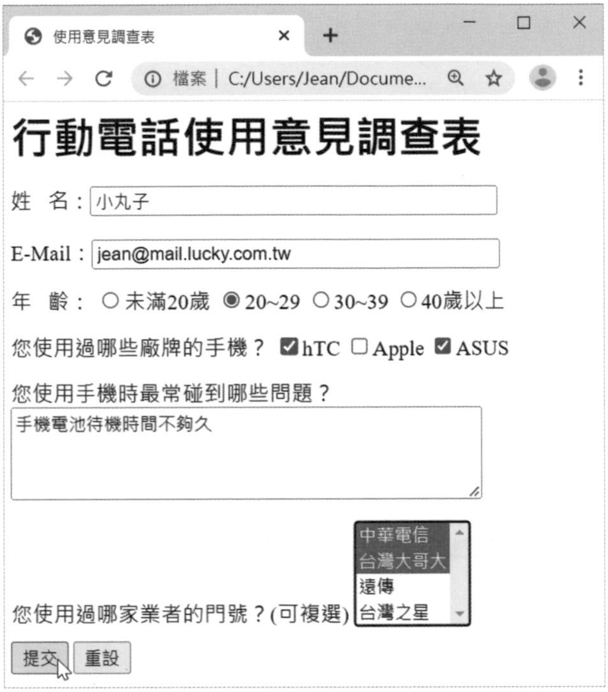

至於表單資料是以何種形式傳回 Web 伺服器呢？當我們按 [提交] 時，網址列會出現類似如下訊息，從 phone.html? 後面開始的就是表單資料，第一個欄位的名稱為 userName，雖然我們輸入「小丸子」，但由於將表單資料傳回 Web 伺服器所使用的編碼方式預設為 "application/x-www-form-urlencoded"，故「小丸子」會變成 %E5%B0%8F%E4%B8%B8%E5%AD%90；接下來是 & 符號，這表示下一個欄位的開始；同理，下一個 & 符號的後面又是另一個欄位的開始。

```
file:///C:/Users/Jean/Documents/Samples/Ch06/phone.html?userName=%E5%B0%8
F%E4%B8%B8%E5%AD%90&userMail=jean%40mail.lucky.com.tw&userAge=age2&userPh
one%5B%5D=hTC&userPhone%5B%5D=ASUS&userTrouble=%E6%89%8B%E6%A9%9F%E9%9B%B
B%E6%B1%A0%E5%BE%85%E6%A9%9F%E6%99%82%E9%96%93%E4%B8%8D%E5%A4%A0%E4%B9%85
%0D%0A%09++&userNumber%5B%5D=%E4%B8%AD%E8%8F%AF%E9%9B%BB%E4%BF%A1&userNum
ber%5B%5D=%E5%8F%B0%E7%81%A3%E5%A4%A7%E5%93%A5%E5%A4%A7
```

6-2-7 password（密碼欄位）

「密碼欄位」和單行文字方塊類似，只是使用者輸入的資料不會顯示出來，而是顯示成星號或圓點，以做為保密之用，下面是一個例子。

\Ch06\pwd.html

```
<form>
  輸入密碼：<input type="password" name="userPWD" size="10"> ❶
  <input type="submit" value=" 提交 ">
  <input type="reset" value=" 重設 ">
</form>
```

❶ 插入密碼欄位　❷ 輸入的資料均顯示成圓點

6-2-8 hidden（隱藏欄位）

「隱藏欄位」是在表單中看不見，但值 (value) 仍會傳回 Web 伺服器的表單欄位，它可以用來傳送不需要使用者輸入但卻需要傳回 Web 伺服器的資料。舉例來說，假設我們想在傳回調查表的同時，一併傳回調查表的作者名稱，但不希望將作者名稱顯示在表單中，那麼可以在 \Ch06\phone.html 的 <form> 元素裡面加入如下敘述，這麼一來，在使用者點取 [提交] 按鈕後，隱藏欄位的值 (value) 就會隨著表單資料一併傳回 Web 伺服器：

```
<input type="hidden" name="author" value="Jean">
```

6-3 HTML5 新增的輸入類型

6-3-1 email（電子郵件地址）

若要讓使用者輸入電子郵件地址，可以將 <input> 元素的 type 屬性設定為 "email"。下面是一個例子，它會要求使用者輸入 hotmail 電子郵件地址，若格式不符合，就會要求重新輸入。

\Ch06\form1.html

```
<form>                                    ❶
  <input type="email" pattern=".+@hotmail.com"
❷ placeholder=" 例如 jean@hotmail.com" size="30">
  <input type="submit">
</form>
```

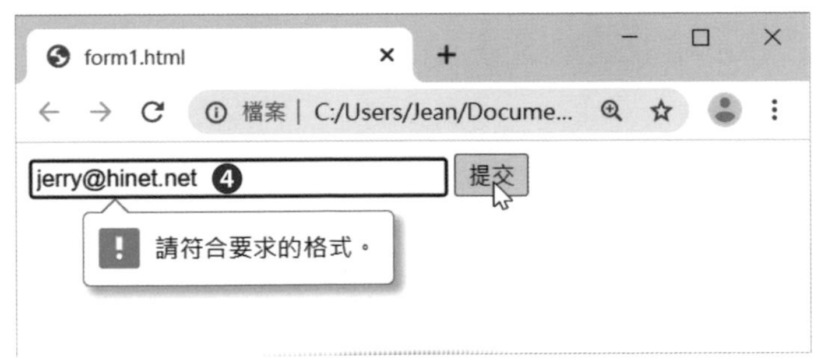

❶ 使用 pattern 屬性設定輸入格式
❷ 使用 placeholder 屬性設定欄位提示文字
❸ 一開始會顯示欄位提示文字
❹ 若格式不符合，就會要求重新輸入

幾個注意事項提醒您：

- email 輸入類型只能驗證使用者輸入的資料是否符合電子郵件地址格式，但無法檢查該地址是否存在。
- 若要允許使用者輸入以逗號隔開的多個電子郵件地址，例如 jean@hotmail.com, jerry@hotmail.com，可以加入 multiple 屬性，例如：

```
<input type="email" multiple>
```

- 當使用者沒有輸入資料就按 [提交] 時，瀏覽器不會出現提示文字要求重新輸入，若要規定務必輸入資料，可以加入 required 屬性，例如：

```
<input type="email" required>
```

- 除了 multiple、required 兩個屬性之外，諸如 maxlength、minlength、pattern、placeholder、readonly、size 等屬性亦適用於 email 輸入類型。
- 不同的瀏覽器對於 HTML5 新增的輸入類型可能有不同的顯示方式，回報錯誤的方式也不盡相同。

6-3-2 url（網址）

若要讓使用者輸入網址，可以將 <input> 元素的 type 屬性設定為 "url"。同樣的，諸如 maxlength、minlength、pattern、placeholder、readonly、size 等屬性亦適用於 url 輸入類型。

下面是一個例子，它會要求使用者輸入網址，若格式不符合，就會要求重新輸入。

\Ch06\form2.html

```
<form>
  <input type="url">
  <input type="submit">
</form>
```

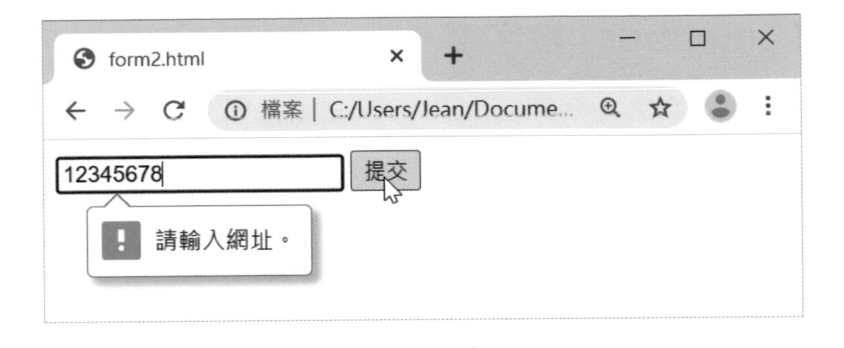

6-3-3 search（搜尋欄位）

若要讓使用者輸入搜尋字串，可以將 <input> 元素的 type 屬性設定為 "search"。同樣的，諸如 maxlength、minlength、pattern、placeholder、readonly、size 等屬性亦適用於 search 輸入類型。

事實上，search 輸入類型的用途和 text 輸入類型差不多，差別在於欄位外觀可能不同，視瀏覽器的實作而定。下面是一個例子，從瀏覽結果可以看到，Chrome 對於 search 輸入類型和 text 輸入類型的欄位外觀是相同的。

\Ch06\form3.html

```
<form>
  <input type="text">
  <input type="search">
</form>
```

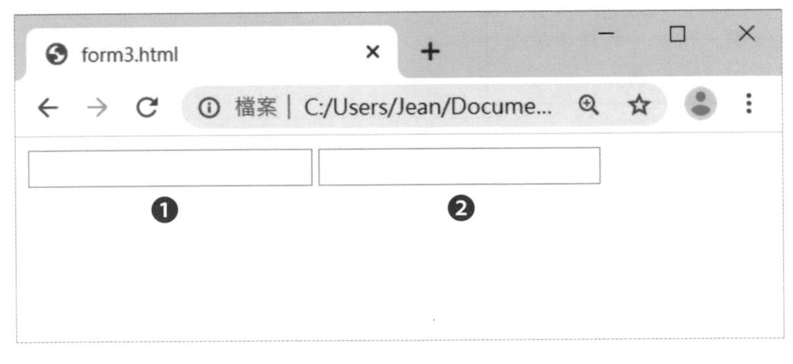

❶ text 輸入類型　❷ search 輸入類型

6-3-4 number（數字）

若要讓使用者輸入數字，可以將 <input> 元素的 type 屬性設定為 "number"。下面是一個例子，除了使用 number 輸入類型，還搭配下列三個屬性，限制使用者輸入 0 ~ 10 之間的數字，而且每按一下向上鈕或向下鈕，所遞增或遞減的間隔值為 2：

- min="*n*"：設定欄位的最小值（須為有效的浮點數，負數或小數亦可）。
- max="*n*"：設定欄位的最大值（須為有效的浮點數）。
- step="*n*"：設定每按一下欄位的向上鈕或向下鈕，所遞增或遞減的間隔值（須為有效的浮點數），預設值為 1。

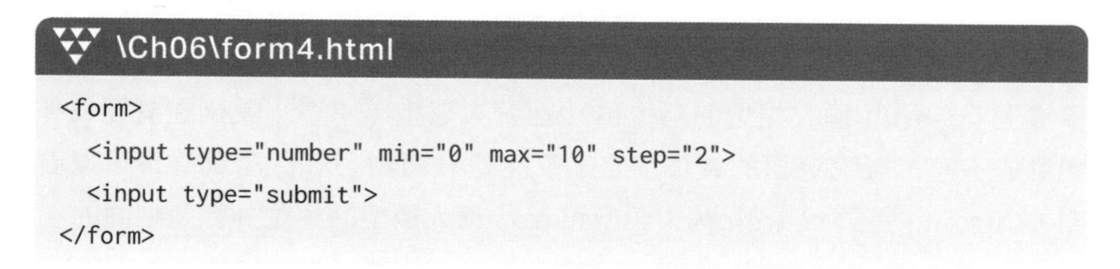

\Ch06\form4.html

```
<form>
  <input type="number" min="0" max="10" step="2">
  <input type="submit">
</form>
```

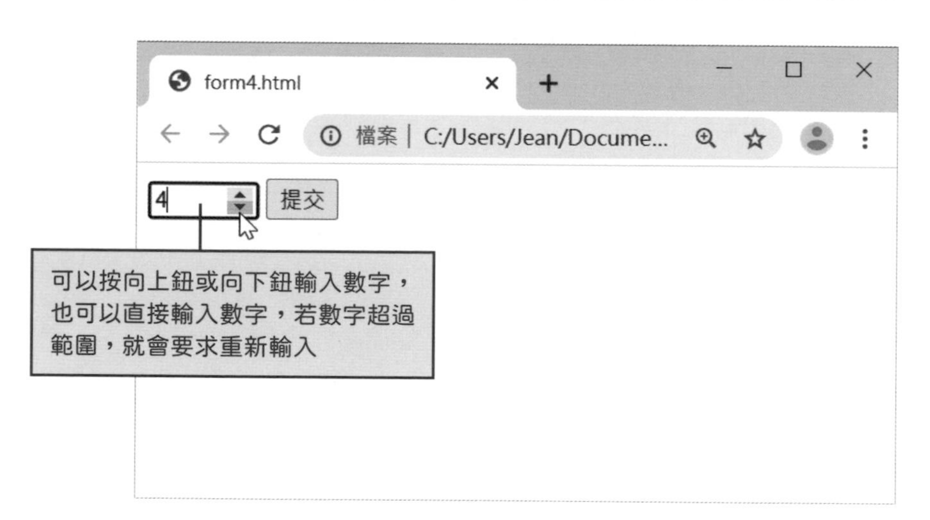
form4.html
檔案 | C:/Users/Jean/Docume...
4
提交
可以按向上鈕或向下鈕輸入數字，也可以直接輸入數字，若數字超過範圍，就會要求重新輸入

6-3-5 range（指定範圍的數字）

若要讓使用者透過類似滑桿的介面輸入指定範圍的數字，可以將 <input> 元素的 type 屬性設定為 "range"。

下面是一個例子，除了使用 range 輸入類型，還搭配 min、max、step 等三個屬性，將最小值、最大值及間隔值設定為 0、12、2，若沒有設定，那麼最小值預設為 0，最大值預設為 100，間隔值預設為 1。

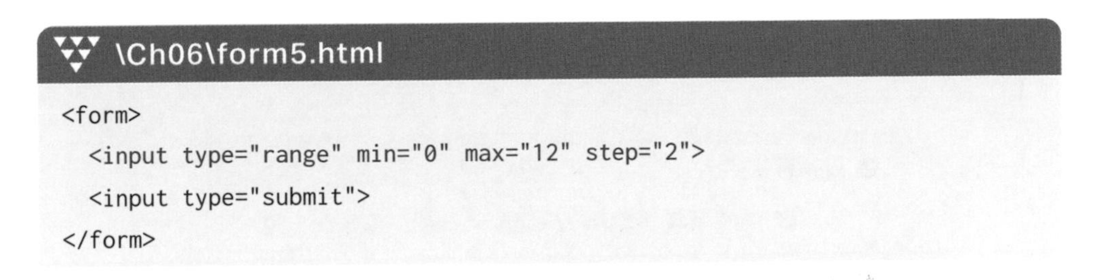

\Ch06\form5.html

```
<form>
  <input type="range" min="0" max="12" step="2">
  <input type="submit">
</form>
```

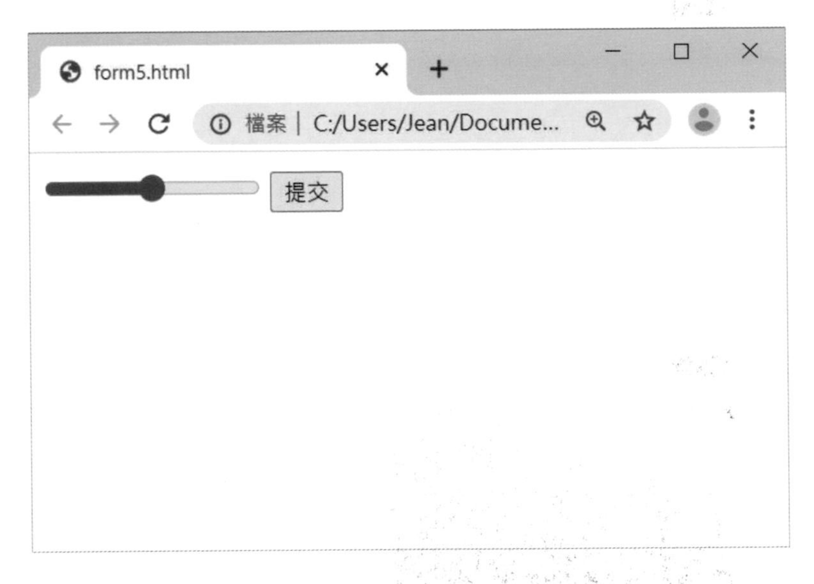

此外，在預設的情況下，滑桿指針指向的值是中間值，如上圖，若要設定指針的初始值，可以使用 value 屬性，例如 value="2" 是將初始值設定為 2。

6-3-6 color(色彩)

若要讓使用者透過類似調色盤的介面輸入色彩，可以將 <input> 元素的 type 屬性設定為 "color"，下面是一個例子。

\Ch06\form6.html

```
<form>
  <input type="color">
  <input type="submit">
</form>
```

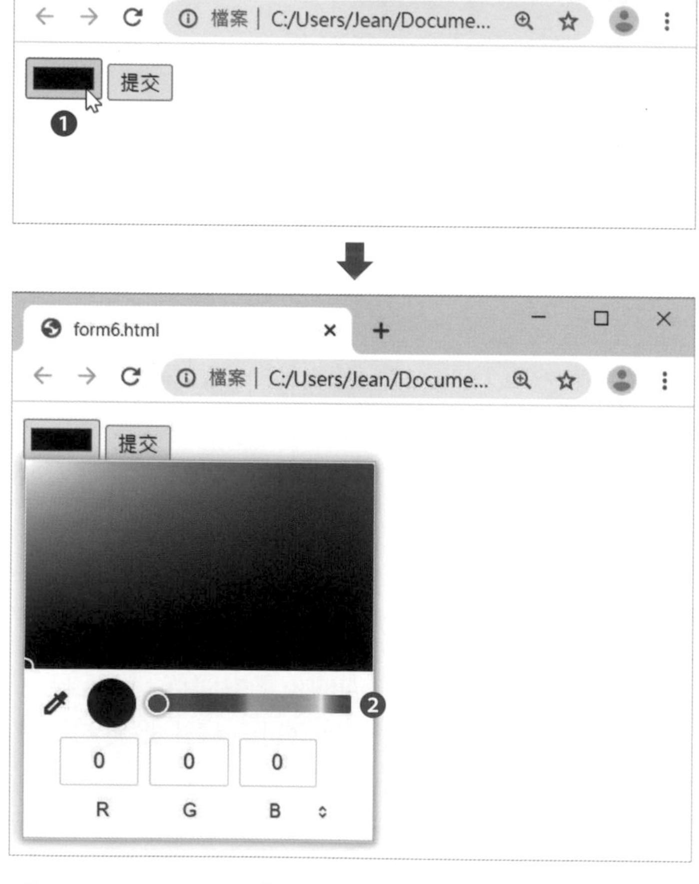

❶ 點取色彩欄位　❷ 出現色彩對話方塊讓使用者選擇色彩

6-3-7 tel（電話號碼）

理論上，若要讓使用者輸入電話號碼，可以將 <input> 元素的 type 屬性設定為 "tel"。然而事實上，tel 輸入類型卻很難驗證使用者輸入的電話號碼是否有效，因為不同國家或不同地區的電話號碼格式不盡相同。

下面是一個例子，除了使用 tel 輸入類型，還搭配 pattern 和 placeholder 兩個屬性設定電話號碼格式及欄位提示文字。

\Ch06\form7.html

```
<form>
  <input type="tel" pattern="[0-9]{4}-[0-9]{6}" placeholder="例如 0935-123456">
  <input type="submit">
</form>
```

❶ 一開始會顯示欄位提示文字　❷ 若格式不符合，就會要求重新輸入

6-3-8 date、time、month、week、datetime-local（日期時間）

若要讓使用者輸入日期時間，可以將 <input> 元素的 type 屬性設定成如下：

- date：透過 <input type="date"> 的敘述，就能提供類似如下的介面讓使用者輸入日期，而不必擔心日期格式是否正確。

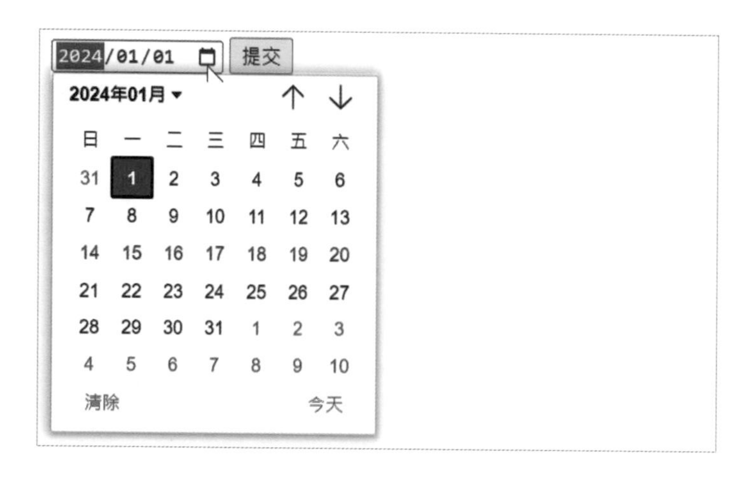

- time：透過 <input type="time"> 的敘述，就能提供類似如下的介面讓使用者輸入時間，而不必擔心時間格式是否正確。

下午 12:20 提交

- month：透過 <input type="month"> 的敘述，就能提供類似如下的介面讓使用者輸入月份。

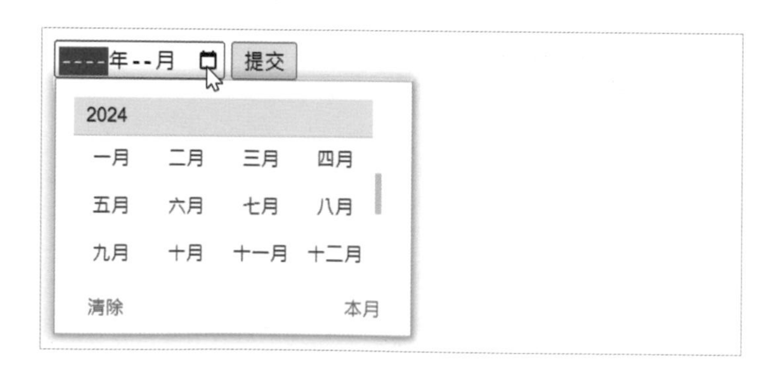

- week：透過 <input type="week"> 的敘述，就能提供類似如下的介面讓使用者輸入第幾週。

- datetime-local：透過 <input type="datetime-local"> 的敘述，就能提供類似如下的介面讓使用者輸入本地日期時間。

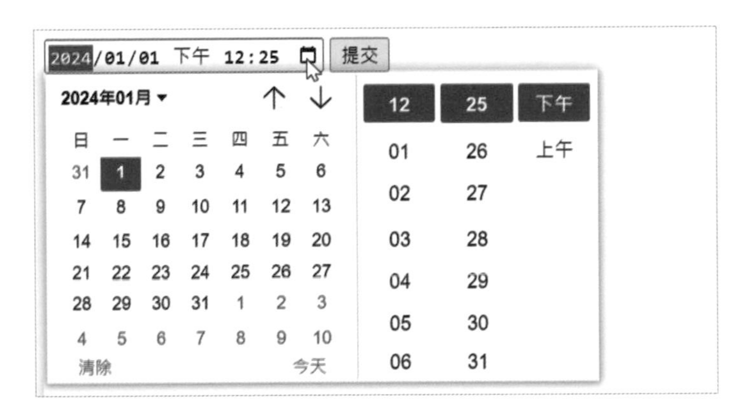

在使用本節所介紹的日期時間輸入類型時，也可以搭配下列幾個屬性：

- min：設定最早的日期時間，格式為 yyyy-MM-ddThh:mm，例如 2024-12-25T08:00 表示 2024 年 12 月 25 日早上八點。
- max：設定最晚的日期時間。
- step：設定每按一下欄位的向上鈕或向下鈕，所遞增或遞減的間隔值。

6-4 按鈕－ <button> 元素

除了將 <input> 元素的 type 屬性設定為 "submit" 或 "reset" 之外，我們也可以使用 <button> 元素在表單中插入按鈕，常見的屬性如下：

- name="..."：設定按鈕的名稱（限英文且唯一）。
- type="{submit,reset,button}"：設定按鈕的類型（提交、重設、一般按鈕）。
- value="..."：設定按鈕的值。
- disabled：取消按鈕，使之無法存取。
- form="*formid*"：設定按鈕隸屬於 ID 為 *formid* 的表單。
- 第 2-1 節所介紹的全域屬性。

下面是一個例子，它會使用 <button> 元素在表單中插入「提交」與「重設」兩個按鈕。

\Ch06\button.html

```
<form>
  <button type="submit"> 提交 </button>
  <button type="reset"> 重設 </button>
</form>
```

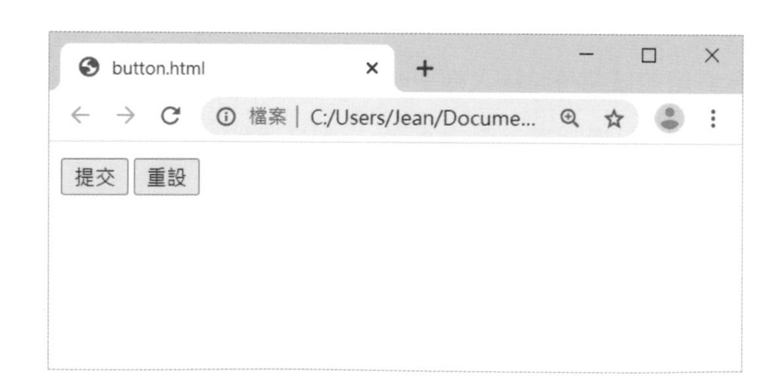

6-5 標籤－<label> 元素

有些表單欄位會有預設的標籤，例如 <input type="submit"> 敘述在 Chrome 瀏覽器所顯示的按鈕會有預設的標籤為「提交」。不過，多數的表單欄位並沒有標籤，例如 <button type="submit"></button> 敘述所顯示的按鈕就沒有標籤，此時可以使用 <label> 元素來設定，常見的屬性如下：

- for="*fieldid*"：針對 id 屬性為 *fieldid* 的表單欄位設定標籤。
- 第 2-1 節所介紹的全域屬性。

下面是一個例子，它會使用 <label> 元素設定單行文字方塊與密碼欄位的標籤，至於緊跟在後的兩個按鈕則是顯示預設的標籤。

\Ch06\label.html

```
<form>
  <label for="userName">姓名：</label>
  <input type="text" id="userName" size="20">
  <label for="userPWD">密碼：</label>
  <input type="password" id="userPWD" size="20">
  <input type="submit">
  <input type="reset">
</form>
```

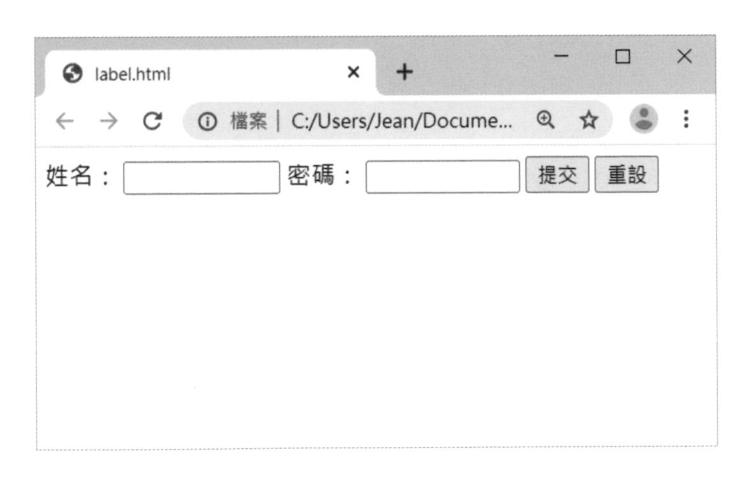

6-6 群組標籤－<optgroup> 元素

HTML5 新增了一個 <optgroup> 元素，可以用來替一群 <option> 元素加上共同的標籤，常見的屬性如下，該元素沒有結束標籤：

- label="..."：設定群組標籤。
- disabled：取消群組標籤，使之無法存取。
- 第 2-1 節所介紹的全域屬性。

下面是一個例子。

\Ch06\optgroup.html

```
<form>
  <label for="TVlist">選擇要觀賞的節目：</label>
  <select id="TVlist">
    <optgroup label="國內新聞頻道">
      <option value="news1">TVBS-N
      <option value="news2">年代新聞
    <optgroup label="國外新聞頻道">
      <option value="news3">CNN
      <option value="news4">NHK
  </select>
  <input type="submit">
</form>
```

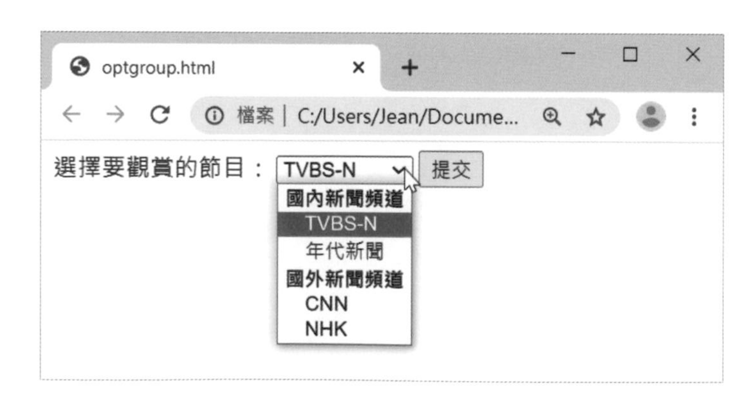

6-7 將表單欄位框起來－<fieldset>、<legend> 元素

<fieldset> 元素用來將指定的表單欄位框起來，常見的屬性如下：

- disabled：取消 <fieldset> 元素所框起來的表單欄位，使之無法存取。
- name="..."：設定 <fieldset> 元素的名稱（限英文且唯一）。
- form="*formid*"：設定 <fieldset> 元素隸屬於 ID 為 *formid* 的表單。
- 第 2-1 節所介紹的全域屬性。

<legend> 元素用來在方框加上說明文字，其屬性有第 2-1 節所介紹的全域屬性，下面是一個例子。

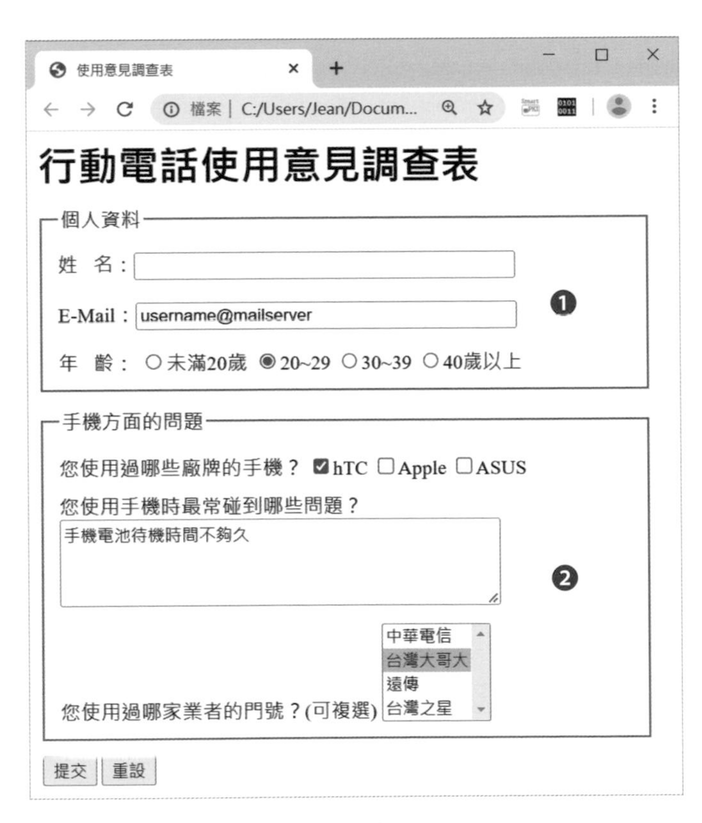

❶ 將這三個表單欄位框起來並加上說明文字 ❷ 將這三個表單欄位框起來並加上說明文字

\Ch06\fieldset.html

```
<form>
  <fieldset>
    <legend> 個人資料 </legend> ❶
    <p> 姓     名：<input type="text" name="userName" size="40"></p>
    <p>E-Mail：<input type="text" name="userMail" size="40"
      value="username@mailserver"></p>
    <p> 年     齡：
    <input type="radio" name="userAge" value="age1"> 未滿 20 歲
    <input type="radio" name="userAge" value="age2" checked>20~29
    <input type="radio" name="userAge" value="age3">30~39
    <input type="radio" name="userAge" value="age4">40 歲以上 </p>
  </fieldset><br>
  <fieldset>
    <legend> 手機方面的問題 </legend> ❷
    <p> 您使用過哪些廠牌的手機？
    <input type="checkbox" name="userPhone[]" value="hTC" checked>hTC
    <input type="checkbox" name="userPhone[]" value="Apple">Apple
    <input type="checkbox" name="userPhone[]" value="ASUS">ASUS</p>
    <p> 您使用手機時最常碰到哪些問題？ <br>
    <textarea name="userTrouble" cols="45" rows="4"> 手機電池待機時間不夠久
    </textarea></p>
    <p> 您使用過哪家業者的門號？（可複選）
    <select name="userNumber[]" size="4" multiple>
      <option value=" 中華電信 "> 中華電信
      <option value=" 台灣大哥大 " selected> 台灣大哥大
      <option value=" 遠傳 "> 遠傳
      <option value=" 台灣之星 "> 台灣之星
    </select></p>
  </fieldset><br>
  <input type="submit" value=" 提交 ">
  <input type="reset" value=" 重設 ">
</form>
```

❶ 在此設定第一個方框的說明文字

❷ 在此設定第二個方框的說明文字

原則上，在您想好要將哪幾個表單欄位框起來後，只要將這幾個表單欄位的敘述放在 <fieldset> 元素裡面即可。另外要注意的是 <legend> 元素必須放在 <fieldset> 元素裡面，而且 <legend> 元素裡面的文字會出現在方框的左上角做為說明文字。

CSS 基本語法

7-1　CSS 的發展

7-2　在 HTML 文件中套用 CSS

7-3　CSS 的語法

7-4　選擇器的類型

7-5　樣式表的串接順序

7-1 CSS 的發展

CSS (Cascading Style Sheets，串接樣式表、階層樣式表) 主要的用途是定義網頁的外觀，也就是網頁的編排、顯示、格式化及特殊效果，有部分功能與 HTML 重疊。

或許您會問，「既然 HTML 提供的標籤與屬性就能將網頁格式化，那為何還要使用 CSS？」，沒錯，HTML 確實提供一些格式化的標籤與屬性，但其變化有限，而且為了進行格式化，往往會使得 HTML 原始碼變得非常複雜，內容與外觀的倚賴性過高而不易修改。

為此，W3C 遂鼓勵網頁設計人員使用 HTML 定義網頁的內容，然後使用 CSS 定義網頁的外觀，便能透過 CSS 從外部控制網頁的外觀，同時 HTML 原始碼也會變得精簡。

事實上，W3C 已經將不少涉及網頁外觀的 HTML 標籤與屬性列為 Deprecated (建議勿用)，並鼓勵改用 CSS 來取代，例如 <font>、<basefont>、<strike>、<big>、<blink> 等標籤，或 background、bgcolor、align、link、vlink、color、face、size 等屬性。

我們簡單將 CSS 的發展摘要如下：

- CSS1 (CSS Level 1)：W3C 於 1996 年公布 CSS1 推薦標準，約 50 個屬性，包括字型、文字、色彩、背景、清單、表格、定位方式、框線、邊界等，詳細的規格可以參考 CSS1 官方文件 (https://www.w3.org/TR/CSS1/)。
- CSS2 (CSS Level 2)：W3C 於 1998 年公布 CSS2 推薦標準，約 120 個屬性，新增一些字型屬性，並加入相對定位、絕對定位、固定定位、媒體類型等概念。
- CSS2.1 (CSS Level 2 Revision 1)：W3C 於 2011 年公布 CSS2.1 推薦標準，除了維持與 CSS2 的向下相容性，還修正 CSS2 的錯誤、移除一些 CSS2 尚未實作的功能並新增數個屬性，詳細的規格可以參考 CSS2.1 官方文件 (https://www.w3.org/TR/CSS2/)。

- CSS3 (CSS Level 3)：相較於 CSS2.1 是將所有屬性整合在一份規格書中，CSS3 則是根據屬性的分類劃分成不同的模組 (module) 來進行規格化，例如 CSS Color Level 3、Selectors Level 3、Media Queries、CSS Style Attributes、CSS Fonts Level 3、CSS Basic User Interface Level 3 等模組已經成為推薦標準 (REC，Recommendation)，而 CSS Backgrounds and Borders Level 3、CSS Multi-column Layout Level 1、CSS Values and Units Level 3、CSS Text Level 3、CSS Flexible Box Layout Level 1、CSS Text Decoration Level 3 等模組是候選推薦 (CR，Candidate Recommendation) 或建議推薦 (PR，Proposed Recommendation)，有關各個模組的規格化進度可以參考網址 https://www.w3.org/Style/CSS/current-work.en.html。

由於 CSS3 的模組仍在持續修訂中，因此，本書的重點會放在一些普遍使用的屬性，例如色彩、字型、文字、清單、背景、漸層、定位方式、彈性版面、格線版面、變形、轉場、媒體查詢等。至於一些特別的屬性或尚在修訂中的屬性，有興趣的讀者可以自行參考官方文件。

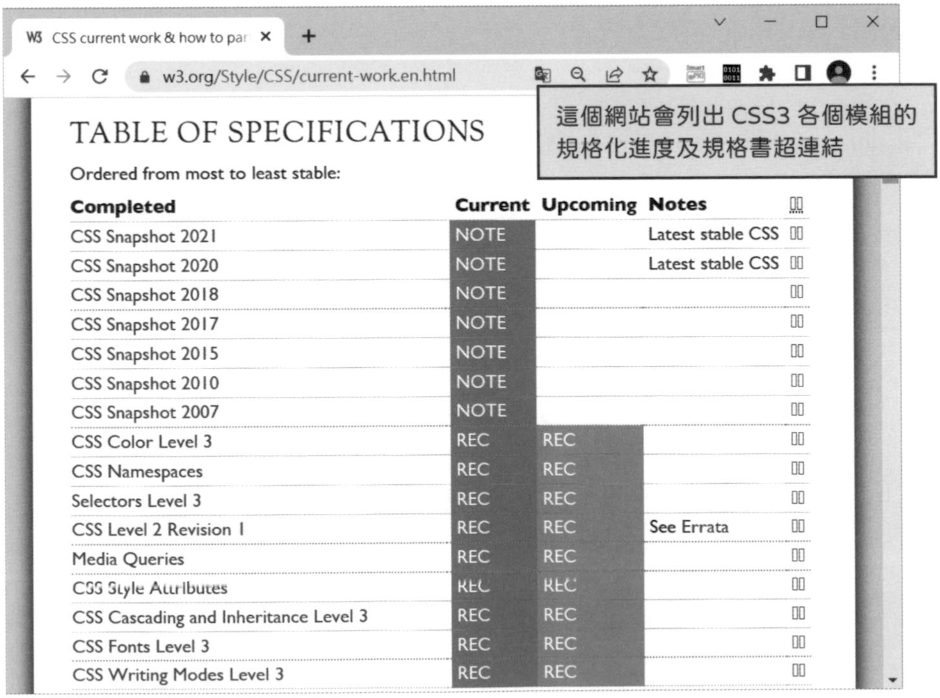

W3 CSS current work & how to par ×

w3.org/Style/CSS/current-work.en.html

這個網站會列出 CSS3 各個模組的規格化進度及規格書超連結

TABLE OF SPECIFICATIONS

Ordered from most to least stable:

Completed	Current	Upcoming	Notes
CSS Snapshot 2021	NOTE		Latest stable CSS
CSS Snapshot 2020	NOTE		Latest stable CSS
CSS Snapshot 2018	NOTE		
CSS Snapshot 2017	NOTE		
CSS Snapshot 2015	NOTE		
CSS Snapshot 2010	NOTE		
CSS Snapshot 2007	NOTE		
CSS Color Level 3	REC	REC	
CSS Namespaces	REC	REC	
Selectors Level 3	REC	REC	
CSS Level 2 Revision 1	REC	REC	See Errata
Media Queries	REC	REC	
CSS Style Attributes	REC	REC	
CSS Cascading and Inheritance Level 3	REC	REC	
CSS Fonts Level 3	REC	REC	
CSS Writing Modes Level 3	REC	REC	

7-2 在 HTML 文件中套用 CSS

在 HTML 文件中套用 CSS 的方式如下，以下各小節有進一步的說明：

- 行內樣式：使用 style 屬性設定 CSS。
- 內部樣式表：使用 <style> 元素嵌入 CSS。
- 外部樣式表：連結或匯入外部的 CSS 檔案。

7-2-1 行內樣式

第一種方式是使用 HTML 元素的 style 屬性設定 CSS，稱為行內樣式 (inline styles)。下面是一個例子，它會使用 <body> 元素的 style 屬性將網頁主體的前景色彩設定為白色，背景色彩設定為深天空藍色。

\Ch07\usecss1.html

```
<!DOCTYPE html>
<html>
  <head>
    <meta charset="utf-8">
  </head>
  <body style="color: white; background: deepskyblue;">
    <h1>Hello, CSS3!</h1>
  </body>
</html>
```

行內樣式的優點是簡明直覺，串接順序較高，適合用來覆蓋 CSS 或變更局部設計；缺點則是 CSS 程式碼和 HTML 程式碼混在一起，不僅違背了將網頁的內容與外觀分隔開來的精神，也不利於日後的維護與修改，因此，在開發網站時，請盡量不要採取行內樣式。

7-2-2 內部樣式表

第二種方式是在 <head> 元素裡面使用 <style> 元素嵌入 CSS，稱為內部樣式表 (internal stylesheet)。舉例來說，前一節的 \Ch07\usecss1.html 可以改寫成如下，瀏覽結果是相同的。

\Ch07\usecss2.html

```
<!DOCTYPE html>
<html>
  <head>
    <meta charset="utf-8">
    <style>
      body {color: white; background: deepskyblue;}
    </style>
  </head>
  <body>
    <h1>Hello, CSS3!</h1>
  </body>
</html>
```

有關 CSS 的語法，第 7-3 節有進一步的說明

內部樣式表的優點是 CSS 程式碼和 HTML 程式碼不會混在一起；缺點則是 CSS 只能套用在目前網頁，無法與其它網頁共用，適合用來變更某個網頁的設計，但不適合用來開發網站。事實上，行內樣式和內部樣式表都是將 CSS 撰寫在各自的網頁，一旦網頁的數目變多，可能會重複定義，令程式碼變得複雜，很難統一管理。

7-2-3 外部樣式表

第三種方式是將 CSS 撰寫成外部檔案，然後在 <head> 元素裡面使 <link> 元素連結 CSS 檔案，或在 <style> 元素裡面使用 @import url(" 檔名 .css"); 指令匯入 CSS 檔案，稱為外部樣式表 (external stylesheet)。

這是開發網站時最常採取的方式，當網站包含多個網頁時，可以將網頁的樣式表統一放在一個 CSS 檔案，然後在網頁中連結或匯入該 CSS 檔案，如此一來，日後若要變更網頁的外觀，只要修改該 CSS 檔案即可，不必修改每個網頁。

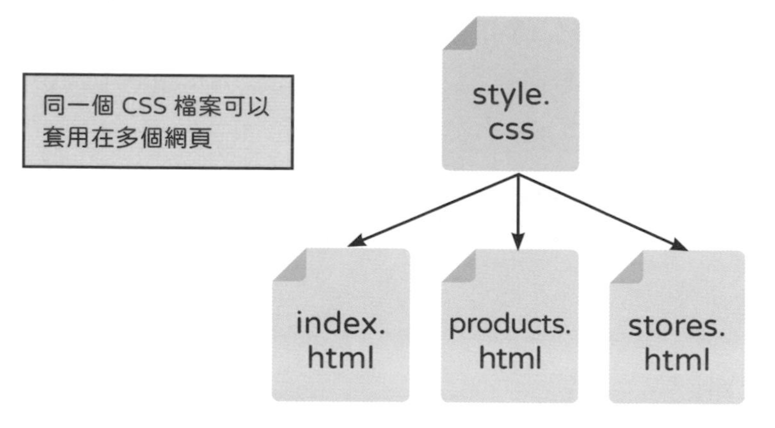

不過，大型網站的樣式表通常比較多、比較複雜，統一放在一個 CSS 檔案可能會不好管理，此時，我們可以根據不同的用途將樣式表加以分類，然後放在各自的 CSS 檔案，例如所有網頁共用的 CSS 檔案、頁首專用的 CSS 檔案、主要內容專用的 CSS 檔案等，各個網頁再去連結或匯入自己所需要的 CSS 檔案。

下面是一個例子，它將 \Ch07\usecss2.html 所定義的 CSS 儲存在純文字檔 body.css，注意副檔名為 .css。檔案的開頭多了一行敘述 @charset "UTF-8";，這是為了避免在 CSS 檔案中使用中文時出現亂碼。

\Ch07\body.css

```
@charset "UTF-8";
body {color: white; background: deepskyblue;}
```

有了這個 CSS 檔案，前一節的 \Ch07\usecss2.html 可以改寫成如下兩種形式，瀏覽結果都是相同的，其中以 <link> 元素較為常用。

\Ch07\usecss3.html

```
<!DOCTYPE html>
<html>
  <head>
    <meta charset="utf-8">
    <link rel="stylesheet" href="body.css" type="text/css">
  </head>
  <body>
    <h1>Hello, CSS3!</h1>
  </body>
</html>
```

使用 <link> 元素連結 CSS 檔案，若要連結多個 CSS 檔案，只要多寫幾個 <link> 元素即可

\Ch07\usecss4.html

```
<!DOCTYPE html>
<html>
  <head>
    <meta charset="utf-8">
    <style>
      @import url("body.css");
    </style>
  </head>
  <body>
    <h1>Hello, CSS3!</h1>
  </body>
</html>
```

使用 @import 指令匯入 CSS 檔案，若要匯入多個 CSS 檔案，只要多寫幾個 @import 指令即可

第 8 ~ 12 章的範例程式大多是採取行內樣式或內部樣式表的方式來介紹 CSS 屬性，而這純粹是為了方便做講解和版面編排，在您實際開發網站時，請還是以外部樣式表為主。

7-3 CSS 的語法

CSS 是由一條一條的規則 (rule) 所組成，而規則包含選擇器 (selector) 與宣告 (declaration) 兩個部分，例如：

規則
選擇器　宣告

```
body {color: white; background: red;}
```

屬性　值　屬性　值

```
h1 {font-family: "Arial Black";}
```

- 選擇器 (selector)：選擇器用來設定要套用規則的對象，以上面的兩個規則為例，選擇器 body 表示要套用規則的對象是 <body> 元素，即網頁主體；選擇器 h1 表示要套用規則的對象是 <h1> 元素，即標題 1。

- 宣告 (declaration)：宣告用來設定選擇器的樣式，以大括號括起來，裡面包含屬性 (property) 與值 (value)，中間以冒號 (:) 連接。規則的宣告個數可以不只一個，中間以分號 (;) 隔開。

  以上面的兩個規則為例，color: white 宣告是將 color 屬性的值設定為 white，即前景色彩為白色；background: red 宣告是將 background 屬性的值設定為 red，即背景色彩為紅色；font-family: "Arial Black" 宣告是將 font-family 屬性的值設定為 "Arial Black"，即字型為 "Arial Black"。

注意事項

當您使用 CSS 時，請注意下列事項：

- 若屬性的值包含英文字母、阿拉伯數字 (0 ~ 9)、減號 (-) 或小數點 (.) 以外的字元 (例如空白、換行)，那麼屬性的值前後必須加上雙引號或單引號 (例如 font-family: "Times New Roman")，否則雙引號 (") 或單引號 (') 可以省略不寫。
- CSS 會區分英文字母的大小寫，這點和 HTML 不同。為了避免混淆，在您替 HTML 元素的 class 屬性或 id 屬性命名時，請維持一致的命名規則，一般建議是採取字中大寫，例如 userName、studentAge 等。
- CSS 的註解符號為 /* */，如下，這點亦和 HTML 不同，HTML 的註解為 <!-- -->。

```
/* 將標題 1 的文字色彩設定為藍色 */
h1 {color: blue;}
/* 將段落的文字大小設定為 10 像素 */
p {font-size: 10px;}
```

- 規則的宣告個數可以不只一個，中間以分號 (;) 隔開。以下面的規則為例，裡面包含三個宣告，用來將段落設定成首行縮排為 50 像素、行高為 1.5 行、左邊界為 20 像素：

```
p {text-indent: 50px; line-height: 150%; margin-left: 20px;}
```

- 若規則包含多個宣告，為了方便閱讀，可以將宣告分開放在不同行，排列整齊即可，例如：

```
p {
  text-indent: 50px;
  line-height: 150%;
  margin-left: 20px;
}
```

- 若遇到具有相同宣告的規則，可以將之合併，使程式碼較為精簡。以下面的程式碼為例，這四條規則是將標題 1、標題 2、標題 3、段落的文字色彩設定為藍色，宣告均為 color: blue：

```
h1 {color: blue;}
h2 {color: blue;}
h3 {color: blue;}
p  {color: blue;}
```

既然宣告均相同，我們可以將這四條規則合併成一條，如下：

```
h1, h2, h3, p {color: blue;}
```

- 若遇到針對相同選擇器所設計的規則，可以將之合併，使程式碼較為精簡。以下面的程式碼為例，這四條規則是將標題 1 設定成文字色彩為白色、背景色彩為黑色、文字對齊方式為置中、字型為 "Arial Black"，選擇器均為 h1：

```
h1 {color: white;}
h1 {background: black;}
h1 {text-align: center;}
h1 {font-family: "Arial Black";}
```

既然是針對相同選擇器，我們可以將這四條規則合併成一條，如下：

```
h1 {color: white; background: black; text-align: center;
    font-family: "Arial Black";}
```

下面的寫法亦可：

```
h1 {
  color: white;
  background: black;
  text-align: center;
  font-family: "Arial Black";
}
```

7-4 選擇器的類型

選擇器 (selector) 用來設定要套用規則的對象，以下就為您介紹一些常見的類型。

7-4-1 萬用選擇器

萬用選擇器 (universal selector) 是以 HTML 文件中的所有元素做為要套用規則的對象，其命名格式為星號 (*)。以下面的規則為例，裡面有一個萬用選擇器，它可以替所有元素去除瀏覽器預設的留白與邊界：

```
* {padding: 0; margin: 0;}
```

7-4-2 類型選擇器

類型選擇器 (type selector) 是以某個 HTML 元素做為要套用規則的對象，名稱必須和指定的 HTML 元素符合。以下面的規則為例，裡面有一個類型選擇器 h1，表示要套用規則的對象是 <h1> 元素：

```
h1 {color: blue;}
```

7-4-3 子選擇器

子選擇器 (child selector) 是以某個 HTML 元素的子元素做為要套用規則的對象，以下面的規則為例，裡面有一個子選擇器 ul > li (中間以大於符號連接)，表示要套用規則的對象是 <ul> 元素的子元素 <li>：

```
ul > li {color: blue;}
```

7-4-4 子孫選擇器

子孫選擇器 (descendant selector) 是以某個 HTML 元素的子孫元素 (不僅是子元素) 做為要套用規則的對象。

以下面的規則為例，裡面有一個子孫選擇器 p a (中間以空白字元隔開)，表示要套用規則的對象是 <p> 元素的子孫元素 <a>：

```
p a {color: blue;}
```

7-4-5 相鄰兄弟選擇器

相鄰兄弟選擇器 (adjacent sibling selector) 是以某個 HTML 元素後面的第一個兄弟元素做為要套用規則的對象，以下面的規則為例，裡面有一個相鄰兄弟選擇器 img + p (中間以加號連接)，表示要套用規則的對象是 <img> 元素後面的第一個兄弟元素 <p>：

```
img + p {color: blue;}
```

7-4-6 全體兄弟選擇器

全體兄弟選擇器 (general sibling selector) 是以某個 HTML 元素後面的所有兄弟元素做為要套用規則的對象，以下面的規則為例，裡面有一個全體兄弟選擇器 img ~ p (中間以 ~ 符號連接)，表示要套用規則的對象是 <img> 元素後面的所有兄弟元素 <p>：

```
img ~ p {color: blue;}
```

7-4-7 類別選擇器

類別選擇器 (class selector) 是以隸屬於指定類別的 HTML 元素做為要套用規則的對象，其命名格式為「*.XXX」或「.XXX」，星號 (*) 可以省略不寫。

以下面的規則為例，裡面有兩個類別選擇器 .odd 和 .even，表示要套用規則的是 class 屬性分別為 "odd" 和 "even" 的 HTML 元素：

```
.odd {background: linen;}
.even {background: lightblue;}
```

下面是一個例子，它將奇數列與偶數列的 class 屬性設定為 "odd" 和 "even"，然後定義 .odd 和 .even 兩個類別選擇器，以便將奇數列與偶數列的背景色彩設定為亞麻色和淺藍色。

\Ch07\class.html

```
<!DOCTYPE html>
<html>
  <head>
    <meta charset="utf-8">
    <title>我的網頁</title>
    <style>
      .odd {background: linen;}          /* 此類別選擇器會套用在奇數列 */
      .even {background: lightblue;}     /* 此類別選擇器會套用在偶數列 */
    </style>
  </head>
  <body>
    <table>
      <tr class="odd"><td>01</td><td>鳶尾花</td></tr>
      <tr class="even"><td>02</td><td>滿天星</td></tr>
      <tr class="odd"><td>03</td><td>香水百合</td></tr>
      <tr class="even"><td>04</td><td>鬱金香</td></tr>
    </table>
  </body>
</html>
```

7-4-8 ID 選擇器

ID 選擇器 (ID selector) 是以符合指定 id（識別字）的 HTML 元素做為要套用規則的對象，其命名格式為「*#XXX」或「#XXX」，星號 (*) 可以省略不寫。以下面的規則為例，裡面有一個 ID 選擇器 #btn1，表示要套用規則的是 id 屬性為 "btn1" 的 HTML 元素：

```
#btn1 {font-size: 20px; color: red;}
```

下面是一個例子，它將兩個按鈕的 id 屬性設定為 "btn1" 和 "btn2"，然後定義 #btn1 和 #btn2 兩個 ID 選擇器，以便將按鈕的前景色彩設定為紅色和綠色。

\Ch07\id.html

```
<!DOCTYPE html>
<html>
  <head>
    <meta charset="utf-8">
    <style>
      #btn1 {font-size: 20px; color: red;}          /*ID 選擇器 */
      #btn2 {font-size: 20px; color: green;}        /*ID 選擇器 */
    </style>
  </head>
  <body>
    <button id="btn1">按鈕 1</button>
    <button id="btn2">按鈕 2</button>
  </body>
</html>
```

7-4-9 屬性選擇器

屬性選擇器 (attribute selector) 可以將規則套用在有設定某個屬性的元素，下面是一個例子，它會將規則套用在有設定 class 屬性的元素。

\Ch07\attribute.html

```
01: <!DOCTYPE html>
02: <html>
03:   <head>
04:     <meta charset="utf-8">
05:     <style>
06:     ❶ [class] {color: blue;}       /* 屬性選擇器 */
07:     </style>
08:   </head>
09:   <body>
10:     <ul>     ❷
11:       <li class="apple">蘋果牛奶</li>
12:       <li class="apple-banana">香蕉蘋果牛奶</li>
13:       <li class="grape apple banana">特調牛奶</li>
14:       <li class="kiwifruit apple">特調果汁</li>
15:     </ul>
16:   </body>
17: </html>
```

❶ 針對 class 屬性定義規則

❷ 凡有 class 屬性的元素均會套用規則

❸ 這些 <li> 元素都有 class 屬性，會套用規則呈現藍色

常見的屬性選擇器如下：

- [*att*]：將規則套用在有設定 *att* 屬性的元素，我們在 \Ch07\attribute.html 有做過示範。

- [*att=val*]：將規則套用在 *att* 屬性的值為 *val* 的元素。舉例來說，假設將 \Ch07\attribute.html 的第 06 行改寫成如下，令 class 屬性的值為 "apple" 的元素套用規則，瀏覽結果如下圖，只有第一個項目呈現藍色。

```
[class="apple"] {color: blue;}
```

- [*att~=val*]：將規則套用在 *att* 屬性的值為 *val*，或以空白字元隔開並包含 *val* 的元素。舉例來說，假設將 \Ch07\attribute.html 的第 06 行改寫成如下，令 class 屬性的值為 "apple"，或以空白字元隔開並包含 "apple" 的元素套用規則，瀏覽結果如下圖，第一、三、四個項目呈現藍色。

```
[class~="apple"] {color: blue;}
```

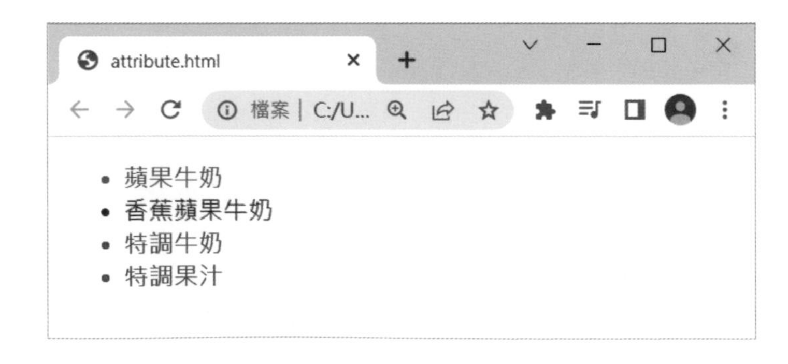

- [*att*|=*val*]：將規則套用在 *att* 屬性的值為 *val*，或以 - 字元連接並包含 *val* 的元素。舉例來說，假設將 \Ch07\attribute.html 的第 06 行改寫成如下，令 class 屬性的值為 "apple"，或以 - 字元連接並包含 "apple" 的元素套用規則，瀏覽結果如下圖，第一、二個項目呈現藍色。

```
[class|="apple"] {color: blue;}
```

- [*att*^=*val*]：將規則套用在 *att* 屬性的值以 *val* 開頭的元素。舉例來說，假設將 \Ch07\attribute.html 的第 06 行改寫成如下，令 class 屬性的值以 "apple" 開頭的元素套用規則，瀏覽結果如下圖，第一、二個項目呈現藍色。

```
[class^="apple"] {color: blue;}
```

- [*att$=val*]：將規則套用在 *att* 屬性的值以 *val* 結尾的元素。舉例來說，假設將 \Ch07\attribute.html 的第 06 行改寫成如下，令 class 屬性的值以 "apple" 結尾的元素套用規則，瀏覽結果如下圖，第一、四個項目呈現藍色。

```
[class$="apple"] {color: blue;}
```

- [*att*=val*]：將規則套用在 *att* 屬性的值包含 *val* 的元素。舉例來說，假設將 \Ch07\attribute.html 的第 06 行改寫成如下，令 class 屬性的值包含 "apple" 的元素套用規則，瀏覽結果如下圖，四個項目均呈現藍色。

```
[class*="apple"] {color: blue;}
```

7-4-10 虛擬元素

虛擬元素 (pseudo-element) 可以將規則套用在指定元素的某個部分，常見的如下：

- ::first-line：元素的第一行。
- ::first-letter：元素的第一個字。
- ::before：在元素前面加上內容。
- ::after：在元素後面加上內容。
- ::selection：元素被選取的部分。

下面是一個例子，它先使用虛擬元素 ::first-line 將 <p> 元素的第一行設定為紅色，然後使用虛擬元素 ::after 在 <p> 元素的後面加上內容為 "(王維《相思》)"、色彩為藍色的文字。

\Ch07\pseudo1.html

```
<!DOCTYPE html>
<html>
  <head>
    <meta charset="utf-8">
    <title> 我的網頁 </title>
    <style>
      p::first-line {color: red;}                               /* 虛擬元素 */
      p::after {content: "( 王維《相思》)"; color: blue;}     /* 虛擬元素 */
    </style>
  </head>
  <body>
    <p> 紅豆生南國，<br>
        春來發幾枝。<br>
        願君多採擷，<br>
        此物最相思。</p>
  </body>
</html>
```

7-4-11 虛擬類別

虛擬類別 (pseudo-class) 可以將規則套用在符合特定條件的資訊，或其它簡單的選擇器所無法表達的資訊，常見的如下，完整的說明可以到 https://www.w3.org/TR/selectors-3/ 查看：

- :hover：指標移到但尚未點選的元素。
- :focus：取得焦點的元素。
- :active：點選的元素。
- :first-child：第一個子元素。
- :last-child：最後一個子元素。
- :nth-child(*n*)：第 *n* 個子元素。
- :nth-last-child(*n*)：倒數第 *n* 個子元素。
- :link：尚未瀏覽的超連結。
- :visited：已經瀏覽的超連結。
- :enabled：表單中啟用的欄位。
- :disabled：表單中取消的欄位。
- :checked：表單中選取的選擇鈕或核取方塊。

下面是一個例子，它使用 :link 和 :visited 兩個虛擬類別將尚未瀏覽及已經瀏覽的超連結色彩設定為黑色和紅色。

\Ch07\pseudo2.html

```
<!DOCTYPE html>
<html>
  <head>
    <meta charset="utf-8">
    <style>
      a:link {color: black;}          /* 虛擬類別 */
      a:visited {color: red;}         /* 虛擬類別 */
    </style>
  </head>
  <body>
    <ul>
      <li><a href="novel1.html">射鵰英雄傳</a></li>
      <li><a href="novel2.html">倚天屠龍記</a></li>
      <li><a href="novel3.html">天龍八部</a></li>
      <li><a href="novel4.html">笑傲江湖</a></li>
    </ul>
  </body>
</html>
```

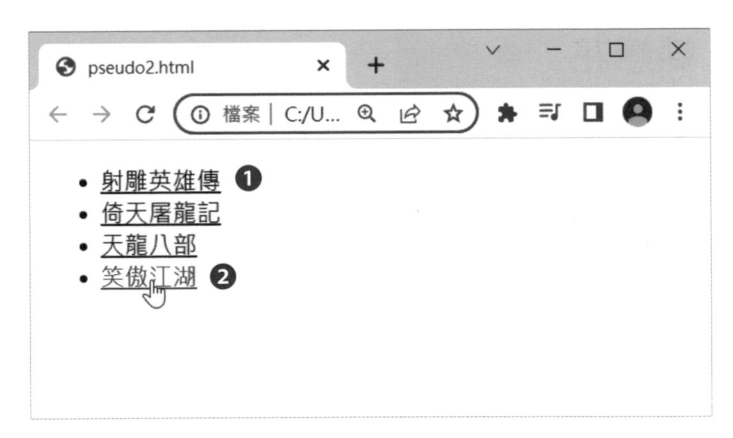

❶ 尚未瀏覽的超連結為黑色　❷ 已經瀏覽的超連結為紅色

下面是另一個例子，它使用 :hover 虛擬類別設定當指標移到 <h1> 元素時，就將 <h1> 元素的背景色彩從亞麻色變更為淺藍色。

\Ch07\pseudo3.html

```
<!DOCTYPE html>
<html>
  <head>
    <meta charset="utf-8">
    <style>
      h1 {background: linen;}                       /* 類型選擇器 */
      h1:hover {background: lightblue;}             /* 虛擬類別 */
    </style>
  </head>
  <body>
    <h1> 蝶戀花 </h1>
    <h1> 卜算子 </h1>
    <h1> 臨江仙 </h1>
  </body>
</html>
```

❶ 標題 1 的背景色彩為亞麻色

❷ 當指標移到標題 1 時，背景色彩會變成淺藍色

7-5 樣式表的串接順序

樣式表的來源有下列幾種：

- 作者 (author)：HTML 文件的作者可以將樣式表嵌入 HTML 文件，也可以連結或匯入外部的樣式表檔案。
- 使用者 (user)：使用者可以自訂樣式表，然後令瀏覽器根據此樣式表顯示 HTML 文件。
- 使用者代理程式 (user agent)：諸如瀏覽器等使用者代理程式也會有預設的樣式表。

原則上，不同來源的樣式表會串接在一起，然而這些樣式表卻有可能是針對相同的 HTML 元素，甚至還彼此衝突。舉例來說，作者將標題 1 的文字設定為紅色，而使用者或瀏覽器卻將標題 1 的文字設定為其它色彩，此時需要一個原則來決定優先順序。

在沒有特別指定的情況下，這三種樣式表來源的串接順序 (cascading order) 如下 (由高至低)：

1. 作者設定的樣式表
2. 使用者自訂的樣式表
3. 瀏覽器預設的樣式表

請注意，上面的串接順序是在沒有特別指定的情況下才成立，事實上，HTML 文件的作者或使用者可以在宣告的後面加上 !important 關鍵字，提高樣式表的串接順序，例如：

```
body {
  color: red !important;
}
```

一旦加上 !important 關鍵字，樣式表的串接順序將變成如下（由高至低）：

1. 瀏覽器預設且加上 !important 關鍵字的樣式表
2. 使用者自訂且加上 !important 關鍵字的樣式表
3. 作者設定且加上 !important 關鍵字的樣式表
4. 作者設定的樣式表
5. 使用者自訂的樣式表
6. 瀏覽器預設的樣式表

我們在第 7-2 節介紹過在 HTML 文件中套用 CSS 的方式有行內樣式、內部樣式表、外部樣式表等三種，那麼這些方式的串接順序又是如何呢？

答案是行內樣式的串接順序最高，而其它方式的串接順序取決於定義的早晚，愈晚定義的樣式表，其串接順序就愈高，也就是後來定義的樣式表會覆蓋先前定義的樣式表。

若有多條規則要套用到相同的元素，那麼串接順序又是如何呢？此時可以遵循下列原則：

- **後到者優先**：當有多條規則的選擇器相同時，後面的規則比前面的優先。
- **範圍明確者優先**：選擇器範圍明確的規則優先，例如 p b 或 p.hotnews 均比 p 明確，所以比較優先。
- **標示重要者優先**：在宣告的後面加上 !important 關鍵字的規則優先，而且凌駕於前述兩者之上，例如 p {color: red !important;} 比 p {color: blue;} 優先。

08

CHAPTER

色彩、字型、文字與清單

8-1 色彩屬性

8-1-1 color (前景色彩)

前景色彩 (foreground color) 指的是系統目前預設的套用色彩，例如網頁的文字是使用前景色彩；相反的，背景色彩 (background color) 指的是基底影像下預設的底圖色彩，例如網頁的背景是使用背景色彩。

我們可以使用 color 屬性設定 HTML 元素的前景色彩，其語法如下：

```
color: 色彩
```


色彩的設定值有下列幾種形式：

- 色彩名稱：這是以諸如 aqua、black、blue、fuchsia、gray、green、purple、red、silver、teal、white、yellow 等名稱來設定色彩，例如下面的規則是將標題 1 的前景色彩 (即文字色彩) 設定為紅色：

```
h1 {color: red;}
```

- rgb(*rr, gg, bb*)：這是以紅 (red)、綠 (green)、藍 (blue) 三原色的混合比例來設定色彩，例如下面的規則是將標題 1 的前景色彩設定為紅 100%、綠 0%、藍 0%，也就是紅色：

```
h1 {color: rgb(100%, 0%, 0%);}
```

除了混合比例之外，我們也可以將紅 (red)、綠 (green)、藍 (blue) 三原色各自劃分為 0 ~ 255 共 256 個級數，改以級數來設定色彩，例如上面的規則可以改寫成如下，由於紅、綠、藍分別為 100%、0%、0%，所以在轉換成級數後會對應到 255、0、0，中間以逗號隔開：

```
h1 {color: rgb(255, 0, 0);}
```

- *#rrggbb*：這是前一種設定值的十六進位表示法，以 # 符號開頭，後面跟著三組十六進位數字，分別代表色彩的紅、綠、藍級數，例如上面的規則可以改寫成如下，由於紅、綠、藍分別為 255、0、0，所以在轉換成十六進位後會對應到 ff、00、00：

```
h1 {color: #ff0000;}
```

下圖是一些常見的色彩名稱及其十六進位、十進位表示法（取自 CSS3 官方文件），更多的色彩名稱與數值對照可以參考 https://www.w3.org/TR/css3-color/。

Named	Numeric	Color name	Hex rgb	Decimal
		black	#000000	0,0,0
		silver	#C0C0C0	192,192,192
		gray	#808080	128,128,128
		white	#FFFFFF	255,255,255
		maroon	#800000	128,0,0
		red	#FF0000	255,0,0
		purple	#800080	128,0,128
		fuchsia	#FF00FF	255,0,255
		green	#008000	0,128,0
		lime	#00FF00	0,255,0
		olive	#808000	128,128,0
		yellow	#FFFF00	255,255,0
		navy	#000080	0,0,128
		blue	#0000FF	0,0,255
		teal	#008080	0,128,128
		aqua	#00FFFF	0,255,255

- rgba(*rr, gg, bb, alpha*)：這是以紅、綠、藍三原色的混合比例來設定色彩，同時加上一個參數 *alpha* 用來設定透明度，值為 0.0 ~ 1.0 的數字，表示完全透明 ~ 完全不透明，例如下面的規則是將標題 1 的前景色彩設定為紅色、透明度為 0.5：

```
h1 {color: rgba(255, 0, 0, 0.5);}
```

- hsl(*hue, saturation, lightness*)：這是以色相、飽和度與明度來設定色彩，色相 (hue) 是色彩的基本屬性，也就是平常所說的紅色、綠色、藍色等色彩名稱，以下圖的色輪來呈現；飽和度 (saturation) 是色彩的純度，值為 0% ~ 100%，值愈高，色彩就愈飽和；亮度 (lightness) 是色彩的明暗度，值為 0% ~ 100%，值愈高，色彩就愈明亮，50% 為正常，0% 為黑色，100% 為白色，例如下面的規則是將標題 1 的前景色彩設定為紅色：

```
h1 {color: hsl(0, 100%, 50%);}
```

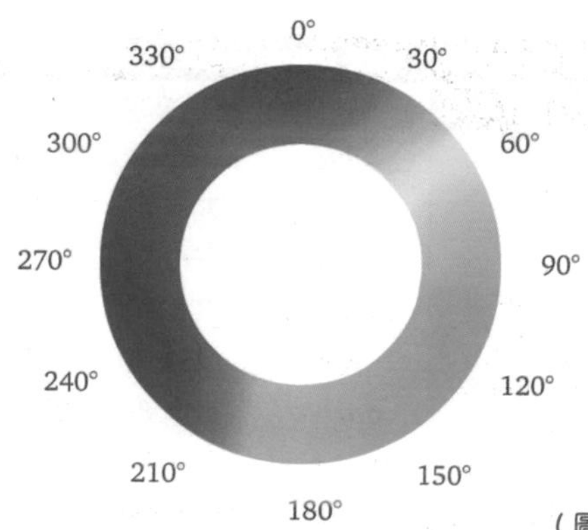

（圖片來源：CSS3 官方文件）

0° Reds

Saturation	100%	75%	50%	25%	0%
100					
88					
75					
63					
50					
38					
25					
13					
0					

30° Red-Yellows (=Oranges)

Saturation	100%	75%	50%	25%	0%
100					
88					
75					
63					
50					
38					
25					
13					
0					

60° Yellows

Saturation	100%	75%	50%	25%	0%
100					
88					
75					
63					
50					
38					
25					
13					
0					

- hsla(*hue, saturation, lightness, alpha*)：這是以色相、飽和度、亮度來設定色彩，同時加上一個參數 *alpha* 用來表示透明度，值為 0.0 ~ 1.0 的數字，表示完全透明 ~ 完全不透明，例如下面的規則是將標題 1 的前景色彩設定為紅色、透明度為 0.5：

```
h1 {color: hsla(0, 100%, 50%, 0.5);}
```

下面是一個例子，它針對五個標題 1 設定前景色彩（即文字色彩），請仔細比較第 03、04 行的瀏覽結果，這兩行都是將前景色彩設定為紅色，但是第 04 行加上透明度參數 0.5，若是在該區塊加上背景圖片或背景色彩，就更能凸顯出半透明的效果，至於第 05、06 行則是改以 HSL 色彩模式來設定色彩。

\Ch08\color1.html

```
01：<body>
02：  <h1 style="color: #00ff00;">卜算子</h1>
03：  <h1 style="color: rgb(255, 0, 0);">蝶戀花</h1>
04：  <h1 style="color: rgba(255, 0, 0, 0.5);">蝶戀花</h1>
05：  <h1 style="color: hsl(240, 100%, 50%);">臨江仙</h1>
06：  <h1 style="color: hsla(240, 100%, 50%, 0.3);">臨江仙</h1>
07：</body>
```

❶ 綠色　❷ 紅色　❸ 紅色加上透明度參數 0.5　❹ 藍色　❺ 藍色加上透明度參數 0.3

8-1-2 background-color（背景色彩）

網頁的視覺效果要好，除了前景色彩設定得當，背景色彩更具有畫龍點睛之效，它可以將前景色彩襯托得更出色。

我們可以使用 background-color 屬性設定 HTML 元素的背景色彩，其語法如下，預設值為 transparent（透明），也就是沒有背景色彩，至於色彩的設定值則有前一節所介紹的幾種形式：

```
background-color: transparent | 色彩
```

下面是一個例子，它將網頁主體與標題 1 的背景色彩設定為粉紅色和白色，而且標題 1 的背景色彩還加上透明度參數 0.5，所以會在白色裡面半透出粉紅色。

\Ch08\color2.html

```
<body style="background-color: pink;">
  <h1 style="background-color: rgba(255, 255, 255, 0.5);"> 卜算子 </h1>
</body>
```

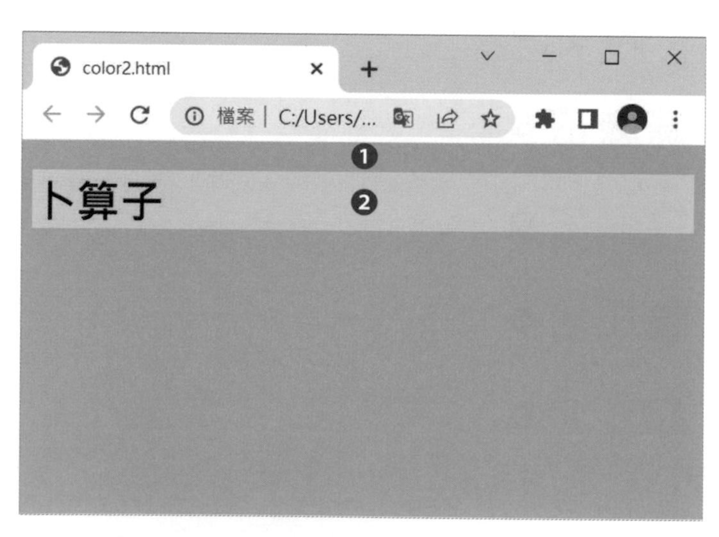

❶ 網頁主體的背景色彩為粉紅色

❷ 標題 1 的背景色彩為白色加上透明度參數 0.5

網頁程式設計

8-1-3 opacity（透明度）

我們可以使用 opacity 屬性設定 HTML 元素的透明度，其語法如下，值為 0.0 ~ 1.0 的數字，表示完全透明 ~ 完全不透明：

```
opacity: 透明度
```

下面是一個例子，它示範了圖片和文字都可以設定透明度。

\Ch08\color3.html

```
<body>
  <img src="rose.jpg" width="200">
  <img src="rose.jpg" width="200" style="opacity: 0.3;">
  <h1 style="color: green;">紅玫瑰</h1>
  <h1 style="color: green; opacity: 0.5;">紅玫瑰</h1>
</body>
```

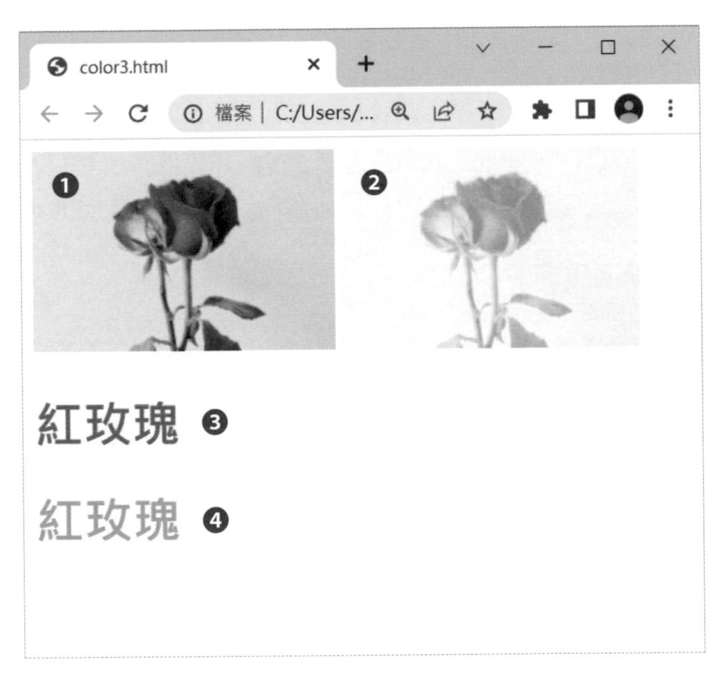

❶ 原始圖片
❷ 圖片加上透明度參數 0.3
❸ 綠色的標題 1
❹ 綠色的標題 1 加上透明度參數 0.5

8-2 字型屬性

8-2-1 font-family (文字字型)

我們可以使用 font-family 屬性設定 HTML 元素的文字字型，其語法如下：

```
font-family: 字型名稱 1[, 字型名稱 2[, 字型名稱 3...]]
```

下面是一個例子，它將段落的文字字型設定為「標楷體」。若用戶端沒有此字型，就設定為第二順位的「微軟正黑體」；若用戶端仍沒有此字型，就設定為系統預設的字型。

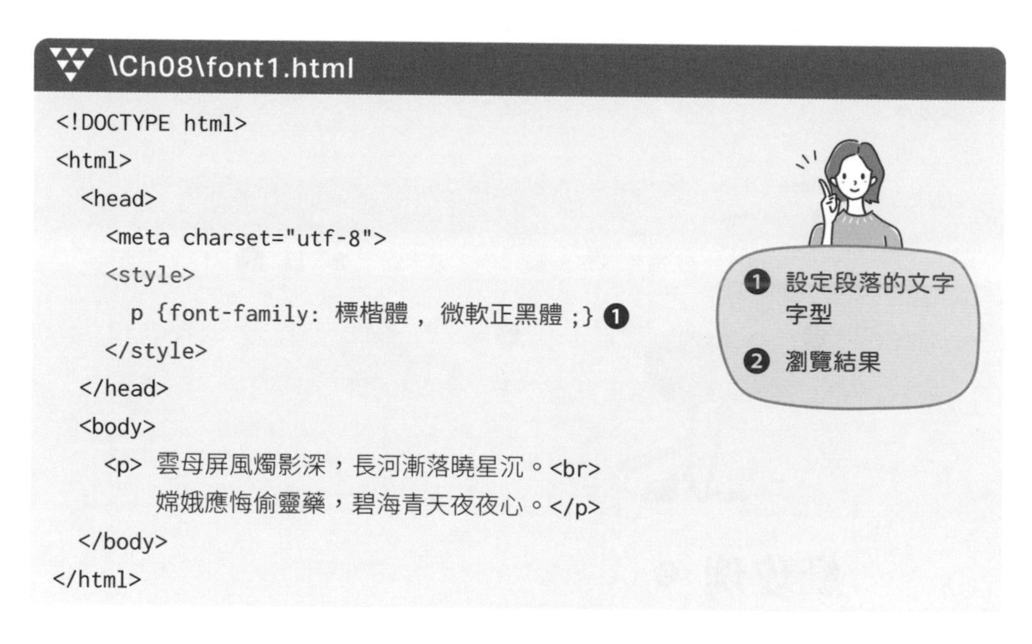

\Ch08\font1.html

```
<!DOCTYPE html>
<html>
  <head>
    <meta charset="utf-8">
    <style>
      p {font-family: 標楷體 , 微軟正黑體 ;} ❶
    </style>
  </head>
  <body>
    <p> 雲母屏風燭影深，長河漸落曉星沉。<br>
        嫦娥應悔偷靈藥，碧海青天夜夜心。</p>
  </body>
</html>
```

❶ 設定段落的文字字型
❷ 瀏覽結果

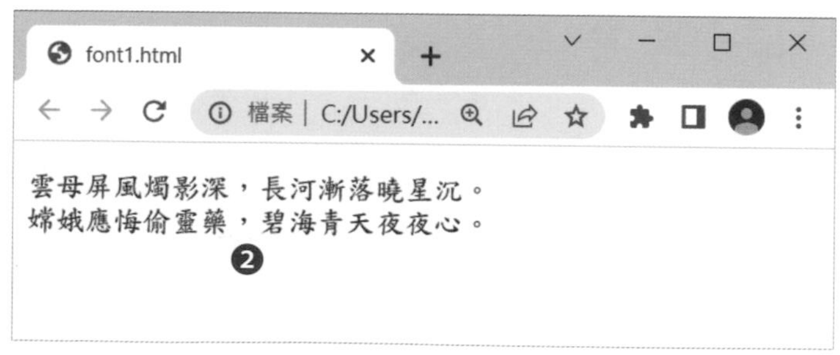

font1.html
檔案 | C:/Users/...
雲母屏風燭影深，長河漸落曉星沉。
嫦娥應悔偷靈藥，碧海青天夜夜心。
❷

8-2-2 font-size (文字大小)

我們可以使用 font-size 屬性設定 HTML 元素的文字大小，其語法如下：

```
font-size: 長度 | 絕對大小 | 相對大小 | 百分比
```

長度 (length)

以長度設定文字大小是相當直覺的，但要注意其度量單位，例如下面的規則是將段落的文字大小設定為 10 像素 (pixel)：

```
p {font-size: 10px;}
```

常見的度量單位如下：

度量單位	說明
px	像素 (pixel)，1px 相當於 1/96 英吋。對一般螢幕來說，一個 CSS 像素通常是一個裝置像素，而對手機或平板等高解析度螢幕來說，一個 CSS 像素可能是多個裝置像素。
pt	點 (point)，1pt 相當於 1/72 英吋。
pc	pica，1pica 相當於 1/6 英吋。
mm	毫米 (公厘)。
cm	厘米 (公分)。
in	英吋 (inch)。
em	父元素的倍數，舉例來說，假設父元素的文字大小為 20px，那麼 1.2em 表示 20px×1.2=24px。
rem	根元素的倍數，HTML 文件的根元素就是 <html> 元素，舉例來說，假設根元素的文字大小為 16px，那麼 1.5rem 表示 16px×1.5=24px。
vw	可視區域的寬度百分比，舉例來說，假設可視區域的寬度為 800px，那麼 10vw 表示 800px×10%=80px。
vh	可視區域的高度百分比，舉例來說，假設可視區域的高度為 400px，那麼 50vh 表示 400px×50%=200px。

註：可視區域 (viewport) 指的是以瀏覽器觀看網頁時的顯示區域，vw 和 vh 會隨著可視區域的寬度與高度自動調整，適合用來設計響應式網頁。

絕對大小 (absolute size)

CSS 提供的絕對大小有 xx-small、x-small、small、medium、large、x-large、xx-large 等 7 級大小，預設值為 medium（中），這些絕對大小與 HTML 字型大小的對照如下。

CSS 絕對大小	xx-small	x-small	small	medium	large	x-large	xx-large	--
HTML 字型大小	1	--	2	3	4	5	6	7
HTML 標題元素	<h6>	--	<h5>	<h4>	<h3>	<h2>	<h1>	--

原則上，這些絕對大小是以 medium 做為基準，每跳一級就縮小或放大 1.2 倍，而 medium 可能是瀏覽器預設的文字大小或目前的文字大小，例如下面的規則是將標題 1 的文字大小設定為 xx-large：

```
h1 {font-size: xx-large;}
```

相對大小 (relative size)

CSS 提供的相對大小有 smaller 和 larger 兩個設定值，分別表示比父元素的文字大小縮小一級或放大一級。舉例來說，假設父元素的文字大小為 medium，那麼 font-size: larger 宣告將使目前元素的文字大小比 medium 放大一級，也就是 large；相反的，font-size: smaller 宣告將使目前元素的文字大小比 medium 縮小一級，也就是 small。

百分比 (percentage)

我們也可以使用百分比來設定文字大小，這是以父元素的文字大小做為基準。舉例來說，假設父元素的文字大小為 20px，那麼 font-size: 75% 宣告將使目前元素的文字大小為 20px×75% = 15px。

下面是一個例子，它示範了不同的文字大小。

\Ch08\font2.html

```
<body>
  <p style="font-size: 20px;">生日快樂 Happy Birthday</p>
  <p style="font-size: 20pt;">生日快樂 Happy Birthday</p>
  <p style="font-size: xx-small;">生日快樂 Happy Birthday</p>
  <p style="font-size: x-small;">生日快樂 Happy Birthday</p>
  <p style="font-size: small;">生日快樂 Happy Birthday</p>
  <p style="font-size: medium;">生日快樂 Happy Birthday</p>
  <p style="font-size: large;">生日快樂 Happy Birthday</p>
  <p style="font-size: x-large;">生日快樂 Happy Birthday</p>
  <p style="font-size: xx-large;">生日快樂 Happy Birthday</p>
</body>
```

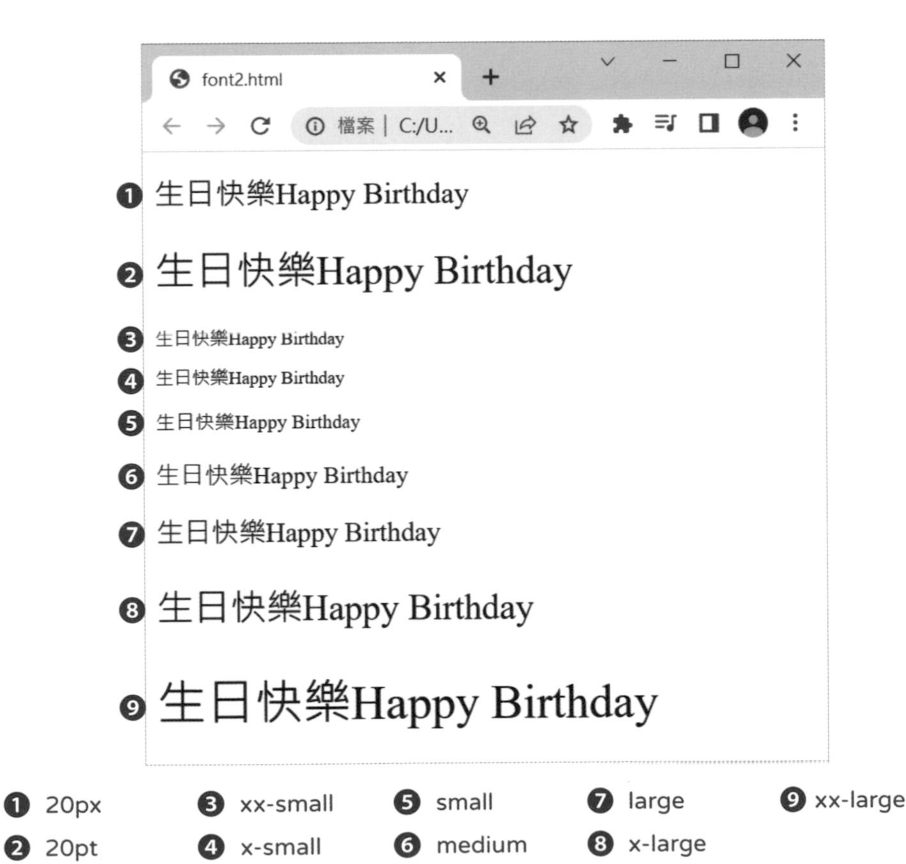

❶ 20px ❷ 20pt ❸ xx-small ❹ x-small ❺ small ❻ medium ❼ large ❽ x-large ❾ xx-large

8-2-3 font-style (文字樣式)

我們可以使用 font-style 屬性設定 HTML 元素的文字樣式，其語法如下：

```
font-style: normal | italic | oblique
```

- normal：正常 (預設值)。
- italic：斜體 (正常字型的手寫版本)。
- oblique：傾斜體 (透過數學演算的方式將正常字型傾斜一個角度)。

下面是一個例子，它將段落的文字樣式設定為斜體。

\Ch08\font3.html

```
<!DOCTYPE html>
<html>
  <head>
    <meta charset="utf-8">
    <style>
      p {font-style: italic;} ❶
    </style>
  </head>
  <body>
    <p> 雲母屏風燭影深，長河漸落曉星沉。<br>
        嫦娥應悔偷靈藥，碧海青天夜夜心。</p>
  </body>
</html>
```

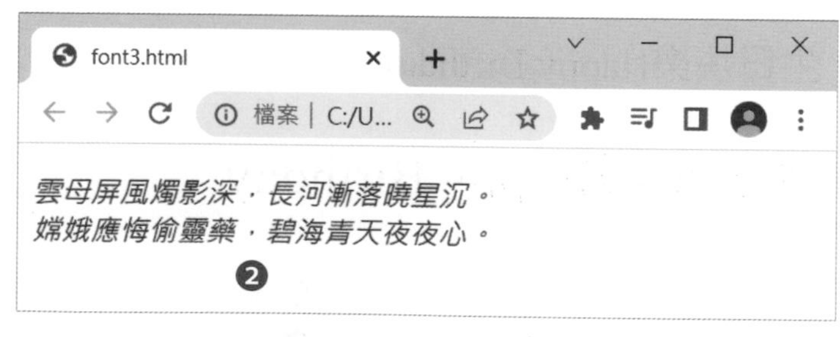
font3.html
檔案 | C:/U...
雲母屏風燭影深，長河漸落曉星沉。
嫦娥應悔偷靈藥，碧海青天夜夜心。
❷

❶ 設定段落的文字樣式 (斜體) ❷ 瀏覽結果

8-2-4 font-weight（文字粗細）

我們可以使用 font-weight 屬性設定 HTML 元素的文字粗細，其語法如下：

```
font-weight: normal | bold | bolder | lighter | 100 | 200 | 300 | 400 |
             500 | 600 | 700 | 800 | 900
```

font-weight 屬性的設定值可以歸納為下列兩種類型：

- 絕對粗細：normal 表示正常（預設值），bold 表示加粗，另外還有 100、200、300、400（相當於 normal)、500、600、700（相當於 bold)、800、900 等 9 個等級，數字愈大，文字就愈粗。
- 相對粗細：bolder 和 lighter 所呈現的文字粗細是相對於目前的文字粗細而言，bolder 表示更粗，lighter 表示更細。

下面是一個例子，它示範了不同的文字粗細。

\Ch08\font4.html

```
<body>
  <h1 style="font-weight: bold;">Hello, world!</h1>
  <h1 style="font-weight: normal;">Hello, world!</h1>
  <h1 style="font-weight: bolder;">Hello, world!</h1>
</body>
```

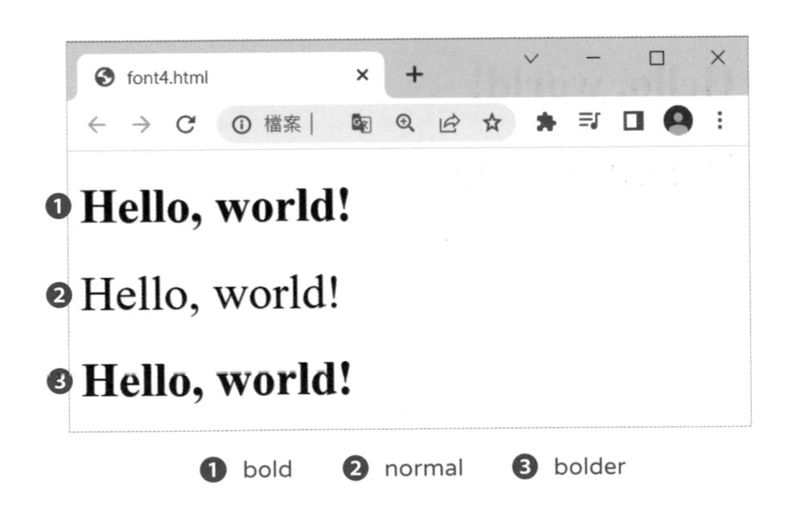

❶ bold ❷ normal ❸ bolder

8-2-5 font-variant（文字變化）

我們可以使用 font-variant 屬性設定 HTML 元素的文字變化，其語法如下：

```
font-variant: normal | small-caps
```

- normal：正常（預設值）。
- small-caps：小型大寫字（字體較小但全部大寫）。

事實上，CSS3 提供了更多設定值，例如 all-small-caps、petite-caps、all-petite-caps、unicase、ordinal、slashed-zero 等，不過，各大瀏覽器的支援程度及實作方式不一，您可以自己試試看。

下面是一個例子，它示範了 normal 和 small-caps 兩個設定值的瀏覽結果。

\Ch08\font5.html

```
<body>
  <h1 style="font-variant: normal;">Hello, world!</h1>
  <h1 style="font-variant: small-caps;">Hello, world!</h1>
</body>
```

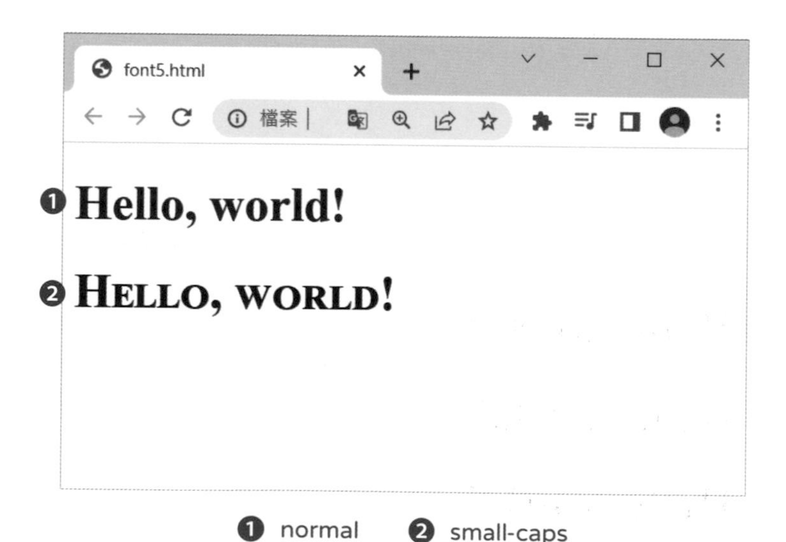

❶ normal ❷ small-caps

8-2-6 line-height (行高)

我們可以使用 line-height 屬性設定 HTML 元素的行高，其語法如下：

```
line-height: normal | 數字 | 長度 | 百分比
```

- normal：例如 line-height: normal 表示正常行高 (預設值)。
- 數字：使用數字設定幾倍行高，例如 line-height: 2 表示兩倍行高。
- 長度：使用 px、pt、pc、mm、cm、in、em、rem、vw、vh 等度量單位設定行高，例如 line-height: 20px 表示行高為 20 像素。
- 百分比：例如 line-height: 150% 表示 1.5 倍行高。

下面是一個例子，它示範了正常行高和兩倍行高的瀏覽結果。

\Ch08\font6.html

```
<body>
  <p style="line-height: normal;">雲母屏風燭影深，長河漸落曉星沉。<br>
    嫦娥應悔偷靈藥，碧海青天夜夜心。</p>
  <p style="line-height: 2;">冰簟銀床夢不成，碧天如水夜云輕。<br>
    雁聲遠過瀟湘去，十二樓中月自明。</p>
</body>
```

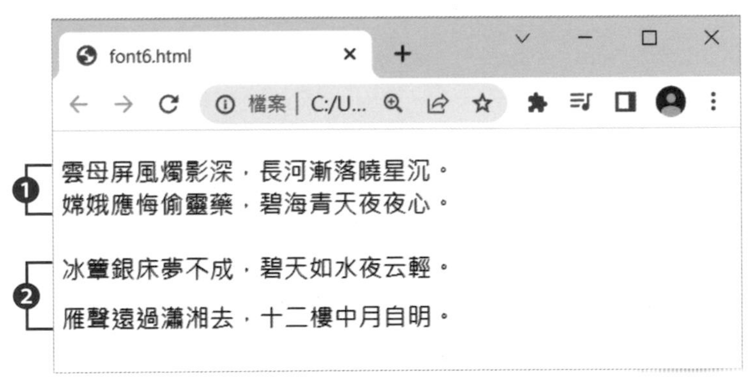

❶ 正常行高　❷ 兩倍行高

8-2-7 font (字型速記)

font 屬性是綜合了 font-style、font-variant、font-weight、font-size、line-height、font-family 等屬性的速記，其語法如下：

```
font: [[<font-style> || <font-variant > || <font-weight>] <font-size>
      [/<line-height>] <font-family>] | caption | icon | menu |
      message-box | small-caption | status-bar
```

這些屬性值的中間以空白字元隔開，省略不寫的屬性值會視屬性的類型使用預設值，而 font-variant 屬性只能使用 normal 和 small-caps 兩個設定值。至於 caption、icon、menu、message-box、small-caption、status-bar 等設定值則是參照系統字型，分別代表按鈕等控制項、圖示標籤、功能表、對話方塊、小控制項、狀態列的字型。

下面是一個例子，它將段落設定成文字樣式為斜體、文字大小為 20 像素、行高為 25 像素、文字字型為標楷體。

\Ch08\font7.html

```
<body>
  <p style="font: italic 20px/25px 標楷體；">  ❶
    雲母屏風燭影深，長河漸落曉星沉。<br>
    嫦娥應悔偷靈藥，碧海青天夜夜心。</p>
</body>
```

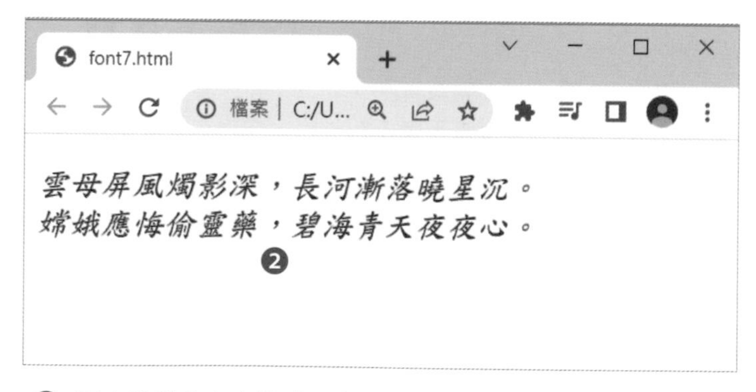
font7.html
檔案 | C:/U...
雲母屏風燭影深，長河漸落曉星沉。
嫦娥應悔偷靈藥，碧海青天夜夜心。
❷

❶ 設定段落的文字樣式、大小、行高與字型　❷ 瀏覽結果

8-3 文字屬性

8-3-1 text-indent (首行縮排)

我們可以使用 text-indent 屬性設定 HTML 元素的首行縮排，其語法如下：

```
text-indent: 長度 | 百分比
```

- 長度：使用 px、pt、pc、mm、cm、in、em、rem、vw、vh 等度量單位設定首行縮排的長度，屬於固定長度，例如 p {text-indent: 20px;} 是將段落的首行縮排設定為 20 像素。
- 百分比：使用百分比設定首行縮排佔容器寬度的比例，例如 p {text-indent: 10%;} 是將段落的首行縮排設定為容器寬度的 10%。

下面是一個例子，它將段落的首行縮排設定為 1 公分。

\Ch08\text1.html

```
<body>
  <p style="text-indent: 1cm;">庭院深深深幾許？楊柳堆煙，簾幕無重數。
   玉勒雕鞍遊冶處，樓高不見章台路。雨橫風狂三月暮，門掩黃昏，
   無計留春住。淚眼問花花不語，亂紅飛過鞦韆去。</p>
</body>
```

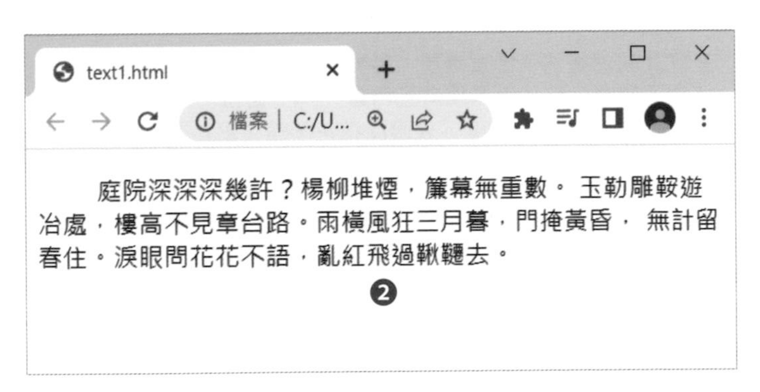

❶ 設定段落的首行縮排 (1 公分)　❷ 瀏覽結果

8-3-2 text-align（文字對齊方式）

我們可以使用 text-align 屬性設定 HTML 元素的文字對齊方式，其語法如下：

```
text-align: start | end | left | right | center | justify | match-parent
```

除了 CSS2.1 提供的 left（靠左）、right（靠右）、center（置中）、justify（左右對齊）等設定值，CSS3 還新增 match-parent（繼承父元素的對齊方式）、start（對齊一行的開頭）、end（對齊一行的結尾）等設定值，預設值為 start。

下面是一個例子，它示範了不同的文字對齊方式。

\Ch08\text2.html

```
<body>
  <p style="text-align: start;">庭院深深深幾許？楊柳堆煙，…。</p>
  <p style="text-align: end;">庭院深深深幾許？楊柳堆煙，…。</p>
  <p style="text-align: center;">庭院深深深幾許？楊柳堆煙，…。</p>
</body>
```

❶ 對齊一行的開頭　❷ 對齊一行的結尾　❸ 置中

8-3-3 letter-spacing（字母間距）

我們可以使用 letter-spacing 屬性設定 HTML 元素的字母間距，其語法如下：

```
letter-spacing: normal | 長度
```

- normal：例如 p {letter-spacing: normal;} 是將段落的字母間距設定為正常（預設值）。
- 長度：使用 px、pt、pc、mm、cm、in、em、rem、vw、vh 等度量單位設定字母間距的長度，例如 p {letter-spacing: 3px;} 是將段落的字母間距設定為 3 像素。

下面是一個例子，它示範了不同的字母間距。

\Ch08\text3.html

```
<body>
  <p style="letter-spacing: normal;">Happy Birthday to You!</p>
  <p style="letter-spacing: 3px;">Happy Birthday to You!</p>
  <p style="letter-spacing: 0.25cm;">Happy Birthday to You!</p>
</body>
```

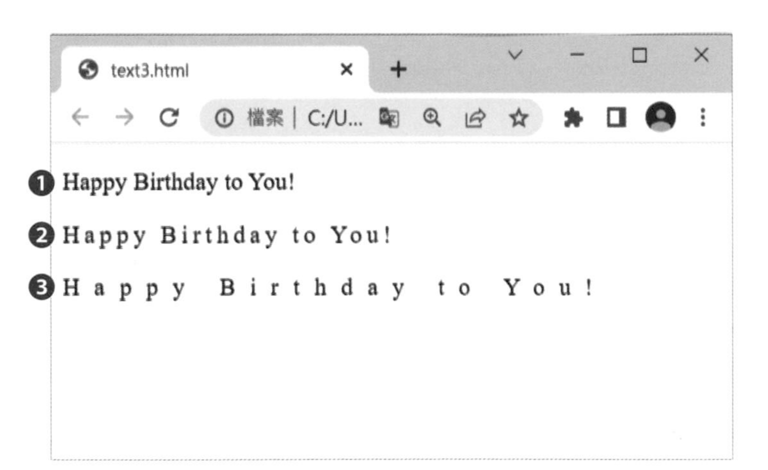

text3.html
檔案 | C:/U...
❶ Happy Birthday to You!
❷ Happy Birthday to You!
❸ Happy Birthday to You!

❶ 正常的字母間距　❷ 字母間距為 3 像素　❸ 字母間距為 0.25 公分

8-3-4 word-spacing（文字間距）

我們可以使用 word-spacing 屬性設定 HTML 元素的文字間距，其語法如下，「文字間距」指的是單字與單字之間的距離，而「字母間距」指的是字母與字母之間的距離，以 I am Mary 為例，I、am、Mary 為單字，而 I、a、m、M、a、r、y 為字母：

```
word-spacing: normal | 長度
```

- normal：例如 p {word-spacing: normal;} 是將段落的文字間距設定為正常（預設值）。
- 長度：使用 px、pt、pc、mm、cm、in、em、rem、vw、vh 等度量單位設定文字間距的長度，例如 p {word-spacing: 8px;} 是將段落的文字間距設定為 8 像素。

下面是一個例子，它示範了不同的文字間距。

\Ch08\text4.html

```
<body>
  <p style="word-spacing: normal;">Happy Birthday to You!</p>
  <p style="word-spacing: 8px;">Happy Birthday to You!</p>
  <p style="word-spacing: 1cm;">Happy Birthday to You!</p>
</body>
```

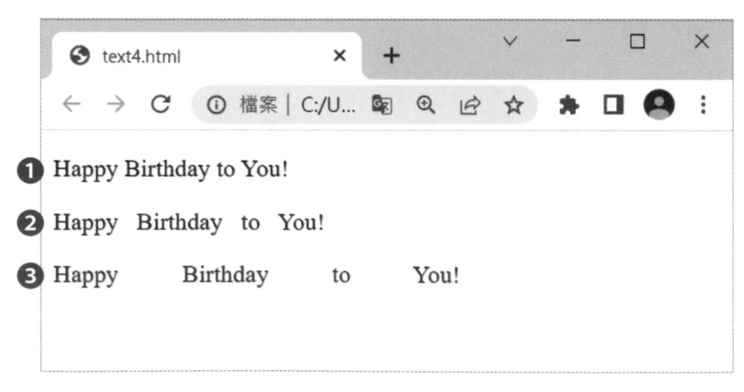
text4.html
檔案 | C:/U...
❶ Happy Birthday to You!
❷ Happy Birthday to You!
❸ Happy Birthday to You!

❶ 正常的文字間距　❷ 文字間距為 8 像素　❸ 文字間距為 1 公分

8-3-5 text-transform（大小寫轉換方式）

我們可以使用 text-transform 屬性設定 HTML 元素的大小寫轉換方式，其語法如下：

```
text-transform: none | capitalize | uppercase | lowercase | full-width
```

- none：無（預設值）。
- capitalize：單字的第一個字母大寫。
- uppercase：全部大寫。
- lowercase：全部小寫。
- full-width：全形。

下面是一個例子，它示範了不同的大小寫轉換方式。

\Ch08\text5.html

```
<body>
  <p style="text-transform: none;">Happy Birthday to You!</p>
  <p style="text-transform: capitalize;">Happy Birthday to You!</p>
  <p style="text-transform: uppercase;">Happy Birthday to You!</p>
  <p style="text-transform: lowercase;">Happy Birthday to You!</p>
</body>
```

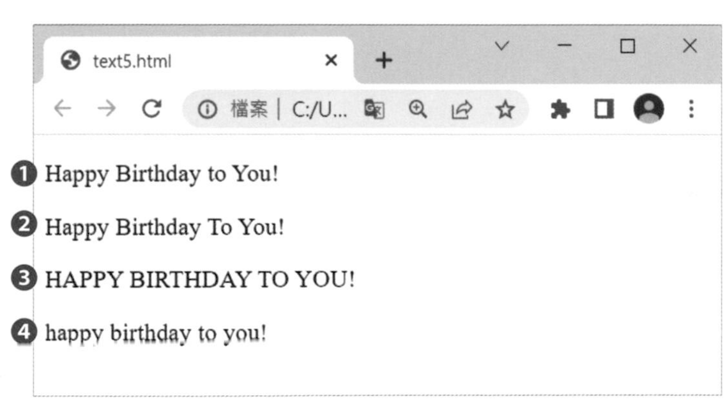
text5.html
檔案 | C:/U...
❶ Happy Birthday to You!
❷ Happy Birthday To You!
❸ HAPPY BIRTHDAY TO YOU!
❹ happy birthday to you!

❶ 預設值 none　❷ 首字大寫　❸ 全部大寫　❹ 全部小寫

8-3-6 white-space (空白字元)

我們可以使用 white-space 屬性設定 HTML 元素的換行、定位點 / 空白、自動換行的顯示方式，其語法如下：

```
white-space: normal | pre | nowrap | pre-wrap | pre-line
```

這些設定值的顯示方式如下，Yes 表示會顯示在網頁上，No 表示不會。

	換行	定位點 / 空白	自動換行
normal	No	No	Yes
pre	Yes	Yes	No
nowrap	No	No	No
pre-wrap	Yes	Yes	Yes
pre-line	Yes	No	Yes

下面是一個例子，它會顯示段落裡面的換行與定位點 / 空白。

\Ch08\text6.html

```
<p style="white-space: pre;"> ❶
void main()
{
    printf("Hello, world!\n");
}
</p>
```

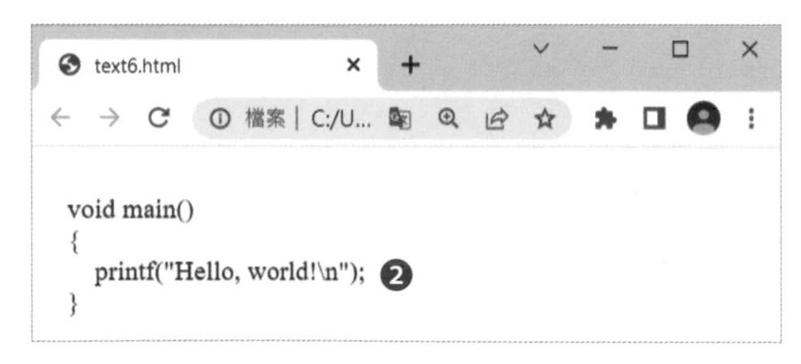

❶ 使用 pre 設定值　❷ 換行與定位點 / 空白都會顯示在網頁上

8-3-7 text-shadow（文字陰影）

我們可以使用 text-shadow 屬性設定 HTML 元素的文字陰影，其語法如下，若要設定多重陰影，以逗號隔開設定值即可：

```
text-shadow: none | [[ 水平位移 垂直位移 模糊 色彩 ] [,...]]
```

- none：無（預設值）。
- 水平位移：陰影在水平方向的位移為幾像素（若為負值，表示相反方向）。
- 垂直位移：陰影在垂直方向的位移為幾像素（若為負值，表示相反方向）。
- 模糊：陰影的模糊輪廓為幾像素。
- 色彩：陰影的色彩。

下面是一個例子，它示範了三種不同的文字陰影。

\Ch08\text7.html

```
<body>
  <h1 style="text-shadow: 12px 8px 5px orange;">Hello, world!</h1>
  <h1 style="text-shadow: -12px -8px 5px orange;">Hello, world!</h1>
  <h1 style="text-shadow: 10px 10px 2px cyan, 20px 20px 2px silver;">
    Hello, world!</h1>
</body>
```

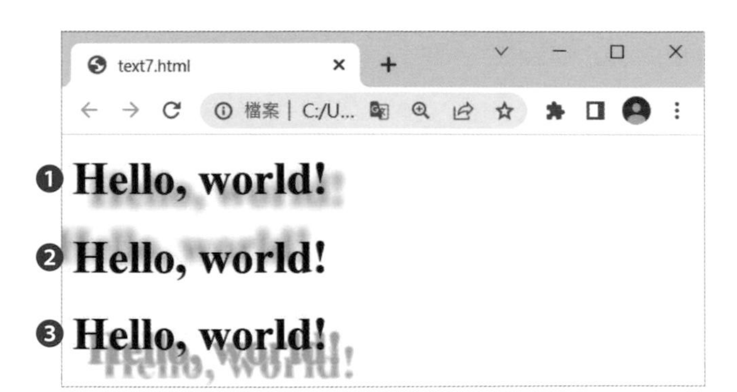
text7.html
檔案 | C:/U...
❶ Hello, world!
❷ Hello, world!
❸ Hello, world!

❶ 陰影的水平位移、垂直位移、模糊、色彩為 12px、8px、5px、橘色
❷ 陰影的水平位移和垂直位移也可以是負值　❸ 兩層陰影

8-3-8 text-decoration-line、text-decoration-style、text-decoration-color（文字裝飾線條、樣式與色彩）

我們可以使用下列幾個屬性設定 HTML 元素的文字裝飾：

- text-decoration-line：設定 HTML 元素的文字裝飾線條，其語法如下，有 none（無）、underline（底線）、overline（頂線）、line-through（刪除線）、blink（閃爍）等設定值，預設值為 none：

```
text-decoration-line: none | [underline || overline || line-through || blink]
```

- text-decoration-style：設定 HTML 元素的文字裝飾樣式，其語法如下，有 solid（實線）、double（雙線）、dotted（點線）、dashed（虛線）、wavy（波浪）等設定值，預設值為 solid：

```
text-decoration-style: solid | double | dotted | dashed | wavy
```

- text-decoration-color：設定 HTML 元素的文字裝飾色彩，其語法如下，色彩的設定值有第 8-1-1 節所介紹的幾種形式：

```
text-decoration-color: 色彩
```

下面是一個例子，它示範了三種不同的文字裝飾。

\Ch08\text8.html

```
<body>
  <h1 style="text-decoration-line: overline;
❶   text-decoration-style: dotted;
    text-decoration-color: red;"> 臨江仙 </h1>
  <h1 style="text-decoration-line: underline;
❷   text-decoration-style: wavy;
    text-decoration-color: cyan;"> 蝶戀花 </h1>
  <h1 style="text-decoration-line: line-through;
❸   text-decoration-style: solid;
    text-decoration-color: blue;"> 卜算子 </h1>
</body>
```

❶ 頂線、點線、紅色
❷ 底線、波浪、青色
❸ 刪除線、實線、藍色

8-3-9 text-decoration (文字裝飾速記)

text-decoration 屬性是綜合了 text-decoration-line、text-decoration-style、textdecoration-color 等屬性的速記，其語法如下：

```
text-decoration: <text-decoration-line> || <text-decoration-style> ||
                 <text-decoration-color>
```

下面是一個例子，它改寫自前一節的 \Ch08\text8.html。

\Ch08\text9.html

```
<body>
  <h1 style="text-decoration: overline dotted red;">臨江仙</h1>
  <h1 style="text-decoration: underline wavy cyan;">蝶戀花</h1>
  <h1 style="text-decoration: line-through solid blue;">卜算子</h1>
</body>
```

8-4 清單屬性

8-4-1 list-style-type（項目符號與編號類型）

我們可以使用 list-style-type 屬性設定清單的項目符號與編號類型，其語法如下，預設值為 disc，表示實心圓點：

```
list-style-type: disc | circle | square | none | 編號
```

- 項目符號：這是使用無順序的圖案做為項目符號，設定值如下。

設定值	說明	設定值	說明
disc（預設值）	實心圓點 ●	square	實心方塊 ■
circle	空心圓點 ○	none	不顯示項目符號

- 編號：這是使用有順序的編號，設定值如下。

設定值	說明
decimal（預設值）	從 1 開始的阿拉伯數字，例如 1、2、3、...。
decimal-leading-zero	前面冠上 0 的阿拉伯數字，例如 01、02、03、...。
lower-roman	小寫羅馬數字，例如 i、ii、iii、iv、v...。
upper-roman	大寫羅馬數字，例如 I、II、III、IV、V...。
georgian	喬治亞數字。
armenian	亞美尼亞數字。
lower-alpha、lower-latin	小寫英文字母，例如 a、b、c、...、z。
upper-alpha、upper-latin	大寫英文字母，例如 A、B、C、...、Z。
lower-greek	小寫希臘字母，例如 α、β、γ...。
註：另外還有一些特殊的設定值，例如 bengali（孟加拉數字）、cambodian（柬埔寨數字）、malayalam（馬來亞拉姆數字）、oriya（奧里亞數字）等。	

下面是一個例子，其中第 10 ~ 16 行定義一組包含 5 個項目的清單，至於項目符號則是由第 06 行的規則設定為 square，即實心方塊，而且該實心方塊會隨著項目文字的放大或縮小而改變大小。

\Ch08\list1.html

```
01: <!DOCTYPE html>
02: <html>
03:   <head>
04:     <meta charset="utf-8">
05:     <style>
06:       ul {list-style-type: square;} ❶
07:     </style>
08:   </head>
09:   <body>
10:     <ul>
11:       <li> 射鵰英雄傳 </li>
12:       <li> 天龍八部 </li>
13:       <li> 倚天屠龍記 </li>
14:       <li> 笑傲江湖 </li>
15:       <li> 鹿鼎記 </li>
16:     </ul>
17:   </body>
18: </html>
```

❶ 設定項目符號　❷ 瀏覽結果

下面是另一個例子，其中第 10 ~ 16 行定義一組包含 5 個項目的清單，至於編號則是由第 06 行的規則設定為 upper-alpha，即大寫英文字母。

雖然 CSS3 支援 georgian、armenian、bengali、cambodian 等特殊的編號方式，但各大瀏覽器的支援程度及實作方式不一，因此，建議您選擇多數瀏覽器有支援的編號方式，而且要以瀏覽器進行實際測試。

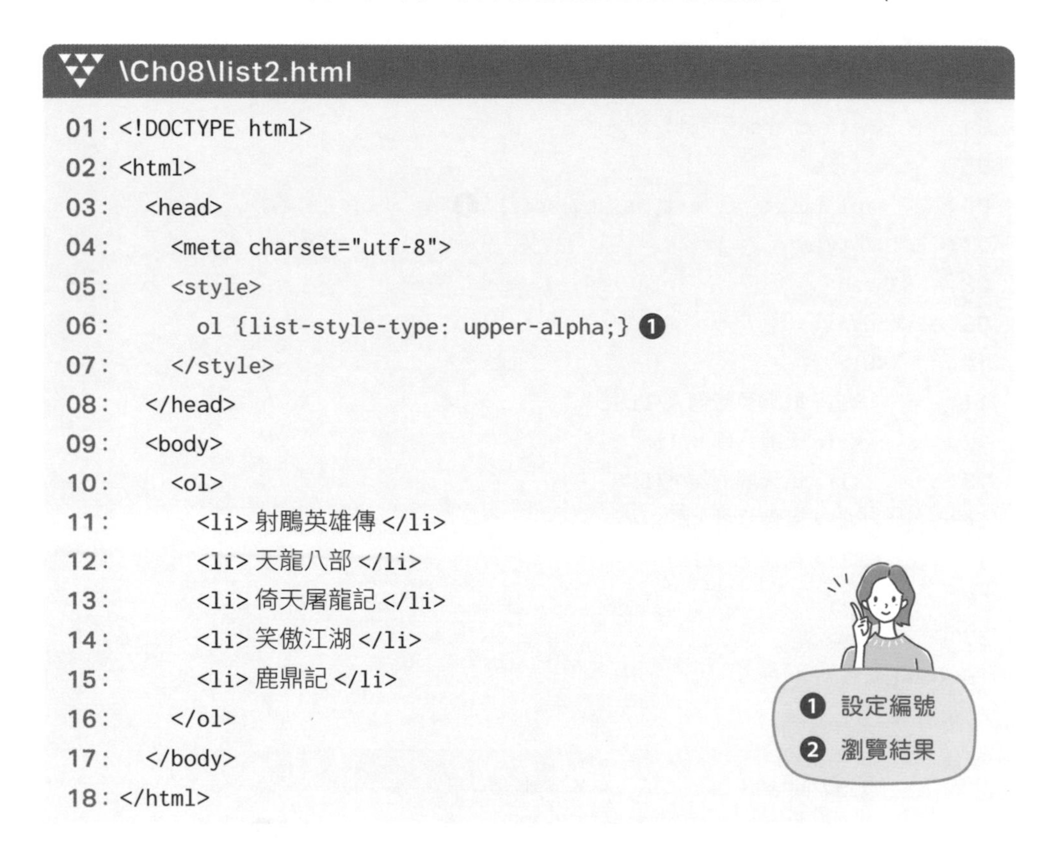

\Ch08\list2.html

```
01: <!DOCTYPE html>
02: <html>
03:   <head>
04:     <meta charset="utf-8">
05:     <style>
06:       ol {list-style-type: upper-alpha;} ❶
07:     </style>
08:   </head>
09:   <body>
10:     <ol>
11:       <li> 射鵰英雄傳 </li>
12:       <li> 天龍八部 </li>
13:       <li> 倚天屠龍記 </li>
14:       <li> 笑傲江湖 </li>
15:       <li> 鹿鼎記 </li>
16:     </ol>
17:   </body>
18: </html>
```

8-4-2 list-style-image (圖片項目符號)

除了使用前一節所介紹的項目符號與編號，我們也可以使用 list-style-image 屬性設定圖片項目符號的圖檔名稱，其語法如下，預設值為 none (無)：

```
list-style-image: none | url( 圖檔名稱 )
```

下面是一個例子，其中第 10 ~ 14 行定義一組包含 3 個項目的清單，至於項目符號則是由第 06 行的規則設定為 blockgrn.gif 圖檔，即 ▨。

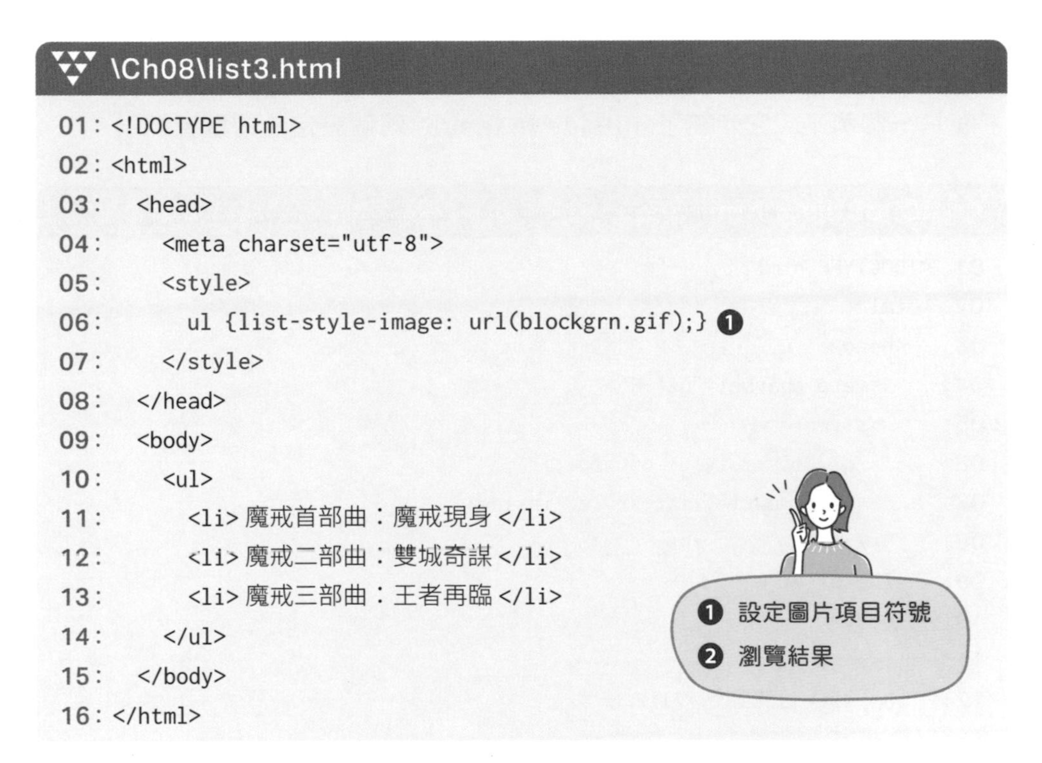
\Ch08\list3.html

```
01: <!DOCTYPE html>
02: <html>
03:   <head>
04:     <meta charset="utf-8">
05:     <style>
06:       ul {list-style-image: url(blockgrn.gif);} ❶
07:     </style>
08:   </head>
09:   <body>
10:     <ul>
11:       <li> 魔戒首部曲：魔戒現身 </li>
12:       <li> 魔戒二部曲：雙城奇謀 </li>
13:       <li> 魔戒三部曲：王者再臨 </li>
14:     </ul>
15:   </body>
16: </html>
```

8-4-3 list-style-position（項目符號與編號位置）

在預設的情況下，項目符號與編號均位於項目文字區塊的外部，但有時我們可能會希望將項目符號與編號納入項目文字區塊，此時可以使用 list-style-position 屬性設定項目符號與編號位置，其語法如下：

```
list-style-position: outside | inside
```

- outside：項目符號與編號位於項目文字區塊的外部（預設值）。
- inside：項目符號與編號位於項目文字區塊的內部。

下面是一個例子，它示範了 outside 和 inside 兩個設定值的瀏覽結果。

\Ch08\list4.html

```
01: <!DOCTYPE html>
02: <html>
03:   <head>
04:     <meta charset="utf-8">
05:     <style>
06:       ul {list-style: outside;}
07:       ul.compact {list-style: inside;}
08:     </style>
09:   </head>
10:   <body>
11:     <ul>
12:       <li>台灣野鳥</li>
13:     </ul>
14:     <ul class="compact">
15:       <li>黑面琵鷺最早的棲息地是韓國及中國的北方沿海，但近年來它們覓著
16:           了一個新的棲息地，就是台灣的曾文溪口沼澤地。</li>
17:       <li>八色鳥在每年的夏天會從東南亞地區飛到台灣繁殖下一代，由於羽色
18:           艷麗（八種顏色），可以說是山林中的漂亮寶貝。</li>
19:     </ul>
20:   </body>
21: </html>
```

- 06：針對 <ul> 元素定義一個規則，將項目符號放在項目文字區塊的外部。
- 07：針對 class 屬性為 "compact" 的 <ul> 元素定義一個規則，將項目符號放在項目文字區塊的內部。
- 11 ~ 13：這個項目清單將套用第 06 行所定義的規則。
- 14 ~ 19：這個項目清單將套用第 07 行所定義的規則，因為其 <ul> 元素的 class 屬性為 "compact"。

瀏覽結果如下圖，請您仔細比較 list-style-position 屬性為 outside 和 inside 的差別。

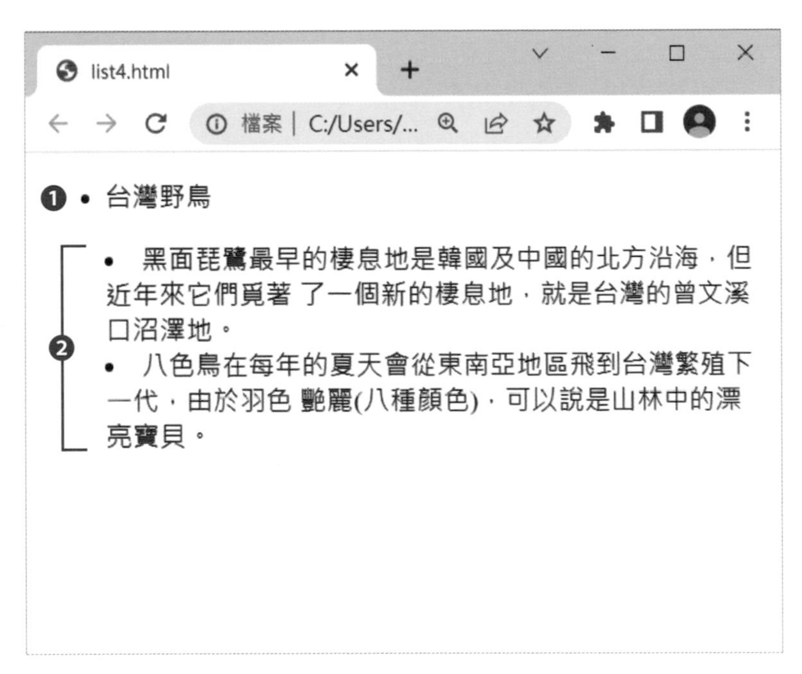

❶ 項目符號位於項目文字區塊的外部

❷ 項目符號位於項目文字區塊的內部

8-4-4 list-style（清單速記）

list-style 屬性是綜合了 list-style-type、list-style-image、list-style-position 等清單屬性的速記，其語法如下，若屬性值不只一個，中間以空白字元隔開即可，省略不寫的屬性值會使用預設值：

```
list-style: 屬性值 1 [ 屬性值 2 [...]]
```

下面是一個例子，由於找不到指定的圖檔 star.gif，所以會使用大寫羅馬數字。

\Ch08\list5.html

```
<!DOCTYPE html>
<html>
  <head>
    <meta charset="utf-8">
    <style>
      ul {list-style: url(star.gif) upper-roman;}
    </style>
  </head>
  <body>
    <ul>
      <li>魔戒首部曲：魔戒現身</li>
      <li>魔戒二部曲：雙城奇謀</li>
      <li>魔戒三部曲：王者再臨</li>
    </ul>
  </body>
</html>
```

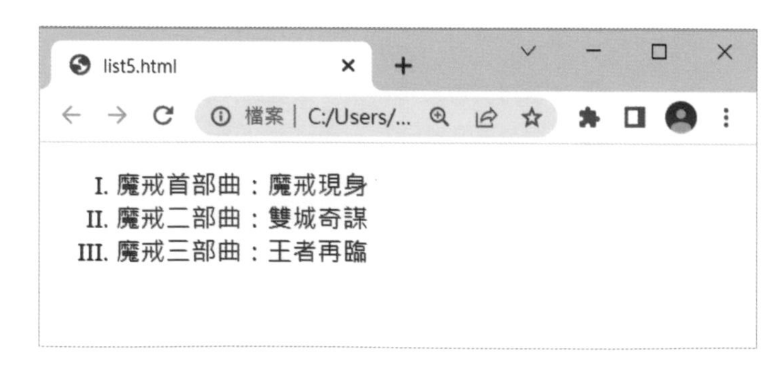

09

CHAPTER

Box Model 與定位方式

9-1 Box Model

Box Model（盒子模式）與定位方式 (positioning scheme) 是學習 CSS 不能錯過的主題，涵蓋了邊界、留白、框線、正常順序、相對定位、絕對定位、固定定位、文繞圖等重要的概念，而這些概念主導了網頁的編排與顯示方式。若您過去習慣使用表格控制網頁的編排，那麼請您多花點時間瞭解這些概念，您會發現，原來使用 CSS 控制網頁的編排與顯示方式會讓人更加得心應手。

Box Model 指的是 CSS 將每個 HTML 元素看成一個矩形盒子，稱為 Box，由內容 (content)、留白 (padding)、框線 (border) 與邊界 (margin) 所組成，如下圖，Box 決定了 HTML 元素的顯示方式，也決定了 HTML 元素彼此之間的互動方式。

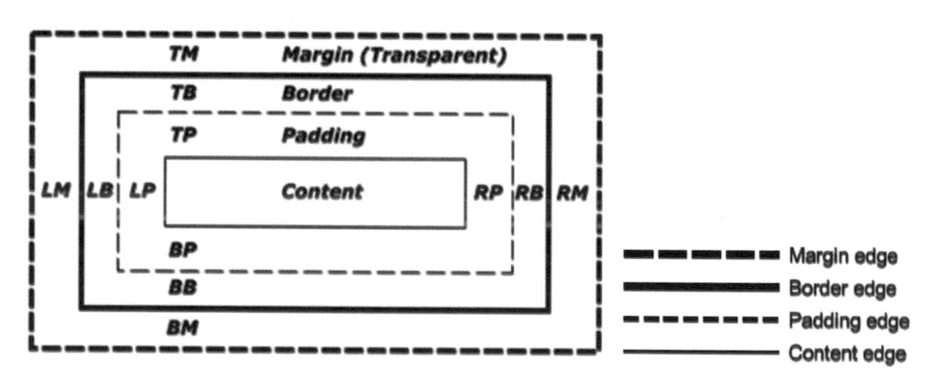

（參考來源：CSS 官方文件 https://www.w3.org/TR/CSS2/box.html）

內容 (content) 就是網頁上的資料，而留白 (padding) 是環繞在內容四周的部分，當我們設定 HTML 元素的背景時，背景色彩或背景圖片會顯示在內容與留白的部分；至於框線 (border) 則是加在留白外緣的線條，而且線條可以設定不同的寬度或樣式（例如實線、雙線、虛線等）；還有在框線之外的是邊界 (margin)，這個透明的區域通常用來控制 HTML 元素彼此之間的距離。

在上圖中可以看到，留白、框線與邊界有上 (top)、下 (bottom)、左 (left)、右 (right) 之分，因此，我們使用類似 TM、BM、LM、RM 等縮寫來表示 Top Margin（上邊界）、Bottm Margin（下邊界）、Left Margin（左邊界）、Right Margin（右邊界），其它 TB、BB、LB、RB、TP、BP、LP、RP 請依此類推。

留白、框線與邊界的預設值為 0，但可以使用 CSS 設定留白、框線與邊界在上、下、左、右各個方向的大小。此外，CSS 預設的寬度與高度指的是內容的寬度與高度，加上留白、框線與邊界後就是 Box 的寬度與高度。以下圖為例，內容的寬度為 60 像素，留白的寬度為 8 像素，框線的寬度為 4 像素，邊界的寬度為 8 像素，則 Box 的寬度為 60 ＋ (8 ＋ 4 ＋ 8)×2 ＝ 100 像素。

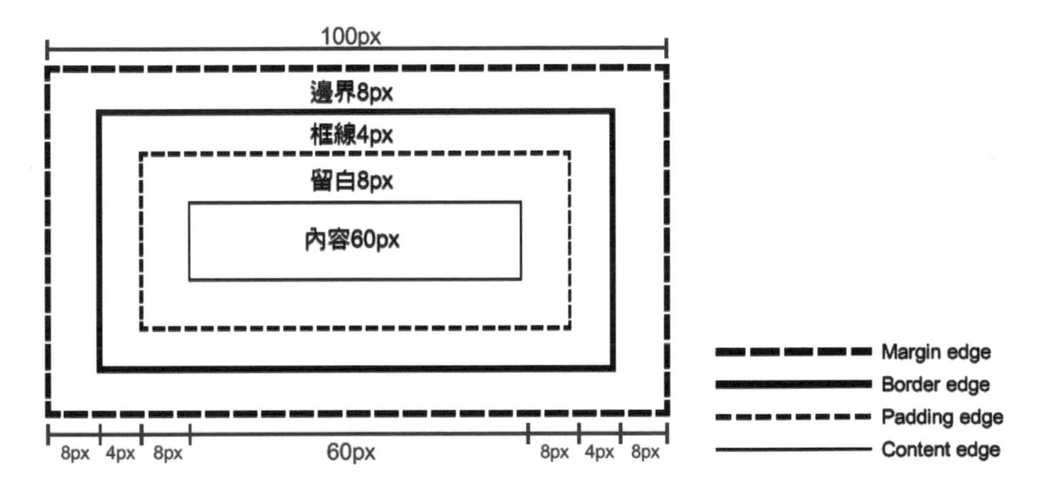

最後要說明何謂「邊界重疊」，這指的是當有兩個垂直邊界接觸在一起時，只會留下較大的那個邊界做為兩者的間距，如下圖。舉例來說，假設有連續多個段落，那麼第一段上方的間距就是第一段的上邊界，而第一段與第二段的間距因為第一段的下邊界與第二段的上邊界重疊，只會留下較大的那個邊界做為兩者的間距，其它依此類推，如此一來，不同段落的間距就能維持一致。

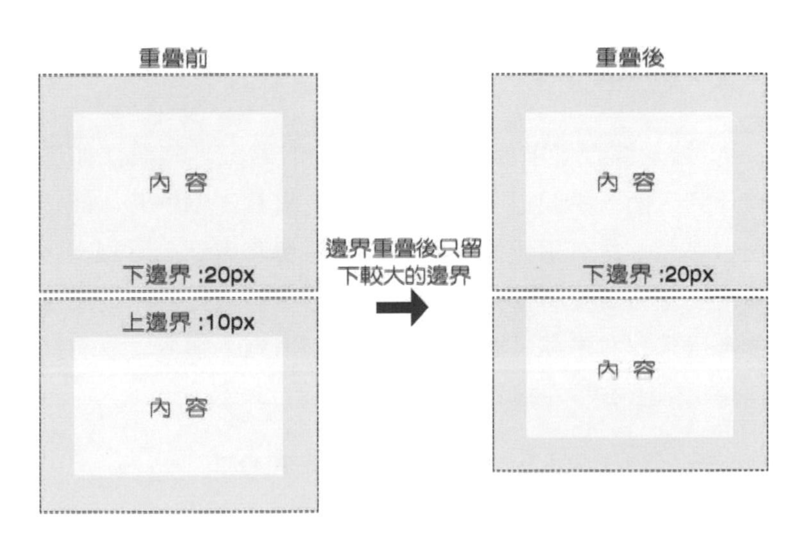

9-2 邊界屬性

我們可以使用下列屬性設定 HTML 元素的邊界：

- margin-top：設定 HTML 元素的上邊界，其語法如下，有「長度」、「百分比」、auto (自動) 等設定值，預設值為 0：

```
margin-top: 長度 | 百分比 | auto
```

例如下面的第一個規則是將段落的上邊界設定為容器高度的 10%，而第二個規則是將段落的上邊界設定為 50 像素：

```
p {margin-top: 10%;}
p {margin-top: 50px;}
```

- margin-bottom：設定 HTML 元素的下邊界，其語法如下，預設值為 0：

```
margin-bottom: 長度 | 百分比 | auto
```

- margin-left：設定 HTML 元素的左邊界，其語法如下，預設值為 0：

```
margin-left: 長度 | 百分比 | auto
```

- margin-right：設定 HTML 元素的右邊界，其語法如下，預設值為 0：

```
margin-right: 長度 | 百分比 | auto
```

- margin：這是綜合了前面四個邊界屬性的速記，其語法如下，設定值可以有一到四個，中間以空白字元隔開，當有一個值時，該值會套用到上下左右邊界；當有兩個值時，第一個值會套用到上下邊界，而第二個值會套用到左右邊界；當有三個值時，第一個值會套用到上邊界，第二個值會套用到左右邊界，而第三個值會套用到下邊界；當有四個值時，會分別套用到上右下左邊界：

```
margin: 設定值1 [ 設定值2 [ 設定值3 [ 設定值4]]]
```

下面是一個例子，它將第一段的上下邊界與左右邊界分別設定為 1cm 和 0.5cm，而第二段是採取預設的邊界為 0。為了清楚呈現出邊界，我們刻意將段落的背景色彩設定為淺黃色。

\Ch09\margin.html

```
<!DOCTYPE html>
<html>
  <head>
    <meta charset="utf-8">
    <style>
      h1 {text-align: center;}
      p {background-color: lightyellow;}
    </style>
  </head>
  <body>
    <h1>醉翁亭記</h1>
    <p style="margin: 1cm 0.5cm;">環滁皆山也。其西南諸峰…。</p>
    <p>若夫日出而林霏開，雲歸而巖穴暝，晦明變化者，…。</p>
  </body>
</html>
```

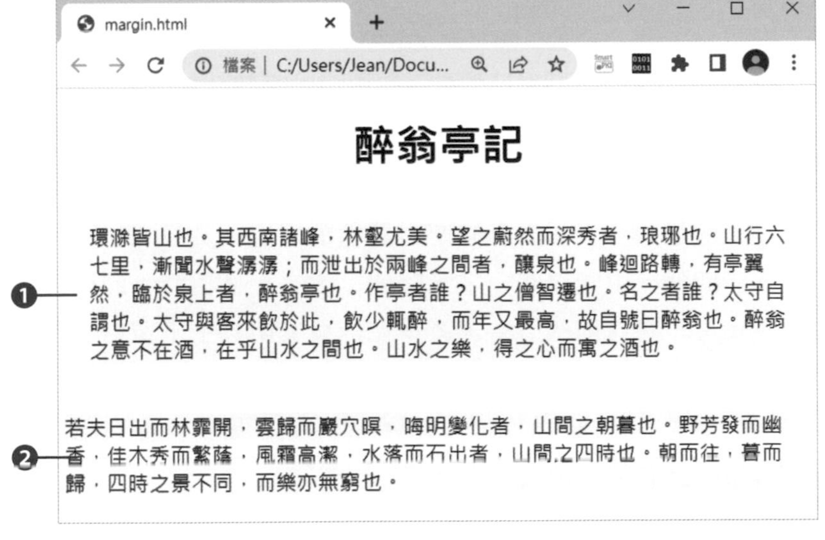

❶ 上下邊界與左右邊界分別為 1cm 和 0.5cm　❷ 預設的邊界為 0

9-3 留白屬性

我們可以使用下列屬性設定 HTML 元素的留白：

- padding-top：設定 HTML 元素的上留白，其語法如下，有「長度」、「百分比」等設定值，預設值為 0：

  ```
  padding-top: 長度 | 百分比
  ```

  例如下面的第一個規則是將段落的上留白設定為容器高度的 2%，而第二個規則是將段落的上留白設定為 10 像素：

  ```
  p {padding-top: 2%;}
  p {padding-top: 10px;}
  ```

- padding-bottom：設定 HTML 元素的下留白，其語法如下，預設值為 0：

  ```
  padding-bottom: 長度 | 百分比
  ```

- padding-left：設定 HTML 元素的左留白，其語法如下，預設值為 0：

  ```
  padding-left: 長度 | 百分比
  ```

- padding-right：設定 HTML 元素的右留白，其語法如下，預設值為 0：

  ```
  padding-right: 長度 | 百分比
  ```

- padding：這是綜合了前面四個留白屬性的速記，其語法如下，設定值可以有一到四個，中間以空白字元隔開，當有一個值時，該值會套用到上下左右留白；當有兩個值時，第一個值會套用到上下留白，而第二個值會套用到左右留白；當有三個值時，第一個值會套用到上留白，第二個值會套用到左右留白，而第三個值會套用到下留白；當有四個值時，會分別套用到上右下左留白：

  ```
  padding : 設定值 1 [ 設定值 2 [ 設定值 3 [ 設定值 4]]]
  ```

下面是一個例子，它將第一段的上下留白與左右留白分別設定為 0.5cm 和 1cm，而第二段是採取預設的留白為 0。為了清楚呈現出留白，我們刻意將段落的背景色彩設定為淺黃色。

\Ch09\padding.html

```
<!DOCTYPE html>
<html>
  <head>
    <meta charset="utf-8">
    <style>
      h1 {text-align: center;}
      p {background-color: lightyellow;}
    </style>
  </head>
  <body>
    <h1> 醉翁亭記 </h1>
    <p style="padding: 0.5cm 1cm;"> 環滁皆山也。其西南諸峰…。</p>
    <p> 若夫日出而林霏開，雲歸而巖穴暝，晦明變化者，…。</p>
  </body>
</html>
```

❶ 上下留白與左右留白分別為 0.5cm 和 1cm　❷ 預設的留白為 0

9-4 框線屬性

9-4-1 border-style（框線樣式）

我們可以使用下列屬性設定 HTML 元素的框線樣式：

- border-top-style：設定 HTML 元素的上框線樣式，其語法如下，有 none（無）、hidden（隱藏）、dotted（點線）、dashed（虛線）、solid（實線）、double（雙線）、groove（3D 立體內凹）、ridge（3D 立體外凸）、inset（內凹）、outset（外凸）等設定值，預設值為 none，而 hidden 的效果和 none 一樣是不顯示框線，但可避免和表格元素的框線設定衝突：

```
border-top-style: 設定值
```

- border-bottom-style：設定 HTML 元素的下框線樣式，其語法如下：

```
border-bottom-style: 設定值
```

- border-left-style：設定 HTML 元素的左框線樣式，其語法如下：

```
border-left-style: 設定值
```

- border-right-style：設定 HTML 元素的右框線樣式，其語法如下：

```
border-right-style: 設定值
```

- border-style：這是綜合了前面四個框線樣式屬性的速記，其語法如下，設定值可以有一到四個，中間以空白字元隔開，當有一個值時，該值會套用到上下左右框線；當有兩個值時，第一個值會套用到上下框線，而第二個值會套用到左右框線；當有三個值時，第一個值會套用到上框線，第二個值會套用到左右框線，而第三個值會套用到下框線；當有四個值時，會分別套用到上右下左框線：

```
border-style: 設定值 1 [ 設定值 2 [ 設定值 3 [ 設定值 4]]]
```

框線樣式設定值的效果如下圖（參考來源：CSS 官方文件）。

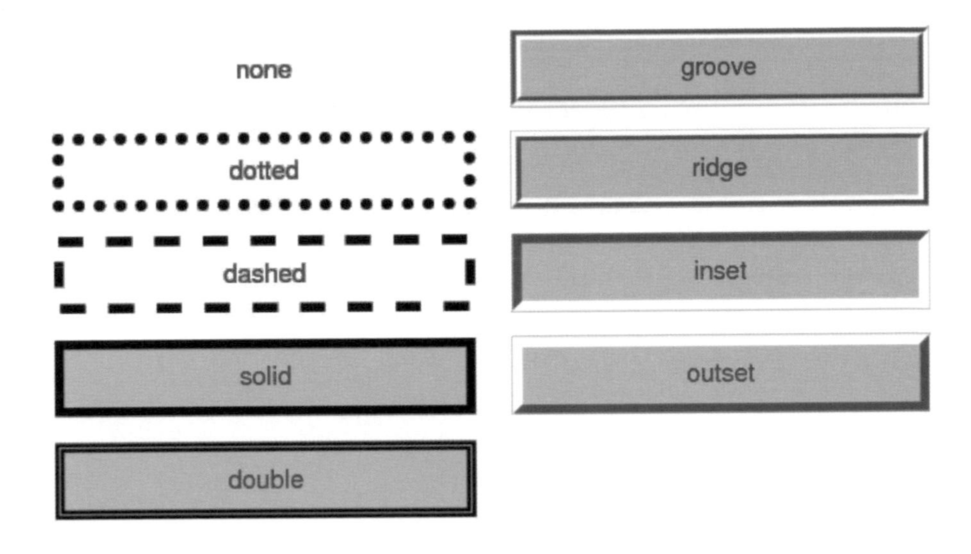

下面是一個例子，它在兩張圖片分別加上點狀框線和雙線框線。

\Ch09\border1.html

```
<body>
  <img src="rose.jpg" style="border: dotted;">
  <img src="rose.jpg" style="border: double;">
</body>
```

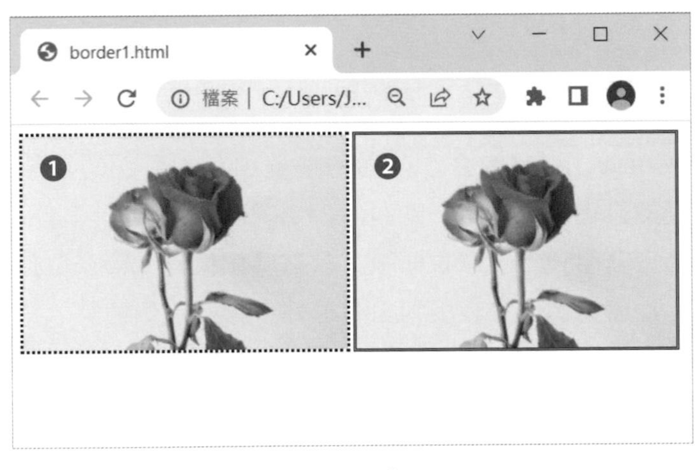

❶ 點狀框線　❷ 雙線框線

9-4-2 border-color（框線色彩）

我們可以使用下列屬性設定 HTML 元素的框線色彩：

- border-top-color：設定 HTML 元素的上框線色彩，其語法如下，色彩的設定值有第 8-1-1 節所介紹的幾種形式，而 transparent 表示透明，但仍具有寬度，預設值為 color 屬性的值（即前景色彩）：

```
border-top-color: 色彩 | transparent
```

例如下面幾個規則都是將段落的上框線色彩設定為紅色：

```
p {border-top-color: red;}
p {border-top-color: rgb(255, 0, 0);}
p {border-top-color: #ff0000;}
```

- border-bottom-color：設定 HTML 元素的下框線色彩，其語法如下：

```
border-bottom-color: 色彩 | transparent
```

- border-left-color：設定 HTML 元素的左框線色彩，其語法如下：

```
border-left-color: 色彩 | transparent
```

- border-right-color：設定 HTML 元素的右框線色彩，其語法如下：

```
border-right-color: 色彩 | transparent
```

- border-color：這是綜合了前面四個框線色彩屬性的速記，其語法如下，色彩的設定值可以有一到四個，中間以空白字元隔開，當有一個值時，該值會套用到上下左右框線；當有兩個值時，第一個值會套用到上下框線，而第二個值會套用到左右框線；當有三個值時，第一個值會套用到上框線，第二個值會套用到左右框線，而第三個值會套用到下框線；當有四個值時，會分別套用到上右下左框線：

```
border-color: 設定值1 [設定值2 [設定值3 [設定值4]]]
```

下面是一個例子，它在標題 1 與圖片分別加上綠色雙線框線和橘色實線框線。

請注意，在設定框線色彩的同時必須設定框線樣式，否則會看不到框線，因為框線樣式的預設值為 none (無)，也就是不顯示框線。

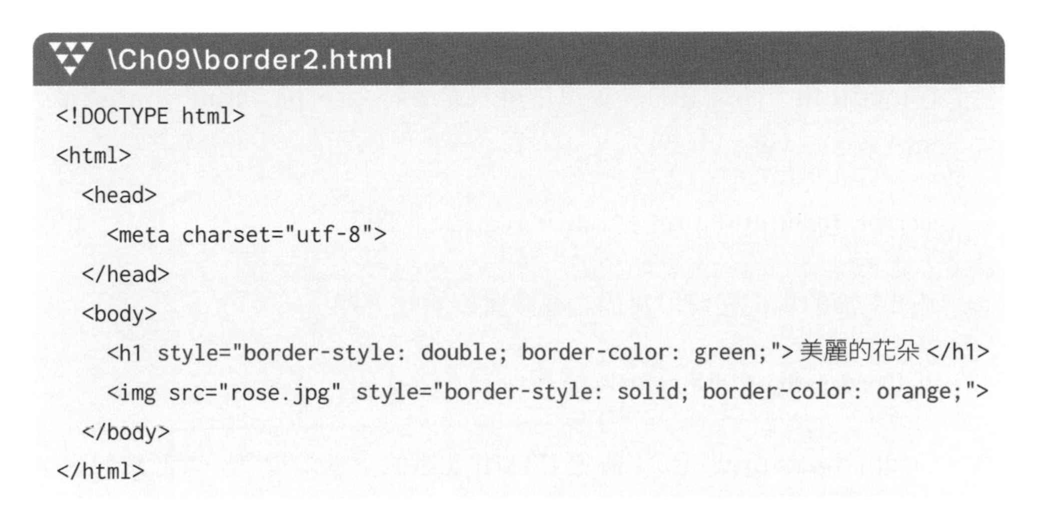

\Ch09\border2.html

```
<!DOCTYPE html>
<html>
  <head>
    <meta charset="utf-8">
  </head>
  <body>
    <h1 style="border-style: double; border-color: green;">美麗的花朵</h1>
    <img src="rose.jpg" style="border-style: solid; border-color: orange;">
  </body>
</html>
```

❶ 在標題 1 四周加上綠色雙線框線

❷ 在圖片四周加上橘色實線框線

9-4-3 border-width（框線寬度）

我們可以使用下列屬性設定 HTML 元素的框線寬度：

- border-top-width：設定 HTML 元素的上框線寬度，其語法如下，有 thin（細）、medium（中）、thick（粗）和「長度」等設定值，預設值為 medium，而長度的度量單位可以是 px、pt、pc、mm、cm、in、em、rem、vw、vh 等：

```
border-top-width: thin | medium | thick | 長度
```

  例如下面的規則是將段落的上框線寬度設定為粗：

```
p {border-top-width: thick;}
```

- border-bottom-width：設定 HTML 元素的下框線寬度，其語法如下：

```
border-bottom-width: thin | medium | thick | 長度
```

- border-left-width：設定 HTML 元素的左框線寬度，其語法如下：

```
border-left-width: thin | medium | thick | 長度
```

- border-right-width：設定 HTML 元素的右框線寬度，其語法如下：

```
border-right-width: thin | medium | thick | 長度
```

- border-width：這是綜合了前面四個框線寬度屬性的速記，其語法如下，設定值可以有一到四個，中間以空白字元隔開，當有一個值時，該值會套用到上下左右框線；當有兩個值時，第一個值會套用到上下框線，而第二個值會套用到左右框線；當有三個值時，第一個值會套用到上框線，第二個值會套用到左右框線，而第三個值會套用到下框線；當有四個值時，會分別套用到上右下左框線：

```
border-width: 設定值1 [ 設定值2 [ 設定值3 [ 設定值4]]]
```

下面是一個例子，它示範了不同的框線寬度。請注意，在設定框線寬度的同時必須設定框線樣式，否則會看不到框線，因為框線樣式的預設值為 none（無），也就是不顯示框線。此外，在沒有設定框線色彩的情況下，預設值是網頁的前景色彩，此例為黑色。

\Ch09\border3.html

```
<body>
  <img src="rose.jpg" style="border-style: solid; border-width: thin;">
  <img src="rose.jpg" style="border-style: solid; border-width: medium;"><br>
  <img src="rose.jpg" style="border-style: solid; border-width: thick;">
  <img src="rose.jpg" style="border-style: solid; border-width: 10px;">
</body>
```

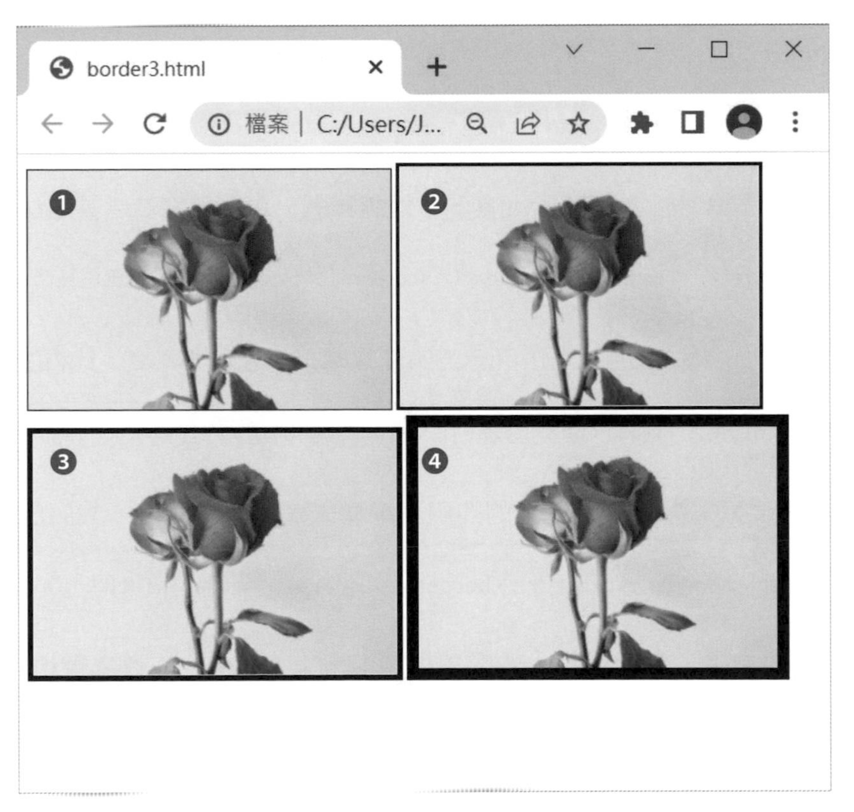

❶ 框線寬度為 thin（細）　❸ 框線寬度為 thick（粗）
❷ 框線寬度為 medium（中）　❹ 框線寬度為 10 像素

9-4-4 border（框線屬性速記）

除了前面介紹的框線屬性，CSS 還提供下列框線屬性速記：

- border-top：設定 HTML 元素的上框線樣式、色彩與寬度，其語法如下，屬性值沒有順序之分，若屬性值不只一個，中間以空白字元隔開即可，省略不寫的屬性值會使用預設值：

```
border-top: <border-top-style> || <border-top-color> || <border-top-width>
```

例如下面的規則是將段落的上框線設定為藍色細虛線：

```
p {border-top: dashed blue thin;}
```

- border-bottom：設定 HTML 元素的下框線樣式、色彩與寬度，其語法如下：

```
border-bottom: <border-bottom-style> || <border-bottom-color> || <border-bottom-width>
```

- border-left：設定 HTML 元素的左框線樣式、色彩與寬度，其語法如下：

```
border-left: <border-left-style> || <border-left-color> || <border-left-width>
```

- border-right：設定 HTML 元素的右框線樣式、色彩與寬度，其語法如下：

```
border-right: <border-right-style> || <border-right-color> || <border-right-width>
```

- border：設定 HTML 元素的四周框線樣式、色彩與寬度，其語法如下：

```
border: <border-style> || <border-color> || <border-width>
```

下面是一個例子，它將標題 1 的四周框線設定為亮粉色 10 像素實線。

\Ch09\border4.html

```
<body>
  <h1 style="border: solid 10px hotpink;">蝶戀花</h1>
</body>
```

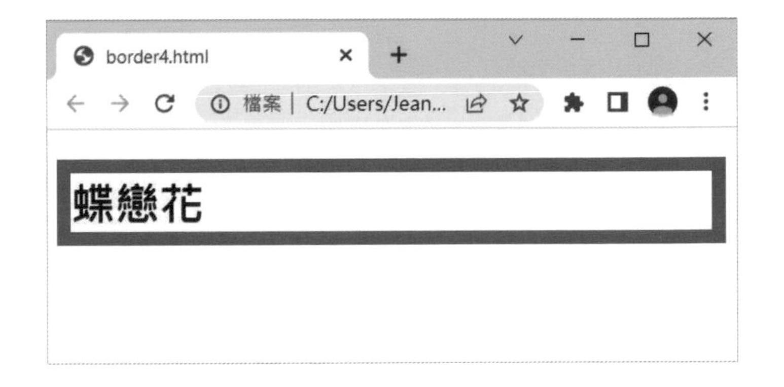

9-4-5 border-radius (框線圓角)

我們可以使用下列屬性設定 HTML 元素的框線圓角：

- border-top-left-radius：設定 HTML 元素的框線左上角顯示成圓角，其語法如下，有「長度」、「百分比」等設定值：

```
border-top-left-radius: 長度 1 | 百分比 1 [ 長度 2 | 百分比 2]
```

當設定一個長度時，表示為圓角的半徑；當設定兩個長度時，表示為橢圓角水平方向的半徑及垂直方向的半徑，下面是 CSS 官方文件針對 border-top-left-radius: 55pt 25pt 所提供的示意圖。

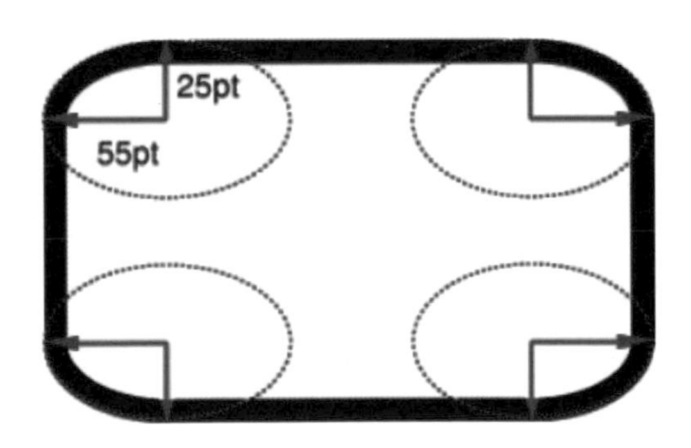

- border-top-right-radius：設定 HTML 元素的框線右上角顯示成圓角，其語法如下：

```
border-top-right-radius: 長度 1 | 百分比 1 [ 長度 2 | 百分比 2]
```

- border-bottom-right-radius：設定 HTML 元素的框線右下角顯示成圓角，其語法如下：

```
border-bottom-right-radius: 長度1 | 百分比1 [ 長度2 | 百分比2]
```

- border-bottom-left-radius：設定 HTML 元素的框線左下角顯示成圓角，其語法如下：

```
border-bottom-left-radius: 長度1 | 百分比1 [ 長度2 | 百分比2]
```

- border-radius：這是綜合了前面四個框線圓角屬性的速記，其語法如下，設定值可以有一到四個，中間以空白字元隔開，當有一個值時，該值會套用到框線四個角；當有兩個值時，第一個值會套用到框線左上角和右下角，而第二個值會套用到框線右上角和左下角；當有三個值時，第一個值會套用到框線左上角，第二個值會套用到框線右上角和左下角，而第三個值會套用到框線右下角；當有四個值時，會分別套用到框線左上角、右上角、右下角、左下角：

```
border-radius: 設定值1 [設定值2 [設定值3 [設定值4]]]
```

下面是一個例子，它將標題 1 的四周框線設定為半徑 10 像素的圓角。

\Ch09\border5.html

```
<body>
  <h1 style="border: solid 10px hotpink; border-radius: 10px;">蝶戀花</h1>
</body>
```

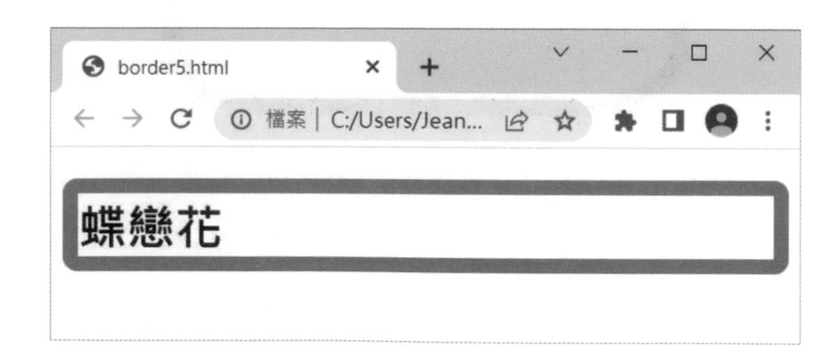

9-5 寬度與高度屬性

9-5-1 box-sizing (Box 大小)

我們在介紹 Box Model 的時候有提過，CSS 預設的寬度與高度指的是內容的寬度與高度，若要加以變更，可以使用 box-sizing 屬性，其語法如下：

```
box-sizing: content-box | border-box
```

- content-box：CSS 的 width 和 height 屬性指的是內容的寬度與高度，不包括留白、框線和邊界，此為預設值。
- border-box：CSS 的 width 和 height 屬性指的是內容加上留白和框線的寬度與高度，不包括邊界。

下面是一個例子，它將 box 的內容、左留白、左框線的寬度設定為 100px、20px、10px，我們會在下一節介紹 width 屬性。

```
.box {
  box-sizing: content-box;
  width: 100px;
  padding-left: 20px;
  border-left: 10px solid;
}
```

下面是另一個例子，它將 box 的內容加上留白和框線的寬度設定為 100px，其中左留白、左框線的寬度為 20px、10px，所以內容的寬度為 70px (100px – 20px – 10px)。

```
.box {
  box-sizing: border-box;
  width: 100px;
  padding-left: 20px;
  border-left: 10px solid;
}
```

9-5-2 width、height（寬度與高度）

我們可以使用 width 和 height 屬性設定 HTML 元素的寬度與高度，其語法如下，在預設的情況下，這指的是內容的寬度與高度，但若 box-sizing 屬性設定為 border-box，那麼這指的是內容加上留白和框線的寬度與高度：

```
width:  長度 | 百分比 | auto
height: 長度 | 百分比 | auto
```

- 長度：使用 px、pt、pc、mm、cm、in、em、rem、vw、vh 等度量單位設定元素的寬度與高度，例如 width: 400px 表示寬度為 400 像素。
- 百分比：使用百分比設定元素的寬度與高度，例如 width: 50% 表示寬度為容器寬度的 50%，height: 75% 表示高度為容器高度的 75%。
- auto：由瀏覽器決定元素的寬度與高度（預設值）。

下面是一個例子，它將段落的寬度與高度設定為 450 像素和 150 像素。

\Ch09\width.html

```
<body>
  <p style="background-color: lightyellow; width: 450px; height: 150px;">
    環滁皆山也。其西南諸峰，林壑尤美。望之蔚然而深秀者，…。</p>
</body>
```

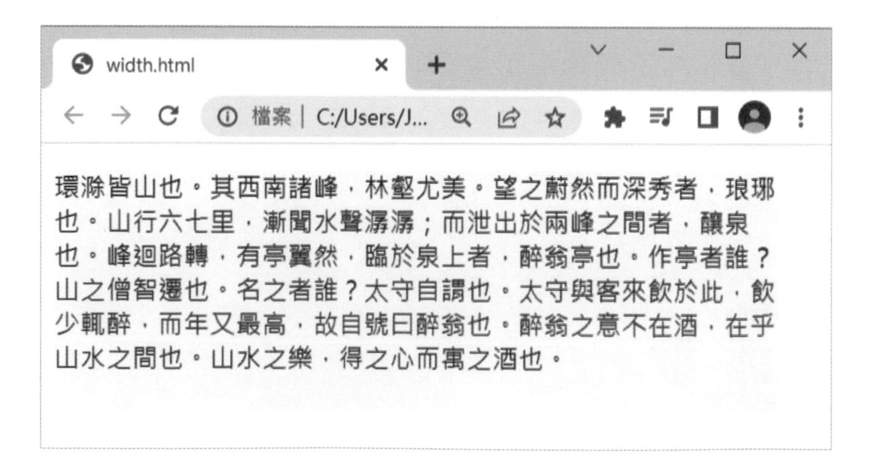

9-5-3 min-width、max-width（最小與最大寬度）

我們可以使用 min-width 和 max-width 屬性設定 HTML 元素的最小與最大寬度，其語法如下：

```
min-width: 長度 | 百分比 | auto
max-width: 長度 | 百分比 | auto
```

- 長度：使用 px、pt、pc、mm、cm、in、em、rem、vw、vh 等度量單位設定元素的最小與最大寬度，例如 min-width: 400px 表示最小寬度為 400 像素。
- 百分比：使用百分比設定元素的最小與最大寬度，例如 max-width: 50% 表示最大寬度為容器寬度的 50%。
- auto：由瀏覽器決定元素的最小與最大寬度（預設值）。

下面是一個例子，它將標題 1 的最大寬度設定為 450 像素，如此一來，當瀏覽器視窗放大時，標題 1 的寬度仍不會超過 450 像素。

\Ch09\maxwidth.html

```
<body>
  <h1 style="background-color: lightgreen; max-width: 450px;">
    醉翁亭記 </h1>
</body>
```

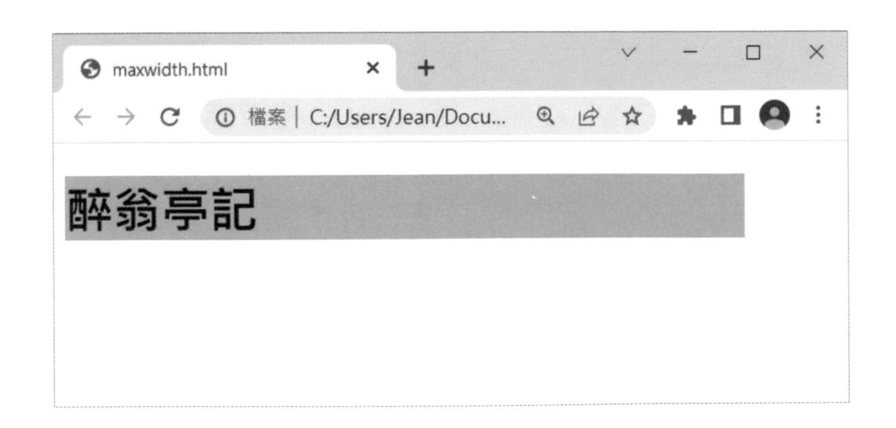

9-5-4 min-height、max-height（最小與最大高度）

我們可以使用 min-height 和 max-height 屬性設定 HTML 元素的最小與最大高度，其語法如下：

```
min-height: 長度 | 百分比 | auto
max-height: 長度 | 百分比 | auto
```

- 長度：使用 px、pt、pc、mm、cm、in、em、rem、vw、vh 等度量單位設定元素的最小與最大高度，例如 min-height: 200px 表示最小高度為 200 像素。
- 百分比：使用百分比設定元素的最小與最大高度，例如 max-height: 75% 表示最大高度為容器高度的 75%。
- auto：由瀏覽器決定元素的最小與最大高度（預設值）。

下面是一個例子，它將段落的最大高度設定為 100 像素，導致文章溢出段落的範圍，至於要如何解決這個問題，可以使用下一節所要介紹的 overflow 屬性。

\Ch09\maxheight.html

```
<body>
  <p style="background-color: lightyellow; width: 450px; max-height: 100px;">
    環滁皆山也。其西南諸峰，林壑尤美。望之蔚然而深秀者，…。</p>
</body>
```

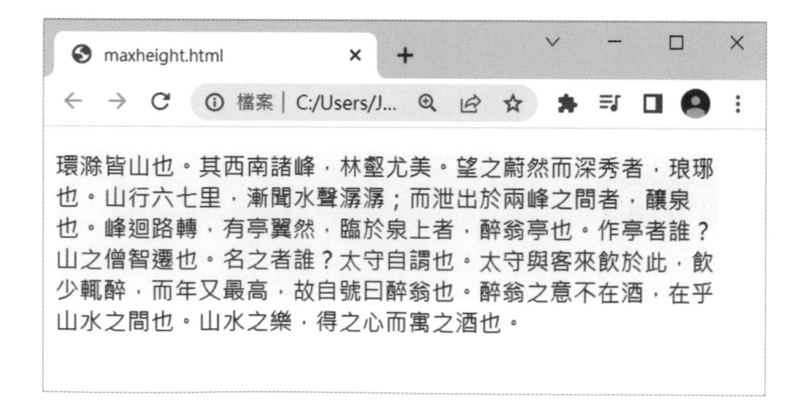

9-5-5 overflow（顯示或隱藏溢出的內容）

當元素的內容溢出元素的範圍時，我們可以使用 overflow 屬性設定要顯示或隱藏溢出的內容，其語法如下：

```
overflow: visible | hidden | clip | scroll | auto
```

- visible：顯示溢出的內容（預設值）。
- hidden：隱藏溢出的內容。
- clip：隱藏溢出的內容，clip 和 hidden 的差別在於 clip 禁止所有捲動，而 hidden 允許透過程式來捲動內容。
- scroll：無論內容有無溢出元素的範圍，都會顯示捲軸。
- auto：當內容溢出元素的範圍時，就會自動顯示捲軸。

下面是一個例子，它將段落的 overflow 屬性設定為 auto，因此，當文章超過段落的最大高度時，就會自動顯示捲軸，而不會顯示溢出的內容。

\Ch09\overflow.html

```
<body>
  <p style="background-color: lightyellow; width: 450px; max-height: 100px;
    overflow: auto;">環滁皆山也。其西南諸峰，林壑尤美。…。</p>
</body>
```

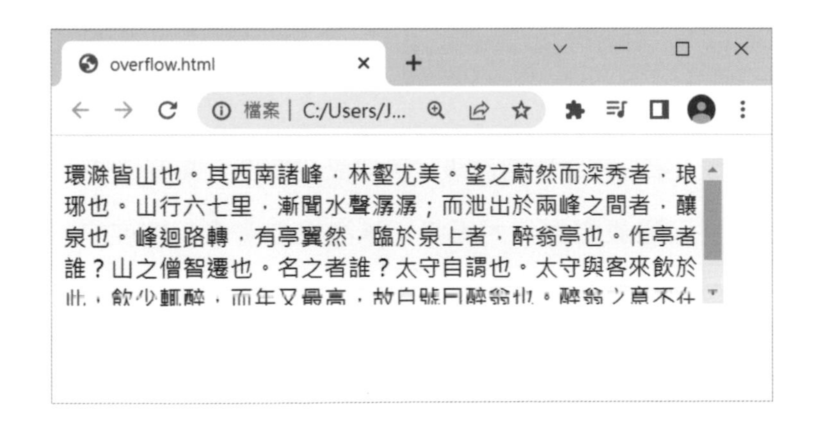

9-6 定位方式

在介紹定位方式 (positioning scheme) 之前，我們先來複習一下何謂「區塊層級」與「行內層級」。區塊層級 (block level) 指的是元素的內容在瀏覽器中會另起一行，例如 <div>、<p>、<h1> ~ <h6>、<ol>、<ul>、<li>、<table>、<form> 等均是區塊層級元素，而 CSS 針對這類元素所產生的矩形盒子稱為 Block Box，由內容、留白、框線與邊界所組成。

相反的，行內層級 (inline level) 指的是元素的內容在瀏覽器中不會另起一行，例如 <span>、<i>、<b>、<img>、<a>、<sub>、<sup> 等均是行內層級元素，而 CSS 針對這類元素所產生的矩形盒子稱為 Inline Box，一樣是由內容、留白、框線與邊界所組成。

在正常順序中，Block Box 的位置取決於它在 HTML 原始碼出現的順序，並根據垂直順序一一顯示，而 Block Box 彼此之間的距離是以其上下邊界來計算；至於 Inline Box 的位置則是在水平方向排成一行，而 Inline Box 彼此之間的距離是以其左右留白、左右框線和左右邊界來計算。

9-6-1 display (HTML 元素的顯示層級)

雖然 HTML 元素已經有預設的顯示層級，但有時我們可能需要加以變更，此時可以使用 CSS 提供的 display 屬性，其語法如下：

```
display: 設定值
```

常見的設定值如下：

- block：將元素設定為區塊層級，可以設定寬度、高度、留白與邊界。
- inline：將元素設定為行內層級，無法設定寬度、高度、留白與邊界 (預設值)。
- inline-block：令元素像行內層級元素一樣不換行，但像區塊層級元素一樣可以設定寬度、高度、留白與邊界。

- none：不顯示元素，亦不佔用網頁的位置。
- flex：令元素依照 Flexbox Model 編排內容，第 11 章有進一步的說明。
- grid：令元素依照 Grid Model 編排內容，第 11 章有進一步的說明。

下面是一個例子，它示範了如何將圖片置中，其中 width: 40% 是將圖片的寬度設定為容器寬度的 40%，而此例的容器就是網頁主體；display: block 是將圖片由預設的行內層級變更為區塊層級；margin: 10px auto 是將上下邊界與左右邊界設定為 10 像素和自動，令圖片置中。

\Ch09\display1.html

```
<!DOCTYPE html>
<html>
  <head>
    <meta charset="utf-8">
    <style>
      img {width: 40%; display: block; margin: 10px auto;}
    </style>
  </head>
  <body>
    <img src="rose.jpg">
  </body>
</html>
```

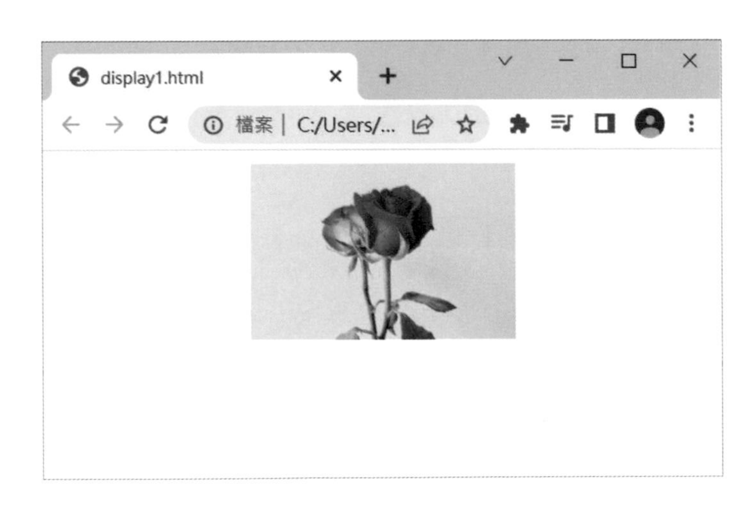

下面是另一個例子，它示範了如何將項目清單中的項目水平排列。

\Ch09\display2.html

```
<!DOCTYPE html>
<html>
  <head>
    <meta charset="utf-8">
    <style>
      li {
        display: inline-block;         /* 設定項目的顯示層級 */
        list-style-type: none;         /* 設定不要顯示項目符號 */
        width: 100px;                  /* 設定項目的寬度 */
        background-color: cyan;        /* 設定項目的背景色彩 */
        text-align: center;            /* 設定文字置中 */
      }
      li a {
        text-decoration-line: none;    /* 設定不要顯示超連結文字的底線 */
        color: black;                  /* 設定超連結文字的色彩 */
      }
    </style>
  </head>
  <body>
    <ul>
      <li><a href="products.html">產品型錄</a></li>
      <li><a href="stores.html">銷售門市</a></li>
      <li><a href="about.html">關於我們</a></li>
    </ul>
  </body>
</html>
```

將 <li> 元素由預設的區塊層級變更為 inline-block

9-6-2 top、right、bottom、left (上右下左位移量)

我們可以使用 top、right、bottom、left 等屬性設定 Block Box 的上右下左位移量，其語法如下，預設值為 auto (自動)：

```
top:    長度 | 百分比 | auto
right:  長度 | 百分比 | auto
bottom: 長度 | 百分比 | auto
left:   長度 | 百分比 | auto
```

下面是一個例子，它先使用 position: absolute 屬性將區塊設定為絕對定位，然後使用 top: 15%、right: 20%、bottom: 30% 和 left: 40% 四個屬性將區塊的上右下左位移量設定為網頁主體的 15%、20%、30% 和 40%。

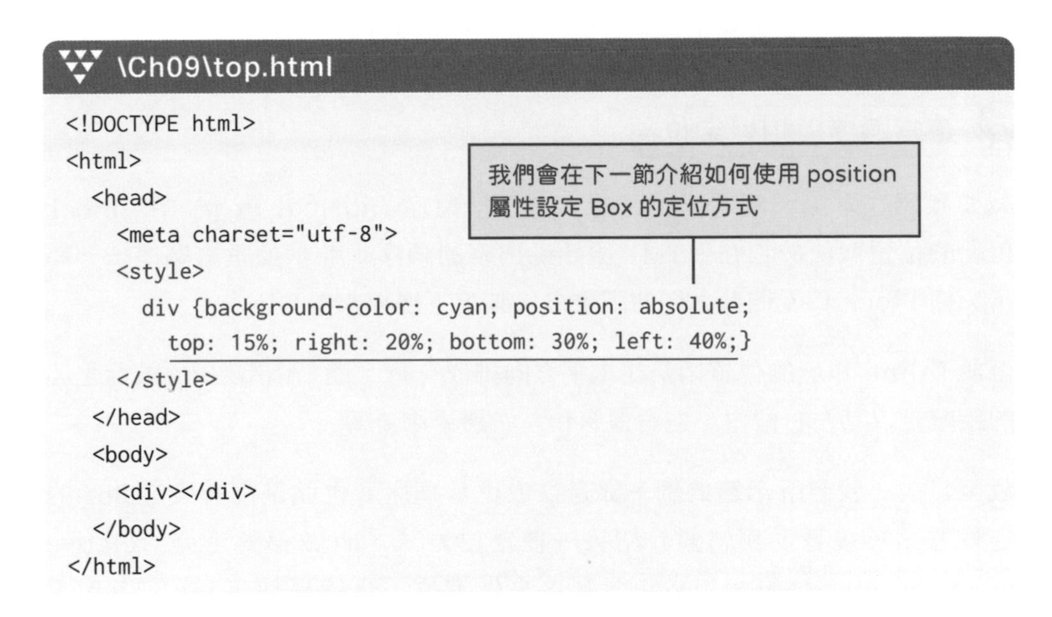
\Ch09\top.html

```
<!DOCTYPE html>
<html>
  <head>
    <meta charset="utf-8">
    <style>
      div {background-color: cyan; position: absolute;
        top: 15%; right: 20%; bottom: 30%; left: 40%;}
    </style>
  </head>
  <body>
    <div></div>
  </body>
</html>
```


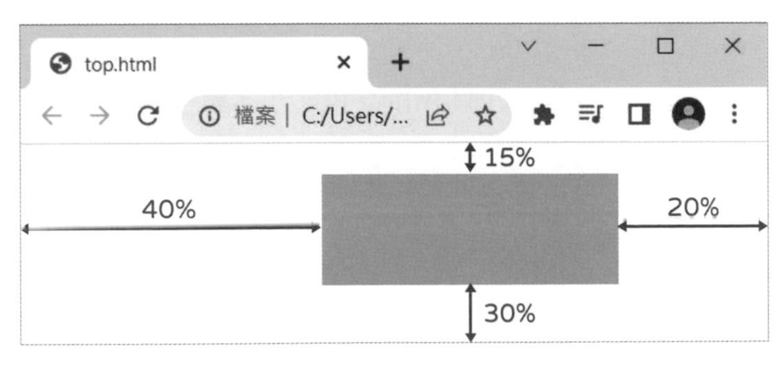

9-6-3 position (Box 的定位方式)

我們可以使用 position 屬性設定 Box 的定位方式，Box 是 CSS 針對 HTML 元素所產生的矩形盒子，其語法如下：

```
position: static | relative | absolute | fixed
```

- static：正常順序 (預設值)。
- relative：相對定位，也就是相對於正常順序來做定位。
- absolute：絕對定位。
- fixed：固定定位，屬於絕對定位方式的另一種形式，它和絕對定位的差別在於 Box 會顯示在固定的位置，不會隨著內容捲動。

正常順序與相對定位

誠如我們在本節一開始所提到的，在正常順序 (normal flow) 中，Block Box 的位置取決於它在 HTML 原始碼出現的順序，並根據垂直順序一一顯示，而 Block Box 彼此之間的距離是以其上下邊界來計算。

至於 Inline Box 的位置則是在水平方向排成一行，而 Inline Box 彼此之間的距離是以其左右留白、左右框線和左右邊界來計算。

截至目前，我們所示範的例子都是採取正常順序，也就是沒有設定 Box 的定位方式，接著，我們要介紹另一種定位方式，叫做相對定位 (relative positioning)，這是相對於正常順序來做定位，也就是使用 top、right、bottom、left 等屬性設定 Box 的上右下左位移量。

舉例來說，假設 HTML 文件有三個 Inline Box，id 屬性的值分別為 myBox1、myBox2、myBox3，在正常順序中，其排列方式如下圖，也就是在水平方向排成一行，而且不會互相重疊。

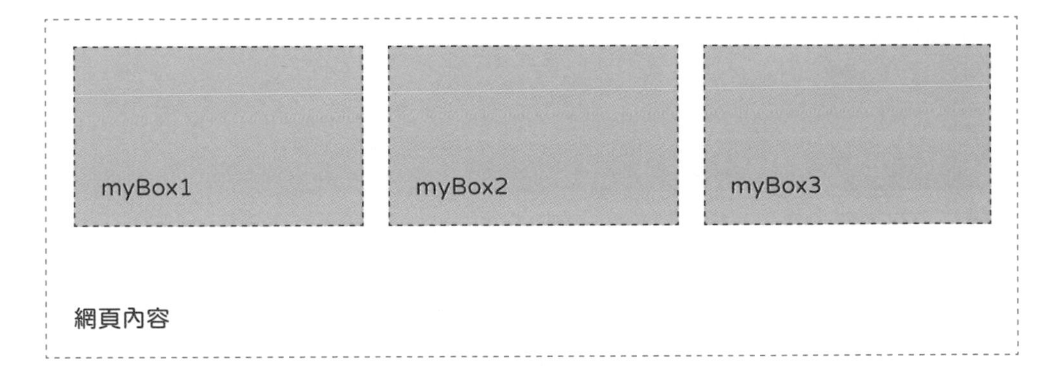

此時，若將 myBox2 的定位方式設定為相對定位，並使用 top 屬性設定 myBox2 的上緣比在正常順序中的位置下移 30 像素，以及使用 left 屬性設定 myBox2 的左緣比在正常順序中的位置右移 30 像素，如下：

```
#myBox2 {
  position: relative;
  top: 30px;
  left: 30px;
}
```

排列方式將變成如下圖，改成相對定位之後的 Box 有可能會重疊到其它 Box。

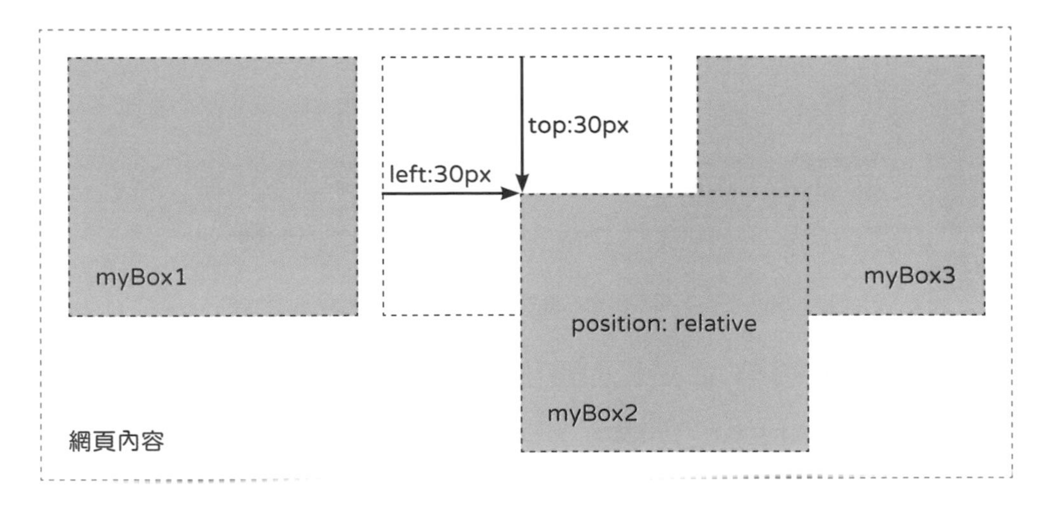

下面是一個例子，由於沒有設定三個註釋的定位方式，預設為正常順序，所以會緊跟著詞句在水平方向排成一行。

\Ch09\position1.html

```
01: <!DOCTYPE html>
02: <html>
03:   <head>
04:     <meta charset="utf-8">
05:     <style>
06:   ❶ p {display: block; line-height: 2;}
07:   ❷ span {display: inline;}
08:   ❸ .note {font-size: 12px; color: blue;}
09:     </style>
10:   </head>
11:   <body>
12:     <p> 庭院深深深幾許？ 楊柳堆煙，簾幕無重數。
13:     ❹ <span class="note"> 註釋 1：堆煙意指楊柳濃密 </span></p>
14:     <p> 玉勒雕鞍遊冶處，樓高不見章臺路。
15:       <span class="note"> 註釋 2：章台路意指歌妓聚居之所 </span></p>
16:     <p> 雨橫風狂三月暮，門掩黃昏，無計留春住。</p>
17:     <p> 淚眼問花花不語，亂紅飛過秋千去。
18:       <span class="note"> 註釋 3：亂紅意指落花 </span></p>
19:   </body>
20: </html>
```

❶ 將 <p> 元素設定為區塊層級、兩倍行高

❷ 將 <span> 元素設定為行內層級

❸ 定義 .note 規則，將文字設定為 12 像素、藍色

❹ 令 <span> 元素套用 .note 規則

position1.html

C:/Users/J...

庭院深深深幾許？ 楊柳堆煙，簾幕無重數。 註釋1：堆煙意指楊柳濃密

玉勒雕鞍遊冶處，樓高不見章臺路。 註釋2：章台路意指歌妓聚居之所

雨橫風狂三月暮，門掩黃昏，無計留春住。

淚眼問花花不語，亂紅飛過秋千去。 註釋3：亂紅意指落花

若要提升視覺效果，讓三個註釋相對於詞句本身再下移 10 像素，可以將第 08 行改寫成如下，先使用 position 屬性設定相對定位，接著使用 top 屬性設定三個註釋的上緣比在正常順序中的位置下移 10 像素，然後另存新檔為 \Ch09\position2.html。

```
05:     <style>
06:       p {display: block; line-height: 2;}
07:       span {display: inline;}
08:       .note {position: relative; top: 10px; font-size: 12px; color: blue;}
09:     </style>
```

瀏覽結果如下圖，仔細觀察就會發現三個註釋的位置改變了，它們均相對於詞句本身再下移 10 像素。

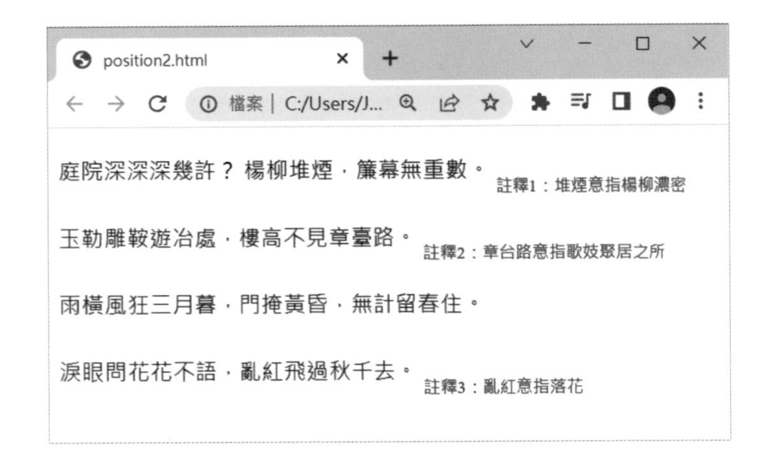

若要讓三個註釋相對於詞句本身再上移 10 像素，可以將 top: 10px 改為 top: -10px，換句話說，在使用 top、right、bottom、left 等屬性設定相對位移量時，不僅可以設定正值，也可以設定負值，只是負值的位移方向和正值相反。

絕對定位與固定定位

前面所介紹的相對定位仍屬於正常順序的一種，因為 HTML 元素的 Box 總是會在相對於正常順序的位置，而絕對定位 (absolute positioning) 就不同了，它會將 HTML 元素的 Box 從正常順序中抽離出來，顯示在指定的位置，而正常順序中的其它元素均會當它不存在。

絕對定位元素的位置是相對於包含該元素之區塊來做定位，我們一樣可以使用 top、right、bottom、left 等屬性設定其上右下左位移量，例如下圖的 myBox2 採取絕對定位，其上緣比包含 myBox1 的區塊下移 30 像素，而其左緣比包含 myBox1 的區塊右移 30 像素。

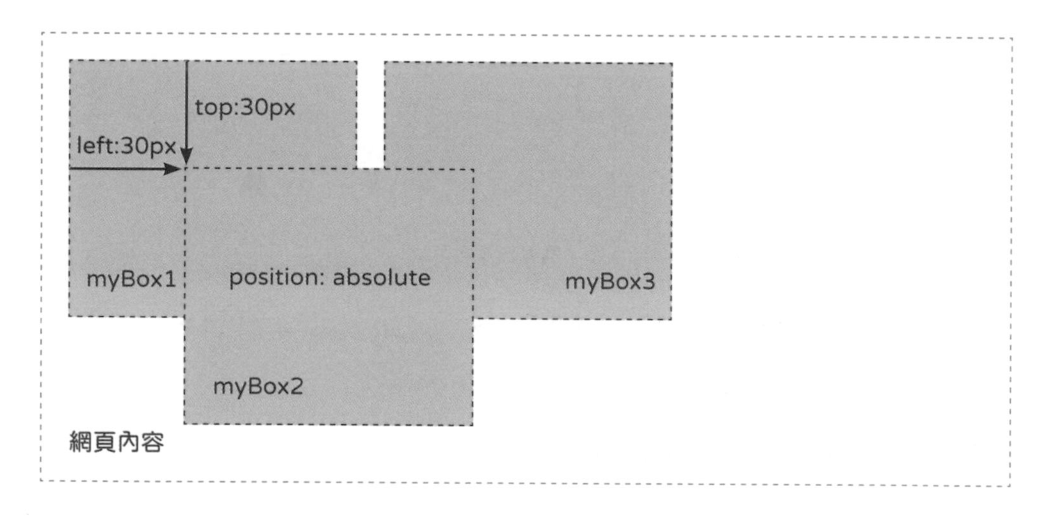

由於絕對定位元素是從正常順序中抽離出來，因此，它有可能會跟正常順序中的其它元素重疊，必須加以調整。至於哪個元素在上哪個元素在下，則取決於其堆疊層級 (stack level)，我們會在第 9-6-5 節說明如何設定重疊順序。

此外，還有另一種形式的絕對定位方式，叫做固定定位 (fixed positioning)，它和絕對定位的差別在於 HTML 元素的 Box 會顯示在固定的位置，不會隨著內容捲動。

下面是一個例子，其中兒歌的歌詞採取正常順序，圖片採取絕對定位，其上緣比網頁主體下移 20 像素，而其左緣比網頁主體右移 300 像素，同時會隨著內容捲動 (網頁圖片來源：Photo by Evie Shaffer from Pexels)。

\Ch09\position3.html

```
01: <!DOCTYPE html>
02: <html>
03:   <head>
04:     <meta charset="utf-8">
05:     <style>
06:   ❶ img {display: inline; position: absolute; top: 20px; left: 300px;}
07:   ❷ p {display: block; width: 300px; white-space: pre-line;}
08:     </style>
09:   </head>
10:   <body>
11:     <img src="flowers.jpg">
12:     <h1> 妹妹背著洋娃娃 </h1>
13:     <p> 妹妹背著洋娃娃
14:         走到花園來看花
15:         娃娃哭了叫媽媽
16:         樹上小鳥笑哈哈 </p>
17:     <h1> 泥娃娃 </h1>
18:     <p> 泥娃娃
19:         泥娃娃
20:         一個泥娃娃
21:         也有那眉毛
22:         也有那眼睛
23:         眼睛不會眨
24:         泥娃娃
25:         泥娃娃
26:         一個泥娃娃
27:         也有那鼻子
28:         也有那嘴巴
29:         嘴巴不說話
30:         她是個假娃娃
31:         …
32:         永遠愛著她 </p>
33:   </body>
34: </html>
```

❶ 將 <img> 元素設定為行內層級，採取絕對定位，上位移為 20 像素、左位移為 300 像素

❷ 將 <p> 元素設定為區塊層級，寬度為 300 像素、顯示換行

❶ 移動捲軸將內容向下捲動　　❷ 圖片會隨著捲動

若要讓圖片顯示在固定的位置，不會隨著內容捲動，可以將第 06 行的 position 屬性設定為 fixed，改採取固定定位，然後另存新檔為 \Ch09\position4.html。

```
05:     <style>
06:       img {display: inline; position: fixed; top: 20px; left: 300px;}
07:       p {display: block; width: 300px; white-space: pre-line;}
08:     </style>
```

❶ 移動捲軸將內容向下捲動　　❷ 圖片不會隨著捲動

9-6-4 float、clear（文繞圖、解除文繞圖）

我們可以使用 float 屬性將一個正常順序中的元素放在容器的左側或右側，而容器裡面的其它元素會環繞在該元素周圍，其語法如下，這個效果就像排版軟體中的「文繞圖」。不過，CSS 所說的圖並不侷限於圖片，它可以是包含任何文字或圖片的 Block Box 或 Inline Box：

```
float: none | left | right
```

- none：不做文繞圖（預設值）。
- left：將元素放在容器的左側做文繞圖。
- right：將元素放在容器的右側做文繞圖。

下面是一個例子，為了讓您容易瞭解，我們直接使用圖片來做示範，您也可以換用其它區塊試試看。

\Ch09\float1.html

```
01: <!DOCTYPE html>
02: <html>
03:   <head>
04:     <meta charset="utf-8">
05:     <title>文繞圖</title>
06:     <style>
07:       img {float: none;}
08:     </style>
09:   </head>
10:   <body>
11:     <img src="jp2.jpg" width="300">
12:     <h1>豪斯登堡</h1>
13:     <p>豪斯登堡位於日本九州，一處重現中古世紀歐洲街景的渡假勝地，
14:        命名由來是荷蘭女王陛下所居住的宮殿豪斯登堡宮殿。</p>
15:     <p>園內風景怡人俯拾皆畫，還有『ONE PIECE 航海王』
16:        的世界，乘客可以搭上千陽號來一趟冒險之旅。</p>
17:   </body>
18: </html>
```

將圖片的文繞圖設定為 none（無），此為預設值，省略不寫亦可

瀏覽結果如下圖，由於第 07 行設定圖片不做文繞圖，因此，圖片會在正常順序中佔有一個空間，而圖片後面的資料會根據垂直順序一一顯示。

網頁程式設計

若將第 07 行改寫成如下，令圖片靠左文繞圖，那麼圖片會放在容器的左側（此例的容器就是網頁主體），而圖片後面的資料會從圖片的右邊開始顯示：

```
07:        img {float: left;}
```

相反的，若將第 07 行改寫成如下，令圖片靠右文繞圖，那麼圖片會放在容器的右側（此例的容器就是網頁主體），而圖片後面的資料會從圖片的左邊開始顯示：

```
07:        img {float: right;}
```

在我們將 Box 設定為文繞圖後，緊鄰著該 Box 的 Inline Box 預設會嵌入其旁邊的位置做繞圖的動作，但有時基於實際的版面需求，我們可能不希望 Inline Box 做繞圖的動作，此時可以使用 clear 屬性設定 Inline Box 的哪一邊不要緊鄰著文繞圖 Box，也就是解除該邊繞圖的動作，其語法如下：

```
clear: none | left | right | both
```

- none：不解除文繞圖（預設值）。
- left：解除左邊繞圖的動作。
- right：解除右邊繞圖的動作。
- both：解除兩邊繞圖的動作。

一旦我們清除 Inline Box 某一邊繞圖的動作，該 Inline Box 上方的邊界會變大，進而將 Inline Box 向下推擠，以閃過被設定為文繞圖的 Box。

下面是一個例子，其中第 07 行將圖片設定為靠左文繞圖，而第 15 行解除第二段左邊繞圖的動作，使得第二段被向下推擠以閃過圖片。您可以仔細比較這個例子的瀏覽結果和 \Ch09\float1.html 的瀏覽結果，兩者主要的差別在於第二段是否有解除左邊繞圖的動作。

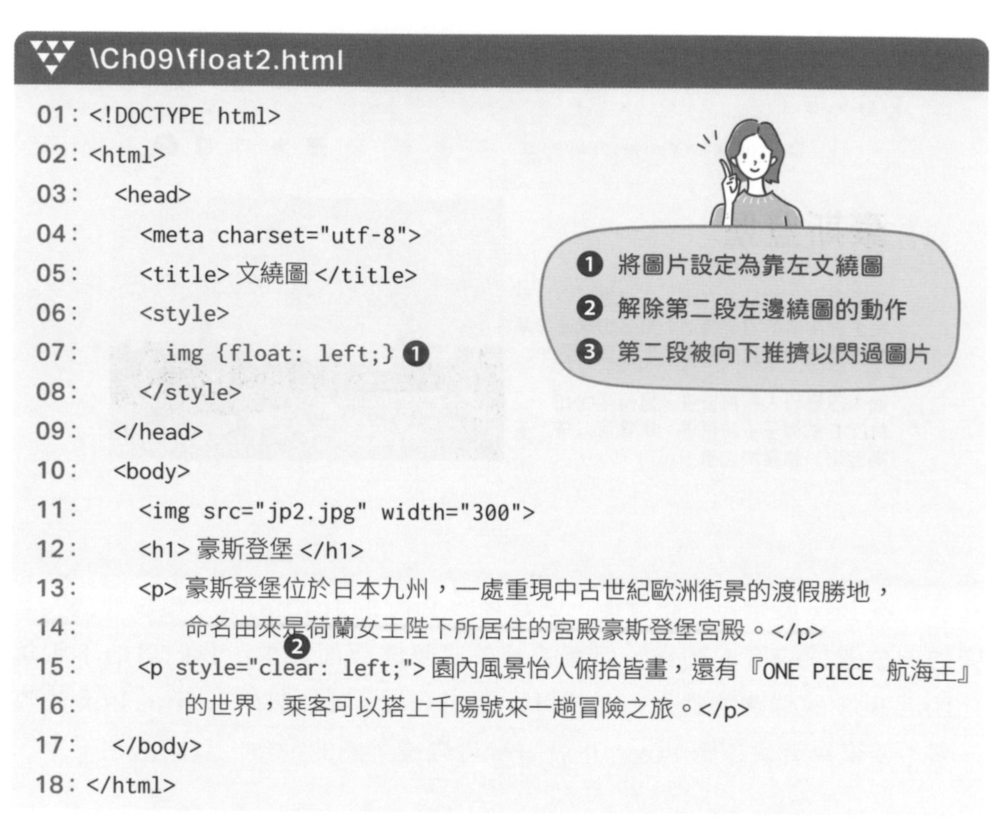

\Ch09\float2.html
❶ 將圖片設定為靠左文繞圖
❷ 解除第二段左邊繞圖的動作
❸ 第二段被向下推擠以閃過圖片


```
01: <!DOCTYPE html>
02: <html>
03:   <head>
04:     <meta charset="utf-8">
05:     <title> 文繞圖 </title>
06:     <style>
07:       img {float: left;} ❶
08:     </style>
09:   </head>
10:   <body>
11:     <img src="jp2.jpg" width="300">
12:     <h1> 豪斯登堡 </h1>
13:     <p> 豪斯登堡位於日本九州，一處重現中古世紀歐洲街景的渡假勝地，
14:         命名由來是荷蘭女王陛下所居住的宮殿豪斯登堡宮殿。</p>
15:     <p style="clear: left;"> 園內風景怡人俯拾皆畫，還有『ONE PIECE 航海王』
16:         的世界，乘客可以搭上千陽號來一趟冒險之旅。</p> ❷
17:   </body>
18: </html>
```

9-6-5 z-index（重疊順序）

由於絕對定位元素是從正常順序中抽離出來，因此，它有可能會跟正常順序中的其它元素重疊，此時，我們可以使用 z-index 屬性設定 HTML 元素的重疊順序，其語法如下，預設值為 auto，而「整數」的數字愈大，重疊順序就愈上面：

```
z-index: auto | 整數
```

下面是一個例子，由於圖片和標題 1 的 z-index 屬性分別為 1、2，所以數字較大的標題 1 會重疊在圖片上面。

\Ch09\zindex.html

```
<!DOCTYPE html>
<html>
  <head>
    <meta charset="utf-8">
  </head>
  <body>
    <img src="jp2.jpg" style="position: absolute; top: 10px; left: 10px; z-index: 1;">
    <h1 style="background-color: rgba(255, 255, 0, 0.3); width: 472px;
      position: absolute; top: 100px; left: 10px; z-index: 2;">豪斯登堡 </h1>
  </body>
</html>
```

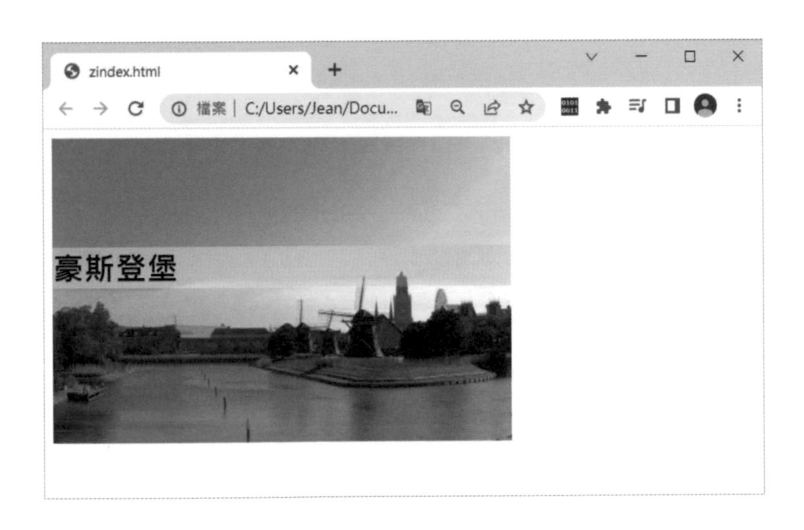

9-6-6 visibility (顯示或隱藏 Box)

我們可以使用 visibility 屬性設定要顯示或隱藏 Box，其語法如下，預設值為 visible，表示顯示，hidden 表示隱藏，而 collapse 表示隱藏表格的行列：

```
visibility: visible | hidden | collapse
```

下面是一個例子，它會顯示兩個不同背景色彩的標題 1。

```
<h1 style="background: lightpink;">臨江仙</h1>
<h1 style="background: lightblue;">卜算子</h1>
```

臨江仙

卜算子

若在第一行加上 visibility: hidden，如下，則會隱藏第一個標題 1：

```
<h1 style="background: lightpink; visibility: hidden;">臨江仙</h1>
```

卜算子

雖然第一個標題 1 被隱藏起來，但畫面上還是保留有空位，若要連空位都隱藏起來，可以再加上 display: none 屬性，如下：

```
<h1 style="background: lightpink; visibility: hidden; display: none;">臨江仙</h1>
```

卜算子

9-6-7 box-shadow (Box 陰影)

我們可以使用 box-shadow 屬性設定 Box 陰影，其語法如下，若要設定多重陰影，以逗號隔開設定值即可：

```
text-shadow: none | [[ 水平位移 垂直位移 模糊 色彩 ] [,...]]
```

- none：無 (預設值)。
- 水平位移：陰影在水平方向的位移為幾像素 (若為負值，表示相反方向)。
- 垂直位移：陰影在垂直方向的位移為幾像素 (若為負值，表示相反方向)。
- 模糊：陰影的模糊輪廓為幾像素。
- 色彩：陰影的色彩。

下面是一個例子，它示範了兩種不同的 Box 陰影。

\Ch09\boxshadow.html

```
<body>
  <h1 style="width: 400px; background-color: lightpink;
    box-shadow: 10px 10px 5px lightgray;"> 臨江仙 </h1>
  <h1 style="width: 400px; background-color: lightblue;
    box-shadow: 10px 10px 5px lightgray, 20px 20px 20px lightyellow;"> 卜算子 </h1>
</body>
```

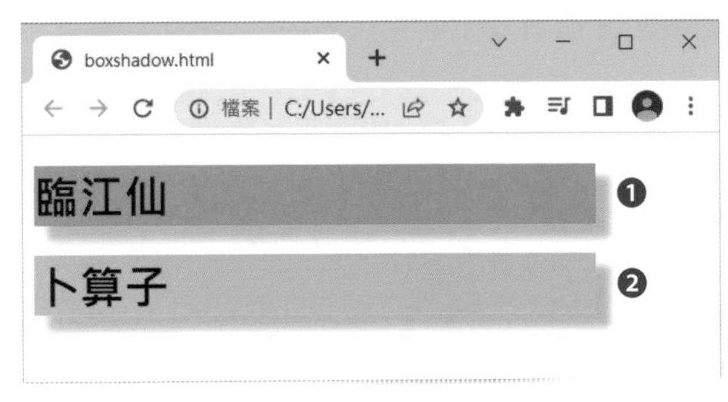

❶ 一層陰影 (淺灰色) ❷ 兩層陰影 (淺灰色和淺黃色)

9-6-8 vertical-align（垂直對齊）

我們可以使用 vertical-align 屬性設定行內層級元素的垂直對齊方式，其語法如下：

```
vertical-align: baseline | sub | super | text-top | text-bottom | middle
                | top | bottom | 長度 | 百分比
```

- baseline：將元素的基準線對齊父元素的基準線（預設值）。
- sub：將元素的基準線對齊父元素的下標基準線。
- super：將元素的基準線對齊父元素的上標基準線。
- text-top：將元素的頂端對齊父元素字型的頂端。
- text-bottom：將元素的底部對齊父元素字型的底部。
- middle：將元素的中間對齊父元素的中間。
- top：將元素的頂端對齊整行元素的頂端。
- bottom：將元素的底部對齊整行元素的底部。
- 長度：將元素往上移指定的長度，若為負值，表示往下移。
- 百分比：將元素往上移指定的百分比，若為負值，表示往下移。

下面是一個例子，它示範了幾種不同的垂直對齊方式。

\Ch09\vertical1.html （下頁續 1/2）

```
<!DOCTYPE html>
<html>
  <head>
    <meta charset="utf-8">
    <style>
      #img1 {vertical-align: top;}
      #img2 {vertical-align: bottom;}
      #img3 {vertical-align: middle;}
      #img4 {vertical-align: 30px;}
    </style>
```

\Ch09\vertical1.html （接上頁 2/2）

```
  </head>
  <body>
    <p> 航海王 <img id="img1" src="piece1.jpg" width="100px"> 喬巴 </p>
    <p> 航海王 <img id="img2" src="piece1.jpg" width="100px"> 喬巴 </p>
    <p> 航海王 <img id="img3" src="piece1.jpg" width="100px"> 喬巴 </p>
    <p> 航海王 <img id="img4" src="piece1.jpg" width="100px"> 喬巴 </p>
  </body>
</html>
```

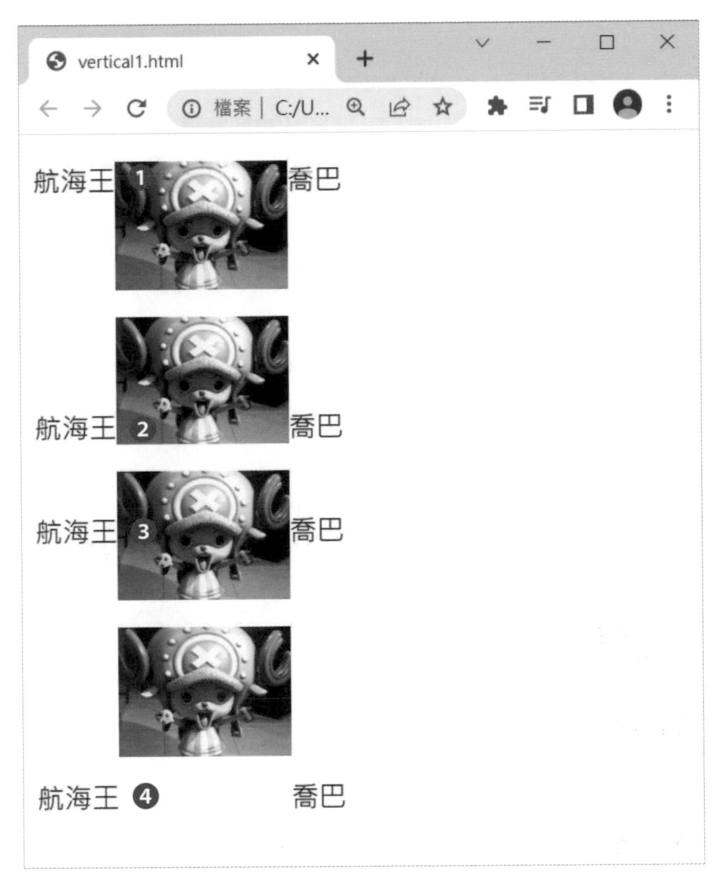

❶ 圖片的頂端對齊整行元素的頂端

❷ 圖片的底部對齊整行元素的底部

❸ 圖片的中間對齊父元素的中間

❹ 圖片向上移 30 像素

下面是另一個例子，它示範了如何設定下標及上標。提醒您，vertical-align 屬性不會改變元素的文字大小，若有需要，可以搭配 font-size 屬性設定文字大小。

\Ch09\vertical2.html

```
<!DOCTYPE html>
<html>
  <head>
    <meta charset="utf-8">
  </head>
  <body>
    <h1>H<span style="vertical-align: sub;">2</span>O</h1>
    <h1>H<span style="vertical-align: sub; font-size: 16px;">2</span>O</h1>
    <h1>X<span style="vertical-align: super;">2</span>Y</h1>
    <h1>X<span style="vertical-align: super; font-size: 16px;">2</span>Y</h1>
  </body>
</html>
```

瀏覽結果如下圖，其中第二、四個的下標及上標有另外使用 font-size 屬性將文字縮小，以提升視覺效果。

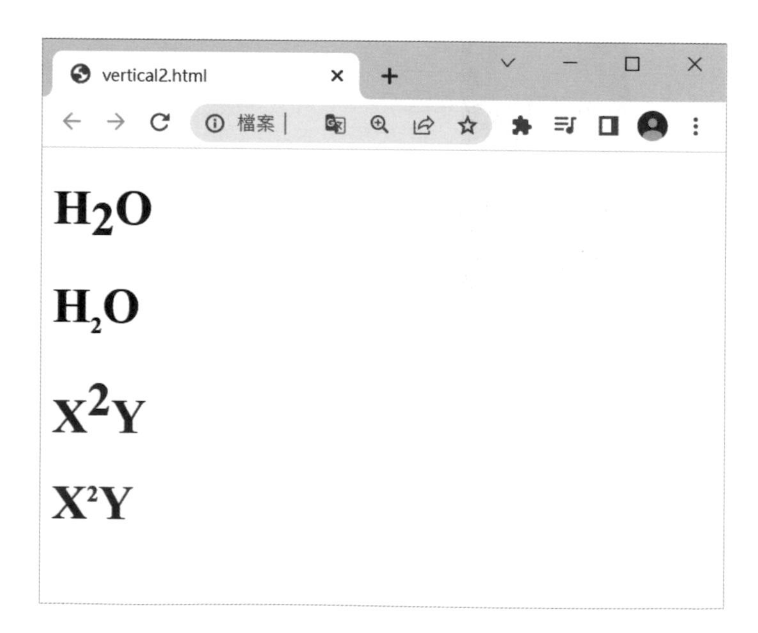

背景、漸層與表格

10-1 背景屬性

10-1-1 background-image（背景圖片）

我們可以使用 background-image 屬性設定 HTML 元素的背景圖片，其語法如下，預設值為 none（無），若要設定多張背景圖片，以逗號隔開設定值即可，而且第一個指定的圖檔位於最上層：

```
background-image: none | url( 圖檔名稱 )
```

下面是一個例子，它將網頁的背景圖片設定為 flowers.jpg，由於圖檔比較小無法填滿網頁，所以會自動在水平及垂直方向重複排列以填滿網頁（網頁圖片來源：Photo by Evie Shaffer from Pexels）。

\Ch10\bg1.html

```
<!DOCTYPE html>
<html>
  <head>
    <meta charset="utf-8">
  </head>
  <body style="background-image: url(flowers.jpg);">
  </body>
</html>
```

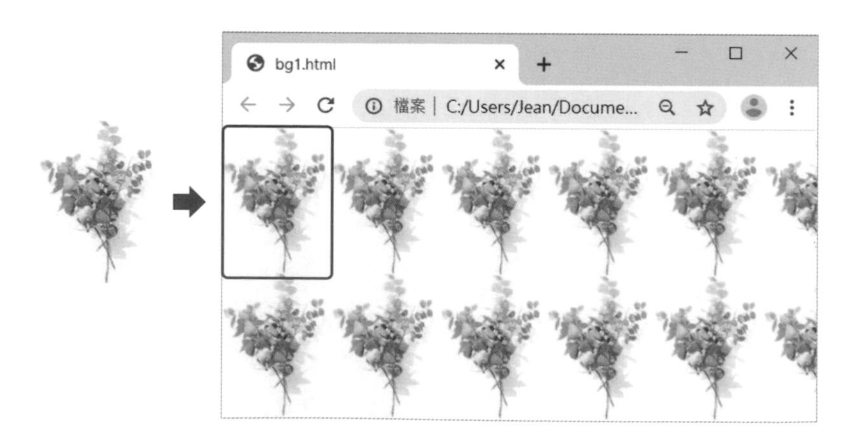

我們也可以結合背景色彩與背景圖片，下面是一個例子，它結合了原木色的背景色彩與條紋的背景圖片 line.png (24bit 透明 PNG 格式)。

\Ch10\bg2.html

```
<body style="background-color: burlywood; background-image: url(line.png);">
</body>
```

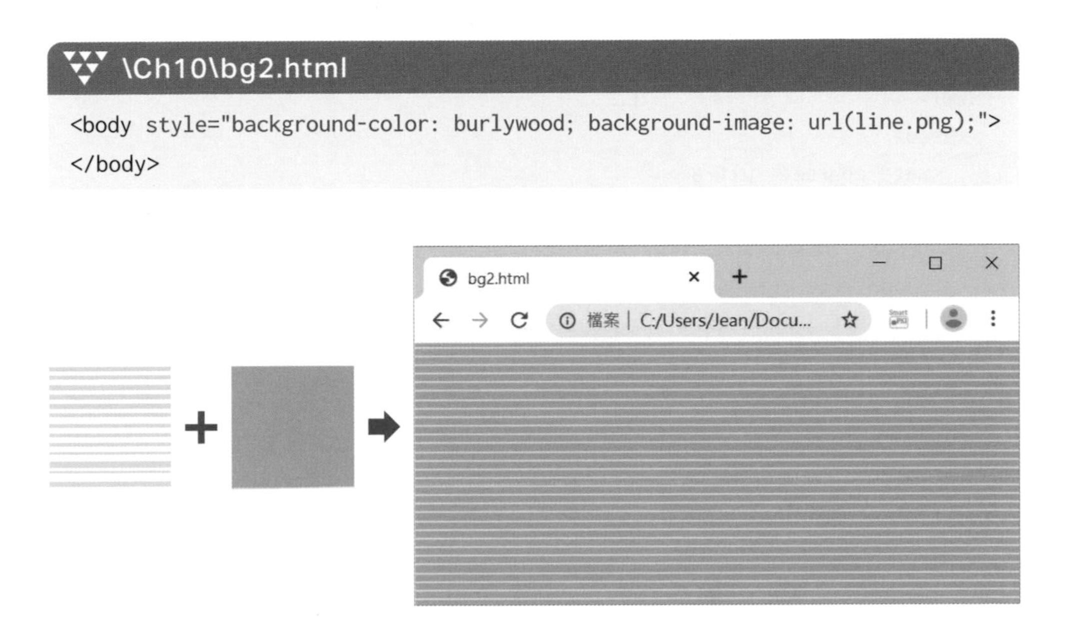

我們還可以設定多張背景圖片，下面是一個例子，它結合了 line.png 和 bg02.gif 兩張背景圖片，仔細觀察就可以看到 bg02.gif 上面有著細細的白色條紋。

\Ch10\bg3.html

```
<body style="background-image: url(line.png), url(bg02.gif);">
</body>
```

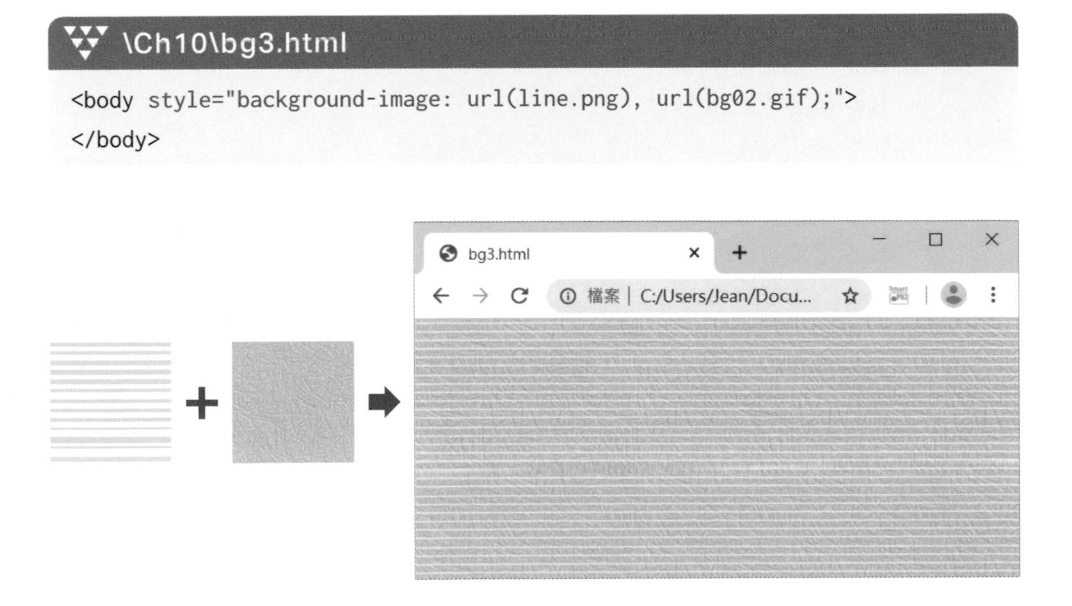

下面是另一個例子，它示範了如何設定表格的背景圖片。

\Ch10\bg4.html

```
<!DOCTYPE html>
<html>
  <head>
    <meta charset="utf-8">
    <style>
      .head {background-image: url(bg01.gif);}    /* 設定標題列的背景圖片 */
      .odd  {background-image: url(bg02.gif);}    /* 設定奇數列的背景圖片 */
      .even {background-image: url(bg03.gif);}    /* 設定偶數列的背景圖片 */
    </style>
  </head>
  <body>
    <table>
      <tr class="head">
        <th> 歌曲名稱 </th>
        <th> 演唱者 </th>
      </tr>
      <tr class="odd">
        <td> 阿密特 </td>
        <td> 張惠妹 </td>
      </tr>
      <tr class="even">
        <td> 大藝術家 </td>
        <td> 蔡依林 </td>
      </tr>
      <tr class="odd">
        <td> 我願意 </td>
        <td> 王菲 </td>
      </tr>
      <tr class="even">
        <td> 飛兒樂團 </td>
        <td> 千年之戀 </td>
      </tr>
    </table>
  </body>
</html>
```

bg4.html

檔案 | C:/Users/Jean...

歌曲名稱	演唱者
阿密特	張惠妹
大藝術家	蔡依林
我願意	王菲
飛兒樂團	千年之戀

10-1-2 background-repeat（背景圖片重複排列方式）

當我們使用 background-image 屬性設定 HTML 元素的背景圖片時，預設會自動在水平及垂直方向重複排列以填滿指定的元素，但有時我們可能會希望自行設定重複排列方式，例如不要重複排列或只在水平或垂直方向重複排列，此時可以使用 background-repeat 屬性，其語法如下，預設值為 repeat：

```
background-repeat: repeat | no-repeat | repeat-x | repeat-y | space | round
```

此外，CSS3 允許我們使用多張背景圖片，若要設定多張背景圖片的重複排列方式，以逗號隔開設定值即可。

- repeat：在水平及垂直方向重複排列背景圖片以填滿指定的元素，下面是一個例子，它將區塊的背景圖片設定為 f.gif，這是一個粉紅色的花朵圖案，瀏覽結果如下圖，仔細觀察會發現，雖然花朵圖案會在水平及垂直方向重複排列以填滿區塊，不過，這樣並無法保證右邊界和下邊界的花朵圖案能夠完整顯示出來。

\Ch10\bgrepeat.html

```
<div style="border: solid 1px pink; background-image: url(f.gif);
  background-repeat: repeat;">
  <h1> 臨江仙 </h1>
  <h1> 蝶戀花 </h1>
</div>
```

- no-repeat：不要重複排列背景圖片，下面是一個例子。

```
<div style="border: solid 1px pink; background-image: url(f.gif);
  background-repeat: no-repeat;">
  <h1> 臨江仙 </h1>
  <h1> 蝶戀花 </h1>
</div>
```

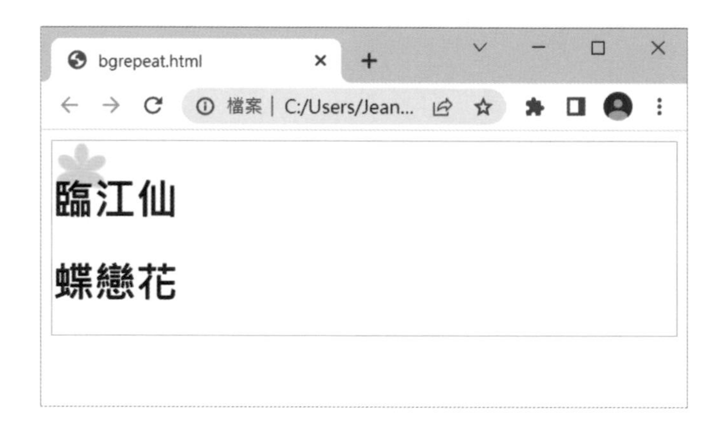

- repeat-x：在水平方向重複排列背景圖片，下面是一個例子。

```
<div style="border: solid 1px pink; background-image: url(f.gif);
  background-repeat: repeat-x;">
  <h1> 臨江仙 </h1>
  <h1> 蝶戀花 </h1>
</div>
```

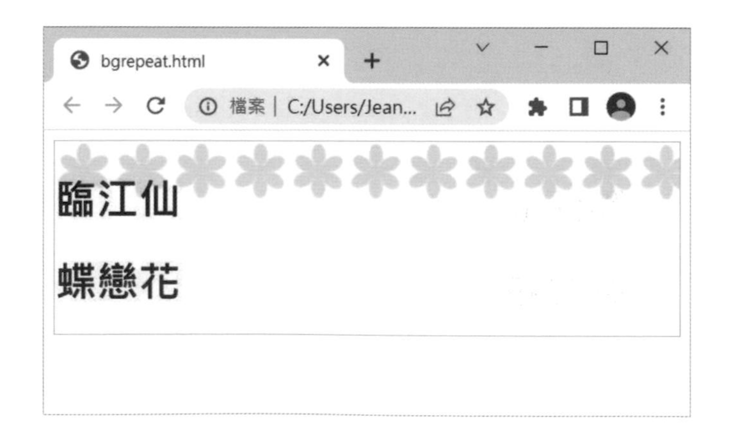

- repeat-y：在垂直方向重複排列背景圖片，下面是一個例子。

```
<div style="border: solid 1px pink; background-image: url(f.gif);
  background-repeat: repeat-y;">
  <h1> 臨江仙 </h1>
  <h1> 蝶戀花 </h1>
</div>
```

- space：在水平及垂直方向重複排列背景圖片，同時調整背景圖片的間距，以填滿指定的元素並將背景圖片完整顯示出來，下面是一個例子。

```
<div style="border: solid 1px pink; background-image: url(f.gif);
  background-repeat: space;">
  <h1> 臨江仙 </h1>
  <h1> 蝶戀花 </h1>
</div>
```

- round：在水平及垂直方向重複排列背景圖片，同時調整背景圖片的大小，以填滿指定的元素並將背景圖片完整顯示出來，下面是一個例子，您可以拿 round 跟 repeat 和 space 兩個設定值的瀏覽結果做比較，這樣就能清楚看出其中的差別。

```
<div style="border: solid 1px pink; background-image: url(f.gif);
  background-repeat: round;">
  <h1> 臨江仙 </h1>
  <h1> 蝶戀花 </h1>
</div>
```

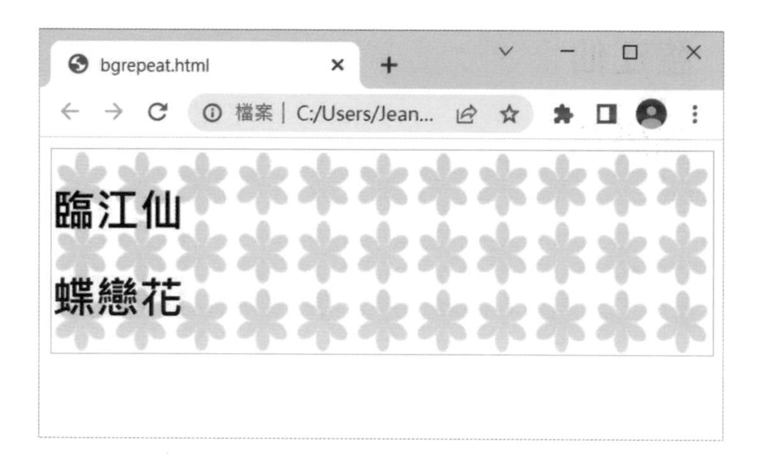

10-1-3 background-position（背景圖片起始位置）

有時為了增添變化，我們可能會希望自行設定背景圖片從 HTML 元素的哪個位置開始顯示，而不是千篇一律地從左上方開始顯示，此時可以使用 background-position 屬性，其語法如下，預設值為 0% 0%，也就是從 HTML 元素的左上方開始顯示背景圖片：

```
background-position: [ 長度 | 百分比 | left | center | right]
                     [ 長度 | 百分比 | top | center | bottom]
```

此外，CSS3 允許我們使用多張背景圖片，若要設定多張背景圖片的起始位置，以逗號隔開設定值即可。

background-position 屬性有下列幾種設定值：

- 長度：使用 px、pt、pc、mm、cm、in、em、rem、vw、vh 等度量單位設定背景圖片從 HTML 元素的哪個位置開始顯示，下面是一個例子。

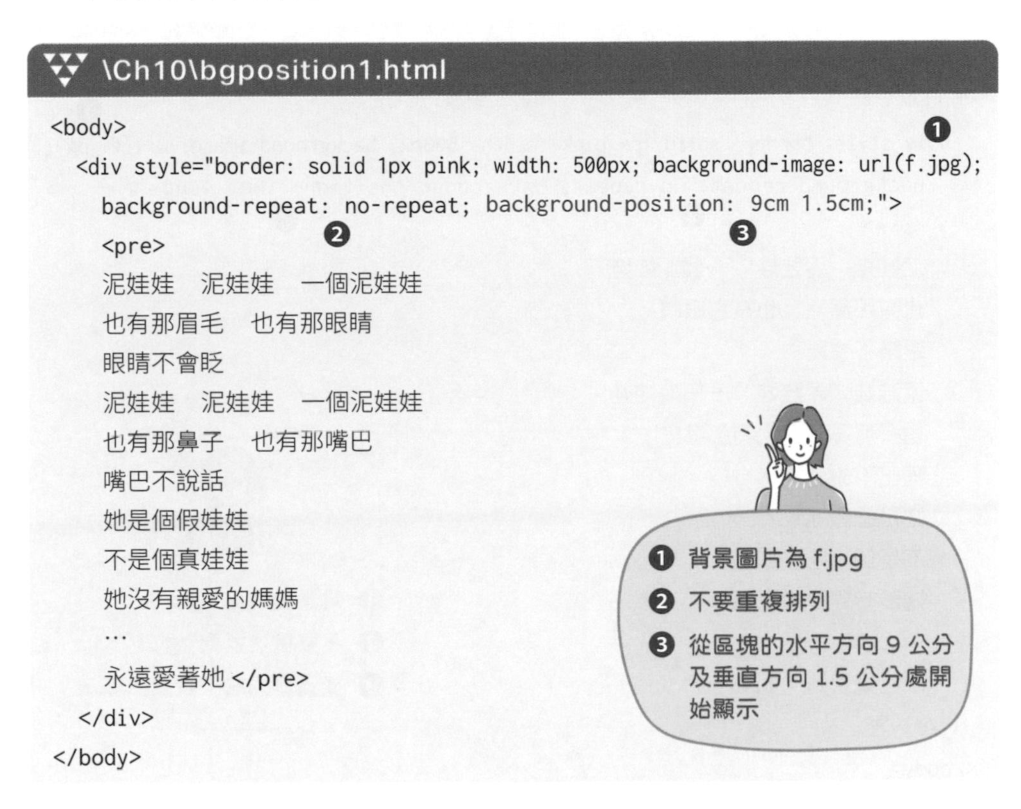

\Ch10\bgposition1.html

```
<body>
  <div style="border: solid 1px pink; width: 500px; background-image: url(f.jpg);
    background-repeat: no-repeat; background-position: 9cm 1.5cm;">
    <pre>
    泥娃娃　泥娃娃　一個泥娃娃
    也有那眉毛　也有那眼睛
    眼睛不會眨
    泥娃娃　泥娃娃　一個泥娃娃
    也有那鼻子　也有那嘴巴
    嘴巴不說話
    她是個假娃娃
    不是個真娃娃
    她沒有親愛的媽媽
    …
    永遠愛著她 </pre>
  </div>
</body>
```

❶ 背景圖片為 f.jpg
❷ 不要重複排列
❸ 從區塊的水平方向 9 公分及垂直方向 1.5 公分處開始顯示

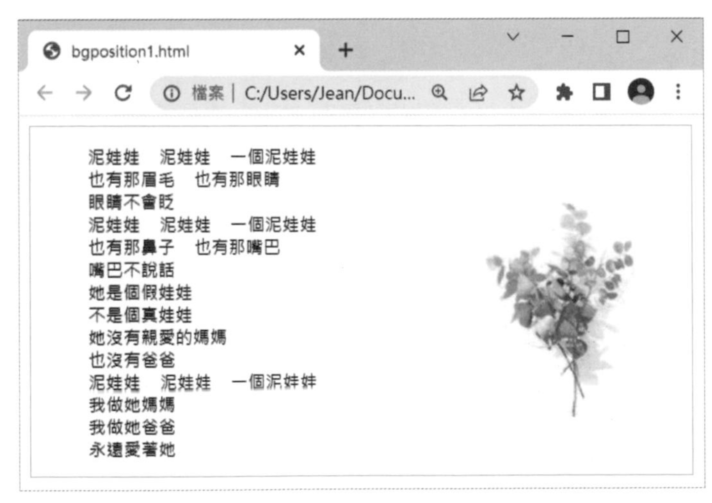

- 百分比：使用區塊寬度與高度的百分比設定背景圖片從 HTML 元素的哪個位置開始顯示，例如 0% 0% 表示左上角、50% 50% 表示正中央、100% 100% 表示右下角，下面是一個例子。

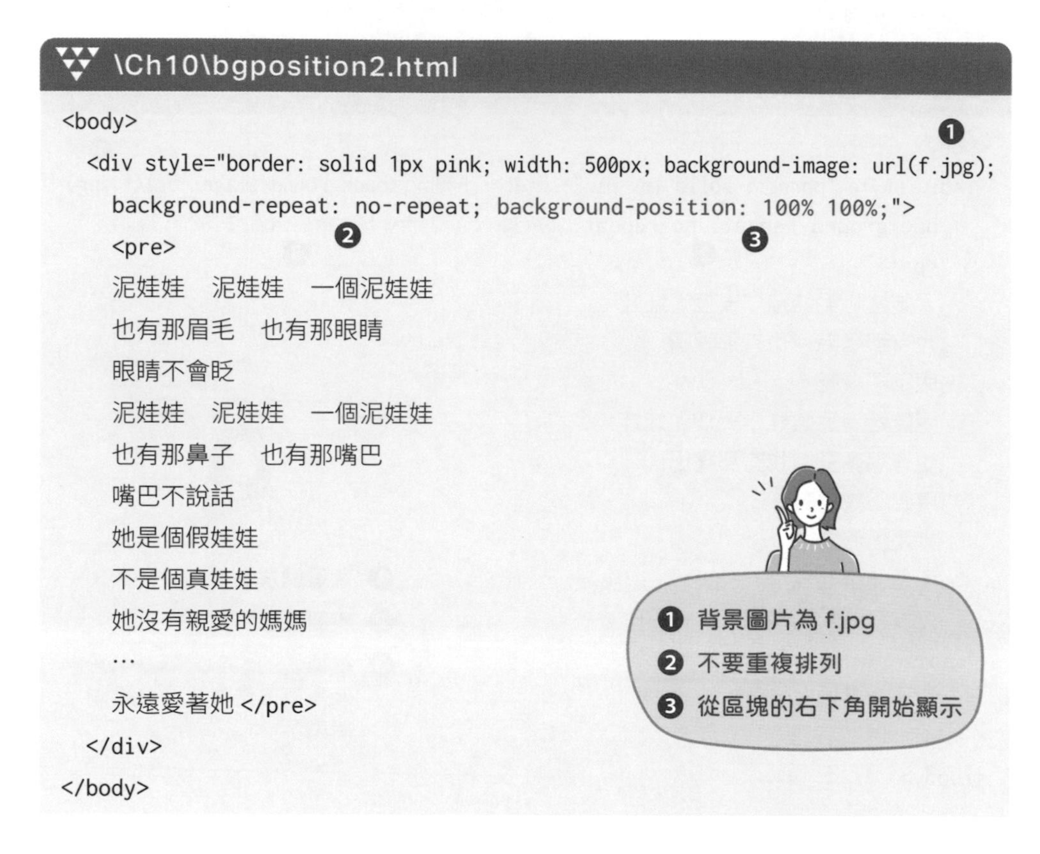

\Ch10\bgposition2.html

```
<body>
  <div style="border: solid 1px pink; width: 500px; background-image: url(f.jpg);
    background-repeat: no-repeat; background-position: 100% 100%;">
    <pre>
    泥娃娃　泥娃娃　一個泥娃娃
    也有那眉毛　也有那眼睛
    眼睛不會眨
    泥娃娃　泥娃娃　一個泥娃娃
    也有那鼻子　也有那嘴巴
    嘴巴不說話
    她是個假娃娃
    不是個真娃娃
    她沒有親愛的媽媽
    ...
    永遠愛著她 </pre>
  </div>
</body>
```


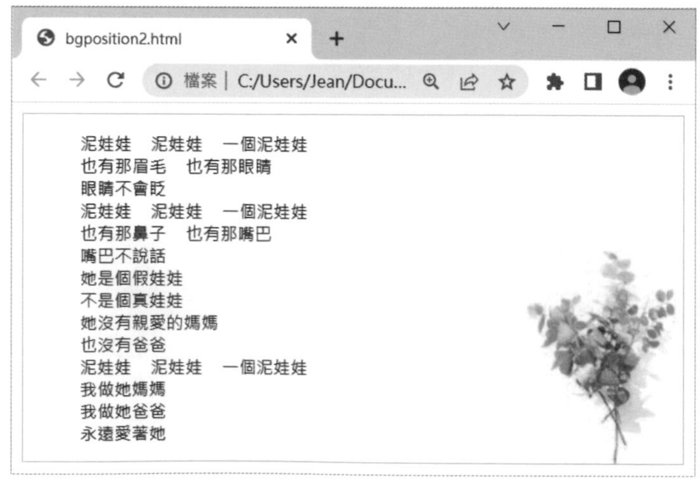

- left | center | right | top | center | bottom：使用 left、center、right 三個水平方向起始點及 top、center、bottom 三個垂直方向起始點，設定背景圖片從 HTML 元素的哪個位置開始顯示，其組合如下圖，若在設定起始點時省略第二個值，則預設為 center，下面是一個例子。

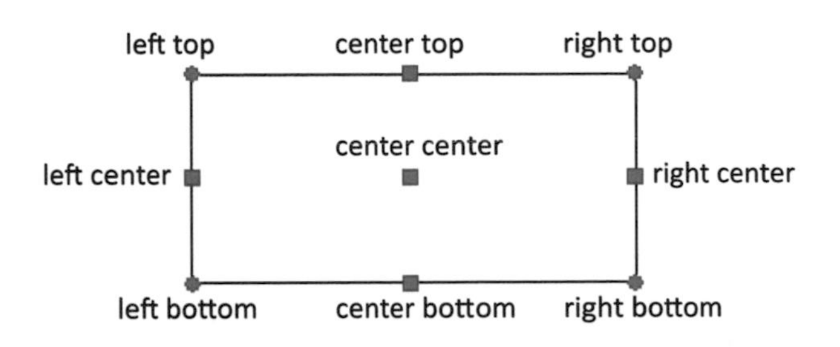

註：center 會以圖片中心對齊基準點，其它值則是以圖片邊緣對齊基準點。

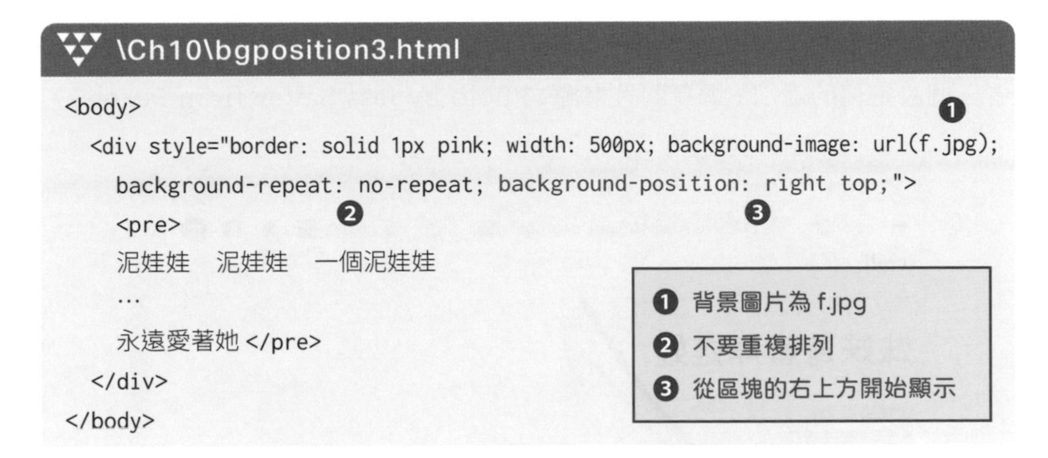

\Ch10\bgposition3.html

```
<body>
  <div style="border: solid 1px pink; width: 500px; background-image: url(f.jpg);
    background-repeat: no-repeat; background-position: right top;">
    <pre>
    泥娃娃　泥娃娃　一個泥娃娃
    …
    永遠愛著她 </pre>
  </div>
</body>
```

❶ 背景圖片為 f.jpg
❷ 不要重複排列
❸ 從區塊的右上方開始顯示

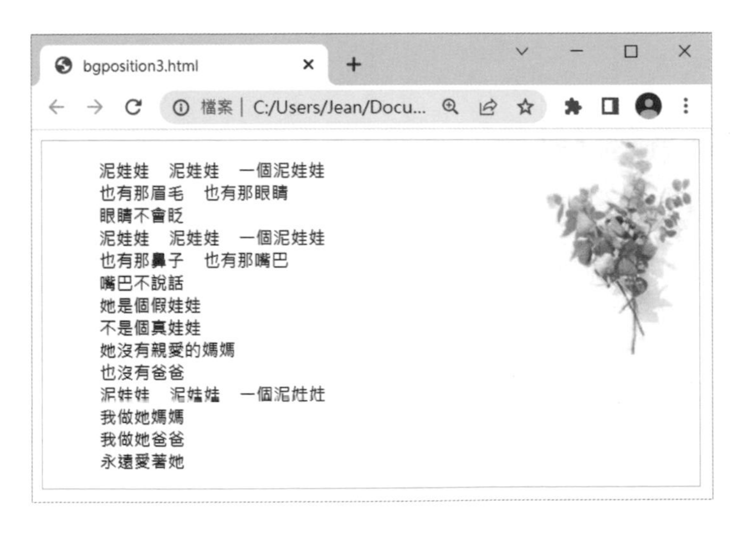

10-1-4 background-attachment（背景圖片是否隨著內容捲動）

我們可以使用 background-attachment 屬性設定背景圖片是否隨著內容捲動，其語法如下，預設值為 scroll：

```
background-attachment: scroll | fixed | local
```

- scroll：背景圖片不會隨著元素的內容捲動，但會隨著容器的內容捲動。
- fixed：背景圖片不會隨著元素的內容或容器的內容捲動。
- local：背景圖片會隨著元素的內容或容器的內容捲動。

下面是一個例子，請您分別捲動區塊的內容和網頁主體的內容，就可以體驗這三個設定值的差別（網頁圖片來源：Photo by Jess Bailey from Pexels）。

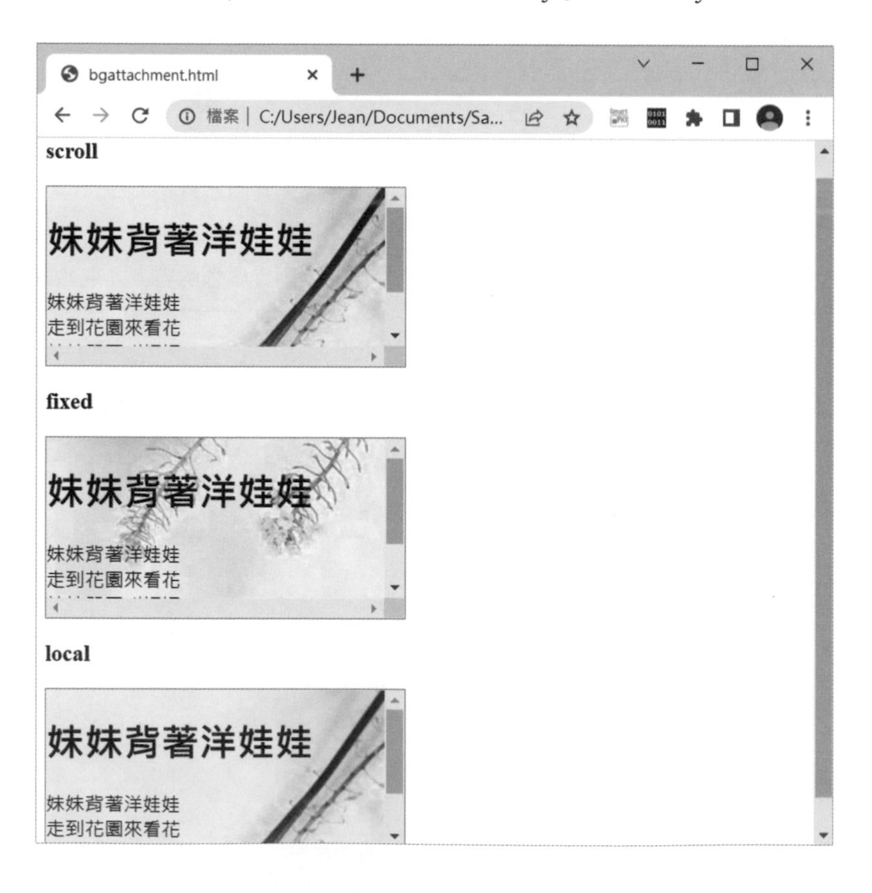

\Ch10\bgattachment.html

```
<!DOCTYPE html>
<html>
  <head>
    <meta charset="utf-8">
    <style>
      div {
        width: 300px;                          /* 設定區塊的寬度 */
        height: 150px;                         /* 設定區塊的高度 */
        border: green solid 1px;               /* 設定區塊的框線 */
        overflow: scroll;                      /* 設定溢出內容顯示捲軸 */
        background-image: url(pic.jpg);        /* 設定區塊的背景圖片 */
      }
      #one {background-attachment: scroll;}
      #two {background-attachment: fixed;}
      #three {background-attachment: local;}
      p {white-space: pre-line;}
    </style>
  </head>
  <body>
    <h1>scroll</h1>
    <div id="one">
      <h1> 妹妹背著洋娃娃 </h1>
      <p> 妹妹背著洋娃娃 … 樹上小鳥笑哈哈 </p>
    </div>
    <h1>fixed</h1>
    <div id="two">
      <h1> 妹妹背著洋娃娃 </h1>
      <p> 妹妹背著洋娃娃 … 樹上小鳥笑哈哈 </p>
    </div>
    <h1>local</h1>
    <div id="three">
      <h1> 妹妹背著洋娃娃 </h1>
      <p> 妹妹背著洋娃娃 … 樹上小鳥笑哈哈 </p>
    </div>
  </body>
</html>
```

10-1-5 background-clip（背景顯示區域）

我們可以使用 background-clip 屬性設定背景色彩或背景圖片的顯示區域，其語法如下，若要設定多張背景圖片的顯示區域，以逗號隔開設定值即可：

```
background-clip: border-box | padding-box | content-box
```

- border-box：背景會描繪到框線的部分（預設值）。
- padding-box：背景會描繪到留白的部分。
- content-box：背景會描繪到內容的部分。

下面是一個例子，為了展現 background-clip 屬性的效果，我們刻意在標題 1 使用 border 屬性設定寬度為 30 像素、半透明的框線，以及使用 padding 屬性設定寬度為 20 像素的留白，然後將 background-clip 屬性設定為 content-box，令背景圖片描繪到內容的部分，得到如下圖的瀏覽結果。

\Ch10\bgclip.html

```
01: <body>
02:   <h1 style="border: solid 30px rgba(255,153,255,0.5); padding:20px;
03:     background-image: url(f.gif); background-clip: content-box;">臨江仙</h1>
04: </body>
```

若將 background-clip 屬性設定為 padding-box，令背景圖片描繪到留白的部分，則會得到如下圖的瀏覽結果。

```
02:   <h1 style="border: solid 30px rgba(255,153,255,0.5); padding:20px;
03:     background-image: url(f.gif); background-clip: padding-box;">臨江仙</h1>
```

若將 background-clip 屬性設定為 border-box，令背景圖片描繪到框線的部分，則會得到如下圖的瀏覽結果。

```
02:   <h1 style="border: solid 30px rgba(255,153,255,0.5); padding:20px;
03:     background-image: url(f.gif); background-clip: border-box;">臨江仙</h1>
```

10-1-6 background-origin（背景顯示位置基準點）

我們可以使用 background-origin 屬性設定背景色彩或背景圖片的顯示位置基準點，其語法如下，若要設定多張背景圖片的顯示位置基準點，以逗號隔開設定值即可：

```
background-origin: border-box | padding-box | content-box
```

- border-box：背景從框線的部分開始描繪。
- padding-box：背景從留白的部分開始描繪（預設值）。
- content-box：背景從內容的部分開始描繪。

下面是一個例子，為了展現 background-origin 屬性的效果，我們刻意在標題 1 使用 border 屬性設定寬度為 30 像素、半透明的框線，以及使用 padding 屬性設定寬度為 20 像素的留白，然後將 background-origin 屬性設定為 content-box，令背景圖片從內容的部分開始描繪，得到如下圖的瀏覽結果。

\Ch10\bgorigin.html

```
01: <body>
02:   <h1 style="border: solid 30px rgba(255,153,255,0.5); padding: 20px;
03:     background-image: url(f.gif); background-repeat: no-repeat;
04:     background-origin: content-box;">臨江仙</h1>
05: </body>
```

若將 background-origin 屬性設定為 padding-box，令背景圖片從留白的部分開始描繪，則會得到如下圖的瀏覽結果。

```
02:  <h1 style="border: solid 30px rgba(255,153,255,0.5); padding: 20px;
03:    background-image: url(f.gif); background-repeat: no-repeat;
04:    background-origin: padding-box;">臨江仙</h1>
```

若將 background-origin 屬性設定為 border-box，令背景圖片從框線的部分開始描繪，則會得到如下圖的瀏覽結果。

```
02:  <h1 style="border: solid 30px rgba(255,153,255,0.5); padding: 20px;
03:    background-image: url(f.gif); background-repeat: no-repeat;
04:    background-origin: border-box;">臨江仙</h1>
```

10-1-7 background-size（背景圖片大小）

我們可以使用 background-size 屬性設定背景圖片的大小，其語法如下，預設值為 auto（自動），若要設定多張背景圖片的大小，以逗號隔開設定值即可：

```
background-size: [長度 | 百分比 | auto] | contain | cover
```

- [長度 | 百分比 | auto]：使用 px、pt、pc、mm、cm、in、em、rem、vw、vh 等度量單位或百分比設定背景圖片的寬度與高度，例如 background-size: 100px 50px 表示寬度與高度為 100 像素和 50 像素。
- contain：背景圖片的大小剛好符合 HTML 元素的區塊範圍。
- cover：背景圖片的大小覆蓋整個 HTML 元素的區塊範圍。

下面是一個例子，為了展現出區塊範圍，我們先使用 border 屬性設定 1 像素的藍色框線，然後使用 background-size 屬性將區塊的背景圖片大小設定為 auto，瀏覽結果如下圖，此時的背景圖片為原始大小。

\Ch10\bgsize.html

```
<body>
  <div style=" border: solid 1px blue; background-image: url(f2.gif);
    background-repeat: no-repeat; background-size: auto;">
    <h1>臨江仙</h1>
    <h1>蝶戀花</h1>
  </div>
</body>
```

臨江仙

蝶戀花

若將 background-size 屬性設定為 100px auto，令背景圖片的寬度為 100 像素，高度為 auto（自動），也就是高度按原圖比例自動縮放，則會得到如下圖的瀏覽結果。

若將 background-size 屬性設定為 contain，令背景圖片等比例縮放至其寬度與高度剛好符合區塊範圍（可能會有空白），則會得到如下圖的瀏覽結果。

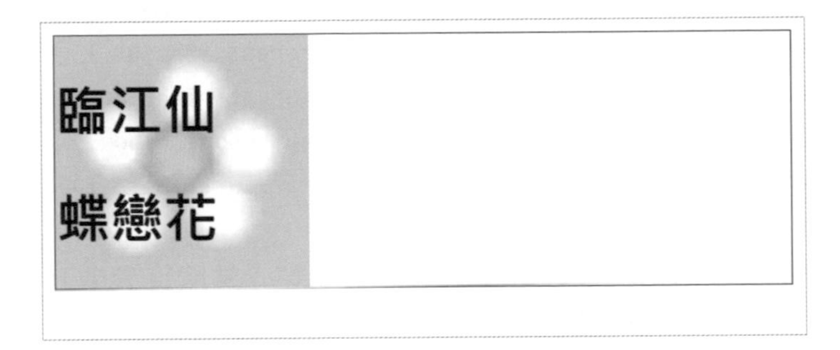

若將 background-size 屬性設定為 cover，令背景圖片等比例縮放至其寬度與高度覆蓋整個區塊範圍（超過的部分裁剪掉），則會得到如下圖的瀏覽結果。

10-1-8 background（背景屬性速記）

background 屬性是綜合了 background-color、background-image、background-repeat、background-attachment、background-position、background-clip、background-origin、background-size 等背景屬性的速記，其語法如下，若要設定多張背景圖片的背景屬性，以逗號隔開設定值即可：

```
background: 屬性值1 [屬性值2 [屬性值3 [...]]]
```

這些屬性值的中間以空白字元隔開，沒有順序之分，只有背景圖片大小是以 / 隔開，接續在背景圖片起始位置的後面，預設值則視個別的屬性而定，下面是一些例子：

```
01: body {background: rgba(255, 0, 0, 0.3);}
02: body {background: url("flowers.jpg") no-repeat fixed;}
03: body {background: url("flowers.jpg") no-repeat 50% 50%;}
04: body {background: url("flowers.jpg") no-repeat right bottom;}
05: div  {background: url("bg03.gif") no-repeat padding-box;}
06: div  {background: url("bg03.gif") no-repeat left top / 100px 200px;}
```

- 01：將網頁主體的背景色彩設定為紅色並加上透明度參數 0.3。
- 02：將網頁主體的背景圖片設定為 flowers.jpg、不要重複排列、不會隨著內容捲動。
- 03：將網頁主體的背景圖片設定為 flowers.jpg、不要重複排列、從正中央開始顯示。
- 04：將網頁主體的背景圖片設定為 flowers.jpg、不要重複排列、從右下角開始顯示。
- 05：將 <div> 區塊的背景圖片設定為 bg03.gif、不重複排列、背景圖片從留白的部分開始描繪。
- 06：將 <div> 區塊的背景圖片設定為 bg03.gif、不重複排列、從左上方開始顯示、背景圖片的寬度與高度為 100 像素和 200 像素。

10-2 漸層屬性

10-2-1 linear-gradient() (線性漸層)

我們可以使用 linear-gradient() 設定線性漸層，其語法如下：

```
linear-gradient( 角度 | 方向 , 色彩停止點 1 , 色彩停止點 2, ...)
```

- 角度 | 方向：使用度數設定線性漸層的角度，例如 90deg (90 度) 表示由左往右，0deg (0 度) 表示由下往上；或者，也可以使用 to [left | right] || [top | bottom] 設定線性漸層的方向，例如 to left 表示由右往左漸層，to top 表示由下往上漸層。
- 色彩停止點：包括色彩的值與位置，中間以空白字元隔開，例如 yellow 0% 表示起點為黃色，orange 100% 表示終點為橘色。

下面是一個例子，它示範了三種不同的線性漸層。

\Ch10\gradient1.html

```
<h1 style="background: linear-gradient(0deg, yellow, orange);"> 春曉 </h1>
<h1 style="background: linear-gradient(to top right, red, white, blue);"> 送別 </h1>
<h1 style="background: linear-gradient(90deg, yellow 0%, orange 100%);"> 紅豆 </h1>
```

春曉 ❶

送別 ❷

紅豆 ❸

❶ 黃色由下往上漸層到橘色
❷ 紅白藍三色由左下往右上漸層
❸ 黃色起點由左往右漸層到橘色終點

10-2-2 radial-gradient()（放射漸層）

我們可以使用 radial-gradient() 設定放射漸層，其語法如下：

```
linear-gradient(形狀 大小 位置, 色彩停止點1, 色彩停止點2, ...)
```

- 形狀：漸層的形狀可以是 circle（圓形）或 ellipse（橢圓形）。
- 大小：使用下列設定值設定漸層的大小。

設定值	說明
長度	以度量單位設定圓形或橢圓形的半徑。
closest-side	從圓形或橢圓形的中心點到區塊最近邊的距離當作半徑。
farthest-side	從圓形或橢圓形的中心點到區塊最遠邊的距離當作半徑。
closest-corner	從圓形或橢圓形的中心點到區塊最近角的距離當作半徑。
farthest-corner	從圓形或橢圓形的中心點到區塊最遠角的距離當作半徑。

- 位置：在 at 後面加上 left、right、bottom、center 設定漸層的位置。
- 色彩停止點：包括色彩的值與位置，中間以空白字元隔開，例如 yellow 0% 表示起點為黃色，orange 100% 表示終點為橘色。

下面是一個例子，它示範了兩種不同的放射漸層。

\Ch10\gradient2.html

```
<h1 style="background: radial-gradient(circle, yellow, orange);">春曉</h1>
<h1 style="background: radial-gradient(at right, white, lightgreen);">送別</h1>
```

春曉

送別

10-2-3 repeating-linear-gradient()、repeating-radial-gradient()(重複漸層)

我們可以使用 repeating-linear-gradient() 設定重複線性漸層，其語法和 linear-gradient() 相同。

此外，我們也可以使用 repeating-radial-gradient() 設定重複放射漸層，其語法和 radial-gradient() 相同。

下面是一個例子，它示範了幾種不同的重複漸層，您可以試著自己變換不同的色彩停止點，看看瀏覽結果有何不同。

\Ch10\gradient3.html

```
<h1 style="background: repeating-linear-gradient(to right, yellow 0%,
  orange 20%);"> 春曉 </h1>
<h1 style="background: repeating-linear-gradient(to top right, red 0%,
  white 25%, blue 50%);"> 送別 </h1>
<h1 style="background:repeating-radial-gradient(orange, yellow 20px,
  orange 40px);"> 紅豆 </h1>
<h1 style="background:repeating-radial-gradient(circle, red, yellow,
  lightgreen 100%, yellow 150%, red 200%);"> 雜詩 </h1>
```

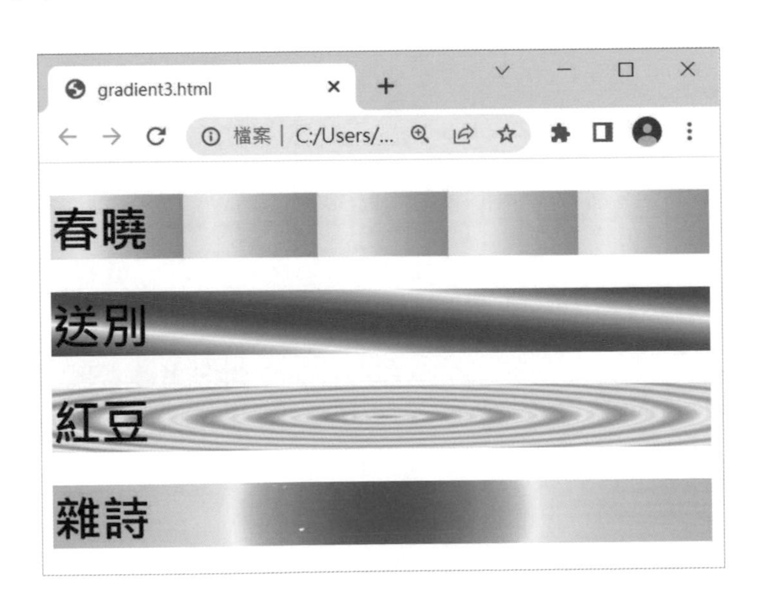

10-3 表格屬性

10-3-1 caption-side (表格標題位置)

我們可以使用 caption-side 屬性設定表格標題元素的位置，其語法如下，預設值為 top，表示位於表格上方，而 bottom 表示位於表格下方：

```
caption-side: top | bottom
```

下面是一個例子，它將表格標題設定在表格下方。

\Ch10\table1.html

```
<!DOCTYPE html>
<html>
  <head>
    <meta charset="utf-8">
    <style>
      caption {caption-side: bottom;}
      th {background-color: #99ccff; padding: 5px}
      td {background-color: #ddeeff; padding: 5px; text-align: center;}
    </style>
  </head>
  <body>
    <table>
      <caption> 熱門點播 </caption>
      <tr>
        <th> 歌曲名稱 </th><th> 演唱者 </th>
      </tr>
      <tr>
        <td> 阿密特 </td><td> 張惠妹 </td>
      </tr>
      <tr>
        <td> 大藝術家 </td><td> 蔡依林 </td>
      </tr>
    </table>
  </body>
</html>
```

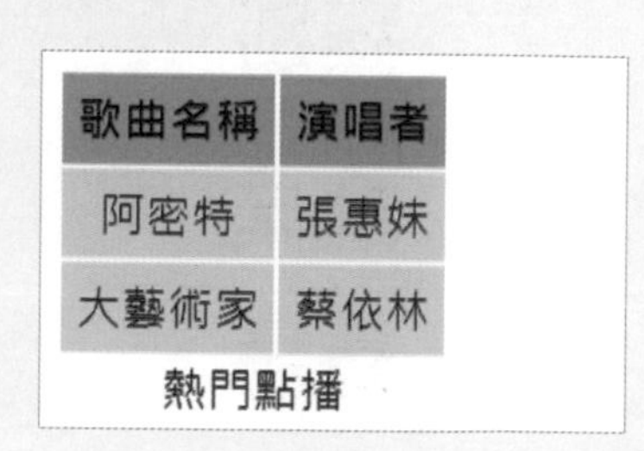

歌曲名稱	演唱者
阿密特	張惠妹
大藝術家	蔡依林

熱門點播

10-3-2 border-collapse（表格框線模式）

我們可以使用 border-collapse 屬性設定表格元素的框線模式，其語法如下：

```
border-collapse: separate | collapse
```

- separate：「框線分開」模式（預設值）。
- collapse：「框線重疊」模式。

下面是一個例子，它將表格設定為「框線分開」模式，所以表格與儲存格之間的框線會分隔開來，而顯示紅色和藍色的框線。

\Ch10\table2.html

```
01: <!DOCTYPE html>
02: <html>
03:   <head>
04:     <meta charset="utf-8">
05:     <style>
06:       table {border: 2px solid red; border-collapse: separate;}
07:       th, td {border: 2px solid blue;}
08:     </style>
09:   </head>
10:   <body>
11:     <table>
12:       <caption> 熱門點播 </caption>
13:       <tr>
14:         <th> 歌曲名稱 </th><th> 演唱者 </th>
15:       </tr>
16:       <tr>
17:         <td> 阿密特 </td><td> 張惠妹 </td>
18:       </tr>
19:       <tr>
20:         <td> 大藝術家 </td><td> 蔡依林 </td>
21:       </tr>
22:     </table>
23:   </body>
24: </html>
```

熱門點播

歌曲名稱	演唱者
阿密特	張惠妹
大藝術家	蔡依林

若將第 06 行改寫成如下，令表格採取「框線重疊」模式：

```
06:        table {border: 2px solid red; border-collapse: collapse;}
```

瀏覽結果如下圖，表格與儲存格之間的框線會重疊在一起，而顯示藍色的框線。

熱門點播

歌曲名稱	演唱者
阿密特	張惠妹
大藝術家	蔡依林

10-3-3 table-layout（表格版面編排方式）

我們可以使用 table-layout 屬性設定表格元素的版面編排方式，其語法如下，預設值為 auto（自動），表示儲存格的寬度取決於其內容的長度，而 fixed（固定）表示儲存格的寬度取決於表格的寬度、欄的寬度及框線：

```
table-layout: auto | fixed
```

舉例來說，在 \Ch10\table2.html 中，儲存格的寬度是取決於其內容的長度，若將第 06 行改寫成如下，令表格的寬度為 140 像素、版面編排方式為 fixed（固定），然後另存新檔為 \Ch10\table3.html：

```
06:        table {border: 2px solid red; width: 140px; table-layout: fixed;}
```

瀏覽結果如下圖，儲存格的寬度是取決於表格的寬度、欄的寬度及框線。

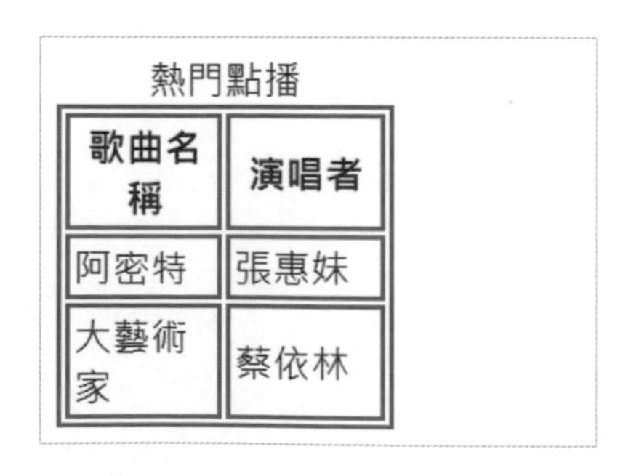

熱門點播

歌曲名稱	演唱者
阿密特	張惠妹
大藝術家	蔡依林

10-3-4 empty-cells（顯示或隱藏空白儲存格）

我們可以使用 empty-cells 屬性設定在「框線分開」模式下，是否顯示空白儲存格的框線與背景，其語法如下，預設值為 show，表示顯示，而 hide 表示隱藏：

```
empty-cells: show | hide
```

下面是一個例子，其中第 21 ~ 23 行是定義一列空白儲存格，由於第 07 行有加上 empty-cells: show，所以瀏覽結果會顯示空白儲存格的框線與背景，如圖❶，若改為 empty-cells: hide，則瀏覽結果會隱藏空白儲存格的框線與背景，如圖❷。

\Ch10\table4.html

```
01: <!DOCTYPE html>
02: <html>
03:   <head>
04:     <meta charset="utf-8">
05:     <style>
06:       table {border: 2px solid red;}
07:       th, td {border: 2px solid blue; empty-cells: show;}
08:     </style>
09:   </head>
10:   <body>
11:     <table>
12:       <tr>
13:         <th> 歌曲名稱 </th><th> 演唱者 </th>
14:       </tr>
15:       <tr>
16:         <td> 阿密特 </td><td> 張惠妹 </td>
17:       </tr>
18:       <tr>
19:         <td> 大藝術家 </td><td> 蔡依林 </td>
20:       </tr>
21:       <tr>
22:         <td></td><td></td>
23:       </tr>
24:     </table>
25:   </body>
26: </html>
```

❶

歌曲名稱	演唱者
阿密特	張惠妹
大藝術家	蔡依林

❷

歌曲名稱	演唱者
阿密特	張惠妹
大藝術家	蔡依林

10-3-5 border-spacing (表格框線間距)

我們可以使用 border-spacing 設定在「框線分開」模式下的表格框線間距，其語法如下：

```
border-spacing: 長度
```

下面是一個例子，它將表格框線間距設定為 10 像素。

\Ch10\table5.html

```
<!DOCTYPE html>
<html>
  <head>
    <meta charset="utf-8">
    <style>
      table {border: 2px solid red; border-spacing: 10px;}
      th, td {border: 2px solid blue}
    </style>
  </head>
  <body>
    <table>
      <caption> 熱門點播 </caption>
      <tr>
        <th> 歌曲名稱 </th>
        <th> 演唱者 </th>
      </tr>
      <tr>
        <td> 阿密特 </td>
        <td> 張惠妹 </td>
      </tr>
      <tr>
        <td> 大藝術家 </td>
        <td> 蔡依林 </td>
      </tr>
    </table>
  </body>
</html>
```

熱門點播

歌曲名稱	演唱者
阿密特	張惠妹
大藝術家	蔡依林

CSS 版面設計

11-1 使用 float 屬性進行版面設計

CSS 除了用來設定 HTML 元素的樣式之外，還可以用來設計版面。在過去，網頁設計人員經常會使用 position 屬性或 float 屬性搭配 clear 屬性設計版面，近年來隨著響應式網頁設計成為趨勢，則有愈來愈多人改用彈性版面 (Flexible Box Layout) 或格線版面 (Grid Layout) 的技巧設計版面。

在本節中，我們會示範如何使用 float 屬性搭配 clear 屬性設計兩欄式和三欄式版面，至於彈性版面與格線版面則留待第 11-2、11-3 節再做介紹。

兩欄式版面

我們直接以下面的例子示範兩欄式版面，為了方便識別，所以在各個區塊填上不同的背景色彩。當瀏覽器視窗縮小時，網頁版面會按比例縮小，但不會小於設定的最小寬度 600px。

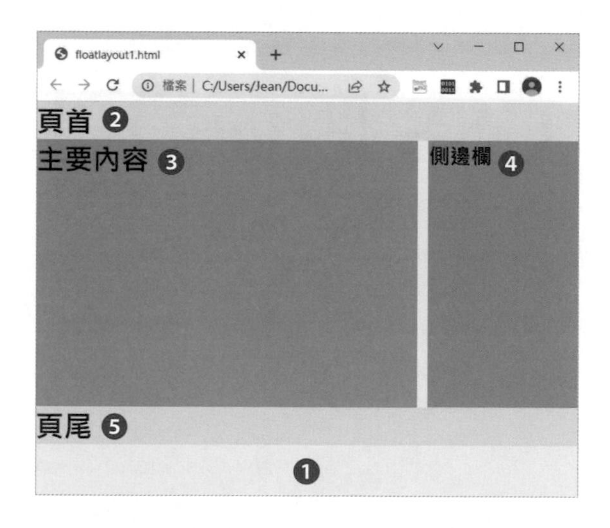

❶ 網頁主體的寬度為視窗的 100%，最小寬度為 600px，最大寬度為 960px
❷ 頁首的寬度為網頁主體的 100%
❸ 主要內容的寬度為網頁主體的 70%
❹ 側邊欄的寬度為網頁主體的 28%（剩下的 2% 為主要內容與側邊欄的間距）
❺ 頁尾的寬度為網頁主體的 100%

當瀏覽器視窗放大時，網頁版面會按比例放大，但不會超過設定的最大寬度 960px。原則上，區塊的高度取決於內容的多寡，每個區塊的高度不一定相同，此例為了美觀起見，所以將主要內容與側邊欄的高度設定為 300px。

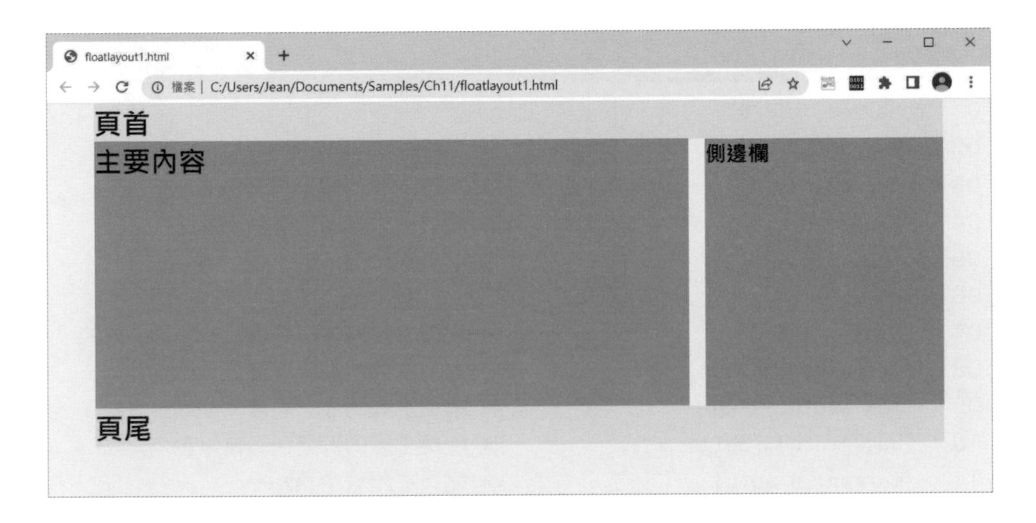

HTML 文件的內容如下，使用 <header>、<main>、<aside>、<footer> 等元素標示頁首、主要內容、側邊欄和頁尾。

\Ch11\floatlayout1.html

```
<!DOCTYPE html>
<html>
  <head>
    <meta charset="utf-8">
    <link rel="stylesheet" href="floatlayout1.css" type="text/css">
  </head>
  <body>
    <header><h1> 頁首 </h1></header>
    <main><h1> 主要內容 </h1></main>
    <aside><h1> 側邊欄 </h1></aside>
    <footer><h1> 頁尾 </h1></footer>
  </body>
</html>
```

CSS 檔案的內容如下，關鍵在於第 21 行使用 float: left 屬性將主要內容放在容器的左側做文繞圖，第 27 行使用 float: right 屬性將側邊欄放在容器的右側做文繞圖，以及第 32 行使用 clear: both 屬性解除頁尾的文繞圖。

\Ch11\floatlayout1.css

```
01: @charset "UTF-8";
02: * {
03:   margin: 0;                    /* 所有元素的邊界重設為 0 */
04:   padding: 0;                   /* 所有元素的留白重設為 0 */
05: }
06: body {
07:   width: 100%;                  /* 網頁主體的寬度為視窗的 100% */
08:   min-width: 600px;             /* 網頁主體的最小寬度為 600px */
09:   max-width: 960px;             /* 網頁主體的最大寬度為 960px */
10:   background: beige;            /* 網頁主體的背景色彩為米色 */
11:   margin: 0 auto;               /* 網頁主體置中 */
12: }
13: header {
14:   width: 100%;                  /* 頁首的寬度為網頁主體的 100% */
15:   background: #eaeaea;          /* 頁首的背景色彩為淺灰色 */
16: }
17: main {
18:   width: 70%;                   /* 主要內容的寬度為網頁主體的 70% */
19:   height: 300px;                /* 主要內容的高度為 300px */
20:   background: deepskyblue;      /* 主要內容的背景色彩為深天空藍色 */
21:   float: left;                  /* 放在容器的左側做文繞圖 */
22: }
23: aside {
24:   width: 28%;                   /* 側邊欄的寬度為網頁主體的 28% */
25:   height: 300px;                /* 側邊欄的高度為 300px */
26:   background: orange;           /* 側邊欄的背景色彩為橘色 */
27:   float: right;                 /* 放在容器的右側做文繞圖 */
28: }
29: footer {
30:   width: 100%;                  /* 頁尾的寬度為網頁主體的 100% */
31:   background: #eaeaea;          /* 頁尾的背景色彩為淺灰色 */
32:   clear: both;                  /* 解除頁尾的文繞圖 */
33: }
```

三欄式版面

我們直接以下面的例子示範三欄式版面，當瀏覽器視窗縮小時，網頁版面會按比例縮小，但不會小於設定的最小寬度 600px；相反的，當瀏覽器視窗放大時，網頁版面會按比例放大，但不會超過設定的最大寬度 960px。

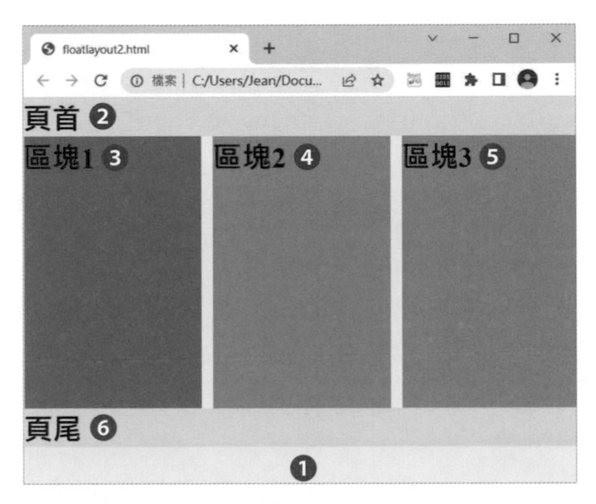

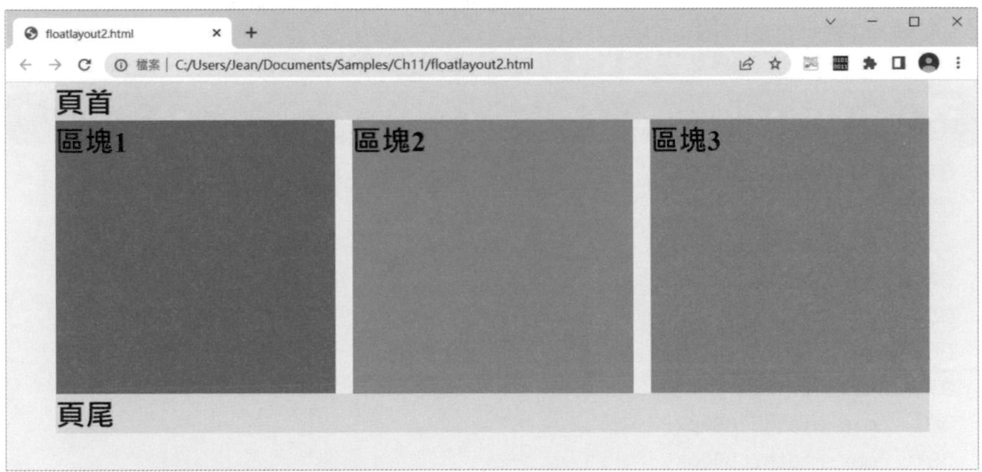

❶ 網頁主體的寬度為視窗的 100%，最小寬度為 600px，最大寬度為 960px

❷ 頁首的寬度為網頁主體的 100%

❸ 區塊 1 的寬度為網頁主體的 32%，右邊界為網頁主體的 2%

❹ 區塊 2 的寬度為網頁主體的 32%，右邊界為網頁主體的 2%

❺ 區塊 3 的寬度為網頁主體的 32%

❻ 頁尾的寬度為網頁主體的 100%

HTML 文件的內容如下，使用 <header> 和 <footer> 元素標示頁首與頁尾，以及使用三個 <div> 元素標示區塊 1、區塊 2 和區塊 3。

\Ch11\floatlayout2.html

```
<!DOCTYPE html>
<html>
  <head>
    <meta charset="utf-8">
    <link rel="stylesheet" href="floatlayout2.css" type="text/css">
  </head>
  <body>
    <header><h1> 頁首 </h1></header>
    <div id="one"><h1> 區塊 1<h1></div>
    <div id="two"><h1> 區塊 2<h1></div>
    <div id="three"><h1> 區塊 3<h1></div>
    <footer><h1> 頁尾 </h1></footer>
  </body>
</html>
```


CSS 檔案的內容如下。

\Ch11\floatlayout2.css （下頁續 1/2）

```
01: @charset "UTF-8";
02: * {
03:   margin: 0;
04:   padding: 0;
05: }
06: body {
07:   width: 100%;
08:   min-width: 600px;
09:   max-width: 960px;
10:   background: beige;
11:   margin: 0 auto;
12: }
13: header {
14:   width: 100%;
15:   background: #eaeaea;
16: }
```

\Ch11\floatlayout2.css （接上頁 2/2）

```
17: #one {
18:   width: 32%;                    /* 區塊 1 的寬度為網頁主體的 32% */
19:   height: 300px;                 /* 區塊 1 的高度為 300px */
20:   background: hotpink;           /* 區塊 1 的背景色彩為亮粉色 */
21:   margin-right: 2%;              /* 區塊 1 的右邊界為網頁主體的 2% */
22:   float: left;                   /* 區塊 1 放在容器的左側做文繞圖 */
23: }
24: #two {
25:   width: 32%;                    /* 區塊 2 的寬度為網頁主體的 32% */
26:   height: 300px;                 /* 區塊 2 的高度為 300px */
27:   background: deepskyblue;       /* 區塊 2 的背景色彩為深天空藍色 */
28:   margin-right: 2%;              /* 區塊 2 的右邊界為網頁主體的 2% */
29:   float: left;                   /* 區塊 2 放在容器的左側做文繞圖 */
30: }
31: #three {
32:   width: 32%;                    /* 區塊 3 的寬度為網頁主體的 32% */
33:   height: 300px;                 /* 區塊 3 的高度為 300px */
34:   background: orange;            /* 區塊 3 的背景色彩為橘色 */
35:   float: right;                  /* 區塊 3 放在容器的右側做文繞圖 */
36: }
37: footer {
38:   width: 100%;
39:   background: #eaeaea;
40:   clear: both;                   /* 解除頁尾的文繞圖 */
41: }
```

- 22：使用 float: left 屬性將區塊 1 放在容器的左側做文繞圖。
- 29：使用 float: left 屬性將區塊 2 放在容器的左側做文繞圖，此時，區塊 2 會靠向區塊 1，兩者之間有 2% 的間距。
- 35：使用 float: right 屬性將區塊 3 放在容器的右側做文繞圖，此時，區塊 2 和區塊 3 之間有 2% 的間距。
- 40：使用 clear: both 屬性解除頁尾的文繞圖。

11-2 彈性版面

CSS3 的 Flexible Box Layout Module 提供了一組屬性可以用來製作彈性版面 (Flexible Box Layout)，簡稱為 Flexbox。

Flexbox 的排版原則很簡單，就是在 HTML 文件中建立一個稱為 Flex Container（彈性容器）的父元素，然後在父元素中放入一個或多個稱為 Flex Item（彈性項目）的子元素。

下面是一個例子，外層的 <div> 元素是父元素，用來做為 Flex Container，而內層的三個 <div> 元素是子元素，用來做為 Flex Item。

\Ch11\flex1.html

```
<div class="container">
  <div class="item">項目 1</div>
  <div class="item">項目 2</div>
  <div class="item">項目 3</div>
</div>
```

\Ch11\flex1.css

```
.container {
  display: flex;
}
.item {
  background: cyan;
  padding: 10px;
  margin: 10px;
}
```

在預設的情況下，父元素的顯示層級為 block，所以三個子元素的瀏覽結果如左下圖，呈現由上往下排列，而在將父元素的顯示層級設定為 flex 後，三個子元素的瀏覽結果如右下圖，呈現由左往右排列。

❶ block 顯示層級會由上往下排列

❷ flex 顯示層級會由左往右排列

11-2-1 flex-direction (Flex Item 的排列方向)

我們可以使用 flex-direction 屬性設定 Flex Item 的排列方向，預設值為 row (由左往右)，其它設定值還有 row-reverse (由右往左)、column (由上往下) 和 column-reverse (由下往上)。

下面是一個例子，它示範了不同排列方向的瀏覽結果。

\Ch11\flex2.html

```
<div class="container">
  <div class="item"> 項目 1</div>
  <div class="item"> 項目 2</div>
  <div class="item"> 項目 3</div>
</div>
```

\Ch11\flex2.css

```
.container {
  display: flex;
  flex-direction: row;
}
.item {
  background: cyan;
  padding: 10px;
  margin: 10px;
}
```

```
flex-direction: row;
```

項目1 項目2 項目3

```
flex-direction: row-reverse;
```

項目3 項目2 項目1

```
flex-direction: column;
```

項目1

項目2

項目3

```
flex-direction: column-reverse;
```

項目3

項目2

項目1

11-2-2 justify-content (Flex Item 的水平對齊方式)

我們可以使用 justify-content 屬性設定 Flex Item 的水平對齊方式，預設值為 flex-start (對齊開頭)，其它設定值還有 flex-end (對齊結尾)、center (置中)、space-between (左右對齊) 和 space-around (分散對齊)。

下面是一個例子，它示範了不同水平對齊方式的瀏覽結果。

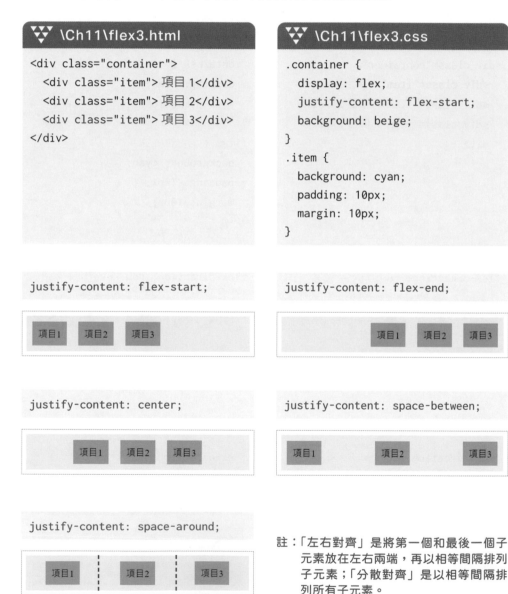

\Ch11\flex3.html

```
<div class="container">
  <div class="item">項目 1</div>
  <div class="item">項目 2</div>
  <div class="item">項目 3</div>
</div>
```

\Ch11\flex3.css

```
.container {
  display: flex;
  justify-content: flex-start;
  background: beige;
}
.item {
  background: cyan;
  padding: 10px;
  margin: 10px;
}
```

```
justify-content: flex-start;
```

```
justify-content: flex-end;
```

```
justify-content: center;
```

```
justify-content: space-between;
```

```
justify-content: space-around;
```

註：「左右對齊」是將第一個和最後一個子元素放在左右兩端，再以相等間隔排列子元素；「分散對齊」是以相等間隔排列所有子元素。

11-2-3 align-items (Flex Item 的垂直對齊方式)

我們可以使用 align-items 屬性設定 Flex Item 的垂直對齊方式，預設值為 stretch(延伸)，其它設定值還有 flex-start(對齊上端)、flex-end(對齊下端)、center(置中)和 baseline(對齊基準線)。

下面是一個例子，它示範了不同垂直對齊方式的瀏覽結果。

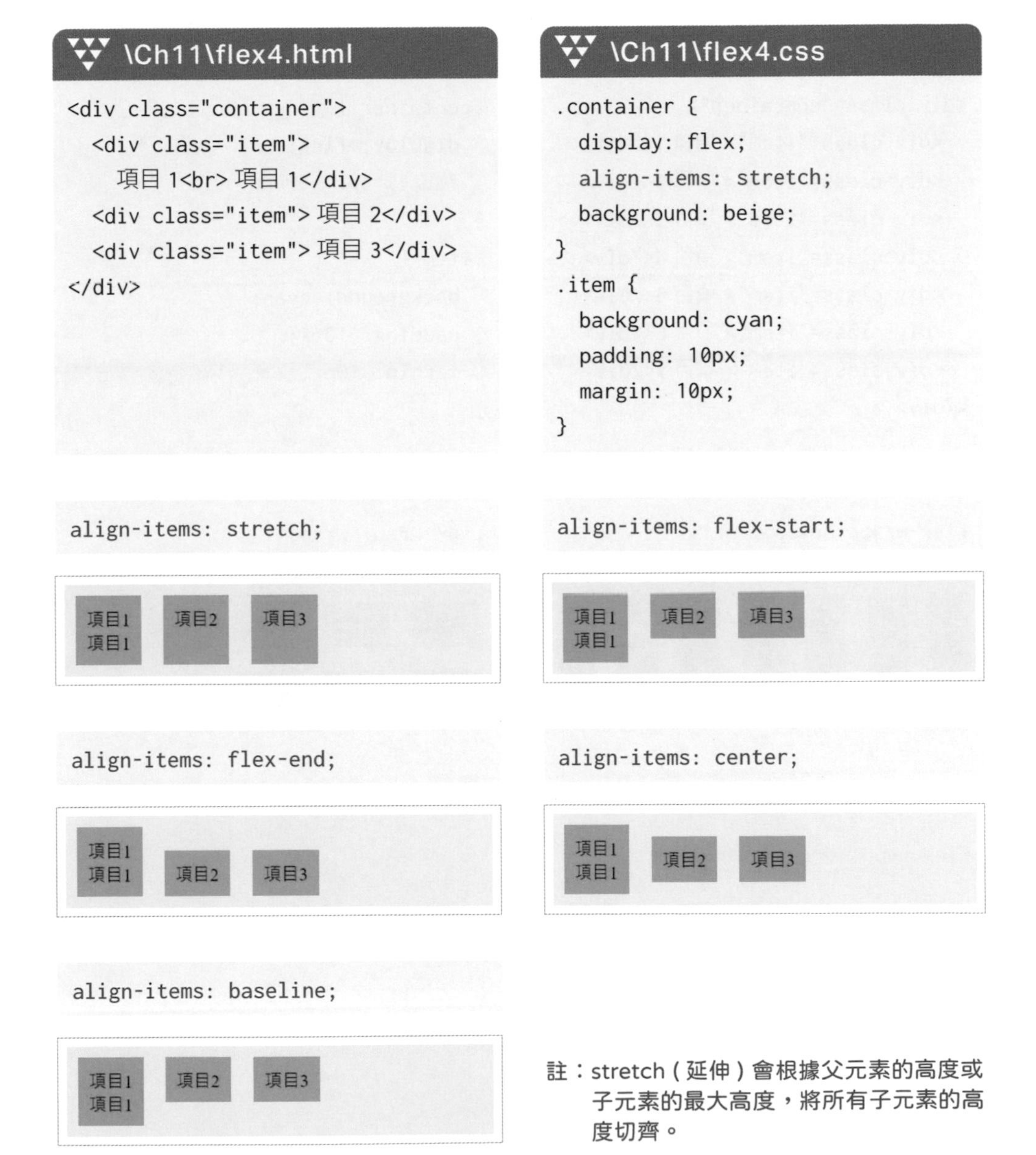

\Ch11\flex4.html

```
<div class="container">
  <div class="item">
    項目 1<br> 項目 1</div>
  <div class="item"> 項目 2</div>
  <div class="item"> 項目 3</div>
</div>
```

\Ch11\flex4.css

```
.container {
  display: flex;
  align-items: stretch;
  background: beige;
}
.item {
  background: cyan;
  padding: 10px;
  margin: 10px;
}
```


註：stretch(延伸)會根據父元素的高度或子元素的最大高度，將所有子元素的高度切齊。

11-2-4 flex-wrap (Flex Item 的換行方式)

我們可以使用 flex-wrap 屬性設定 Flex Item 的換行方式，預設值為 nowrap (不換行)，其它設定值還有 wrap (自動換行，由上往下排列) 和 wrap-reverse (自動換行，由下往上排列)。

下面是一個例子，它示範了不同換行方式的瀏覽結果。

\Ch11\flex5.html

```html
<div class="container">
  <div class="item">項目 1</div>
  <div class="item">項目 2</div>
  <div class="item">項目 3</div>
  <div class="item">項目 4</div>
  <div class="item">項目 5</div>
  <div class="item">項目 6</div>
  <div class="item">項目 7</div>
</div>
```

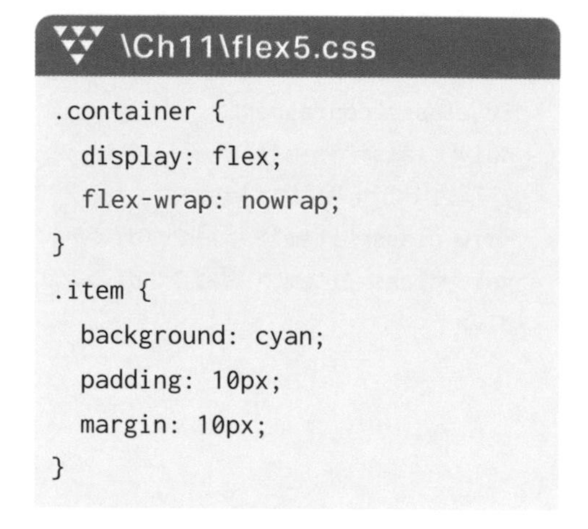

\Ch11\flex5.css

```css
.container {
  display: flex;
  flex-wrap: nowrap;
}
.item {
  background: cyan;
  padding: 10px;
  margin: 10px;
}
```

flex-wrap: nowrap;

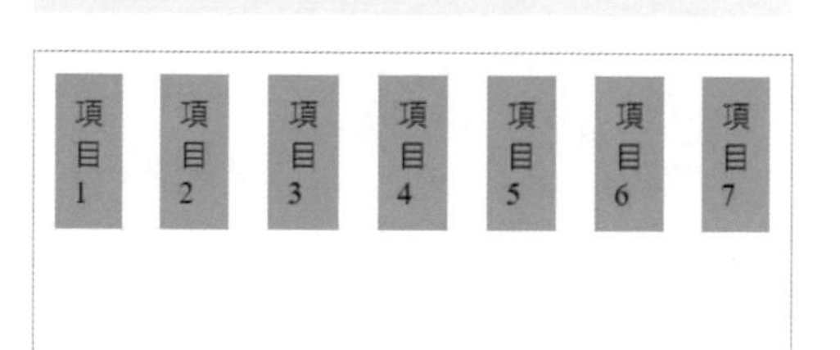

flex-wrap: wrap;

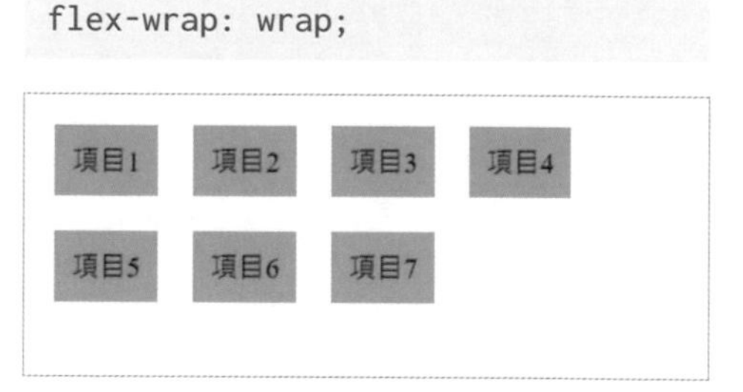

flex-wrap: wrap-reverse;

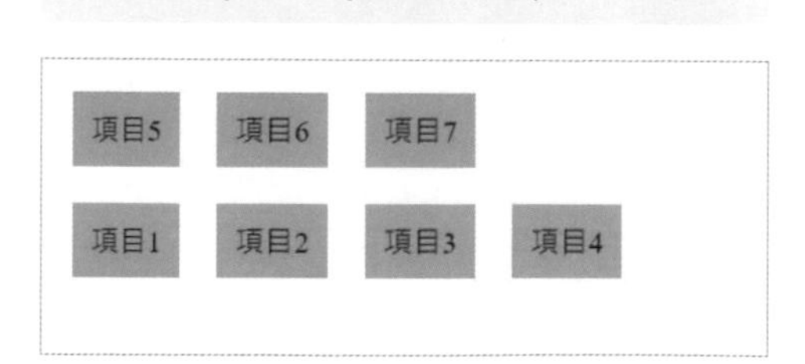

11-2-5 align-content (Flex Item 的多行對齊方式)

我們可以使用 align-content 屬性設定 Flex Item 的多行對齊方式，預設值為 stretch (延伸)，其它設定值還有 flex-start (對齊上端)、flex-end (對齊下端)、center (置中)、space-between (上下對齊) 和 space-around (分散對齊)。

下面是一個例子，它示範了不同多行對齊方式的瀏覽結果。

\Ch11\flex6.html

```
<div class="container">
  <div class="item">項目 1</div>
  <div class="item">項目 2</div>
  <div class="item">項目 3</div>
  <div class="item">項目 4</div>
  <div class="item">項目 5</div>
  <div class="item">項目 6</div>
  <div class="item">項目 7</div>
  <div class="item">項目 8</div>
  <div class="item">項目 9</div>
  <div class="item">項目 10</div>
</div>
```

\Ch11\flex6.css

```
.container {
  display: flex;
  flex-wrap: wrap;
  align-content: stretch;
  background: beige;
  height: 300px;
}
.item {
  background: cyan;
  padding: 10px;
  margin: 10px;
}
```

```
align-content: stretch;
```

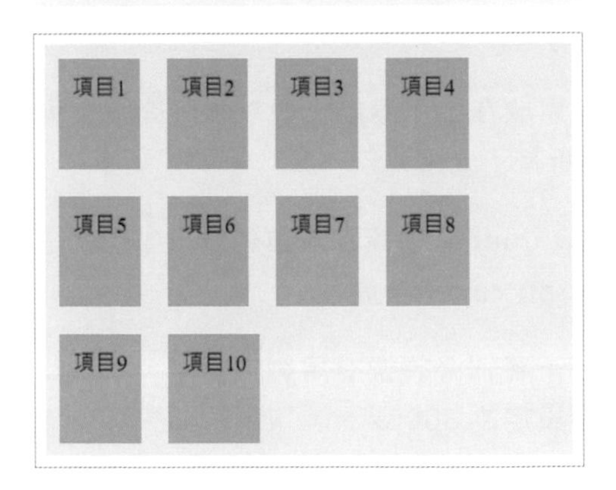


```
align-content: flex-start;
```

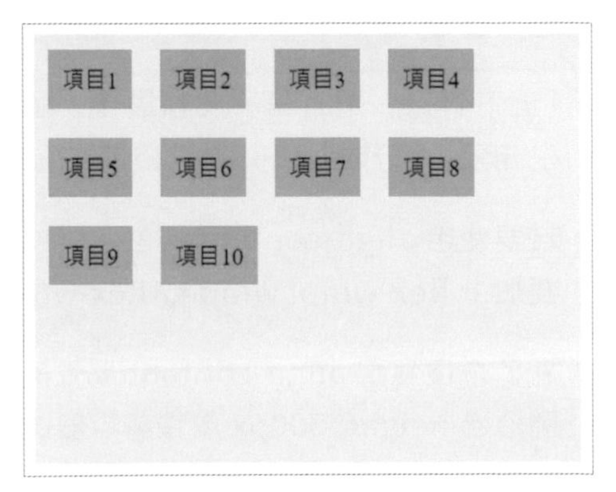

```
align-content: flex-end;
```

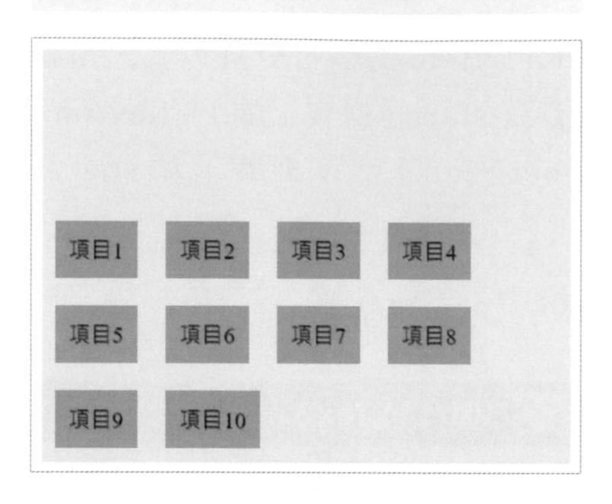


```
align-content: center;
```

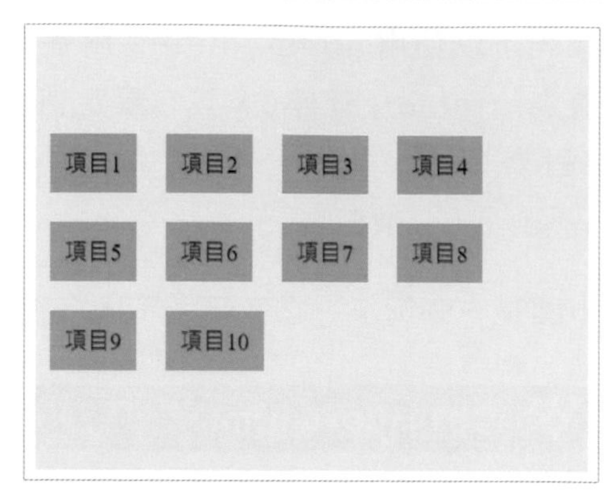


```
align-content: space-between;
```

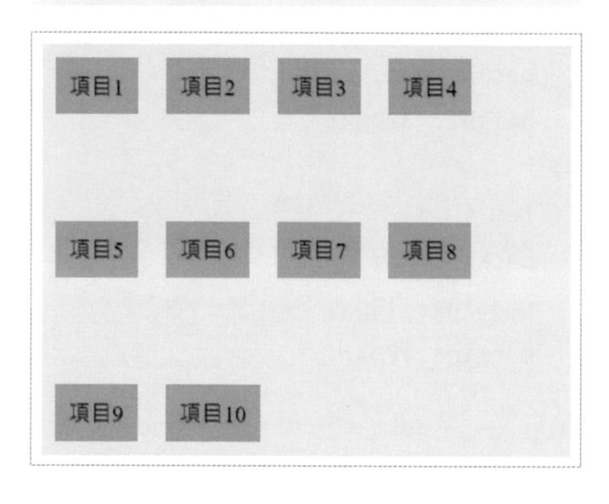


```
align-content: space-around;
```

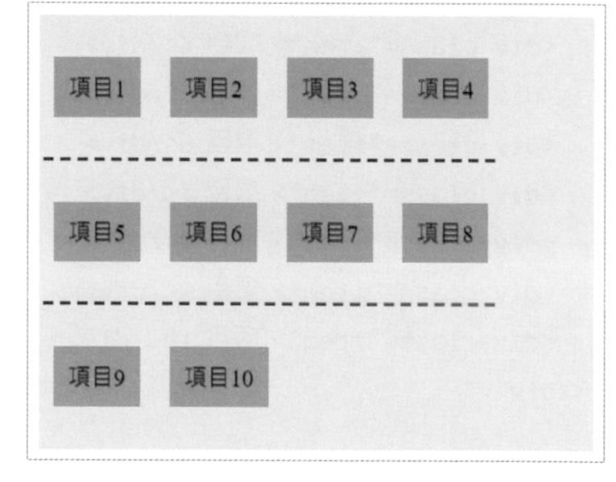

Note

- 「上下對齊」是將第一個和最後一個子元素放在上下兩端，再以相等間隔排列子元素；「分散對齊」是以相等間隔排列所有子元素。
- 若要使用 align-content 屬性，Flex Container 必須設定為自動換行，也就是要加上 flex-wrap: wrap 或 flex-wrap: wrap-reverse 屬性。
- 為了方便呈現 align-content 屬性的效果，容器必須要有足夠的高度，所以此例透過 height: 300px 屬性將容器的高度設定為 300px。

11-2-6 order（個別 Flex Item 的顯示順序）

我們可以使用 order 屬性設定個別 Flex Item 的顯示順序，預設值為 0，其它設定值可以是正整數，數字愈大，顯示順序就愈後面。

下面是一個例子，它將項目 1 和項目 2 的 order 屬性設定為 2、1，項目 3 和項目 4 則維持預設值 0，所以顯示順序是項目 3、項目 4、項目 2、項目 1。

\Ch11\order.html

```
<div class="container">
  <div class="item">項目 1</div>
  <div class="item">項目 2</div>
  <div class="item">項目 3</div>
  <div class="item">項目 4</div>
</div>
```

\Ch11\order.css

```
.container {
  display: flex;
}
.item {
  background: cyan;
  padding: 10px;
  margin: 10px;
}
/* 將第一個子元素的順序設定為 2 */
div div:nth-child(1){
  order: 2;
}
/* 將第二個子元素的順序設定為 1 */
div div:nth-child(2){
  order: 1;
}
```

項目3 項目4 項目2 項目1

11-2-7 align-self（個別 Flex Item 的垂直對齊方式）

我們可以使用 align-self 屬性設定個別 Flex Item 的垂直對齊方式，預設值為 stretch（延伸），其它設定值還有 flex-start（對齊上端）、flex-end（對齊下端）、center（置中）和 baseline（對齊基準線）。

下面是一個例子，它示範了個別 Flex Item 的垂直對齊方式。為了方便呈現 align-self 屬性的效果，所以此例將容器的高度設定為 150px。

\Ch11\alignself.html

```
<div class="container">
  <div class="item">項目 1</div>
  <div class="item">項目 2</div>
  <div class="item">項目 3</div>
  <div class="item">項目 4</div>
  <div class="item">項目 5</div>
</div>
```

\Ch11\alignself.css

```
.container {
  display: flex;
  background: beige;
  height: 150px;
}
.item {
  background: cyan;
  padding: 10px;
  margin: 10px;
}
div div:nth-child(1){
  align-self: stretch;
}
div div:nth-child(2){
  align-self: flex-start;
}
div div:nth-child(3){
  align-self: flex-end;
}
div div:nth-child(4){
  align-self: center;
}
div div:nth-child(5){
  align-self: baseline;
}
```

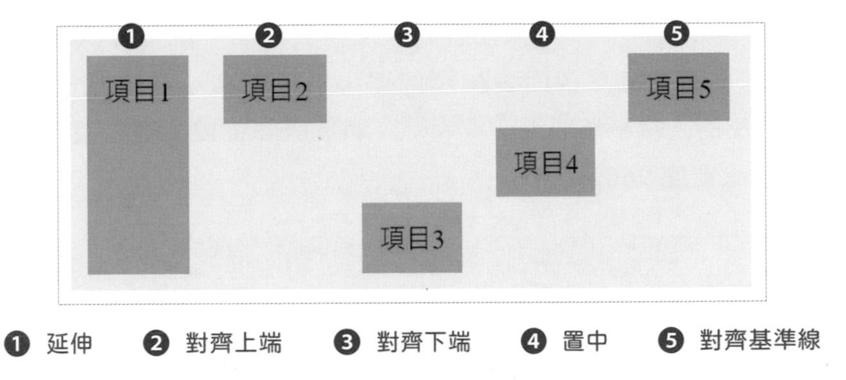

11-2-8 flex-basis (個別 Flex Item 的大小)

我們可以使用 flex-basis 屬性設定個別 Flex Item 的大小，設定值是「長度」、「百分比」或 auto (預設值)。當 flex-direction 屬性是 row 或 row-reverse 時，這指的是 Flex Item 的寬度；當 flex-direction 屬性是 column 或 column-reverse 時，這指的是 Flex Item 的高度。下面是一個例子，它將第二個 Flex Item 的寬度設定為 100px。

\Ch11\flexbasis.html

```
<div class="container">
  <div class="item">項目 1</div>
  <div class="item">項目 2</div>
  <div class="item">項目 3</div>
  <div class="item">項目 4</div>
</div>
```

\Ch11\flexbasis.css

```
.container {
  display: flex;
}
.item {
  background: cyan;
  padding: 10px;
  margin: 10px;
}
div div:nth-child(2){
  flex-basis: 100px;
}
```

項目1 項目2 項目3 項目4

在本節的最後，我們要使用彈性版面的技巧製作如下的三欄式版面，當瀏覽器視窗縮小時，網頁版面會按比例縮小，但不會小於設定的最小寬度 600px；相反的，當瀏覽器視窗放大時，網頁版面會按比例放大，但不會超過設定的最大寬度 960px。

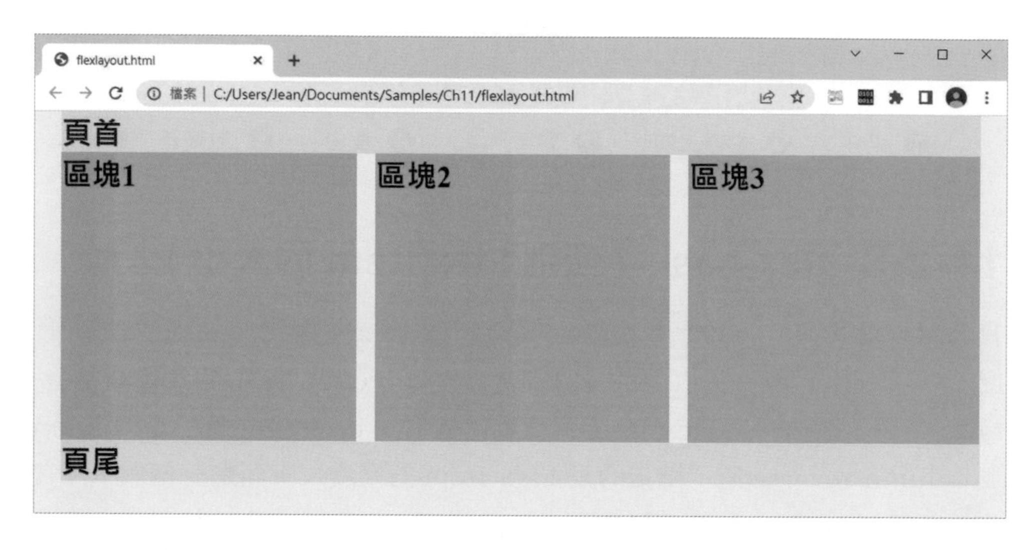

\Ch11\flexlayout.html

```
<!DOCTYPE html>
<html>
  <head>
    <meta charset="utf-8">
    <link rel="stylesheet" href="flexlayout.css" type="text/css">
  </head>
  <body>
    <header><h1> 頁首 </h1></header>
    <div class="flexcontainer">
      <div class="flexitem"><h1> 區塊 1<h1></div>
      <div class="flexitem"><h1> 區塊 2<h1></div>
      <div class="flexitem"><h1> 區塊 3<h1></div>
    </div>
    <footer><h1> 頁尾 </h1></footer>
  </body>
</html>
```

\Ch11\flexlayout.css

```
01: @charset "UTF-8";
02: * {
03:   margin: 0;
04:   padding: 0;
05: }
06: body {
07:   width: 100%;
08:   min-width: 600px;
09:   max-width: 960px;
10:   background: beige;
11:   margin: 0 auto;
12: }
13: header {
14:   width: 100%;
15:   background: #eaeaea;
16: }
17: footer {
18:   width: 100%;
19:   background: #eaeaea;
20: }
21: .flexcontainer {
22:   display: flex;                          /* 設定 Flex Container */
23:   justify-content: space-between;         /* Flex Item 左右對齊 */
24: }
25: .flexitem {
26:   width: 32%;                     /* Flex Item 的寬度為容器的 32% */
27:   height: 300px;                  /* Flex Item 的高度為 300px */
28:   background: lightgreen;         /* Flex Item 的背景色彩為淺綠色 */
29: }
```

- 21 ~ 24：設定 Flex Container，同時將 Flex Item 的水平對齊方式設定為左右對齊。

- 25 ~ 29：設定 Flex Item 的寬度、高度與背景色彩。原則上，Flex Item 的高度取決於內容的多寡，每個 Flex Item 會切齊最大高度，此例為了美觀起見，所以將高度設定為 300px。

11-3 格線版面

CSS3 的 Grid Layout Module 提供了一組屬性可以用來製作格線版面 (Grid Layout)，這是一種平面設計方式，利用固定的格子分割版面來設計布局，將文字、圖片等內容排列整齊。

格線版面的排版原則很簡單，就是在 HTML 文件中建立一個稱為 Grid Container（格線容器）的父元素，然後在父元素中放入一個或多個稱為 Grid Item（格線項目）的子元素，而 Grid Item 彼此之間的空隙稱為 Grid Gap（格線間距）。

下面是一個例子，外層的 <div> 元素是父元素，我們將其顯示層級設定為 grid，用來做為 Grid Container，而內層的六個 <div> 元素是子元素，用來做為 Grid Item，瀏覽結果如下圖，呈現由上往下排列，預設的格線間距為 0。

\Ch11\grid1.html

```
<div class="container">
  <div class="item">項目 1</div>
  <div class="item">項目 2</div>
  <div class="item">項目 3</div>
  <div class="item">項目 4</div>
  <div class="item">項目 5</div>
  <div class="item">項目 6</div>
</div>
```

\Ch11\grid1.css

```
.container {
  background: beige;
  display: grid;
}
.item {
  background: cyan;
  padding: 10px;
}
```

項目1

項目2

項目3

項目4

項目5

項目6

11-3-1 grid-template-columns (Grid Item 的寬度)

我們可以使用 grid-template-columns 屬性設定 Grid Item 的寬度，其語法如下：

```
grid-template-columns: none | 長度 | 百分比 | flex
```

- none：沒有明確的格線 (預設值)。
- 長度：使用度量單位設定 Grid Item 的寬度，例如 grid-template-columns: 100px 200px 300px 表示一列有三個 Grid Item，寬度為 100px、200px、300px。
- 百分比：使用百分比設定 Grid Item 的寬度，例如 grid-template-columns: 30% 70% 表示一列有兩個 Grid Item，寬度為 Grid Container 的 30%、70%。
- *flex*：使用名稱為 fr 的單位設定 Grid Item 的寬度，fr 指的是比例，例如 grid-template-columns: 1fr 2fr 3fr 表示一列有三個 Grid Item，寬度比例為 1:2:3。

下面是一個例子，一列有兩個 Grid Item，寬度均為 100px，所以六個 Grid Item 會排成三列。為了區隔每個 Grid Item，我們加上 gap: 10px 屬性，將 Grid Item 的間距設定為 10px，下一節會介紹 gap 屬性。

\Ch11\grid2.html

```
<div class="container">
  <div class="item">項目 1</div>
  <div class="item">項目 2</div>
  <div class="item">項目 3</div>
  <div class="item">項目 4</div>
  <div class="item">項目 5</div>
  <div class="item">項目 6</div>
</div>
```

\Ch11\grid2.css

```
.container {
  background: beige;
  display: grid;
  grid-template-columns: 100px 100px;
  gap: 10px;
}
.item {
  background: cyan;
  padding: 10px;
}
```

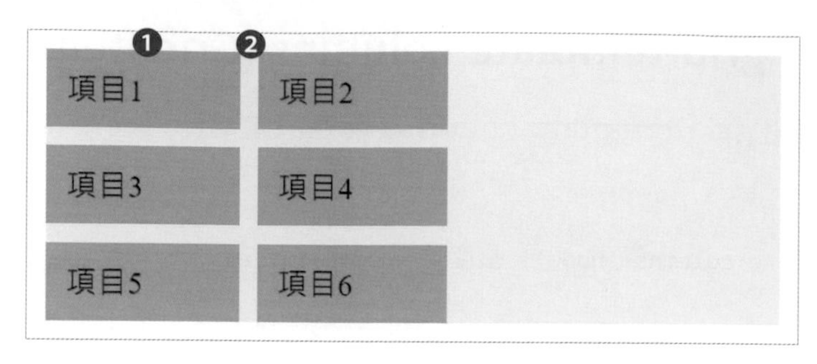

❶ Grid Item 的寬度為 100px　❷ 格線間距為 10px

若將 grid-template-columns: 100px 100px; 改寫成 grid-template-columns: 1fr 1fr;，則瀏覽結果如下圖，此時，一列有兩個 Grid Item，寬度比例為 1:1。

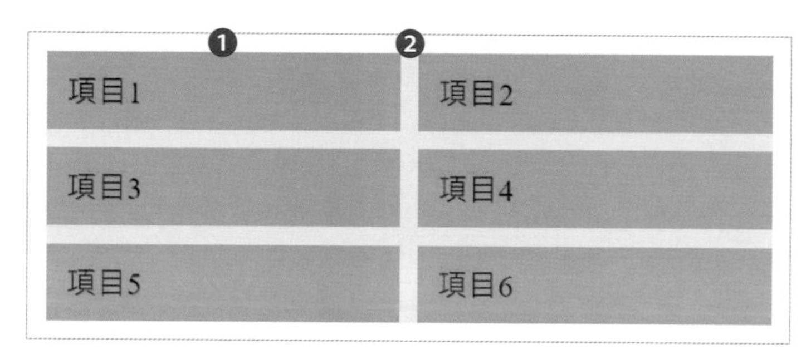

❶ Grid Item 的寬度比例為 1:1　❷ 格線間距為 10px

11-3-2 gap (Grid Item 的間距)

我們可以使用下列屬性設定 Grid Item 的間距：

- row-gap：設定列與列的格線間距，其語法如下，有「長度」、「百分比」、normal (正常) 等設定值，預設值為 normal：

```
row-gap: 長度 | 百分比 | normal
```

- column-gap：設定行與行的格線間距，其語法如下，有「長度」、「百分比」、normal (正常) 等設定值，預設值為 normal：

```
column-gap: 長度 | 百分比 | normal
```

- gap：這是綜合了 row-gap 和 column-gap 兩個屬性的速記，其語法如下，設定值可以有一個或兩個，中間以空白字元隔開，當有一個值時，該值會套用到所有格線間距；當有兩個值時，第一個值會套用到列與列的格線間距，而第二個值會套用到行與行的格線間距：

```
gap: 設定值1 [ 設定值2]
```

下面是一個例子，列與列的格線間距為 20px，而行與行的格線間距為 40px。請仔細觀察瀏覽結果，只有 Grid Item 彼此之間有空隙，至於所有 Grid Item 的上下左右四邊仍會貼齊 Grid Container 的邊緣。

\Ch11\grid3.html

```
<div class="container">
  <div class="item">項目 1</div>
  <div class="item">項目 2</div>
  <div class="item">項目 3</div>
  <div class="item">項目 4</div>
  <div class="item">項目 5</div>
  <div class="item">項目 6</div>
  <div class="item">項目 7</div>
  <div class="item">項目 8</div>
  <div class="item">項目 9</div>
</div>
```

\Ch11\grid3.css

```
.container {
  background: beige;
  display: grid;
  grid-template-columns: 1fr 1fr 1fr;
  gap: 20px 40px;
}
.item {
  background: cyan;
  padding: 10px;
}
```

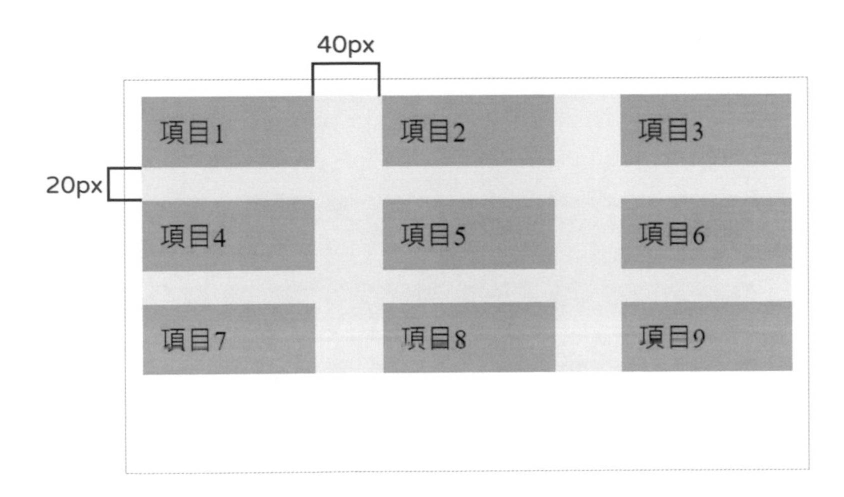

11-3-3 grid-template-rows (Grid Item 的高度)

我們可以使用 grid-template-rows 屬性設定 Grid Item 的高度，其語法如下：

```
grid-template-rows: none | 長度 | 百分比 | flex
```

預設值為 none，表示沒有明確的格線，而 *flex* 是使用名稱為 fr 的單位設定 Grid Item 的高度，例如 grid-template-rows: 100px 200px 表示一行有兩個 Grid Item，高度為 100px、200px，而 grid-template-rows: 1fr 2fr 3fr 表示一行有三個 Grid Item，高度比例為 1:2:3。

下面是一個例子，一列有三個 Grid Item，寬度比例為 1:1:1，而一行有兩個 Grid Item，高度比例為 1:2。

\Ch11\grid4.html

```
<div class="container">
  <div class="item"> 項目 1</div>
  <div class="item"> 項目 2</div>
  <div class="item"> 項目 3</div>
  <div class="item"> 項目 4</div>
  <div class="item"> 項目 5</div>
  <div class="item"> 項目 6</div>
</div>
```

\Ch11\grid4.css

```
.container {
  background: beige;
  display: grid;
  grid-template-columns: 1fr 1fr 1fr;
  grid-template-rows: 1fr 2fr;
  gap: 10px;
}
.item {
  background: cyan;
  padding: 10px;
}
```

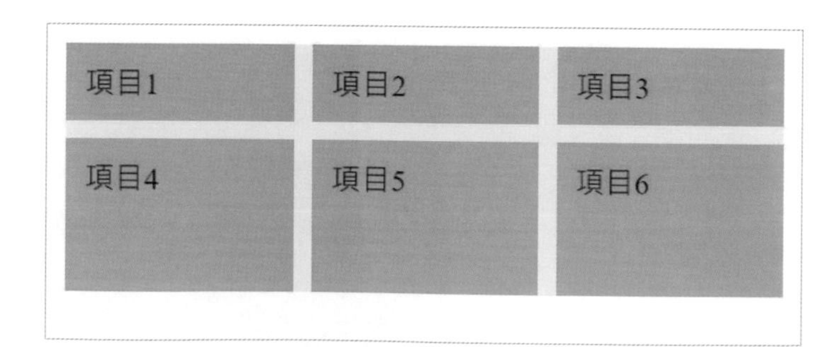

在本節的最後，我們要使用格線版面的技巧製作如下的三欄式版面，當瀏覽器視窗縮小時，網頁版面會按比例縮小，但不會小於設定的最小寬度 600px；相反的，當瀏覽器視窗放大時，網頁版面會按比例放大，但不會超過設定的最大寬度 960px。

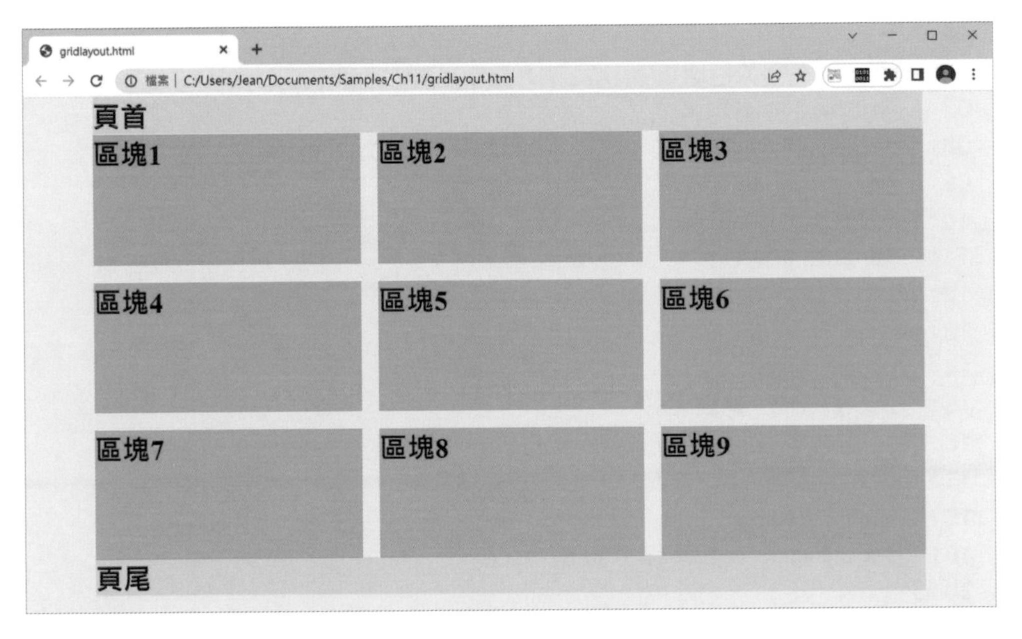

\Ch11\gridlayout.html

```
<body>
  <header><h1> 頁首 </h1></header>
  <div class="gridcontainer">
    <div class="griditem"><h1> 區塊 1<h1></div>
    <div class="griditem"><h1> 區塊 2<h1></div>
    <div class="griditem"><h1> 區塊 3<h1></div>
    <div class="griditem"><h1> 區塊 4<h1></div>
    <div class="griditem"><h1> 區塊 5<h1></div>
    <div class="griditem"><h1> 區塊 6<h1></div>
    <div class="griditem"><h1> 區塊 7<h1></div>
    <div class="griditem"><h1> 區塊 8<h1></div>
    <div class="griditem"><h1> 區塊 9<h1></div>
  </div>
  <footer><h1> 頁尾 </h1></footer>
</body>
```

\Ch11\gridlayout.css

```
01: @charset "UTF-8";
02: * {
03:   margin: 0;
04:   padding: 0;
05: }
06: body {
07:   width: 100%;
08:   min-width: 600px;
09:   max-width: 960px;
10:   background: beige;
11:   margin: 0 auto;
12: }
13: header {
14:   width: 100%;
15:   background: #eaeaea;
16: }
17: footer {
18:   width: 100%;
19:   background: #eaeaea;
20: }
21: .gridcontainer {
22:   display: grid;                               /* 設定 Grid Container */
23:   grid-template-columns: 1fr 1fr 1fr;          /* Grid Item 的寬度比例為 1:1:1 */
24:   grid-template-rows: 150px 150px 150px;       /* Grid Item 的高度均為 150px */
25:   gap: 20px;                                   /* Grid Item 的間距為 20px */
26: }
27: .griditem {
28:   background: lightgreen;                      /* Grid Item 的背景色彩為淺綠色 */
29: }
```

TIP

原則上，float 屬性適合應用在文繞圖，彈性版面適合應用在排成一列的多欄式版面，而格線版面適合應用在排成多列的多欄式版面，您可以視實際情況靈活運用這些技巧進行版面設計。

12

CHAPTER

變形、轉場與媒體查詢

12-1 變形處理

CSS3 針對變形處理提供了數個屬性，例如 transform、transform-origin、transform-box、transform-style、perspective、perspective-origin、backface-visibility 等，這些屬性分別屬於 CSS Transforms Level 1 和 Level 2 模組。本節將介紹 transform 和 transform-origin 屬性，至於其它屬性，有興趣的讀者可以參考 CSS3 官方文件 https://www.w3.org/TR/css-transforms-1/ 和 https://www.w3.org/TR/css-transforms-2/。

12-1-1 transform (2D、3D 變形處理)

我們可以使用 transform 屬性進行位移、縮放、旋轉、傾斜等變形處理，其語法如下，預設值為 none (無)，而變形函數又有 2D 和 3D 之分：

```
transform: none | 變形函數
```

2D 變形函數	變形處理
translate(*x*[, y]) translateX(*x*) translateY(*y*)	根據參數 *x* 所指定的水平差距和參數 *y* 所指定的垂直差距進行位移，若沒有參數 *y*，就採取 0；translateX(*x*) 相當於 translate(*x*, 0)；translateY(*y*) 相當於 translate(0, *y*)。
scale(*x*[, *y*]) scaleX(*x*) scaleY(*y*)	根據參數 *x* 所指定的水平縮放倍率和參數 *y* 所指定的垂直縮放倍率進行縮放，若沒有參數 *y*，就採取和參數 *x* 相同的值；scaleX(*x*) 相當於 scale(*x*, 1)；scaleY(*y*) 相當於 scale(1, *y*)。
rotate(*angle*)	以 transform-origin 屬性的值 (預設值為正中央) 為原點往順時針方向旋轉參數 *angle* 所指定的角度，例如 rotate(90deg) 是以正中央為原點往順時針方向旋轉 90 度。
skew(*angleX*[, *angleY*]) skewX(*angleX*) skewY(*angleY*)	在 X 軸及 Y 軸方向傾斜參數 *angleX* 和參數 *angleY* 所指定的角度，若沒有參數 *angleY*，就採取 0；skewX(*angleX*) 相當於 skew(*angleX*, 0)；skewY(*angleY*) 相當於 skew(0, *angleY*)。
matrix(*a*, *b*, *c*, *d*, *e*, *f*)	根據參數所指定的矩陣進行變形處理，該矩陣為 $\begin{bmatrix} a & c & e \\ b & d & f \\ 0 & 0 & 1 \end{bmatrix}$。

3D 變形函數	變形處理
translate3d(*x*, *y*, *z*)、translateZ(*z*)	3D 位移
scale3d(*x*, *y*, *z*, *angle*)、scaleZ(*z*)	3D 縮放
rotate3d(*x*, *y*, *z*, *angle*)、rotateX(*angle*)、rotateY(*angle*)、rotateZ(*angle*)	3D 旋轉
perspective()	3D 透視投影
matrix3d()	3D 變形處理

下面是一個例子，其中區塊只有設定寬度、高度、前景色彩和背景色彩，尚未設定任何變形處理，瀏覽結果如下圖。

\Ch12\transform.html

```
01: <!DOCTYPE html>
02: <html>
03:   <head>
04:     <meta charset="utf-8">
05:     <title> 變形處理 </title>
06:     <style>
07:       div {
08:         width: 200px; height: 50px;
09:         color: white; background-color: darkturquoise;
10:       }
11:     </style>
12:   </head>
13:   <body>
14:     <div></div>
15:   </body>
16: </html>
```

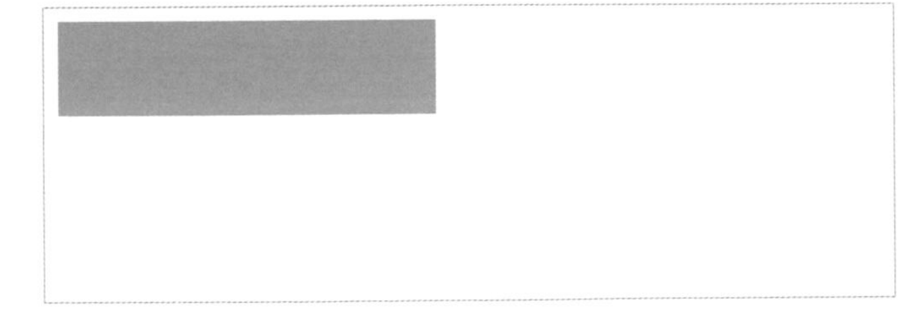

若在第 06 ~ 11 行加入下面的 translate() 變形函數，將區塊水平位移 100 像素和垂直位移 50 像素，瀏覽結果如下圖，紅色虛線表示區塊在位移之前的位置。

```
<style>
  div {
    width: 200px; height: 50px;
    color: white; background-color: darkturquoise;
    transform: translate(100px, 50px);    /* 位移量也可以是負值，表示相反方向 */
  }
</style>
```

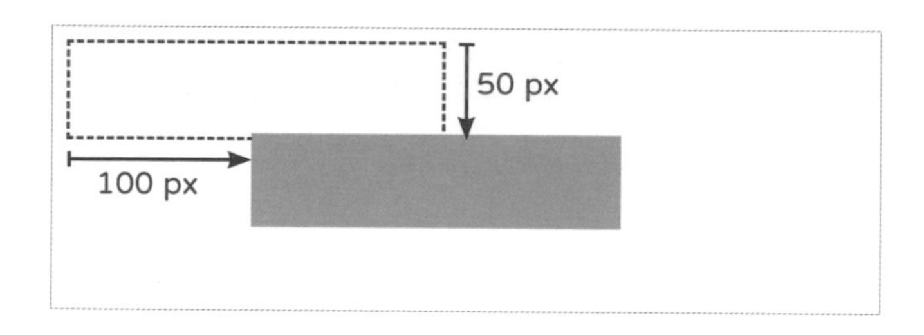

若在第 06 ~ 11 行加入下面的 scale() 變形函數，將區塊水平縮放 0.5 倍和垂直縮放 0.5 倍，瀏覽結果如下圖，紅色虛線表示區塊在縮放之前的位置。

```
<style>
  div {
    width: 200px; height: 50px;
    color: white; background-color: darkturquoise;
    transform: scale(0.5, 0.5);
  }
</style>
```

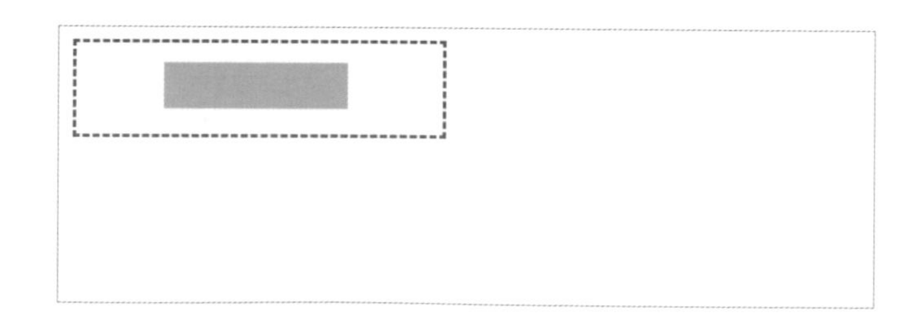

若在第 06 ~ 11 行加入下面的 skew() 變形函數，將區塊以正中央為原點往左水平傾斜 20 度，瀏覽結果如下圖，紅色虛線表示區塊在傾斜之前的位置。

```
<style>
  div {
    width: 200px; height: 50px;
    color: white; background-color: darkturquoise;
    transform: skew(20deg, 0);       /* 度數也可以是負值，表示相反方向 */
  }
</style>
```

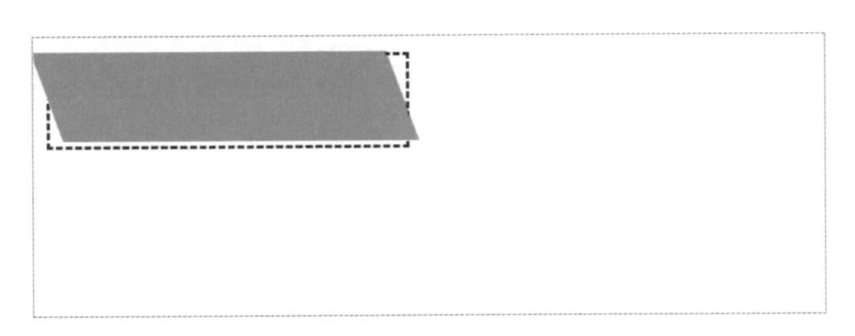

若在第 06 ~ 11 行加入下面的 rotate() 變形函數，將區塊以正中央為原點往順時針方向旋轉 5 度，瀏覽結果如下圖，紅色虛線表示區塊在旋轉之前的位置。

```
<style>
  div {
    width: 200px; height: 50px;
    color: white; background-color: darkturquoise;
    transform: rotate(5deg);       /* 度數也可以是負值，表示相反方向 */
  }
</style>
```

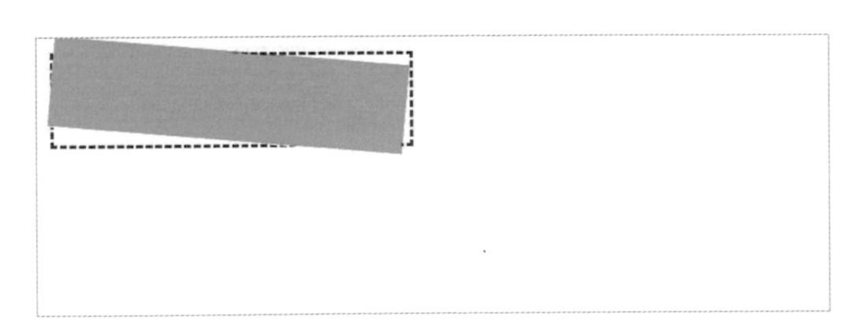

12-1-2 transform-origin（變形處理原點）

我們可以使用 transform-origin 屬性設定變形處理原點，其語法如下，第一個值為水平位置，第二個值為垂直位置，預設值為 50% 50%，表示正中央：

```
transform-origin: [長度 | 百分比 | left | center | right]
                  [長度 | 百分比 | top | center | bottom]
```

下面是一個例子，它先將區塊的變形處理原點設定為左下角，然後往順時針方向旋轉 30 度，瀏覽結果如下圖，紅色虛線表示區塊在旋轉之前的位置。

\Ch12\transformorigin.html

```
<!DOCTYPE html>
<html>
  <head>
    <meta charset="utf-8">
    <title>變形處理</title>
    <style>
      div {
        width: 200px; height: 50px;
        color: white; background-color: darkturquoise;
        transform-origin: left bottom;      /* 將變形處理原點設定為左下角 */
        transform: rotate(30deg);           /* 往順時針方向旋轉 30 度 */
      }
    </style>
  </head>
  <body>
    <div></div>
  </body>
</html>
```

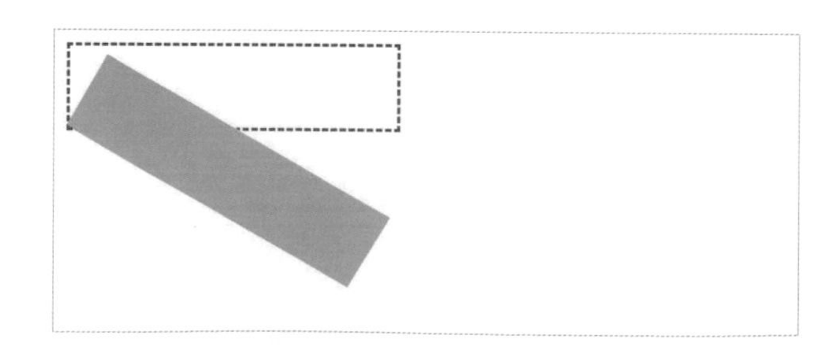

12-2 轉場效果

轉場 (transition) 指的是以動畫的方式改變屬性的值，也就是讓元素從一種樣式轉換成另一種樣式。例如當指標移到按鈕時，按鈕的背景色彩會從紅色逐漸轉換成綠色；或是當指標移到圖片時，圖片會從小逐漸變大。

CSS3 針對轉場效果提供了數個屬性，以下有進一步的說明。

transition-property

transition-property 屬性用來設定要進行轉場的屬性，其語法如下：

```
transition-property: none | all | 屬性
```

- none (無)：沒有屬性要進行轉場。
- all (全部)：所有屬性都要進行轉場 (預設值)。
- 屬性：只有指定的屬性要進行轉場，例如 transition-property: color, background-color 表示要進行轉場的是 color 和 background-color 兩個屬性。

transition-timing-function

transition-timing-function 屬性用來設定轉場的變化方式，其語法如下：

```
transition-timing-function: ease | ease-in | ease-out | ease-in-out | linear
```

- ease：開始到結束是採取逐漸加速到中間再逐漸減速 (預設值)。
- ease-in：開始到結束是採取由慢到快的速度。
- ease-out：開始到結束是採取由快到慢的速度。
- ease-in-out：開始到結束是採取由慢到快再到慢的速度。
- linear：開始到結束是採取均勻的速度，例如 transition-timing-function: linear 表示以均勻的速度進行轉場。

transition-duration

transition-duration 屬性用來設定完成轉場所需要的時間，其語法為下：

```
transition-duration: 時間
```

轉場的持續時間以 s（秒）或 ms（毫秒）為單位，例如 transition-duration: 5s 表示要在 5 秒內完成轉場。

transition-delay

transition-delay 屬性用來設定開始轉場的延遲時間，其語法如下：

```
transition-delay: 時間
```

轉場的延遲時間以 s（秒）或 ms（毫秒）為單位，例如 transition-delay: 200ms 表示要先等 200 毫秒才開始轉場。

transition

transition 屬性是前述四個屬性的速記，其語法如下：

```
transition: <transition-property> || <transition-timing-function> ||
            <transition-duration> || <transition-delay>
```

屬性值的中間以空白字元隔開，省略不寫的屬性值會使用預設值，若有兩個時間，則前者為完成時間，後者為延遲時間。若要設定多個屬性的轉場效果，中間以逗號隔開。

下面是一個例子，我們先將超連結的外觀設定成黃底黑字，然後設定當指標移到超連結時，會以動畫的方式逐漸轉換成綠底白字。

請注意，transition: background-color 3s 0s, color 2s 1s; 表示要進行轉場的是 background-color 和 color 兩個屬性，其中 background-color 3s 0s 表示要在 3 秒內轉換背景色彩，沒有延遲時間，而 color 2s 1s 表示要先等 1 秒才開始轉場，而且要在 2 秒內轉換前景色彩。

\Ch12\transition.html

```
<!DOCTYPE html>
<html>
  <head>
    <meta charset="utf-8">
    <title> 轉場效果 </title>
    <style>
      /* 將超連結的外觀設定成黃底黑字 */
      a {
        width: 75px; padding: 10px;
        text-decoration: none;
        background-color: yellow; color: black;
        border-radius: 10px;
      }
      /* 當指標移到超連結時，會以動畫的方式逐漸轉換成綠底白字 */
      a:hover {
        background-color: green; color: white;
        transition: background-color 3s 0s, color 2s 1s;
      }
    </style>
  </head>
  <body>
    <a href="login.html"> 登入系統 </a>
  </body>
</html>
```

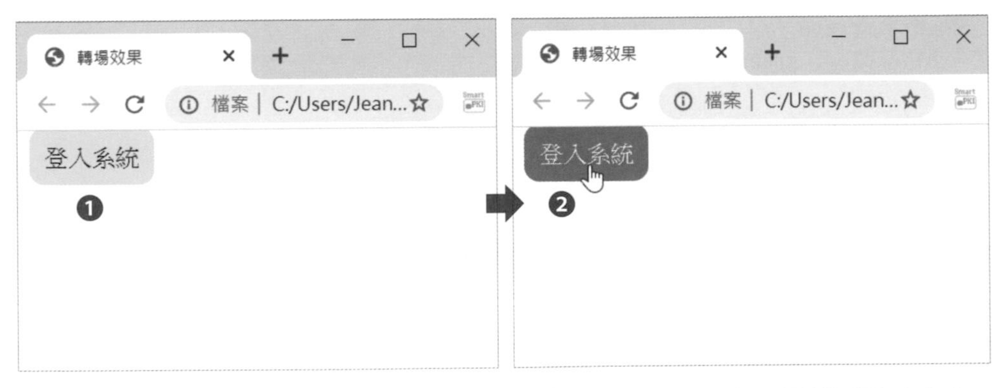

❶ 一開始為黃底黑字　❷ 當指標移到時會逐漸轉換成綠底白字

12-3 媒體查詢

HTML 和 CSS 允許網頁設計人員針對不同的媒體類型量身訂做不同的樣式，常見的媒體類型如下，預設值為 all。

媒體類型	說明
all	全部裝置 (預設值)。
screen	螢幕 (例如瀏覽器)。
print	列印裝置 (包含使用預覽列印所產生的文件，例如 PDF 檔)。
speech	語音合成器。

我們可以將媒體查詢撰寫在 <link> 元素的 media 屬性，或將媒體查詢撰寫在 <style> 元素裡面的 @import 指令或 @media 指令，例如下面的敘述是使用 <link> 元素的 media 屬性設定當媒體類型為 screen 時，就套用 screen.css 檔的樣式表；當媒體類型為 print 時，就套用 print.css 檔的樣式表：

```
<link rel="stylesheet" type="text/css" media="screen" href="screen.css">
<link rel="stylesheet" type="text/css" media="print" href="print.css">
```

例如下面的敘述是使用 @media 指令設定當媒體類型為 screen 時，就將標題 1 顯示成綠色；當媒體類型為 print 時，就將標題 1 列印成紅色：

```
@media screen {
  h1 {color: green;}
}
@media print {
  h1 {color: red;}
}
```

例如下面的敘述是使用 @import 指令設定當媒體類型為 screen 時，就套用 screen.css 檔的樣式表：

```
@import url("screen.css") screen;
```

隨著愈來愈多使用者透過行動裝置上網，網頁設計人員經常需要根據 PC 或行動裝置的特徵來設計不同的樣式。CSS3 Media Queries 模組中常見的媒體特徵如下，詳細規格可以參考 CSS3 官方文件 https://www.w3.org/TR/mediaqueries-3/。

<table>
<tr><th>特徵與設定值</th><th>說明</th><th>min/max prefixes</th></tr>
<tr><td>width: 長度</td><td>可視區域的寬度 (包含捲軸)</td><td>Yes</td></tr>
<tr><td>height: 長度</td><td>可視區域的高度 (包含捲軸)</td><td>Yes</td></tr>
<tr><td>device-width: 長度</td><td>裝置螢幕的寬度</td><td>Yes</td></tr>
<tr><td>device-height: 長度</td><td>裝置螢幕的高度</td><td>Yes</td></tr>
<tr><td>orientation: portrait | landscape</td><td>裝置的方向 (portrait 表示直向，landscape 表示橫向)</td><td>No</td></tr>
<tr><td>aspect-ratio: 比例</td><td>可視區域的寬高比 (例如 16/9 表示 16:9)</td><td>Yes</td></tr>
<tr><td>device-aspect-ratio: 比例</td><td>裝置螢幕的寬高比 (例如 1280/720 表示水平及垂直方向為 1280 像素和 720 像素)</td><td>Yes</td></tr>
<tr><td>color: 正整數或 0</td><td>裝置螢幕的色彩位元數目，0 表示非彩色裝置</td><td>Yes</td></tr>
<tr><td>color-index: 正整數或 0</td><td>裝置螢幕的色彩索引位元數目，0 表示非彩色裝置</td><td>Yes</td></tr>
<tr><td>resolution: 解析度</td><td>裝置螢幕的解析度，以 dpi (dots per inch) 或 dpcm (dots per centimeter) 為單位</td><td>Yes</td></tr>
<tr><td>pointer: none | coarse | fine
any-pointer: none | coarse | fine</td><td>使用者是否有指向裝置，none 表示無；coarse 表示精確度較差，例如觸控螢幕；fine 表示精確度較佳，例如滑鼠</td><td>No</td></tr>
<tr><td>hover: none | hover
any-hover: none | hover</td><td>是否能將指標停留在元素，none 表示不能，hover 表示能</td><td>No</td></tr>
</table>

註：在 min/max prefixes 欄位中，Yes 表示可以加上前置詞 min- 或 max- 取得特徵的最小值或最大值，例如 min-width 表示可視區域的最小寬度，而 max-width 表示可視區域的最大寬度。

下面是一個例子，我們撰寫三個媒體查詢：

- 06 ~ 08：當可視區域小於等於 480 像素時 (例如手機)，就將網頁背景設定為亮粉色。
- 10 ~ 12：當可視區域介於 481 ~ 768 像素時 (例如平板電腦)，就將網頁背景設定為橘色。
- 14 ~ 16：當可視區域大於等於 769 像素時 (例如桌機或筆電)，就將網頁背景設定為深天空藍色。

這些媒體查詢使用 and 運算子連接多個媒體特徵，表示在它們均成立的情況下才套用指定的樣式。

\Ch12\media1.html

```
01: <!DOCTYPE html>
02: <html>
03:   <head>
04:     <meta charset="utf-8">
05:     <style>
06:       @media screen and (max-width: 480px){
07:         body {background: hotpink;}
08:       }
09:
10:       @media screen and (min-width: 481px) and (max-width: 768px){
11:         body {background: orange;}
12:       }
13:
14:      @media screen and (min-width: 769px) {
15:         body {background: deepskyblue;}
16:       }
17:     </style>
18:   </head>
19:   <body>
20:   </body>
21: </html>
```

瀏覽結果如下圖，當瀏覽器寬度小於等於 480 像素時，網頁背景為亮粉色，隨著瀏覽器寬度超過 480 像素和 768 像素，就會變成橘色和深天空藍色。

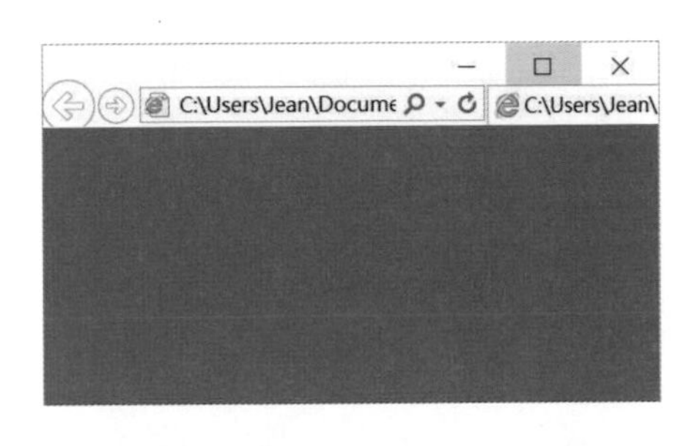

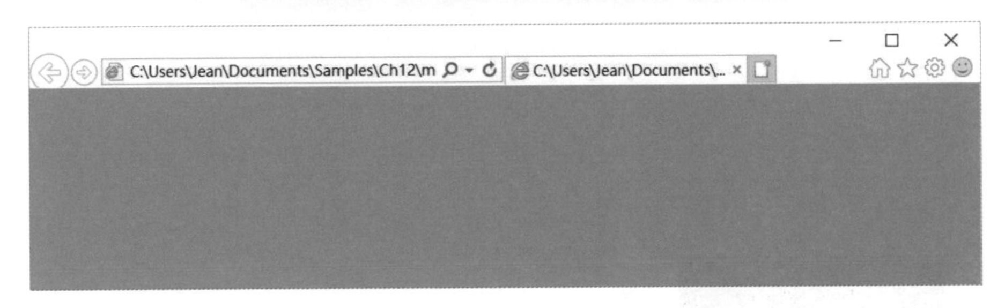

此外，我們也可以根據不同的裝置套用不同的樣式表，以下面的敘述為例，第 01 行是設定當可視區域小於等於 480 像素時（例如手機），就套用 S.css 樣式表，第 02 ~ 03 行是設定當可視區域介於 481 ~ 768 像素時（例如平板電腦），就套用 M.css 樣式表，而第 04 ~ 05 行是當可視區域大於等於 769 像素時（例如桌機或筆電），就套用 L.css 樣式表。

```
01: <link rel="stylesheet" type="text/css" href="S.css" media="screen">
02: <link rel="stylesheet" type="text/css" href="M.css" media="screen and
03:   (min-width: 481px) and (max-width:768px)">
04: <link rel="stylesheet" type="text/css" href="L.css" media="screen and
05:   (min-width: 769px)">
```

下面是另一個例子，當裝置的方向為 portrait（直向）時，網頁背景為橘色；相反的，當裝置的方向為 landscape（橫向）時，網頁背景為深天空藍色。

\Ch12\media2.html

```
<!DOCTYPE html>
<html>
  <head>
    <meta charset="utf-8">
    <style>
      /* 直向顯示 */
      @media screen and (orientation: portrait){
        body {background: orange;}
      }
      /* 橫向顯示 */
      @media screen and (orientation: landscape) {
        body {background: deepskyblue;}
      }
    </style>
  </head>
  <body>
  </body>
</html>
```

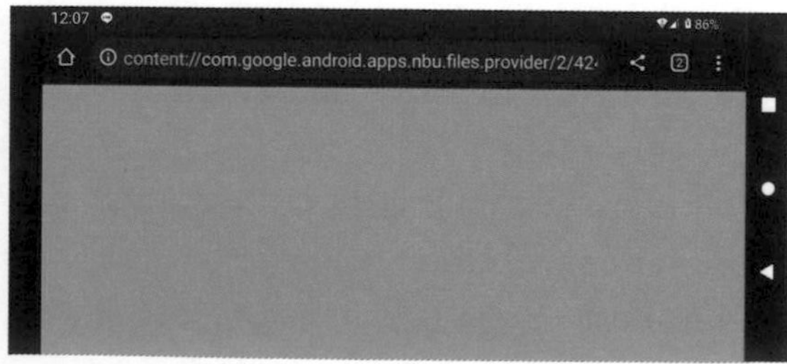

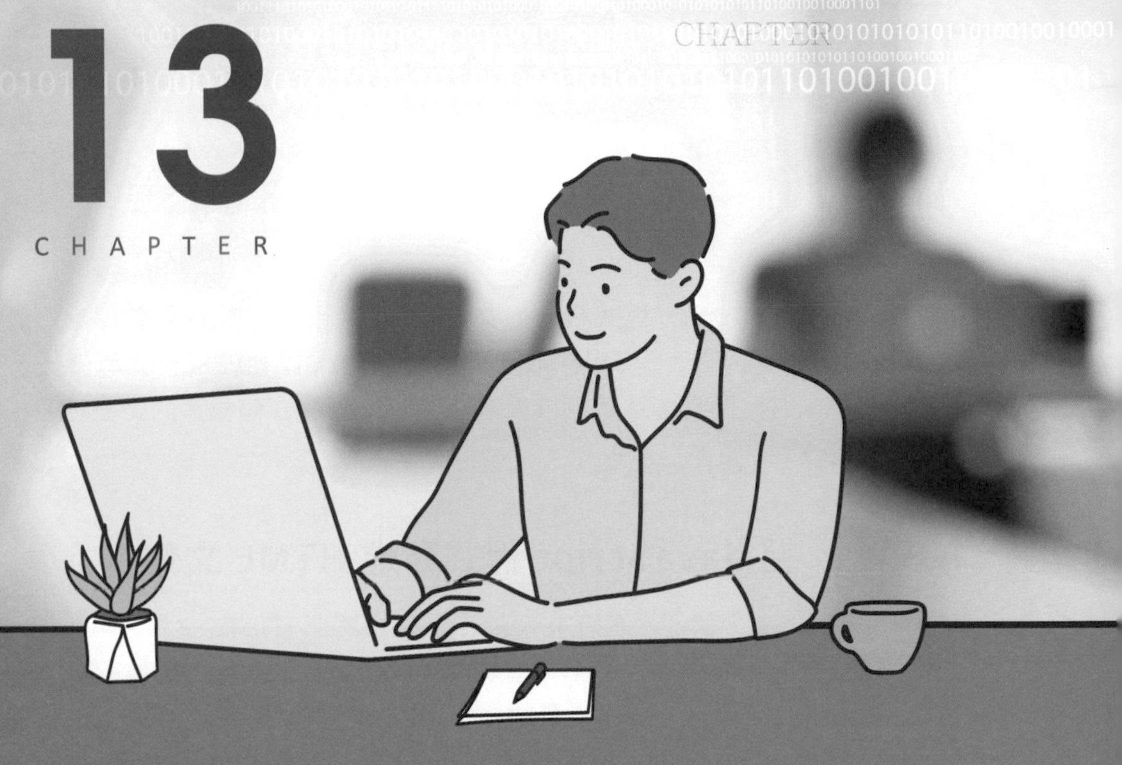

JavaScript 基本語法

13-1 撰寫第一個 JavaScript 程式

JavaScript 是一種應用廣泛的瀏覽器端 Script，多數瀏覽器均內建 JavaScript 直譯器。JavaScript 和 HTML、CSS 都是網頁設計的核心技術，其中 JavaScript 用來定義網頁的行為，例如即時更新地圖、輪播圖片等。

我們可以將 JavaScript 程式寫進 HTML 文件，也可以放在外部檔案，若 JavaScript 程式很簡短，可以採取前者；相反的，若 JavaScript 程式比較長，或有多人共同開發網站，可以採取後者，以維持各個檔案的獨立性並提高程式的可讀性。

13-1-1 將 JavaScript 程式寫進 HTML 文件

我們可以使用 <script> 元素將 JavaScript 程式寫進 HTML 文件，<script> 元素可以放在 <body>...</body> 區塊或 <head>...</head> 區塊，如下圖(一)、(二)、(三)，一般建議是放在 </body> 結束標籤的前面，如下圖(一)，尤其是當有大的 JavaScript 程式時，先讓渲染引擎將網頁顯示出來再載入 JavaScript 程式，比較不會有畫面延遲的情況。

```
<!DOCTYPE html>
<html>
  <head>
    <meta charset="utf-8">
    <title> 我的網頁 </title>
  </head>
  <body>
    ...HTML 原始碼...
    <script>
    ...JavaScript 程式...
    </script>
  </body>
</html>
```

圖(一)

```
<!DOCTYPE html>
<html>
  <head>
    <meta charset="utf-8">
    <title> 我的網頁 </title>
  </head>
  <body>
    ...HTML 原始碼...
    <script>
    ...JavaScript 程式...
    </script>
    ...HTML 原始碼...
  </body>
</html>
```

圖(二)

```
<!DOCTYPE html>
<html>
  <head>
    <meta charset="utf-8">
    <title> 我的網頁 </title>
    <script>
    ...JavaScript 程式...
    </script>
  </head>
  <body>
    ...HTML 原始碼...
  </body>
</html>
```

圖(三)

下面是一個例子，它將 <script> 元素放在 </body> 結束標籤的前面，瀏覽結果會先顯示「歡迎光臨！」，再顯示「Hello, world!」。

由於考慮到瀏覽器可能封鎖或不支援 JavaScript 的情況，因此，我們在第 12 行使用 <noscript> 元素指定無法使用 JavaScript 時的替代內容。

\Ch13\hello1.html

```
01: <!DOCTYPE html>
02: <html>
03:   <head>
04:     <meta charset="utf-8">
05:     <title> 我的網頁 </title>
06:   </head>
07:   <body>
08:     <h1> 歡迎光臨！ </h1>
09:   ┌─<script>
10: ❶│    document.write('Hello, world!'); ❷
11:   └─</script>
12: ❸  <noscript> 無法使用 JavaScript ！ </noscript>
13:   </body>
14: </html>
```

❶ 將 JavaScript 程式放在 <script> 元素裡面

❷ 呼叫 Document 物件的 write() 方法，顯示參數指定的「Hello, world!」，其中小數點 (.) 用來存取物件的屬性與方法

❸ 使用 <noscript> 元素指定無法使用 JavaScript 時的替代內容

❹ 瀏覽結果會先顯示「歡迎光臨！」，再顯示「Hello, world!」

透過事件屬性或 <a> 元素設定 JavaScript 程式

除了使用 <script> 元素之外，我們也可以透過 HTML 元素的事件屬性設定以 JavaScript 撰寫的事件處理程式。以下面的敘述為例，當按一下「顯示訊息」按鈕時，會觸發 click 事件，進而呼叫事件處理程式，也就是 Window 物件的 alert() 方法，以對話方塊顯示參數指定的「Hello, world!」：

```
<button onclick="javascript:window.alert('Hello, world!');"> 顯示訊息 </button>
```

❶ 按一下此鈕　❷ 顯示對話方塊

或者，我們可以透過 <a> 元素的 href 屬性設定 JavaScript 程式。以下面的敘述為例，當點取「顯示訊息」超連結時，會呼叫 Window 物件的 alert() 方法，以對話方塊顯示參數指定的「Hello, world!」，由於 Window 物件是預設的物件，因此，window 關鍵字可以省略不寫：

```
<a href="javascript:window.alert('Hello, world!');"> 顯示訊息 </a>
```

❶ 點取超連結　❷ 顯示對話方塊

13-1-2 將 JavaScript 程式放在外部檔案

我們也可以將 JavaScript 程式放在外部檔案，然後在 HTML 文件中使用 <script> 元素嵌入 JavaScript 程式。舉例來說，我們可以先撰寫如下的 JavaScript 程式，將它儲存在一個純文字檔，注意副檔名為 .js：

\Ch13\hello2.js

```
document.write('Hello, world!');
```

接著撰寫如下的 HTML 文件，其中第 09 行是使用 <script> 元素的 src 屬性設定外部的 JavaScript 檔案路徑。

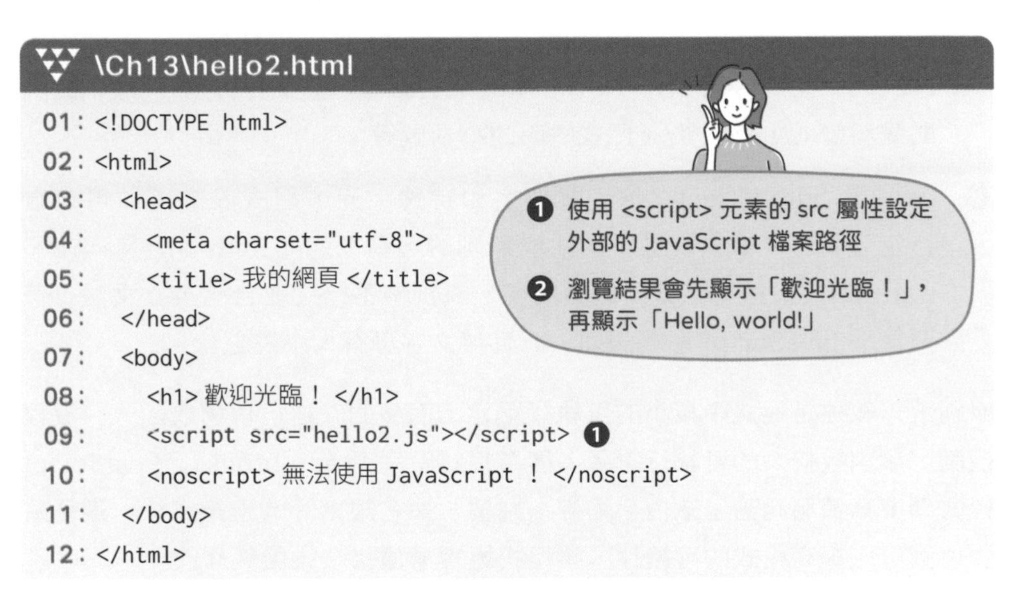
❶ 使用 <script> 元素的 src 屬性設定外部的 JavaScript 檔案路徑
❷ 瀏覽結果會先顯示「歡迎光臨！」，再顯示「Hello, world!」

\Ch13\hello2.html

```
01: <!DOCTYPE html>
02: <html>
03:   <head>
04:     <meta charset="utf-8">
05:     <title> 我的網頁 </title>
06:   </head>
07:   <body>
08:     <h1> 歡迎光臨！ </h1>
09:     <script src="hello2.js"></script> ❶
10:     <noscript> 無法使用 JavaScript ！ </noscript>
11:   </body>
12: </html>
```

我的網頁
檔案 | C:/Users/Jean...
歡迎光臨！
Hello, world!
❷

13-2 JavaScript 程式碼撰寫慣例

在開始介紹 JavaScript 程式碼撰寫慣例之前，我們先來說明什麼叫做「程式」，所謂程式 (program) 是由一行一行的敘述或陳述式 (statement) 所組成，而敘述或陳述式又是由「關鍵字」、「特殊字元」或「識別字」所組成。

- 關鍵字 (keyword)：又稱為保留字 (reserved word)，它是由 JavaScript 所定義，包含特定的意義與用途，程式設計人員必須遵守 JavaScript 的規定來使用關鍵字，否則會發生錯誤，例如 var 是 JavaScript 用來宣告變數的關鍵字，不能用來宣告函式或類別。
- 特殊字元 (special character)：JavaScript 有不少特殊字元，例如標示敘述結尾的分號 (;)、標示字串的單引號 (') 或雙引號 (")、標示註解的雙斜線 (//) 或 /* */、函式呼叫的小括號等。
- 識別字 (identifier)：除了關鍵字和特殊字元，程式設計人員可以自行定義新字，做為變數、函式或類別的名稱，例如 studentName、userID，這些新字就叫做識別字。識別字不一定要合乎英文文法，但要合乎 JavaScript 命名規則，而且英文字母有大小寫之分。

原則上，敘述是程式中最小的可執行單元，而多個敘述可以構成函式、流程控制、類別等較大的可執行單元，稱為程式區塊 (code block)。JavaScript 程式碼撰寫慣例涵蓋了空白、縮排、註解、命名規則等的建議寫法，遵循這些慣例可以提高程式的可讀性，讓程式更容易偵錯、維護與修改。

英文字母有大小寫之分

JavaScript 和 CSS 一樣會區分英文字母的大小寫，這點和 HTML 不同，例如 studentName 和 StudentName 是兩個不同的變數，因為小寫的 s 和大寫的 S 不同。

此外，諸如分號 (;)、單引號 (')、雙引號 (")、小括號、中括號、大括號、//、/* */、空白等特殊字元都是半形符號，注意不要混合到全形符號。

敘述結尾加上分號、一行一個敘述

JavaScript 並沒有硬性規定要在敘述結尾加上分號，以及一行一個敘述，但是請您遵守這個不成文規定，養成良好的程式撰寫習慣，例如將下面三個敘述寫成三行就比全部寫在同一行來得容易閱讀。

```
var x = 1;
var y = 2;
var z = 3;
```

```
var x = 1; var y = 2; var z = 3;
```

空白

- JavaScript 會忽略多餘的空白，例如 x = 1; 和 x   =   1; 的意義相同。
- 建議在運算子的前後加上一個空白，例如 c = (a + b) * (a - b); 就比 c=(a+b)*(a-b); 來得容易閱讀。
- 建議在逗號的後面加上一個空白，例如 write(x, y)。

縮排

程式區塊每增加一個縮排層級就加上 2 個空白字元，不建議使用 [Tab] 鍵。

註解

JavaScript 提供了兩種註解符號，其中 // 為單行註解，/* */ 為多行註解，當直譯器遇到 // 符號時，會忽略從該 // 符號到該行結尾之間的敘述，不會加以執行；當直譯器遇到 /* */ 符號時，會忽略從 /* 符號到 */ 符號之間的敘述，不會加以執行，例如：

```
// 這是單行註解
/* 這是
       多行註解 */
```

命名規則

當您要自訂識別字時（例如變數名稱、函式名稱等），請遵守下列規則：

- 第一個字元可以是英文字母、底線 (_) 或錢字符號 ($)，其它字元可以是英文字母、底線 (_)、錢字符號 ($) 或數字，英文字母要區分大小寫。
- 不能使用 JavaScript 關鍵字，以及內建函式、內建物件等的名稱。
- 變數名稱與函式名稱建議採取字中大寫，也就是以小寫字母開頭，之後每換一個單字就以大寫開頭，例如 userPhoneNumber、studentID、showMessage()。
- 常數名稱採取全部大寫和單字間以底線隔開，例如 PI、TAX_RATE。
- 類別名稱建議採取字首大寫，也就是以大寫字母開頭，之後每換一個單字就以大寫開頭，例如 ClubMember。
- 事件處理函式名稱以 on 開頭，例如 onclick()。

關鍵字

下面列出一些 JavaScript 關鍵字供您參考。

break	case	catch	class
continue	const	default	delete
do	else	export	extends
finally	for	function	if
import	in	instanceof	interface
new	package	private	protected
public	return	super	switch
this	throw	try	typeof
var	void	while	with

13-3 型別

型別 (type) 指的是資料的種類，JavaScript 將資料分為數種型別，例如 10 是數值、'Hello, world!' 是字串，而 true (真) 或 false (假) 是布林。

相較於 C、C++、C#、Java、Visual Basic 等強型別 (strongly typed) 程式語言，JavaScript 對於型別的使用規定是比較寬鬆的，屬於弱型別 (weakly typed) 程式語言。

程式設計人員在宣告變數的時候無須指定型別，就算變數一開始先用來儲存數值，之後改用來儲存字串或布林等不同型別的資料，也不會發生語法錯誤，例如：

```
// 在宣告變數的時候無須指定型別
var radius = 10;

// 將變數的值從數值改成字串也不會發生語法錯誤
radius = 'Hello, world!';
```

JavaScript 的型別分為基本型別 (primitive type) 與物件型別 (object type) 兩種類型，基本型別指的是單純的值 (例如數值、字串、布林等)，不是物件，也沒有提供方法，而物件型別會參照某個資料結構，裡面包含資料和用來操作資料的方法。

類型	型別
基本型別	數值 (number)，例如 1、3.14、-5、-0.32。
	字串 (string)，例如 'Today is Monday.'、" 生日 "。
	布林 (boolean)，例如 true 或 false。
	undefined (尚未定義值)，例如有宣告變數但沒有設定變數的值，則預設值為 undefined。
	null (空值)，表示沒有值或沒有物件。
物件型別	例如函式 (function)、陣列 (array)、物件 (object) 等。

13-3-1 數值型別 (number)

JavaScript 的數值採取 IEEE 754 Double 格式，這是一種 64 位元雙倍精確浮點數表示法，正數範圍是 $4.94065645841246544 \times 10^{-324}$ ~ $1.79769313486231570 \times 10^{308}$，負數範圍是 $-1.79769313486231570 \times 10^{308}$ ~ $-4.94065645841246544 \times 10^{-324}$。

諸如 1、1000、3.14159、-2.48、-123.4567 等數值都是屬於數值型別 (number)，也可以使用科學記法，例如 1.2345e5、1.2345E5 表示 1.2345×10^{5}，3.847e-3、3.847E-3 表示 3.847×10^{-3}，注意不能使用千分位符號，例如 1,000,000,000 是不合法的。

此外，JavaScript 提供了下列幾個特殊的數值：

- NaN：Not a Number（非數值），表示不當數值運算，例如將 0 除以 0、將數值乘以字串。
- Infinity：正無限大，例如將任意正數除以 0。
- -Infinity：負無限大，例如將任意負數除以 0。

如何表示二、八、十六進位數值？

除了十進位數值之外，JavaScript 亦接受二、八、十六進位數值，如下：

- 二進位數值：在數值的前面冠上前置詞 0b 或 0B 做為區分，例如 0b1100 或 0B1100 就相當於 12。
- 八進位數值：在數值的前面冠上前置詞 0o 或 0O 做為區分，例如 0o11 或 0O11 就相當於 9。
- 十六進位數值：在數值的前面冠上前置詞 0x 或 0X 做為區分，例如 0x1A 或 0X1A 就相當於 26。

13-3-2 字串型別 (string)

「字串」是由一連串字元所組成，包含文字、數字、符號等。JavaScript 提供了字串型別 (string)，並規定字串的前後必須加上單引號 (') 或雙引號 (") 做為標示，但兩者不可混用，例如：

```
✔ 'birthday'
✔ " 生日 "
✔ "I'm Jonny."
✔ 'I am "Jonny".'
✔ 'Happy birthday to you.'
```

正確的字串表示方式

```
✘ 'birthday"          ─ ' 和 " 不可混用
✘ " 生日 '            ─ " 和 ' 不可混用
✘ 'I'm Jonny.'        ─ ' 不能包在 ' ' 裡面
✘ "I am "Jonny"."     ─ " 不能包在 " " 裡面
✘ 'Happy birthday     ─ 字串必須寫成一行
    to you.'
```

錯誤的字串表示方式

跳脫字元

對於一些無法直接輸入的字元，例如換行、[Tab] 鍵，或諸如 '、"、\ 等特殊符號，我們可以使用跳脫字元 (escaping character) 來表示。

跳脫字元	意義	跳脫字元	意義
\'	單引號 (')	\b	倒退鍵 (Backspace)
\"	雙引號 (")	\f	換頁 (Formfeed)
\\	反斜線 (\)	\r	歸位 (Carriage Return)
\n	換行 (Linefeed)	\t	[Tab] 鍵 (Horizontal Tab)
\x*XX*	Latin-1 字元 (*XX* 為十六進位表示法)，例如 \x41 表示 A		
\u*XXXX*	Unicode 字元 (*XXXX* 為十六進位表示法)，例如 \u0041 表示 A		
\u{*XXXXX*}	ES6 新增了超過 \uffff 的 Unicode 字元 (*XXXXX* 為十六進位表示法)，例如 \u{1d306} 表示 𝌆 字元		

原則上，若字串包含雙引號，那麼可以使用單引號來標示字串；相反的，若字串包含單引號，那麼可以使用雙引號來標示字串；或者，乾脆使用跳脫字元來表示字串包含的雙引號和單引號，這樣就不用擔心會發生錯誤。

下面是一個例子，它會使用跳脫字元設定字串的值，然後在對話方塊中顯示此字串，其中 \' 表示單引號，而 \n 表示換行。

\Ch13\str1.html

```
<!DOCTYPE html>
<html>
  <head>
    <meta charset="utf-8">
  </head>
  <body>
    <script src="str1.js"></script>
  </body>
</html>
```

\Ch13\str1.js

```
var str = '\'國文\'：90\n\'英文\'：80\n\'數學\'：70';
window.alert(str);
```

13-3-3 布林型別 (boolean)

布林型別 (boolean) 只有 true（真）和 false（假）兩種邏輯值，當要表示的資料只有對或錯、是或否、有或無等兩種選擇時，就可以使用布林型別。

布林型別經常用來表示運算式成立與否或情況滿足與否，例如 1 < 2 會得到 true，表示 1 小於 2 是真的，而 1 > 2 會得到 false，表示 1 大於 2 是假的。

當布林和數值進行運算時，true 會被視為 1，而 false 會被視為 0，例如 10 + true 會得到 11，而 10 + false 會得到 10。

13-3-4 undefined

undefined 表示尚未定義值，例如：

- 有宣告變數但沒有設定變數的值，則預設值為 undefined。
- 存取到尚未定義的屬性會傳回 undefined。
- 沒有宣告傳回值的函式會傳回 undefined。

13-3-5 null

null 表示空值、沒有值或沒有物件，舉例來說，假設我們宣告一個函式用來傳回國文分數，但執行過程中卻沒有成功取得國文分數，此時，函式會傳回 null，表示沒有對應的值存在。

13-3-6 函式 (function)

函式 (function) 是將一段具有某種功能或重複使用的敘述寫成獨立的程式區塊，然後給予名稱，供後續呼叫使用，以簡化程式並提高可讀性。JavaScript 將函式當作一種可操作的型別，第 13-8 節有進一步的說明。

13-3-7 陣列 (array)

陣列 (array) 可以用來儲存多個資料，這些資料叫做元素 (element)，每個元素有各自的索引 (index) 與值 (value)。

索引可以用來識別元素，例如第 1 個元素的索引為 0，第 2 個元素的索引為 1，...，第 n 個元素的索引為 n - 1。當陣列最多儲存 n 個元素時，表示它的長度 (length) 為 n。

例如下面的敘述是建立一個陣列並指派給變數 A：

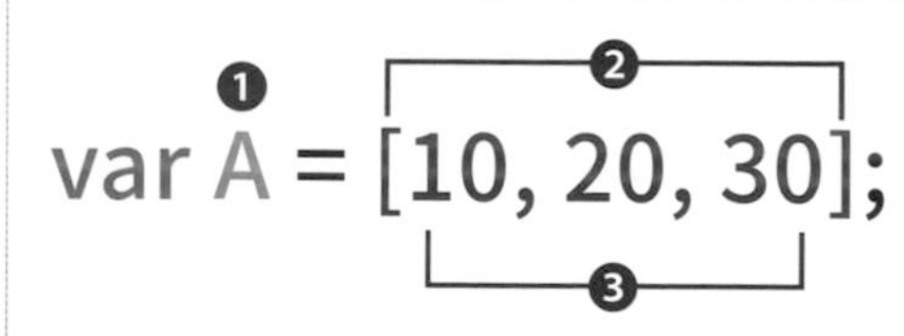

❶ 陣列的名稱。

❷ 陣列的前後以中括號括起來。

❸ 包含 10、20、30 三個元素，中間以逗號隔開。我們可以透過陣列的名稱與索引來存取元素，例如 A[0]、A[1]、A[2] 分別代表 10、20、30。

元素	值
A[0]	10
A[1]	20
A[2]	30

陣列裡面也可以儲存其它陣列，形成巢狀陣列 (nested array)，例如下面的敘述是建立一個巢狀陣列並指派給變數 B：

```
var B = [10, [21, 22], 30];
```

❶ 巢狀陣列的名稱。

❷ 第二個元素是另一個陣列，我們可以透過陣列的名稱與兩個索引來存取元素，例如 B[1][0]、B[1][1] 分別代表 21、22。

元素	值
B[0]	10
B[1]	[21, 22]
B[1][0]	21
B[1][1]	22
B[2]	30

13-3-8 物件 (object)

JavaScript 的物件 (object) 是一種關聯陣列 (associative array)，它和一般陣列的差別如下：

- 陣列所儲存的資料稱為元素 (element)，而物件所儲存的資料稱為屬性 (property)，屬性除了可以是數值、字串、布林等資料，也可以是函式，這種儲存了函式的屬性又稱為方法 (method)。
- 陣列是使用索引 (index) 來識別元素，而物件是使用鍵 (key) 來識別屬性，索引是數字，而鍵是字串。事實上，物件的屬性就是一個鍵 / 值對 (key/value pair)，分別代表屬性的名稱與值。

例如下面的敘述是建立一個物件並指派給變數 user：

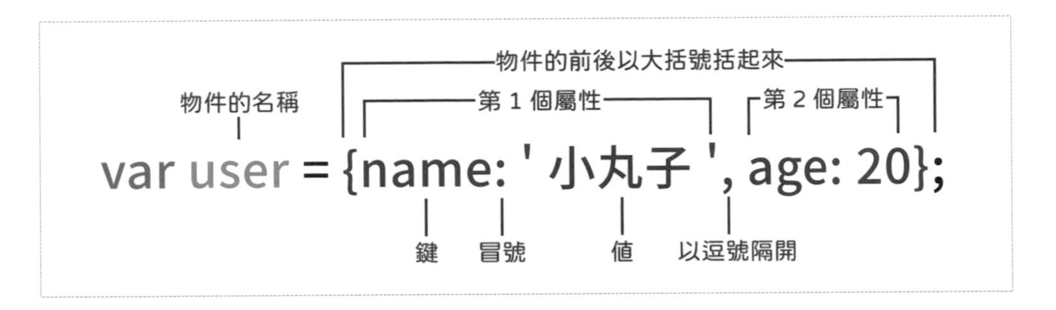

我們可以使用成員運算子 (.) 或中括號表示法存取物件的屬性，例如下面兩個寫法均會傳回 age 屬性的值，也就是 20。有關如何操作物件的屬性與方法，第 14 章有進一步的說明。

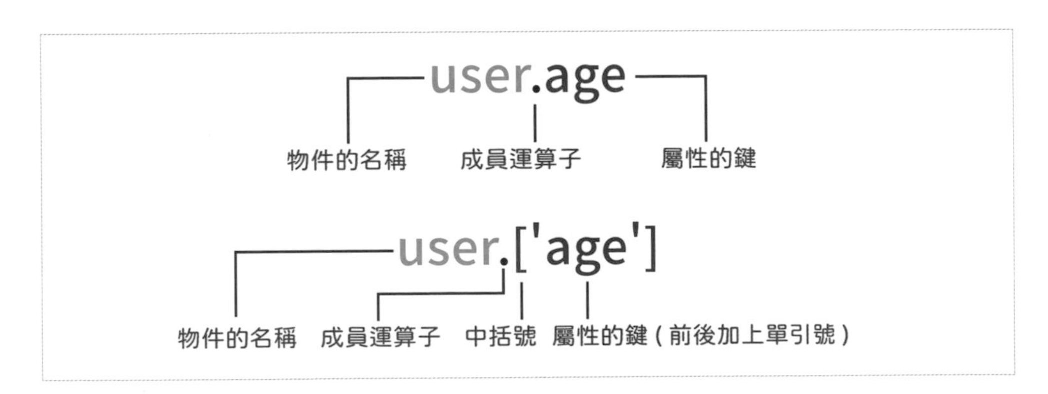

13-4 變數

在程式的執行過程中，往往需要儲存一些資料，此時，我們可以使用變數 (variable) 來儲存這些資料。

舉例來說，假設要撰寫一個程式根據半徑計算圓面積，已知公式為圓周率 ×(半徑)^2，那麼我們可以使用一個變數來儲存半徑，而且變數的值可以變更，這樣就能計算不同半徑的圓面積，例如半徑為 10 的圓面積是 3.14159×10×10，結果為 314.159，而半徑為 5 的圓面積是 3.14159×5×5，結果為 78.53975。

在替變數命名時，請遵守第 13-2 節所提出的命名規則，其中比較重要的是第一個字元可以是英文字母、底線 (_) 或錢字符號 ($)，其它字元可以是英文字母、底線 (_)、錢字符號 ($) 或數字，英文字母要區分大小寫，而且不能使用 JavaScript 關鍵字，以及內建函式、內建物件等的名稱。

我們可以使用 var 關鍵字宣告變數，JavaScript 屬於動態型別程式語言，所以在宣告變數的時候無須指定型別。以下面的敘述為例，第一個敘述是宣告一個名稱為 userName 的變數，而第二個敘述是使用指派運算子 (=) 將變數的值設定為 " 小丸子 "，此時，直譯器會自動將變數視為字串型別：

```
var userName;
userName = " 小丸子 ";
```

這兩個敘述可以合併成一個敘述，也就是在宣告變數的同時設定初始值：

```
var userName = " 小丸子 ";
```

此外，我們也可以一次宣告多個變數，中間以逗號隔開，例如：

```
var x, y, z;        // 宣告三個變數 x、y、z，中間以逗號隔開
```

建議您在第一次宣告變數時記得要寫出 var 關鍵字，不要省略不寫，日後存取此變數時則無須重複寫出 var 關鍵字。養成使用變數之前先宣告的好習慣，對於您學習其它程式語言是有幫助的。

13-5 常數

常數 (constant) 和變數一樣可以用來儲存資料，差別在於常數不能重複宣告，也不能重複設定值，正因為這些特點，我們可以使用常數儲存一些不會隨著程式的執行而改變的資料。

舉例來說，假設要撰寫一個程式根據半徑計算圓面積，已知公式為圓周率 ×(半徑)^2，那麼我們可以使用一個常數來儲存圓周率 3.14159，這樣就能以常數代替一長串的數字，減少重複輸入的麻煩。

我們可以使用 const 關鍵字宣告常數，例如下面的第一個敘述是宣告一個名稱為 PI 的常數，而第二個敘述是宣告 ID1 和 ID2 兩個常數，中間以逗號隔開：

```
const PI = 3.14159;
const ID1 = 1, ID2 = 2;
```

下面是一個例子，它會顯示半徑為 10 的圓面積，其中第 08 行將圓周率 PI 宣告為常數，日後若需要變更 PI 的值，例如將 3.14159 變更為 3.14，只要修改第 08 行即可。

\Ch13\const.html

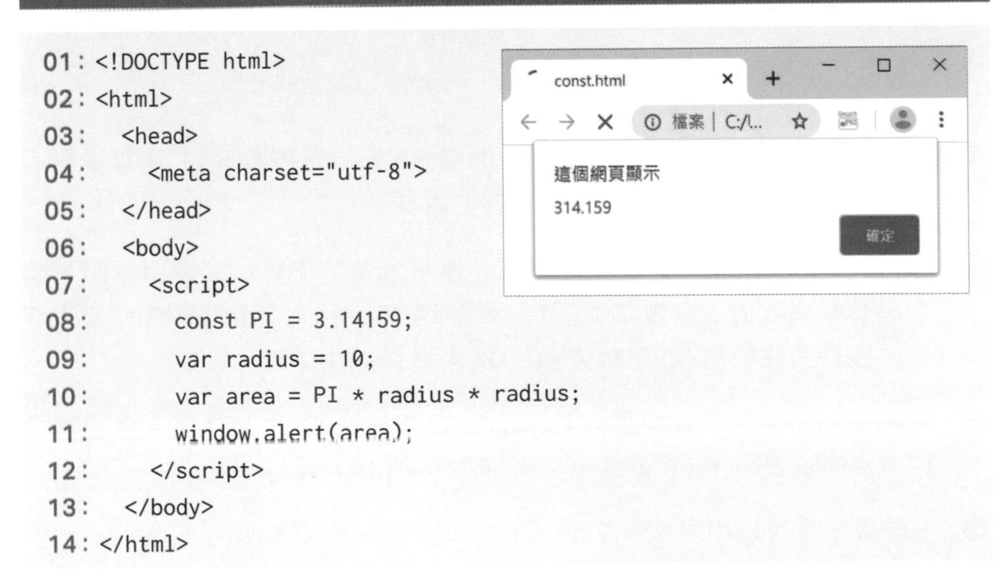


```
01: <!DOCTYPE html>
02: <html>
03:   <head>
04:     <meta charset="utf-8">
05:   </head>
06:   <body>
07:     <script>
08:       const PI = 3.14159;
09:       var radius = 10;
10:       var area = PI * radius * radius;
11:       window.alert(area);
12:     </script>
13:   </body>
14: </html>
```

13-6 運算子

運算子 (operator) 是一種用來進行運算的符號，而運算元 (operand) 是運算子進行運算的對象，我們將運算子與運算元所組成的敘述稱為運算式 (expression)，例如 10 + 20 是一個運算式，其中 + 是加法運算子，而 10 和 20 是運算元。

13-6-1 算術運算子

算術運算子可以用來進行算術運算，JavaScript 提供如下的算術運算子。

運算子	語法	說明	範例	傳回值
+ (加法)	x + y	x 加上 y	5 + 3	8
- (減法)	x - y	x 減去 y	5 - 3	2
* (乘法)	x * y	x 乘以 y	5 * 3	15
/ (除法)	x / y	x 除以 y	5 / 3	1.6666666666666667
			0 / 0	NaN
% (餘數)	x % y	x 除以 y 的餘數	5 % 3	2
			5.21 % 3	2.21
** (指數)	x ** y	x 的 y 次方	5 ** 2	25

- + 運算子也可以用來表示正數值，例如 +5 表示正整數 5；- 運算子也可以用來表示負數值，例如 -5 表示負整數 5。
- 當 -、*、/、%、** 等運算子的任一運算元為字串時，直譯器會試著將字串轉換成數值，例如 '50' - '10' 會得到 40，因為字串 '50' 和字串 '10' 會先被轉換成數值 50 和數值 10，然後進行減法運算。
- 當數值和布林進行算術運算時，true 會被轉換成 1，而 false 會被轉換成 0，例如 25 + true 會得到 26，而 25 + false 會得到 25。
- + 運算子也可以用來連接字串，下一節有進一步的說明。

13-6-2 字串運算子

字串運算子 (+) 可以用來將兩個字串連接成一個字串，例如 'abc' + 'de' 會得到 'abcde'，而 3 + 'abc' 會得到 '3abc'，3 + '10' 會得到 '310'，因為數值 3 會先被轉換成字串 '3'，然後將兩個字串連接成一個字串。

13-6-3 遞增 / 遞減運算子

遞增運算子 (++) 可以用來將運算元的值加 1，其語法如下，第一種形式的遞增運算子出現在運算元前面，表示運算結果為運算元遞增之後的值；第二種形式的遞增運算子出現在運算元後面，表示運算結果為運算元遞增之前的值：

```
++ 運算元
運算元 ++
```

例如：

```
var X = 10;         // 宣告一個名稱為 X、初始值為 10 的變數
alert(++X);         // 先將變數 X 的值遞增 1，之後再顯示出來而得到 11
var Y = 5;          // 宣告一個名稱為 Y、初始值為 5 的變數
alert(Y++);         // 先顯示變數 Y 的值為 5，之後再將變數 Y 的值遞增 1
```

遞減運算子 (--) 可以用來將運算元的值減 1，其語法如下，第一種形式的遞增運算子出現在運算元前面，表示運算結果為運算元遞減之後的值；第二種形式的遞增運算子出現在運算元後面，表示運算結果為運算元遞減之前的值：

```
-- 運算元
運算元 --
```

例如：

```
var X = 10;         // 宣告一個名稱為 X、初始值為 10 的變數
alert(--X);         // 先將變數 X 的值遞減 1，之後再顯示出來而得到 9
var Y = 5;          // 宣告一個名稱為 Y、初始值為 5 的變數
alert(Y--);         // 先顯示變數 Y 的值為 5，之後再將變數 Y 的值遞減 1
```

13-6-4 比較運算子

比較運算子可以用來比較兩個運算元的大小或相等與否，若結果為真，就傳回 true，否則傳回 false。JavaScript 提供如下的比較運算子，運算元可以是數值、字串、布林或物件。

運算子	語法	說明 / 範例 / 傳回值
== （等於）	x == y	若 x 的值等於 y，就傳回 true，否則傳回 false， 例如 (18 + 3) == 21 會傳回 true，而 5 == '5' 也會傳回 true， 因為 '5' 會先被轉換成數值 5。
!= （不等於）	x != y	若 x 的值不等於 y，就傳回 true，否則傳回 false， 例如 (18 + 3) != 21 會傳回 false。
< （小於）	x < y	若 x 的值小於 y，就傳回 true，否則傳回 false， 例如 (18 + 3) < 21 會傳回 false。
<= （小於等於）	x <= y	若 x 的值小於等於 y，就傳回 true，否則傳回 false， 例如 (18 + 3) <= 21 會傳回 true。
> （大於）	x > y	若 x 的值大於 y，就傳回 true，否則傳回 false， 例如 (18 + 3) > 21 會傳回 false。
>= （大於等於）	x >= y	若 x 的值大於等於 y，就傳回 true，否則傳回 false， 例如 (18 + 3) >= 21 會傳回 true。
=== （嚴格等於）	x === y	若 x 的值和型別等於 y，就傳回 true，否則傳回 false， 例如 5 === '5' 會傳回 false，因為型別不同。
!== （嚴格不等於）	x !== y	若 x 的值或型別不等於 y，就傳回 true，否則傳回 false， 例如 5 !== '5' 會傳回 true，因為型別不同。

當兩個字串在比較是否相等時，大小寫會被視為不同，例如 'ABC' == 'aBC' 和 'ABC' === 'aBC' 均會傳回 false；當兩個字串在比較大小時，大小順序取決於其 Unicode 碼，例如 'ABC' > 'aBC' 會傳回 false，因為 'A' 的 Unicode 值為 41，而 'a' 的 Unicode 碼為 61。

13-6-5 邏輯運算子

邏輯運算子可以用來針對比較運算式或布林進行邏輯運算，JavaScript 提供如下的邏輯運算子。

運算子	語法	說明
&& (邏輯 AND)	x && y	將 x 和 y 進行邏輯交集，若兩者的值均為 true(即兩個條件均成立)，就傳回 true，否則傳回 false。
|| (邏輯 OR)	x || y	將 x 和 y 進行邏輯聯集，若兩者的值至少有一個為 true(即至少一個條件成立)，就傳回 true，否則傳回 false。
! (邏輯 NOT)	!x	將 x 進行邏輯否定(將值轉換成相反值)，若 x 的值為 true，就傳回 false，否則傳回 true。

我們可以根據兩個運算元的值，將邏輯運算子的運算結果歸納如下。

x	y	x && y	x || y	!x
true	true	true	true	false
true	false	false	true	false
false	true	false	true	true
false	false	false	false	true

下面是一些例子：

```
(5 > 4) && (3 > 2)       // 5 > 4 為 true，3 > 2 為 true，true && true 會得到 true
(5 > 4) && (3 < 2)       // 5 > 4 為 true，3 < 2 為 false，true && false 會得到 false
(5 > 4) || (3 < 2)       // 5 > 4 為 true，3 < 2 為 false，true || false 會得到 true
(5 < 4) || (3 < 2)       // 5 < 4 為 false，3 < 2 為 false，false || false 會得到 false
!(5 > 4)                 // 5 > 4 為 true，!true 會得到 false
!(5 < 4)                 // 5 < 4 為 false，!false 會得到 true
!((5 > 4) && (3 > 2))    // (5 > 4) && (3 > 2) 為 true，!true 會得到 false
!((5 > 4) || (3 < 2))    // (5 > 4) || (3 < 2) 為 true，!true 會得到 false
```

13-6-6 位元運算子

位元運算子可以用來進行位元運算，JavaScript 提供如下的位元運算子。由於這需要二進位運算的基礎，建議初學者簡略看過就好。

<table>
<tr><th>運算子</th><th>語法</th><th>說明</th></tr>
<tr><td>&
(AND)</td><td>x & y</td><td>將 x 和 y 的每個位元進行 AND 運算 (位元結合)，若兩者對應的位元均為 1，AND 運算就是 1，否則是 0，例如 10 & 6 會得到 2，因為 1010 & 0110 會得到 0010，即 2。</td></tr>
<tr><td>|
(OR)</td><td>x | y</td><td>將 x 和 y 的每個位元進行 OR 運算 (位元分離)，若兩者對應的位元至少有一個為 1，OR 運算就是 1，否則是 0，例如 10 | 6 會得到 14，因為 1010 | 0110 會得到 1110，即 14。</td></tr>
<tr><td>^
(XOR)</td><td>x ^ y</td><td>將 x 和 y 的每個位元進行 XOR 運算 (位元互斥)，若兩者對應的位元一個為 1 一個為 0，XOR 運算就是 1，否則是 0，例如 10 ^ 6 會得到 12，因為 1010 ^ 0110 會得到 1100，即 12。</td></tr>
<tr><td>~
(NOT)</td><td>~x</td><td>將 x 的每個位元進行 NOT 運算 (位元否定)，當位元為 1 時，NOT 運算就是 0，當位元為 0 時，NOT 運算就是 1，例如 ~10 會得到 -11，因為 10 的二進位值是 1010，~10 的二進位值是 0101，而 0101 在 2's 補數表示法中就是 -11。</td></tr>
<tr><td><<</td><td>x << y
(左移)</td><td>將 x 的每個位元向左移動 y 個位元，空餘的位數以 0 填滿，例如 9 << 2 會得到 36，因為 1001 向左移動 2 個位元會得到 100100，即 36。</td></tr>
<tr><td>>></td><td>x >> y
(有號右移)</td><td>將 x 的每個位元向右移動 y 個位元，空餘位數以最高位補滿，例如 9 >> 2 會得到 2，因為 1001 向右移動 2 個位元會得到 0010，即 2，而 -9 >> 2 會得到 -3，因為最高位用來表示正負號的位元被保留了。</td></tr>
<tr><td>>>></td><td>x >>> y
(無號右移)</td><td>將 x 的每個位元向右移動 y 個位元，空餘的位數以 0 填滿，例如 19 >>> 2 得到 4，因為 10011 向右移動 2 個位元會得到 0100，即 4。對於非負數值來說，無號右移和有號右移的結果相同。</td></tr>
</table>

13-6-7 指派運算子

指派運算子可以用來指派值給變數，JavaScript 提供如下的指派運算子。

運算子	語法	說明
=	x = y	將 y 指派給 x，也就是將 x 的值設定為 y 的值。
+=	x += y	相當於 x = x + y，+ 為加法運算子或字串連接運算子。
-=	x -= y	相當於 x = x - y，- 為減法運算子。
*=	x *= y	相當於 x = x * y，* 為乘法運算子。
/=	x /= y	相當於 x = x / y，/ 為除法運算子。
%=	x %= y	相當於 x = x % y，% 為餘數運算子。
**=	x **= y	相當於 x = x ** y，** 為指數運算子。
&=	x &= y	相當於 x = x & y，& 為位元 AND 運算子。
|=	x |= y	相當於 x = x | y，| 為位元 OR 運算子。
^=	x ^= y	相當於 x = x ^ y，^ 為位元 XOR 運算子。
<<=	x <<= y	相當於 x = x << y，<< 為左移運算子。
>>=	x >>= y	相當於 x = x >> y，>> 為有號右移運算子。
>>>=	x >>>= y	相當於 x = x >>> y，>>> 為無號右移運算子。

13-6-8 條件運算子

?: 條件運算子的語法如下，若條件運算式的結果為 true，就傳回運算式 1 的值，否則傳回運算式 2 的值，例如 10 > 2? "Yes" : "No" 會傳回 "Yes"：

```
條件運算式 ? 運算式1 : 運算式2
```

13-6-9 型別運算子

typeof 型別運算子可以傳回資料的型別，例如 typeof(" 生日 ")、typeof(-35.789)、typeof(true) 會傳回 "string"、"number"、"boolean"。

13-6-10 運算子的優先順序

當運算式中有多個運算子時，JavaScript 會依照如下的優先順序高者先執行，相同者則按出現順序由左到右依序執行。若要改變預設的優先順序，可以加上小括號，JavaScript 就會優先執行小括號內的運算式。

<table>
<tr><th>類型</th><th>運算子</th></tr>
<tr><td>成員運算子　高</td><td>.、[]</td></tr>
<tr><td>函式呼叫、建立物件</td><td>()、new</td></tr>
<tr><td>單元運算子</td><td>!、~、-、+、++、--、typeof</td></tr>
<tr><td>乘 / 除 / 餘數 / 指數運算子</td><td>*、/、%、**</td></tr>
<tr><td>加 / 減運算子</td><td>+、-</td></tr>
<tr><td>移位運算子</td><td><<、>>、>>></td></tr>
<tr><td>比較運算子</td><td><、<=、>、>=</td></tr>
<tr><td>等於運算子</td><td>==、!=、===、!==</td></tr>
<tr><td>位元 AND 運算子</td><td>&</td></tr>
<tr><td>位元 XOR 運算子</td><td>^</td></tr>
<tr><td>位元 OR 運算子</td><td>|</td></tr>
<tr><td>邏輯 AND 運算子</td><td>&&</td></tr>
<tr><td>邏輯 OR 運算子</td><td>||</td></tr>
<tr><td>條件運算子</td><td>?:</td></tr>
<tr><td>指派運算子　低</td><td>=、*=、/=、%=、**=、+=、-=、<<=、>>=、>>>=、&=、^=、|=</td></tr>
</table>

舉例來說，假設運算式為 25 < 10 + 3 * 4，首先執行乘法運算子，3 * 4 會得到 12，接著執行加法運算子，10 + 12 會得到 22，最後執行比較運算子，25 < 22 會得到 false。

若加上小括號，結果可能就不同了，假設運算式為 25 < (10 + 3) * 4，首先執行小括號內的 10 + 3 會得到 13，接著執行乘法運算子，13 * 4 會得到 52，最後執行比較運算子，25 < 52 會得到 true。

13-7 流程控制

我們在前面所示範的例子都是很單純的程式，它們的執行方向都是從第一行敘述開始，由上往下依序執行，不會轉彎或跳行，但大部分的程式並不會這麼單純，它們可能需要針對不同的情況做不同的處理，以完成更多任務，於是就需要流程控制 (flow control) 來協助控制程式的執行方向。

JavaScript 的流程控制分成下列兩種類型：

- 選擇結構 (decision structure)：用來檢查條件式，然後根據結果為 true 或 false 去執行不同的敘述，例如 if、switch。
- 迴圈結構 (loop structure)：用來重複執行指定的敘述，例如 for、while、do...while、for...in。

13-7-1 if

if 可以用來檢查條件式，然後根據結果為 true 或 false 去執行不同的敘述，又分成 if、if...else、if...else if 等類型。

if (若...就...)

if 的語法如下，若條件式的結果為 true，就執行敘述，換句話說，若條件式的結果為 false，就不執行敘述：

```
if ( 條件式 ) {
  敘述 ;
}
```

大括號用來標示敘述的開頭與結尾，若敘述只有一行，那麼大括號可以省略不寫，如下：

```
if ( 條件式 ) 敘述 ;
```

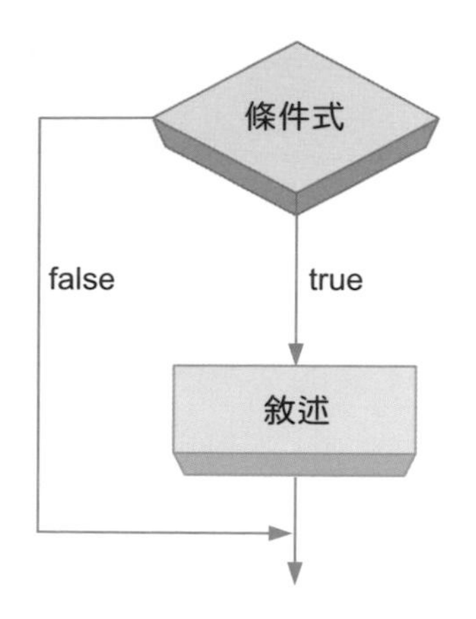
條件式
false
true
敘述

下面是一個例子，若輸入的數字大於等於 60，條件式 (X >= 60) 會傳回 true，於是執行 if 後面的敘述，而顯示「及格！」；相反的，若輸入的數字小於 60，條件式 (X >= 60) 會傳回 false，於是跳出 if 結構，而不會顯示「及格！」。

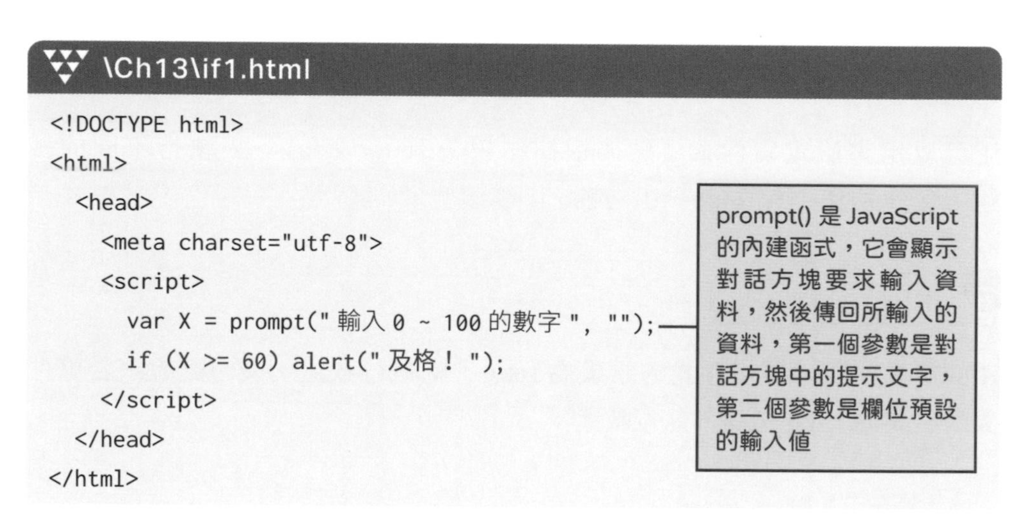

\Ch13\if1.html

```
<!DOCTYPE html>
<html>
  <head>
    <meta charset="utf-8">
    <script>
      var X = prompt(" 輸入 0 ~ 100 的數字 ", "");
      if (X >= 60) alert(" 及格！ ");
    </script>
  </head>
</html>
```

prompt() 是 JavaScript 的內建函式，它會顯示對話方塊要求輸入資料，然後傳回所輸入的資料，第一個參數是對話方塊中的提示文字，第二個參數是欄位預設的輸入值

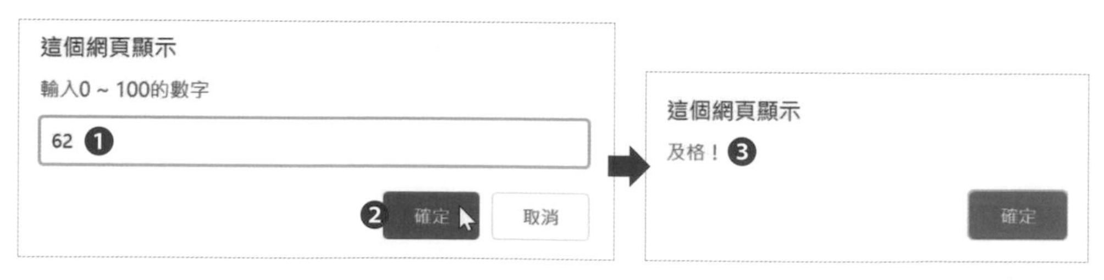
這個網頁顯示
輸入0 ~ 100的數字
62 ❶
❷ 確定
取消
這個網頁顯示
及格！❸
確定

❶ 輸入大於等於 60 的數字　❷ 按 [確定]　❸ 顯示「及格！」

if...else (若...就...否則...)

if...else 的語法如下，若條件式的結果為 true，就執行敘述 1，否則執行敘述 2，所以敘述 1 和敘述 2 只有一組會被執行。

```
if ( 條件式 ) {
  敘述 1;
}
else {
  敘述 2;
}
```

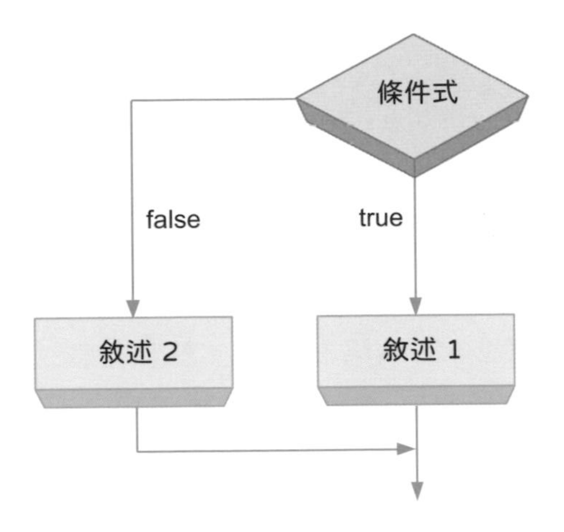

下面是一個例子，若輸入的數字大於等於 60，條件式 (X >= 60) 會傳回 true，於是執行 if 後面的敘述，而顯示「及格！」；相反的，若輸入的數字小於 60，條件式 (X >= 60) 會傳回 false，於是執行 else 後面的敘述，而顯示「不及格！」。

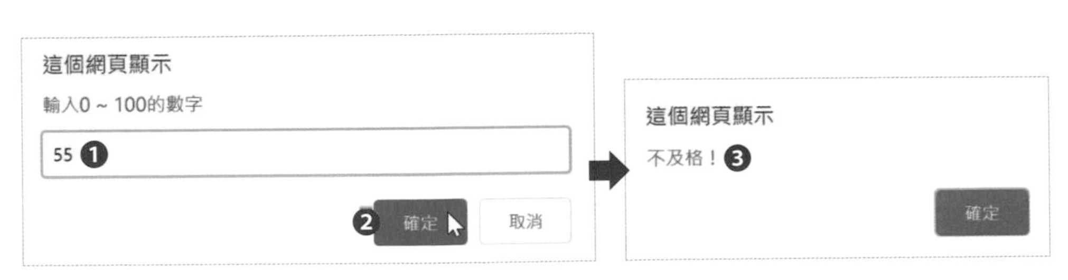

❶ 輸入小於 60 的數字 ❷ 按 [確定] ❸ 顯示「不及格！」

\Ch13\if2.html

```
<!DOCTYPE html>
<html>
  <head>
    <meta charset="utf-8">
    <script>
      var X = prompt("輸入 0 ~ 100 的數字", "");
      if (X >= 60)
        alert("及格！");
      else
        alert("不及格！");
    </script>
  </head>
</html>
```


if...else if (若...就...否則 若...就...否則...)

if...else if 的語法如下，一開始先檢查條件式 1，若結果為 true，就執行敘述 1，否則檢查條件式 2，若結果為 true，就執行敘述 2，...，依此類推，若所有條件式的結果均為 false，就執行敘述 N+1，所以敘述 1 ~ 敘述 N+1 只有一組會被執行。

```
if (條件式 1) {
  敘述 1;
}
else if (條件式 2) {
  敘述 2;
}
...
else {
  敘述 N+1;
}
```

if...else if 就是巢狀的 if...else，看似複雜但實用性也最高，因為 if...else if 可以處理多個條件式，而 if 和 if...else 只能處理一個條件式。

除了 if 之外，接下來要介紹的 switch、for、while、do...while 等也都能使用巢狀結構，只是層次盡量不要太多，而且要利用縮排來提高可讀性。

下面是一個例子，它會要求輸入 0 到 100 之間的數字，若數字大於等於 90，就顯示「優等！」；若數字小於 90 大於等於 80，就顯示「甲等！」；若數字小於 80 大於等於 70，就顯示「乙等！」；若數字小於 70 大於等於 60，就顯示「丙等！」，否則顯示「不及格！」。

\Ch13\if3.html

```
<!DOCTYPE html>
<html>
  <head>
    <meta charset="utf-8">
    <script>
      var X = prompt("輸入 0 ~ 100 的數字", "");
      if (X >= 90)
        alert("優等！");
      else if (X < 90 && X >= 80)
        alert("甲等！");
      else if (X < 80 && X >= 70)
        alert("乙等！");
      else if (X < 70 && X >= 60)
        alert("丙等！");
      else
        alert("不及格！");
    </script>
  </head>
</html>
```

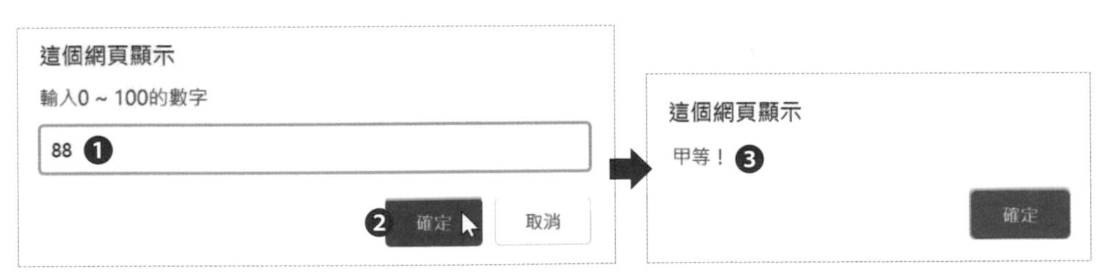

❶ 輸入 0 到 100 之間的數字　❷ 按 [確定]　❸ 顯示對應的等第

13-7-2 swtich

switch 結構可以根據運算式的值去執行不同的敘述，其語法如下，首先將運算式當作比較對象，接下來依序比較它有沒有等於哪個 case 後面的值，若有，就執行該 case 的敘述，然後執行 break 指令跳出 switch 結構，若沒有，就執行 default 的敘述，然後執行 break 指令跳出 switch 結構。

switch 結構的 case 區塊或 default 區塊的後面都要加上 break 指令，用來跳出 switch 結構。至於 if...else 結構則不需要加上 break 指令，因為在 if 區塊或 else 區塊執行完畢後，就會自動跳出 if...else 結構。

```
switch (運算式) {
  case 值 1:
    敘述 1;
    break;
  case 值 2:
    敘述 2;
    break;
  ...
  default:
    敘述 N+1;
    break;
}
```

下面是一個例子，它會要求輸入 1 到 5 的數字，然後顯示對應的英文「ONE」、「TWO」、「THREE」、「FOUR」、「FIVE」，否則顯示「輸入超過範圍！」。

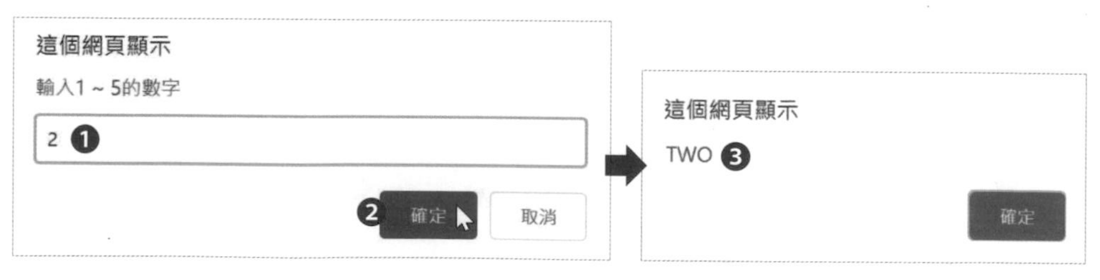

❶ 輸入 1 到 5 的數字　❷ 按 [確定]　❸ 顯示對應的英文

\Ch13\switch.html

```
01: <!DOCTYPE html>
02: <html>
03:   <head>
04:     <meta charset="utf-8">
05:     <script>
06:       var number = prompt(" 輸入 1 ~ 5 的數字 ", "");
07:       switch(number) {
08:         case "1":              // 當輸入 1 時
09:           alert("ONE");
10:           break;
11:         case "2":              // 當輸入 2 時
12:           alert("TWO");
13:           break;
14:         case "3":              // 當輸入 3 時
15:           alert("THREE");
16:           break;
17:         case "4":              // 當輸入 4 時
18:           alert("FOUR");
19:           break;
20:         case "5":              // 當輸入 5 時
21:           alert("FIVE");
22:           break;
23:         default:               // 當輸入 1 ~ 5 以外時
24:           alert(" 輸入超過範圍！ ");
25:           break;
26:       }
27:     </script>
28:   </head>
29: </html>
```

此例所輸入的數字為 2，它會被當作 switch 結構的比較對象（第 07 行），接下來依序比較它有沒有等於哪個 case 後面的值，發現等於 case "2":（第 11 行），於是執行 case "2": 的敘述，顯示「TWO」（第 12 行），然後執行 break 指令跳出 switch 結構（第 13 行），不會再去執行第 14 ~ 26 行。

13-7-3 for

for 迴圈可以重複執行指定的敘述，其語法如下，由於我們通常會使用變數來控制 for 迴圈的執行次數，所以 for 迴圈又稱為計數迴圈，而此變數稱為計數器：

```
for ( 初始化運算式 ; 條件式 ; 迭代器 ) {
  敘述 ;
}
```

在進入 for 迴圈時，會先執行初始化運算式將計數器加以初始化，接著檢查條件式，若結果為 false，就跳出迴圈，若結果為 true，就執行迴圈內的敘述，完畢後執行迭代器將計數器加以更新，接著再度檢查條件式，若結果為 false，就跳出迴圈，若結果為 true，就重複執行迴圈內的敘述，完畢後執行迭代器將計數器加以更新，接著再度檢查條件式，...，如此周而復始，直到條件式的結果為 false 才跳出迴圈。若要在中途強制跳出迴圈，可以使用 break 指令。

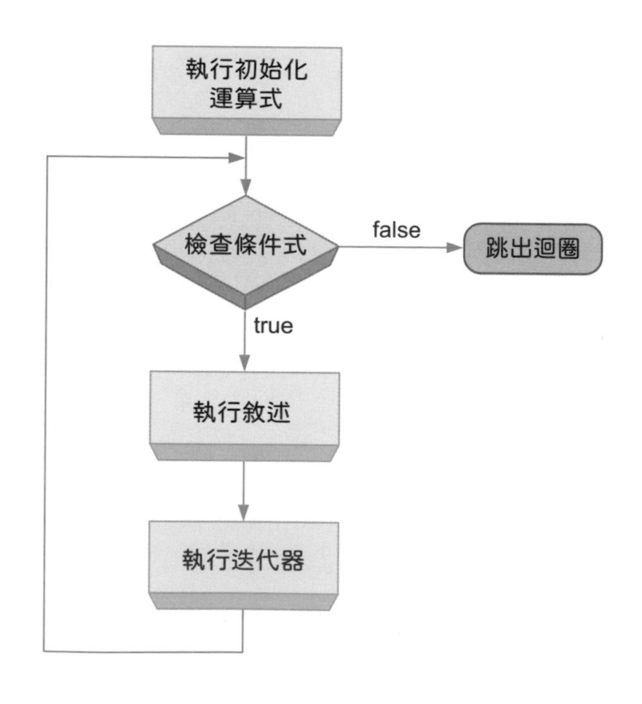

網頁程式設計 ▼▼▼

下面是一個例子，它會計算 1 ~ 10 的整數總和，然後顯示結果為 55。

\Ch13\for.html

```
01: <script>
02:   var total = 0;
03:   for (var i = 1; i <= 10; i++) {
04:     total = total + i;
05:   }
06:   alert(total);
07: </script>
```

- 02：宣告變數 total 用來儲存總和，初始值設定為 0。
- 03 ~ 05：var i = 1; 是宣告變數 i 做為計數器，初始值設定為 1，而 i <= 10; 是做為條件式，只要變數 i 小於等於 10 就會重複執行迴圈內的敘述，至於 i++ 則是做為迭代器，迴圈每重複一次就將變數 i 的值遞增 1。

  這個 for 迴圈的執行次數為 10 次，針對每一次的執行，第 04 行 total = total + i; 左右兩邊的 total 和 i 的值如下。

迴圈的執行次數	右邊的 total	i	左邊的 total	迴圈的執行次數	右邊的 total	i	左邊的 total
第一次	0	1	1	第六次	15	6	21
第二次	1	2	3	第七次	21	7	28
第三次	3	3	6	第八次	28	8	36
第四次	6	4	10	第九次	36	9	45
第五次	10	5	15	第十次	45	10	55

13-7-4 while

有別於 for 迴圈是以計數器控制迴圈的執行次數，while 迴圈則是以條件式是否成立做為執行迴圈的依據，只要條件式成立，就會繼續執行迴圈，所以又稱為條件式迴圈 (conditional loop)。

while 迴圈的語法如下，在進入 while 迴圈時，會先檢查條件式，若結果為 false 表示不成立，就跳出迴圈，若結果為 true 表示成立，就執行迴圈內的敘述，然後返回迴圈的開頭再度檢查條件式，...，如此周而復始，直到條件式的結果為 false 才跳出迴圈。若要在中途強制跳出迴圈，可以使用 break 指令。

while 迴圈的條件式彈性很大，只要條件式的傳回值為 false，就會結束迴圈，無須限制迴圈執行的次數。

```
while ( 條件式 ) {
  敘述 ;
}
```

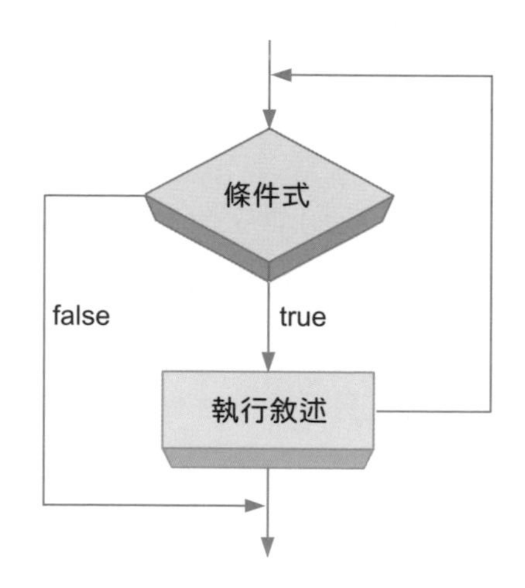

下面是一個例子，它會要求使用者猜數字，正確的數字為 6，若輸入的數字大於 6，就顯示「太大了！請重新輸入！」，然後要求繼續猜；若輸入的數字小於 6，就顯示「太小了！，請重新輸入！」，然後要求繼續猜；若輸入的數字是 6，就顯示「答對了！」。

\Ch13\while.html

```
<!DOCTYPE html>
<html>
  <head>
    <meta charset="utf-8">
    <script>
      var number = prompt('輸入 1 ~ 10 的數字', '');
      while (number != 6) {
        if (number > 6) {
          alert('太大了！請重新輸入！');
          number = prompt('輸入 1 ~ 10 的數字', '');
        }
        else if (number < 6) {
          alert('太小了！請重新輸入！');
          number = prompt('輸入 1 ~ 10 的數字', '');
        }
      }
      alert('答對了！');
    </script>
  </head>
</html>
```

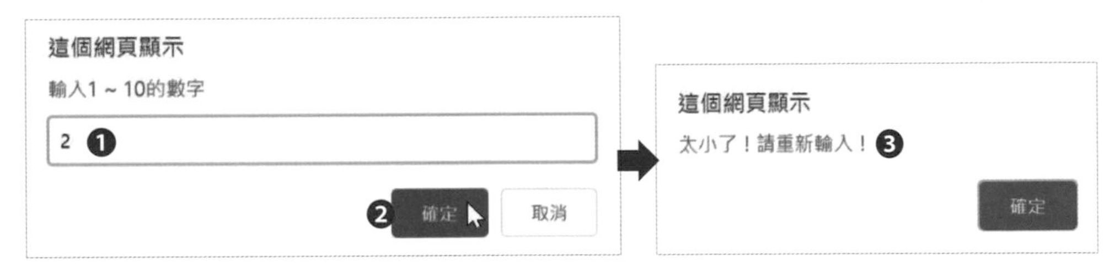

❶ 輸入 2　❷ 按 [確定]　❸ 顯示「太小了！請重新輸入！」

這個網頁顯示
輸入1 ~ 10的數字
6 ❹
❺ 確定
取消
這個網頁顯示
答對了！❻
確定

❹ 輸入 6　❺ 按 [確定]　❻ 顯示「答對了！」

13-7-5 do...while

do...while 迴圈也是以條件式是否成立做為執行迴圈的依據，其語法如下：

```
do {
  敘述；
} while( 條件式 );
```

在進入 do...while 迴圈時，會先執行迴圈內的敘述，完畢後碰到 while，再檢查條件式，若結果為 false 表示不成立，就跳出迴圈，若結果為 true 表示成立，就返回 do，再度執行迴圈內的敘述，...，如此周而復始，直到條件式的結果為 false 才跳出迴圈。若要在中途強制跳出迴圈，可以使用 break 指令。

do...while 迴圈和 while 迴圈類似，主要的差別在於能夠確保敘述至少會被執行一次，即使條件式不成立。

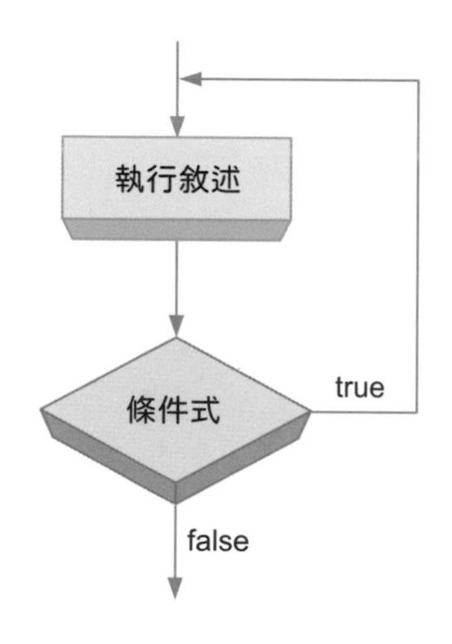

請留意迴圈的結束條件，避免陷入無窮迴圈，例如下面的敘述就是一個無窮迴圈，程式會一直執行迴圈無法跳出，此時可以關閉瀏覽器來終止程式：

```
do {
  alert("Hello!");
} while(1);
```

我們可以使用 do...while 迴圈將第 13-7-4 節的例子改寫成如下，執行結果是相同的。

\Ch13\do.html

```
<!DOCTYPE html>
<html>
  <head>
    <meta charset="utf-8">
    <script>
      do {
        var number = prompt('輸入 1 ~ 10 的數字', '');
        if (number > 6)
          alert("太大了！請重新輸入！");
        else if (number < 6)
          alert("太小了！請重新輸入！");
      } while(number != 6)
      alert("答對了！");
    </script>
  </head>
</html>
```

13-7-6 for...in

for...in 是設計給陣列或集合等物件使用的 for 迴圈，可以用來取得物件的全部屬性，然後針對每個屬性執行指定的敘述，其語法如下，其中變數用來暫時儲存屬性的鍵。若要在中途強制跳出迴圈，可以使用 break 指令：

```
for (變數 in 物件) {
  敘述;
}
```

陣列或集合和變數一樣可以用來儲存資料，不同的是一個變數只能儲存一個資料，而一個陣列或集合可以儲存多個資料。有關陣列的存取方式，我們會在第 14-3-8 節做進一步的說明。

下面是一個例子，它一開始先宣告一個名稱為 Students 的陣列並設定初始值，裡面總共有三個元素，初始值分別為 " 小丸子 "、" 小玉 "、" 花輪 "，然後使用 for...in 迴圈顯示陣列各個元素的值。

\Ch13\forin.html

```
<script>
  // 宣告包含三個元素的陣列
  var Students = new Array(" 小丸子 ", " 小玉 ", " 花輪 ");
  for (var i in Students) {
    alert(Students[i]);
  }
</script>
```

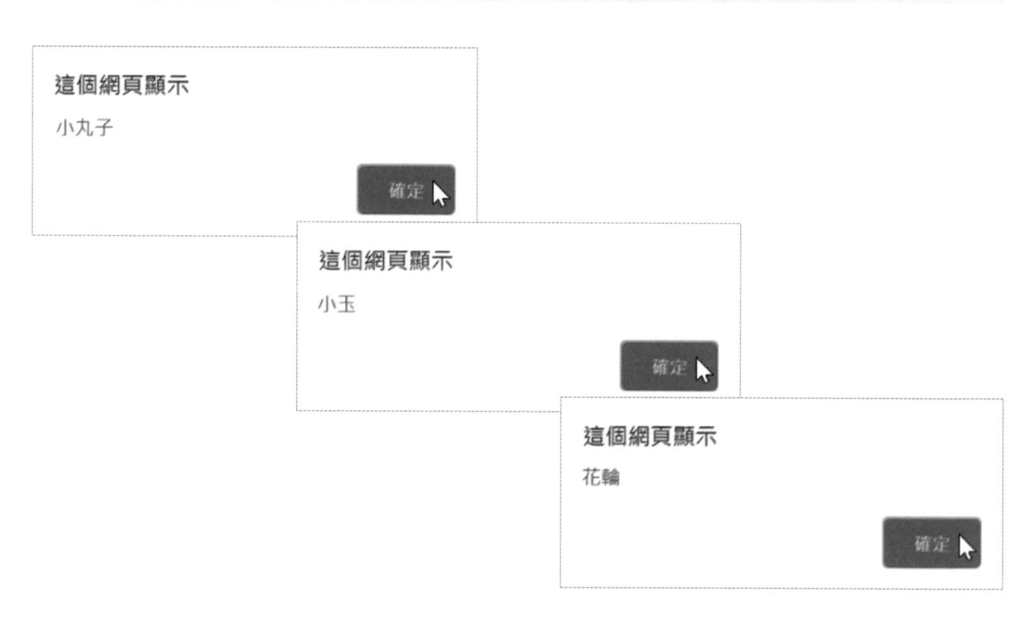

for (var i in Students) 敘述中的變數 i 代表的是 Students 陣列的索引，在第一次執行此敘述時，變數 i 代表的是第 1 個元素的索引 0，於是顯示 Students[0]，即「小丸子」；繼續，在第二次執行此敘述時，變數 i 代表的是第 2 個元素的索引 1，於是顯示 Students[1]，即「小玉」；最後，在第三次執行此敘述時，變數 i 代表的是第 3 個元素的索引 2，於是顯示 Students[2]，即「花輪」，由於這是最後一個元素，所以在顯示完畢後就會跳出 for...in 迴圈。

13-7-7 break 與 continue 指令

原則上，在我們撰寫迴圈後，程式就會依照設定將迴圈執行完畢，不會中途跳出迴圈。不過，有時我們可能需要在迴圈內檢查某些條件式，一旦成立就強制跳出迴圈，此時可以使用 break 指令。

下面是一個例子，執行結果會顯示 6，因為第 03 ~ 06 行的 for 迴圈並沒有執行到 10 次，當第 04 行檢查到變數 i 大於 3 時，就會執行 break 指令強制跳出迴圈，所以第 05 行只有執行 3 次，也就是變數 total 的值為 1 加 2 加 3 等於 6。

\Ch13\break.html

```
01: <script>
02:   var total = 0;
03:   for (var i = 1; i <= 10; i++) {
04:     if (i > 3) break;
05:     total += i;
06:   }
07:   alert(total);
08: </script>
```

這個網頁顯示
6
確定

此外，JavaScript 還提供了另一個經常使用於迴圈的 continue 指令，用來在迴圈內跳過後面的敘述，直接返回迴圈的開頭。

下面是一個例子，執行結果會顯示 10，因為在執行到第 03 行時，只要 i 小於 10，就會跳過 continue; 後面的敘述，直接返回迴圈的開頭，直到 i 大於等於 10，才會執行第 04 行在對話方塊中顯示 10。

\Ch13\continue.html

```
01: <script>
02:   for (var i = 1; i <= 10; i++) {
03:     if (i < 10) continue;
04:     alert(i);
05:   }
06: </script>
```

這個網頁顯示
10
確定

13-8 函式

函式 (function) 是將一段具有某種功能或重複使用的敘述寫成獨立的程式區塊，然後給予名稱，供後續呼叫使用，以簡化程式並提高可讀性。有些程式語言將函式稱為方法 (method)、程序 (procedure) 或副程式 (subroutine)，例如 JavaScript、Java、C# 和 Python 是將物件所提供的函式稱為「方法」。

函式可以執行一般動作，也可以處理事件，前者稱為一般函式 (general function)，而後者稱為事件函式 (event function)。舉例來說，我們可以針對網頁上某個按鈕的 onclick 屬性撰寫事件函式，假設該函式的名稱為 showMsg()，一旦使用者按一下這個按鈕，就會呼叫 showMsg() 函式。

原則上，事件函式通常處於閒置狀態，直到為了回應使用者或系統所觸發的事件時才會被呼叫；相反的，一般函式與事件無關，程式設計人員必須自行撰寫程式碼來呼叫一般函式。

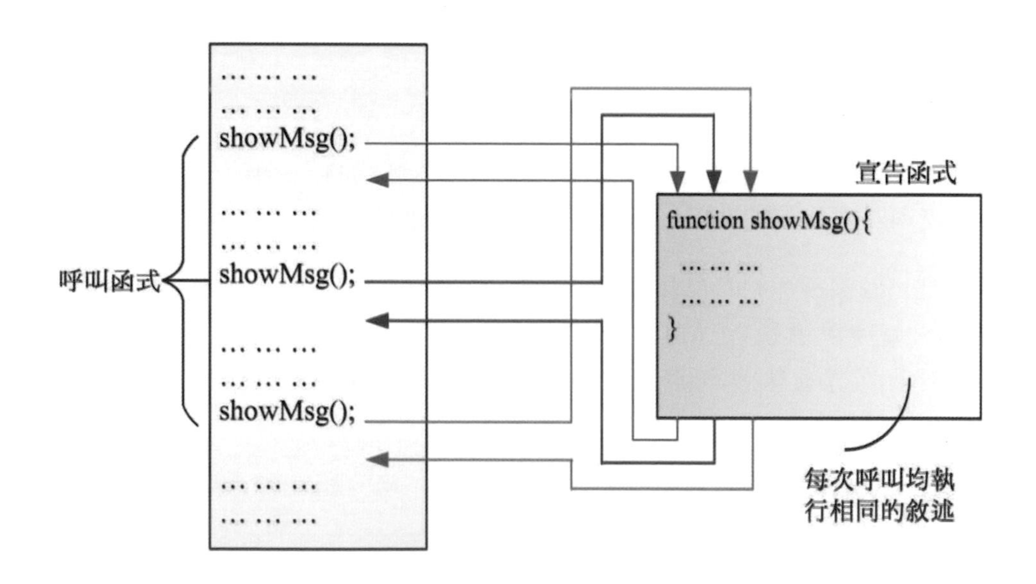

JavaScript 除了允許使用者自訂函式，也提供許多內建函式，只是大部分內建函式隸屬於物件，故又稱為「方法」，我們在前幾節所使用的 alert()、prompt() 函式就是 JavaScript 的內建函式。

13-8-1 使用者自訂函式

JavaScript 的內建函式通常是針對常見的用途所提供，不一定能夠滿足所有需求，若要客製化一些功能，就要自行宣告函式。

我們可以使用 function 關鍵字宣告函式，其語法如下：

```
function 函式名稱 ( 參數 1, 參數 2, ...) {
  敘述 ;
  return 傳回值 ;
}
```

- 函式名稱的命名規則和變數相同，一般建議採取「動詞＋名詞」、字中大寫的格式，例如 showMessage、getArea。
- 參數 (parameter) 用來傳遞資料給函式，可以有 0 個、1 個或多個。若沒有參數，小括號仍須保留；若有多個參數，中間以逗號隔開。
- 函式主體用來執行動作，可以有 1 個或多個敘述。
- 傳回值是函式執行完畢的結果，可以有 0 個、1 個或多個，會傳回給呼叫函式的地方。若沒有傳回值，return 指令可以省略不寫，此時會傳回預設值 undefined；若有多個傳回值，可以利用陣列或物件來達成。

例如下面的敘述是宣告一個名稱為 sum、有兩個參數、有一個傳回值的函式，它會傳回兩個參數的總和：

```
function sum(a, b) {
  return a + b;
}
```

而下面的敘述是宣告一個名稱為 showMsg、沒有參數、也沒有傳回值的函式：

```
function showMsg() {
  var userName = prompt(" 請輸入您的大名 ", "");
  alert(userName + " 您好！歡迎光臨！ ");
}
```

請注意，一般函式必須加以呼叫才會執行，呼叫語法如下，若沒有參數，小括號仍須保留；若有參數，參數的個數及順序都必須正確：

```
函式名稱 ( 參數 1, 參數 2, ...);
```

下面是一個例子，其中第 07 ~ 10 行是宣告一個名稱為 showMsg、沒有參數、也沒有傳回值的函式，而第 12 行是呼叫該函式，如此一來，當使用者載入網頁時，就會顯示對話方塊要求輸入姓名，進而顯示歡迎訊息，若將第 12 行省略不寫，該函式將不會執行。

\Ch13\func1.html

```
01: <!DOCTYPE html>
02: <html>
03:   <head>
04:     <meta charset="utf-8">
05:     <script>
06:       // 宣告函式
07:       function showMsg() {
08:         var userName = prompt(" 請輸入您的大名 ", "");
09:         alert(userName + " 您好！歡迎光臨！ ");
10:       }
11:       // 呼叫函式
12:       showMsg();
13:     </script>
14:   </head>
15:   <body>
16:   </body>
17: </html>
```

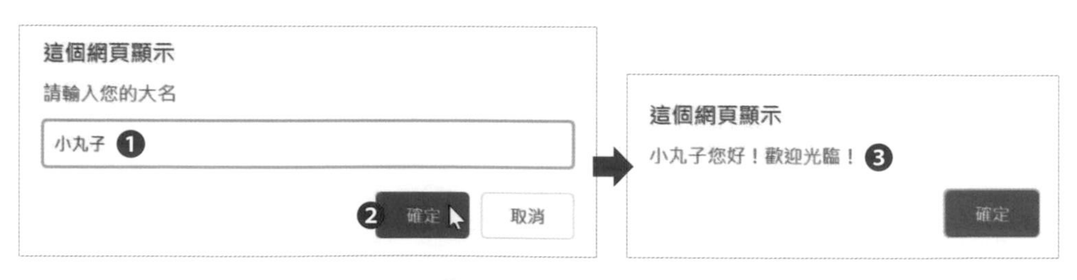

❶ 輸入姓名　❷ 按 [確定]　❸ 顯示歡迎訊息

我們也可以在 HTML 程式碼中呼叫函式，下面是一個例子，它會透過 <body> 元素的 onload 事件屬性設定當瀏覽器發生 load 事件時 (即載入網頁)，就呼叫 showMsg() 方法。

\Ch13\func2.html

```
01: <!DOCTYPE html>
02: <html>
03:   <head>
04:     <meta charset="utf-8">
05:     <script>
06:       // 宣告函式
07:       function showMsg() {
08:         var userName = prompt(" 請輸入您的大名 ", "");
09:         alert(userName + " 您好！歡迎光臨！ ");
10:       }
11:     </script>
12:   </head>
13:   <body onload="javascript: showMsg();">
14:   </body>
15: </html>
```

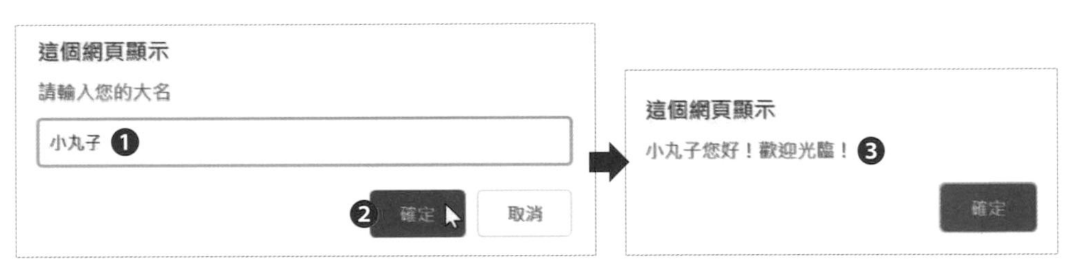

❶ 輸入姓名　❷ 按 [確定]　❸ 顯示歡迎訊息

- 當函式裡面沒有 return 指令或 return 指令後面沒有任何值時，我們習慣說它沒有傳回值，但嚴格來說，它其實是傳回預設值 undefined。
- 當函式有傳回值時，return 指令通常寫在函式的結尾，若寫在函式的中間，那麼後面的敘述就不會被執行，這點要特別注意。

13-8-2 匿名函式

由於 JavaScript 的函式是一種型別，因此，我們可以將函式像數值或字串一樣指派給變數，也可以將函式當作其它函式的參數或傳回值。

下面是一個例子，其中第 02 ~ 04 行是使用 function 關鍵字宣告一個沒有名稱的函式，將它指派給變數 sum，而第 06 行是呼叫函式傳回 20 與 10 的總和並顯示結果，我們將這種函式稱為匿名函式 (anonymous function)。

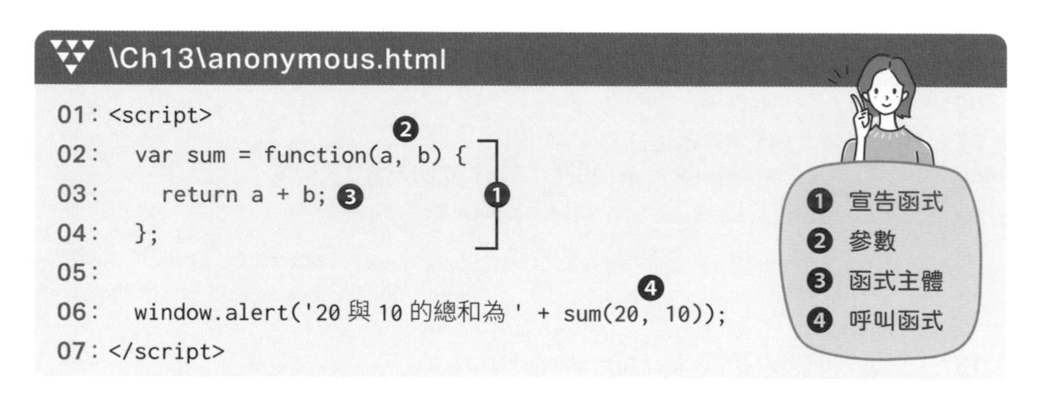

\Ch13\anonymous.html

```
01: <script>
02:   var sum = function(a, b) {
03:     return a + b;
04:   };
05:
06:   window.alert('20 與 10 的總和為 ' + sum(20, 10));
07: </script>
```


這個網頁顯示

20與10的總和為30

確定

13-8-3 箭頭函式

箭頭函式 (arrow function) 可以讓我們使用更精簡的方式宣告函式，其語法如下，裡面沒有 function 關鍵字，改以 => 連接參數與函式主體：

```
( 參數 1, 參數 2, ...) => {
  函式主體 ;
}
```

下面是一個例子，其中第 02 ~ 04 行是宣告一個箭頭函式，將它指派給變數 sum，而第 06 行是呼叫函式傳回 20 與 10 的總和並顯示結果。

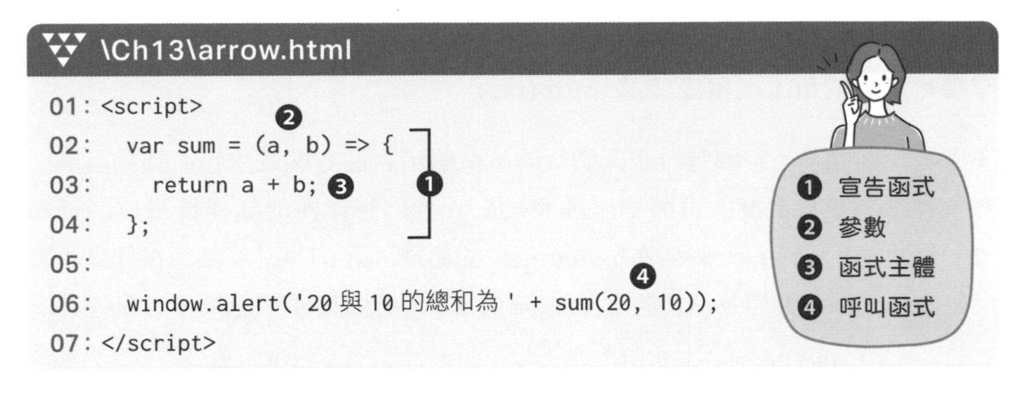


```
01: <script>
02:   var sum = (a, b) => {
03:     return a + b;
04:   };
05:
06:   window.alert('20 與 10 的總和為 ' + sum(20, 10));
07: </script>
```

這個網頁顯示

20與10的總和為30

確定

- 若箭頭函式的函式主體只有一個 return 指令和傳回值，那麼大括號和 return 指令可以省略不寫，例如第 02 ~ 04 行可以改寫成如下：

```
var sum = (a, b) => a + b;
```

- 箭頭函式的參數可以有 0 個、1 個或多個，若沒有參數，小括號仍須保留；若有一個參數，小括號可以省略；若有多個參數，中間以逗號隔開，小括號亦須保留。以下面的敘述為例，箭頭函式只有一個參數 radius，因此，小括號可以省略不寫：

```
var area = radius => 3.14 * radius * radius;
```

13-8-4 函式的參數

我們可以透過參數 (parameter) 傳遞資料給函式，若有多個參數，中間以逗號隔開，而在呼叫有參數的函式時，參數的個數及順序都必須正確，若沒有指定參數的值，則預設值為 undefined。

下面是一個例子，當瀏覽器載入網頁時，會顯示對話方塊要求輸入攝氏溫度，然後轉換為華氏溫度，再將結果顯示出來。我們將轉換的動作撰寫成名稱為 C2F 的函式，同時有一個名稱為 degreeC 的參數 (第 07 行)，然後根據公式將參數由攝氏溫度轉換為華氏溫度 (第 08 行)，再將結果顯示出來 (第 09 行)。

\Ch13\func3.html

```
01: <!DOCTYPE html>
02: <html>
03:   <head>
04:     <meta charset="utf-8">
05:     <script>
06:       // 宣告名稱為 C2F、參數為 degreeC 的函式
07:       function C2F(degreeC) {
08:         var degreeF = degreeC * 1.8 + 32;
09:         alert(" 攝氏 " + degreeC + " 度可以轉換為華氏 " + degreeF + " 度");
10:       }
11:       var temperature = prompt(" 請輸入攝氏溫度 ", "");
12:       // 呼叫函式時將攝氏溫度當作參數傳入
13:       C2F(temperature);
14:     </script>
15:   </head>
16: </html>
```

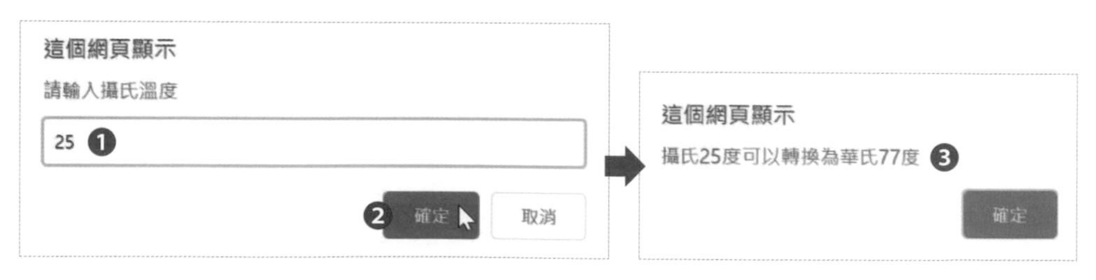

❶ 輸入攝氏溫度 ❷ 按 [確定] ❸ 顯示轉換結果

13-8-5 函式的傳回值

原則上，在函式裡面的敘述執行完畢之前，程式的控制權都不會離開函式，不過，有時我們可能需要提早離開函式，返回呼叫函式的地方，此時可以使用 return 指令；或者，當我們需要從函式傳回資料時，可以使用 return 指令，後面加上傳回值，注意 return 指令和傳回值不可以分行。

舉例來說，我們可以將 \Ch13\func3.html 改寫成如下，執行結果是相同的。由於 C2F() 函式的 return degreeF = degreeC * 1.8 + 32; 敘述（第 07 行）會傳回攝氏溫度轉換為華氏溫度的結果，因此，我們在第 10 行呼叫 C2F() 函式並將傳回值指派給變數 result，然後在第 11 行呼叫 alert() 將結果顯示出來。

\Ch13\func4.html

```
01: <!DOCTYPE html>
02: <html>
03:   <head>
04:     <meta charset="utf-8">
05:     <script>
06:       function C2F(degreeC) {
07:         return degreeF = degreeC * 1.8 + 32;      // 傳回轉換完畢的結果
08:       }
09:       var temperature = prompt("請輸入攝氏溫度", "");
10:       var result = C2F(temperature);      // 將傳回值指派給變數 result
11:       alert("攝氏" + temperature + "度可以轉換為華氏" + result + "度");
12:     </script>
13:   </head>
14: </html>
```

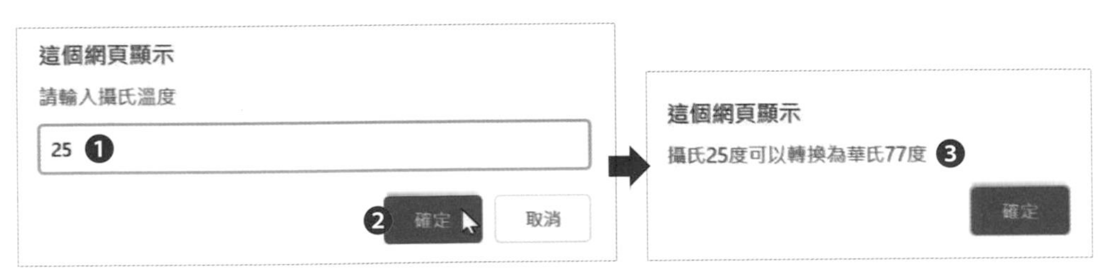

❶ 輸入攝氏溫度 ❷ 按［確定］ ❸ 顯示轉換結果

13-9 變數的有效範圍

變數的有效範圍 (scope) 指的是程式的哪些敘述能夠存取變數，JavaScript 將之分為「全域變數」、「區域變數」和「區塊變數」。

全域變數

在函式外面宣告的變數屬於全域變數 (global variable)，程式的所有敘述均能加以存取。下面是一個例子，它示範了函式內外的敘述均能存取全域變數。

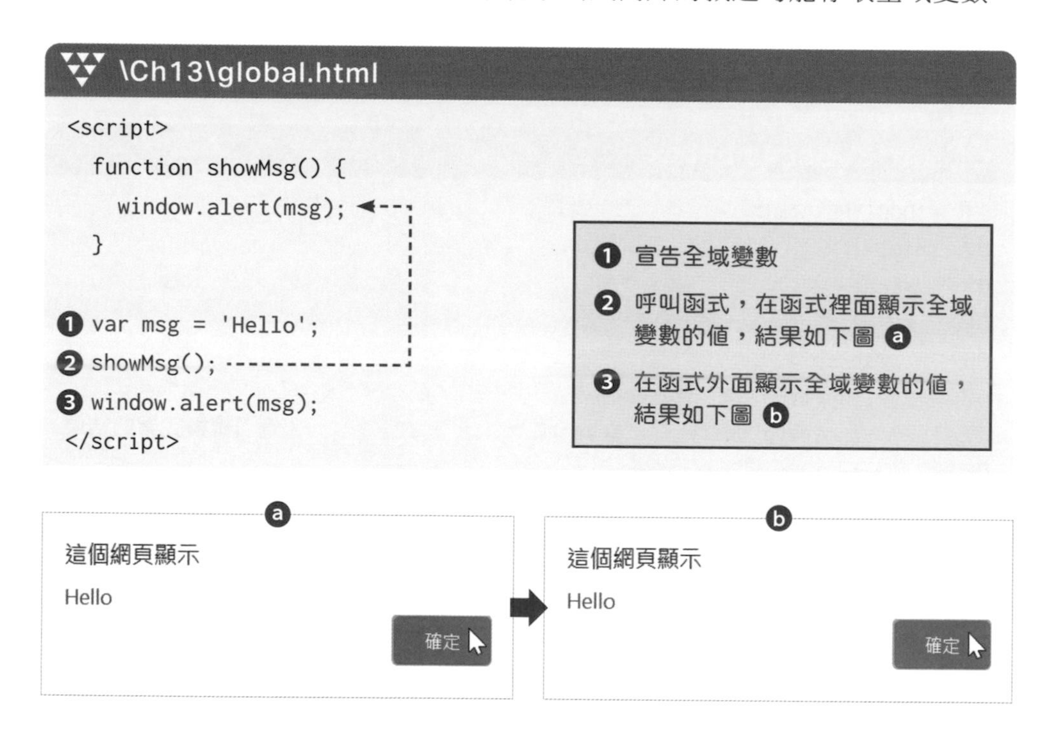

\Ch13\global.html
<script>
function showMsg() {
window.alert(msg);
}
❶ var msg = 'Hello';
❷ showMsg();
❸ window.alert(msg);
</script>
❶ 宣告全域變數
❷ 呼叫函式，在函式裡面顯示全域變數的值，結果如下圖 ⓐ
❸ 在函式外面顯示全域變數的值，結果如下圖 ⓑ
ⓐ
這個網頁顯示
Hello
確定
ⓑ
這個網頁顯示
Hello
確定

區域變數

在函式裡面使用 var 關鍵字宣告的變數屬於區域變數 (local variable)，只有函式裡面的敘述能夠加以存取。請注意，若沒有使用 var 關鍵字，那麼無論在函式裡面或函式外面所宣告的變數均屬於全域變數。下面是一個例子，它示範了只有函式裡面的敘述能夠存取區域變數。

\Ch13\local.html

```
<script>
  function showMsg() {
    var msg = 'Hello';
    window.alert(msg);
  }
❶ showMsg();
❷ window.alert(msg);
</script>
```

❶ 呼叫函式（先宣告區域變數，然後在函式裡面顯示區域變數的值，結果如下圖 ⓐ）

❷ 在函式外面顯示區域變數的值，結果會發生錯誤，如下圖 ⓑ，因為函式執行完畢就會移除區域變數

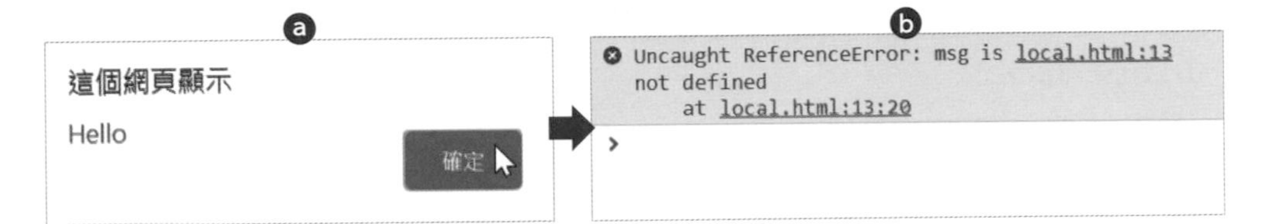

區塊變數

在區塊裡面使用 let 關鍵字宣告的變數屬於區塊變數 (block variable)，只有區塊裡面的敘述能夠加以存取，所謂「區塊」就是以大括號括起來的敘述。let 關鍵字可以用來宣告變數，語法和 var 關鍵字一樣，差別在於 let 所宣告的變數只能作用在目前的區塊，而 var 所宣告的變數可以作用在整個函式或整個程式。下面是一個例子，它示範了區塊外面的敘述無法存取區塊變數。

\Ch13\block.html

```
<script>
  if (true) {
❶     let msg = 'Hello';
  }
❷ window.alert(msg);
</script>
```

❶ 宣告區塊變數

❷ 在區塊外面顯示區塊變數的值，結果會發生錯誤，因為區塊執行完畢就會移除區塊變數

```
Uncaught ReferenceError: msg is block.html:11
not defined
    at block.html:11:20
>
```

註：這個錯誤訊息會顯示在瀏覽器的開發人員工具，Chrome 和 Edge 的使用者可以按 [F12] 鍵進入開發人員工具。

最後要來討論一種情況，若函式裡面宣告與全域變數同名的區域變數，會怎麼樣呢？下面是一個例子，它在函式外面宣告一個名稱為 msg、值為 'Hello' 的全域變數（第 07 行），又在函式裡面宣告一個名稱為 msg、值為 'Good' 的區域變數（第 03 行），顯然兩者同名，這會發生命名衝突嗎？

執行結果是先顯示 Good，再顯示 Hello，不會發生命名衝突，因為若在執行函式時遇到與全域變數同名的區域變數，會參照函式裡面的區域變數，而忽略全域變數，我們將這個特點稱為遮蔽效應 (shadowing)。

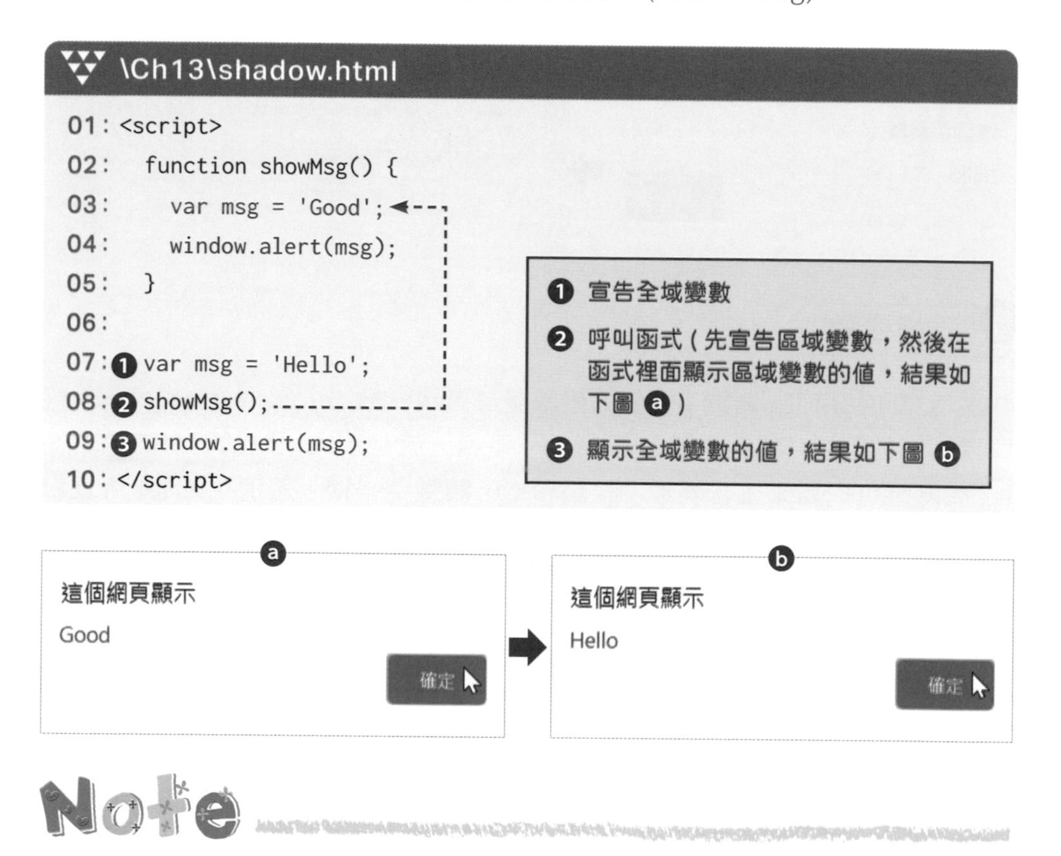

\Ch13\shadow.html

```
01: <script>
02:   function showMsg() {
03:     var msg = 'Good';
04:     window.alert(msg);
05:   }
06:
07: ❶ var msg = 'Hello';
08: ❷ showMsg();
09: ❸ window.alert(msg);
10: </script>
```

❶ 宣告全域變數
❷ 呼叫函式（先宣告區域變數，然後在函式裡面顯示區域變數的值，結果如下圖 ⓐ）
❸ 顯示全域變數的值，結果如下圖 ⓑ
ⓐ
這個網頁顯示
Good
確定
ⓑ
這個網頁顯示
Hello
確定

Note

變數的生命週期

在執行函式或區塊時，直譯器會建立區域變數或區塊變數，待函式或區塊執行完畢就會將它們移除；相反的，在宣告全域變數時，直譯器會建立全域變數，待整個程式執行完畢才會將它們移除，因此，全域變數愈多，佔用的記憶體就愈多，我們應該盡量以區域變數或區塊變數取代全域變數。

物件

14-1 認識物件

對人類來說，諸如房子、汽車、電腦、學校、學生、公司、員工等真實世界中的物件是很容易理解的，但是對電腦來說，若沒有預先的定義，電腦並無法理解這些物件的意義與用途，此時，程式設計人員可以利用資料來創造電腦能夠理解的模型，下面是幾個常見的名詞：

- 在電腦程式設計中，生活中的物品可以使用物件 (object) 來表示，而且物件可能又是由多個子物件所組成。比方說，汽車是一種物件，而汽車又是由引擎、座椅、輪胎等子物件所組成；又比方說，目前開啟的瀏覽器視窗是一個 Window 物件，而 Window 物件又包含了 Document、History、Location、Navigator、Screen 等子物件。在 JavaScript 中，物件是資料與程式碼的組合，它可以是整個應用程式或應用程式的一部分。
- 屬性 (property) 是用來描述物件的特質，比方說，汽車是一種物件，而汽車的廠牌、全長、全寬、全高、顏色、排氣量、行駛速度等用來描述汽車的特質就是這個物件的屬性；又比方說，Windows 作業系統中的視窗是一種物件，而它的大小、位置、標題列的文字等用來描述視窗的特質就是這個物件的屬性。
- 方法 (method) 是用來定義物件的動作，比方說，汽車是一種物件，而發動、變速等動作就是這個物件的方法；又比方說，Window 物件有一個 alert() 方法可以用來顯示對話方塊。
- 事件 (event) 是在某些情況下發出訊號，好讓使用者針對事件做出回應。比方說，當駕駛人員踩下油門踏板時，汽車會發出訊號，進而開始加速；又比方說，當使用者載入網頁時，瀏覽器會產生 load 事件，進而呼叫網頁設計人員所撰寫的事件處理程式，例如顯示歡迎訊息。
- 類別 (class) 是物件的分類，就像物件的藍圖或樣板，隸屬於相同類別的物件具有相同的屬性、方法與事件，但屬性的值則不一定相同。

以下圖為例，Car（汽車）是一個類別，它有 brand（廠牌）、speed（行駛速度）等屬性，startCar()（發動）、changeSpeed()（變速）等方法，以及 accelerate（油門踏板被踩下）、brake（剎車踏板被踩下）等事件，那麼一部靜止的 BMW 汽車就是隸屬於 Car 類別的一個物件，其 brand 屬性的值為 BMW，speed 屬性的值為 0，而且它還有兩個方法和兩個事件，一旦發生這兩個事件，就會呼叫 changeSpeed() 方法去變更 speed 屬性的值，以進行加速或減速。至於其它廠牌的汽車（例如 BENZ、TOYOTA、MAZDA）則為汽車類別的其它物件。

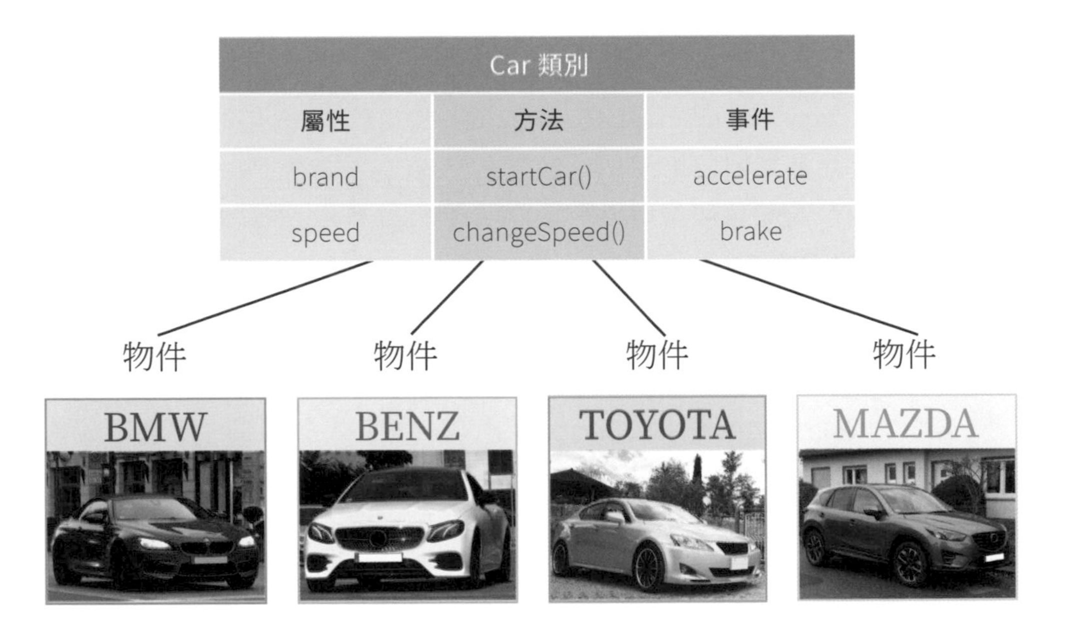

- 物件導向 (OO，Object Oriented) 是軟體發展過程中極具影響性的突破，愈來愈多程式語言強調其物件導向的特性，JavaScript 也不例外。物件導向的優點是物件可以在不同的應用程式中被重複使用，Windows 本身就是一個物件導向的例子，您在 Windows 作業系統中所看到的東西，包括視窗、按鈕、對話方塊、表單、資料庫等均屬於物件，您可以將這些物件放進自己撰寫的程式，然後視實際情況變更物件的屬性（例如標題列的文字、對話方塊的類型等），而不必再為這些物件撰寫冗長的程式碼。

對 JavaScript 來說，物件是一些屬性、方法與事件的集合，代表某個東西，例如瀏覽器視窗、網頁本身或表單、圖片、表格、超連結等元素，透過這些物件，網頁設計人員就可以操作網頁上的元素。

舉例來說，Window 物件代表目前開啟的瀏覽器視窗，該物件包含一些與瀏覽器視窗相關的屬性、方法與事件。我們可以透過 Window 物件的屬性取得瀏覽器視窗的網頁高度、網頁寬度等資訊，也可以透過 Window 物件的方法操作瀏覽器視窗，例如開新視窗，還可以透過 Window 物件的事件設定在某些情況下所要執行的動作，例如在載入網頁時顯示歡迎訊息。

完整的 JavaScript 包含下列三個部分：

- ECMAScript：JavaScript 是 Netscape 公司於 1995 年針對 Netscape Navigator 瀏覽器的應用所開發的程式語言，之後 Netscape 公司將 JavaScript 交給國際標準組織 ECMA 進行標準化，稱為 ECMAScript (ECMA-262)。

  ECMAScript 包括 JavaScript 的基本語法與內建物件，我們在第 13 章介紹過基本語法，例如型別、變數、常數、運算子、流程控制、函式等，至於內建物件指的是 JavaScript 所內建的物件，與網頁、瀏覽器或其它環境無關，例如 Number、String、Boolean、Function、Object、Math、Date、Array、Error 等，無論我們使用 JavaScript 做任何應用 (不限定是網頁程式設計)，都可以透過這些物件存取資料或進行運算。

- 文件物件模型 (DOM)：DOM (Document Object Model) 是一個與網頁相關的模型，當瀏覽器載入網頁時，會針對網頁和網頁的 HTML 元素建立對應的物件，JavaScript 可以透過 DOM 存取網頁的元素，例如段落、超連結、圖片、表格、表單等。

- 瀏覽器物件模型 (BOM)：BOM (Browser Object Model) 是一個與瀏覽器相關的模型，裡面有數個物件，JavaScript 可以透過 BOM 存取瀏覽器的資訊，例如瀏覽器類型、瀏覽器版本、瀏覽歷程記錄、網址等。BOM 採取階層式架構，最上層為 Window 物件，下層則有 Location、Navigator、Screen、History、Document 等物件。

14-2 內建物件

在本節中，我們會介紹一些 JavaScript 的內建物件，這些物件在所有 JavaScript 環境皆可使用，不限定是網頁程式設計。

14-2-1 Number 物件

Number 物件提供了操作數值的屬性與方法，以及一些用來轉換成字串、浮點數或整數的方法，常用的如下。

屬性	說明
MAX_VALUE	最大數值，約 1.7976931348623157e+308。
MIN_VALUE	最小數值，約 5e-324。
NaN	NaN (Not a Number，不是數值)。
NEGATIVE_INFINITY	-Infinity (負無限大)。
POSITIVE_INFINITY	Infinity (正無限大)。

方法	說明
isNaN(*x*)	若參數 *x* 為 NaN，就傳回 true，否則傳回 false。
isFinite(*x*)	若參數 *x* 為有限值，就傳回 true，否則傳回 false。
isInteger(*x*)	若參數 *x* 為整數，就傳回 true，否則傳回 false。
parseFloat(*str*)	傳回參數 *str* 轉換成浮點數的結果。
parseInt(*str*, [*radix*])	傳回參數 *str* 轉換成整數的結果，參數 *radix* 為參數 *str* 的進位制，預設為十進位。
toString([*radix*])	傳回數值字串，參數 *radix* 為進位制。
toExponential([*digits*])	傳回科學記法字串，參數 *digits* 為小數點後面的位數，多出的位數會四捨五入。
toFixed([*digits*])	傳回固定小數點的數值字串，參數 *digits* 為小數點後面的位數，多出的位數會四捨五入。
toPrecision([*precision*])	傳回固定位數的數值字串，參數 *precision* 為位數，不足的位數會補 0，多出的位數會四捨五入。

下面是一個例子，它示範了如何取得 Number 物件的屬性值，以及如何呼叫 Number 物件的方法，其中小數點 (.) 用來存取物件的屬性與方法。

\Ch14\number.html

```
<script>
  document.write(Number.MAX_VALUE + '<br>');
  document.write(Number.MIN_VALUE + '<br>');
  document.write(Number.NaN + '<br>');
  document.write(Number.NEGATIVE_INFINITY + '<br>');
  document.write(Number.POSITIVE_INFINITY + '<br>');
  document.write('100 是 NaN 嗎？ ' + Number.isNaN(100) + '<br>');
  document.write('100 是有限數值嗎？ ' + Number.isFinite(100) + '<br>');
  document.write('100 是整數嗎？ ' + Number.isInteger(100) + '<br>');
  document.write('1.8x 轉換成浮點數是 ' + Number.parseFloat('1.8x') + '<br>');
  document.write('1.8x 轉換成整數是 ' + Number.parseInt('1.8x') + '<br>');
  X = 123.456;
  document.write(X + ' 轉換成科學記法是 ' + X.toExponential() + '<br>');
  document.write(X + ' 取到小數點後面二位是 ' + X.toFixed(2) + '<br>');
  document.write(X + ' 轉換成字串是 ' + X.toString() + '<br>');
  document.write(X + ' 設定為 8 位精確位數是 ' + X.toPrecision(8));
</script>
```

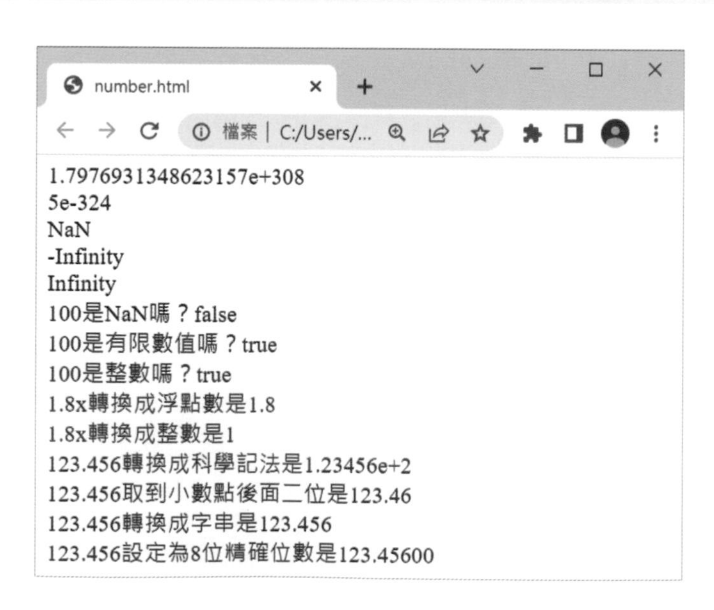

14-2-2 String 物件

String 物件提供了操作字串的屬性與方法，包括字串的長度以及一些用來進行大小寫轉換、搜尋字串、擷取部分字串、連接字串的方法。

String 物件有一個常用的屬性 length，表示字串的長度。舉例來說，假設變數 X 的值為 'Cat'，那麼它的長度 X.length 會傳回 3。我們可以透過索引存取字串裡面的字元，索引從 0 開始，例如 X[0]、X[1]、X[2] 為字元 C、a、t。

String 物件常用的方法如下。

方法	說明
indexOf(*str*[, *start*])	傳回參數 *str* 首次出現在字串中的索引，-1 表示找不到，若要指定從哪個索引開始搜尋，可以加上參數 *start*。
lastIndexOf(*str*[, *start*])	傳回參數 *str* 最後出現在字串中的索引 (由後往前找)，-1 表示找不到，若要指定從哪個索引開始搜尋，可以加上參數 *start*。
includes(*str*[, *start*])	傳回字串是否包含參數 *str*，若要指定從哪個索引開始檢查，可以加上參數 *start*。
startsWith(*str*[, *start*])	傳回字串是否以參數 *str* 開頭，若要指定從哪個索引開始檢查，可以加上參數 *start*。
endsWith(*str*[, *start*])	傳回字串是否以參數 *str* 結尾，若要指定從哪個索引開始檢查，可以加上參數 *start*。
charAt(*index*)	傳回索引為 *index* 的字元。
split(*str*)	根據參數 *str* 做分割，將字串轉換成 Array 物件並傳回。
substr(*index*, *length*)	傳回從索引 *index* 擷取長度為 *length* 的字串。
slice(*begin* [, *end*])	傳回索引為 *begin* ~ (*end* - 1) 的字串。
substring(*begin* [, *end*])	傳回索引為 *begin* ~ (*end* - 1) 的字串。
toLowerCase()	傳回所有字元轉換成小寫的字串。
toUpperCase()	傳回所有字元轉換成大寫的字串。
concat(*str* [, *strN*])	傳回字串與參數 *str* 進行字串連接的結果。
repeat(*count*)	傳回將字串重複參數 *count* 次的結果。
trim()	傳回移除字串前後空白的結果。

下面是一個例子，它示範了如何呼叫 String 物件的方法。

\Ch14\string.html

```
<script>
  var X = 'WowWowWowWowWow';
  var Y = 'Hello, world!';
  // 顯示 0（首次出現的索引）
  document.write(X.indexOf('Wow') + '<br>');
  // 顯示 12（最後出現的索引）
  document.write(X.lastIndexOf('Wow') + '<br>');
  // 顯示 true（包含 'ow'）
  document.write(X.includes('ow') + '<br>');
  // 顯示 false（不是以 'ow' 開頭）
  document.write(X.startsWith('ow') + '<br>');
  // 顯示 H（索引 0 為字母 H）
  document.write(Y.charAt(0) + '<br>');
  // 顯示 ["Hell", ", w", "rld!"]（以 'o' 做分割）
  document.write(Y.split('o') + '<br>');
  // 顯示 llo（從索引 2 擷取 3 個字元）
  document.write(Y.substr(2, 3) + '<br>');
  // 顯示 ello（擷取索引 1 ~ 4 的字元）
  document.write(Y.slice(1, 5) + '<br>');
  // 顯示 hello, world!（全部小寫）
  document.write(Y.toLowerCase() + '<br>');
</script>
```

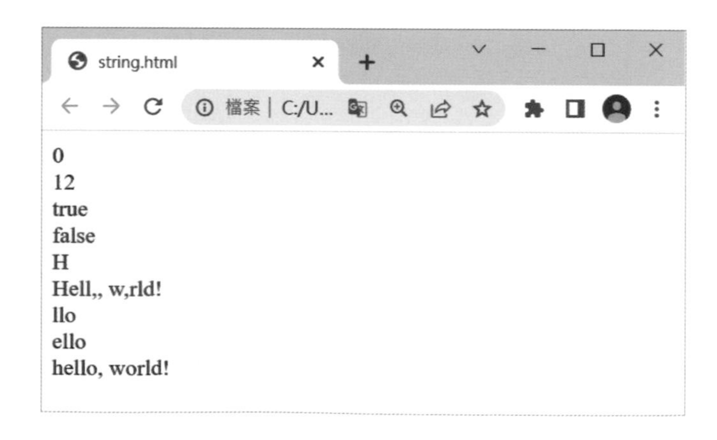

14-2-3 Math 物件

Math 物件提供了操作數值運算的屬性與方法，常用的如下。要注意的是 Math 物件的成員均為靜態屬性與靜態方法，可以透過 Math 物件加以存取，例如 Math.E、Math.PI 等。若是以 new 關鍵字建立 Math 物件，反而會得到錯誤訊息。

屬性	說明
E	自然數 e = 2.718281828459045。
LN2	e 為底的對數 2，ln2 = 0.6931471805599453。
LN10	e 為底的對數 10，ln10 = 2.302585092994046。
LOG2E	2 為底的對數 e，$\log_2 e$ = 1.4426950408889634。
LOG10E	10 為底的對數 e，$\log_{10} e$ = 0.4342944819032518。
PI	圓周率 π = 3.141592653589793。
SQRT1_2	1/2 的平方根 = 0.7071067811865476。
SQRT2	2 的平方根 = 1.4142135623730951。

下面是一個例子，它示範了如何取得 Math 物件的屬性值。

\Ch14\math1.html

```
<script>
  document.write('E 的值為 ' + Math.E + '<br>');
  document.write('LN2 的值為 ' + Math.LN2 + '<br>');
  document.write('PI 的值為 ' + Math.PI);
</script>
```

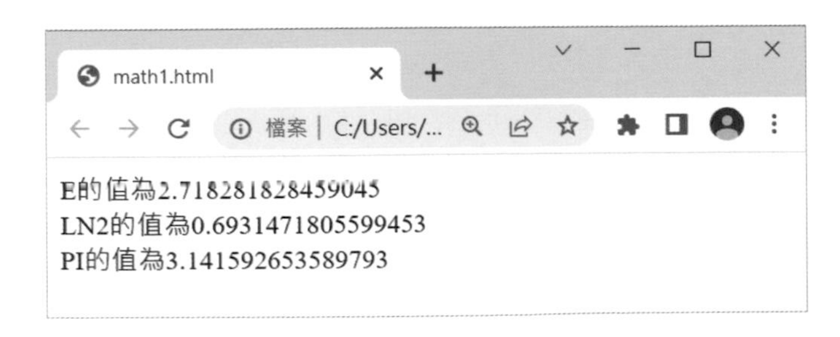

方法	說明
基本運算	
abs(*num*)	傳回參數 *num* 的絕對值。
max(*n1*, *n2*, ...)	傳回參數中的最大值。
min(*n1*, *n2*, ...)	傳回參數中的最小值。
pow(*n1*, *n2*)	傳回 *n1* 的 *n2* 次方。
random()	傳回 0 ~ 1.0 之間的亂數。
sign(*num*)	傳回參數的正負符號，1 表示正數，-1 表示負數，0 表示 0。
進位或捨去	
ceil(*num*)	傳回大於等於參數 *num* 的整數 (無條件進位)。
floor(*num*)	傳回小於等於參數 *num* 的整數 (無條件捨去)。
round(*num*)	傳回參數 *num* 的四捨五入值。
trunc(*num*)	傳回參數 *num* 的整數部分 (捨去小數部分)。
平方根、指數、對數	
sqrt(*num*)	傳回參數 *num* 的平方根。
cbrt(*num*)	傳回參數 *num* 的立方根。
exp(*num*)	傳回自然數 e 的 *num* 次方。
log(*num*)	傳回 e 為底的對數。
log10(*num*)	傳回 10 為底的對數。
log2(*num*)	傳回 2 為底的對數。
三角函數	
sin(*num*)	傳回參數 *num* 的正弦值，*num* 為弳度。
cos(*num*)	傳回參數 *num* 的餘弦值，*num* 為弳度。
tan(*num*)	傳回參數 *num* 的正切值，*num* 為弳度。
asin(*num*)	傳回參數 *num* 的反正弦值，*num* 為弳度。
acos(*num*)	傳回參數 *num* 的反餘弦值，*num* 為弳度。
atan(*num*)	傳回參數 *num* 的反正切值，*num* 為弳度。
註：弳度＝角度 ×PI÷180	

下面是一個例子，它示範了如何呼叫 Math 物件的方法。

\Ch14\math2.html

```
<script>
  // 顯示 100 (-100 的絕對值)
  document.write(Math.abs(-100) + '<br>');
  // 顯示 3 (最大值)
  document.write(Math.max(1, 3, 2) + '<br>');
  // 顯示 100 (10 的 2 次方)
  document.write(Math.pow(10, 2) + '<br>');
  // 顯示隨機亂數
  document.write(Math.random() + '<br>');
  // 顯示 8 (無條件進位)
  document.write(Math.ceil(7.004) + '<br>');
  // 顯示 5 (無條件捨去)
  document.write(Math.floor(5.95) + '<br>');
  // 顯示 6 (四捨五入)
  document.write(Math.round(5.95) + '<br>');
  // 顯示 13 (捨去小數部分)
  document.write(Math.trunc(13.37) + '<br>');
  // 顯示 2 (4 的平方根)
  document.write(Math.sqrt(4) + '<br>');
  // 顯示 1 (sin90°)
  document.write(Math.sin(90 * Math.PI / 180));
</script>
```

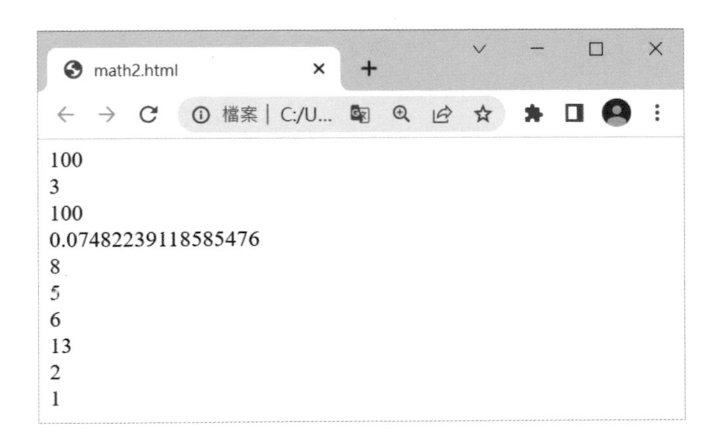

14-2-4 Date 物件

Date 物件提供了操作日期時間的方法，常用的如下。要注意的是在使用這些方法之前，必須先使用 new 關鍵字建立 Date 物件。

方法	說明
取得日期時間	
getFullYear()	傳回年份 (四位)。
getMonth()	傳回月份 0 ~ 11，表示 1 ~ 12 月。
getDate()	傳回日期 1 ~ 31。
getDay()	傳回星期 0 ~ 6，表示星期日 ~ 星期六。
getHours()	傳回小時 0 ~ 23。
getMinutes()	傳回分鐘 0 ~ 59。
getSeconds()	傳回秒數 0 ~ 59。
getMilliseconds()	傳回毫秒數 0 ~ 999。
getTime()	傳回自 1970/1/1 00:00:00 起所經過的毫秒數。
getTimezoneOffset()	傳回系統時間與世界標準時間 (UTC) 的時間差。
取得 UTC 日期時間	
getUTCFullYear()	傳回世界標準時間 (UTC) 的年份 (四位)。
getUTCMonth()	傳回世界標準時間 (UTC) 的月份 0 ~ 11，表示 1 ~ 12 月。
getUTCDate()	傳回世界標準時間 (UTC) 的日期 1 ~ 31。
getUTCDay()	傳回世界標準時間 (UTC) 的星期 0 ~ 6， 表示星期日 ~ 星期六。
getUTCHours()	傳回世界標準時間 (UTC) 的小時 0 ~ 23。
getUTCMinutes()	傳回世界標準時間 (UTC) 的分鐘 0 ~ 59。
getUTCSeconds()	傳回世界標準時間 (UTC) 的秒數 0 ~ 59。
getUTCMilliseconds()	傳回世界標準時間 (UTC) 的毫秒數 0 ~ 999。
設定日期時間	
setFullYear(*x*)	設定年份 (四位)。
setMonth(*x*)	設定月份 0 ~ 11，表示 1 ~ 12 月。

方法	說明
setDate(*x*)	設定日期 1 ~ 31。
setHours(*x*)	設定小時 0 ~ 23。
setMinutes(*x*)	設定分鐘 0 ~ 59。
setSeconds(*x*)	設定秒數 0 ~ 59。
setMilliseconds(*x*)	設定毫秒數 0 ~ 999。
setTime(*x*)	設定自 1970/1/1 00:00:00 起所經過的毫秒數。
設定 UTC 日期時間	
setUTCDate(*x*)	設定世界標準時間 (UTC) 的日期 1 ~ 31。
setUTCMonth(*x*)	設定世界標準時間 (UTC) 的月份 0 ~ 11，表示 1 ~ 12 月。
setUTCFullYear(*x*)	設定世界標準時間 (UTC) 的年份 (四位)。
setUTCHours(*x*)	設定世界標準時間 (UTC) 的小時 0 ~ 23。
setUTCMinutes(*x*)	設定世界標準時間 (UTC) 的分鐘 0 ~ 59。
setUTCSeconds(*x*)	設定世界標準時間 (UTC) 的秒數 0 ~ 59。
setUTCMilliseconds(*x*)	設定世界標準時間 (UTC) 的毫秒數 0 ~ 999。
字串轉換	
toString()	將日期時間轉換成字串。
toUTCString()	將日期時間依照世界標準時間 (UTC) 格式轉換成字串。
toLocaleString()	將日期時間依照當地時間格式轉換成字串。
toDateString()	將日期時間的日期轉換成字串。
toTimeString()	將日期時間的時間轉換成字串。
解析日期時間	
now()	傳回自 1970/1/1 00:00:00 (UTC) 起到目前日期時間所經過的毫秒數。
parse(*dtstr*)	解析參數 *dtstr* 所表示的日期時間，然後傳回自 1970/1/1 00:00:00 (UTC) 起到該日期時間所經過的毫秒數。
UTC(*year*[, *month*[, *day*[, *hour*[, *minute*[, *second*[, *millisecond*]]]]]])	解析參數所表示的日期時間，然後傳回自 1970/1/1 00:00:00 (UTC) 起到該日期時間所經過的毫秒數。

下面是一個例子，它會示範如何透過 Date 物件取得系統目前日期時間。

\Ch14\date1.html

```
<script>
  // 建立一個名稱為 dt 的 Date 物件，預設值為系統目前日期時間
  var dt = new Date();

  // 顯示 dt 物件的值
  document.write('目前日期時間為' + dt + '<br>');

  // 呼叫 Date 物件的方法並顯示結果
  document.write('getFullYear() 傳回' + dt.getFullYear() + '<br>');
  document.write('getMonth() 傳回' + dt.getMonth() + '<br>');
  document.write('getDate() 傳回' + dt.getDate() + '<br>');
  document.write('getDay() 傳回' + dt.getDay() + '<br>');
  document.write('getHours() 傳回' + dt.getHours() + '<br>');
  document.write('getMinutes() 傳回' + dt.getMinutes() + '<br>');
  document.write('getSeconds() 傳回' + dt.getSeconds() + '<br>');
  document.write('getMilliseconds() 傳回' + dt.getMilliseconds() + '<br>');
  document.write('getTime() 傳回' + dt.getTime());
</script>
```

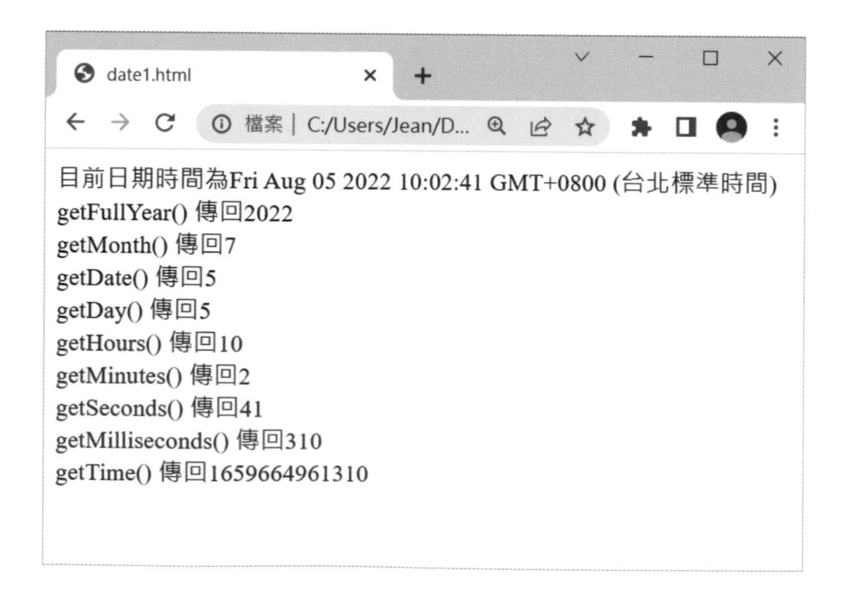

date1.html
檔案 | C:/Users/Jean/D...
目前日期時間為Fri Aug 05 2022 10:02:41 GMT+0800 (台北標準時間)
getFullYear() 傳回2022
getMonth() 傳回7
getDate() 傳回5
getDay() 傳回5
getHours() 傳回10
getMinutes() 傳回2
getSeconds() 傳回41
getMilliseconds() 傳回310
getTime() 傳回1659664961310

下面是另一個例子，它會建立一個 Date 物件，然後將該物件的日期時間設定為 2024 年 2 月 14 日 12:10:25。

或許您有注意到執行結果中的 GMT+0800 等文字，GMT (Greenwich Mean Time) 為格林威治標準時間，而 GMT+0800 表示當地時間為格林威治標準時間加上 8 小時。

\Ch14\date2.html

```
<!DOCTYPE html>
<html>
  <head>
    <meta charset="utf-8">
    <script>
      var dt = new Date();          // 建立一個名稱為 dt 的 Date 物件
      dt.setFullYear(2024);         // 將年份設定為 2024 年
      dt.setMonth(1);               // 將月份設定為 2 月
      dt.setDate(14);               // 將日期設定為 14 日
      dt.setHours(12);              // 將小時設定為 12 點
      dt.setMinutes(10);            // 將分鐘設定為 10 分
      dt.setSeconds(25);            // 將秒數設定為 25 秒
      document.write(" 這個日期時間為 " + dt);
    </script>
  </head>
</html>
```

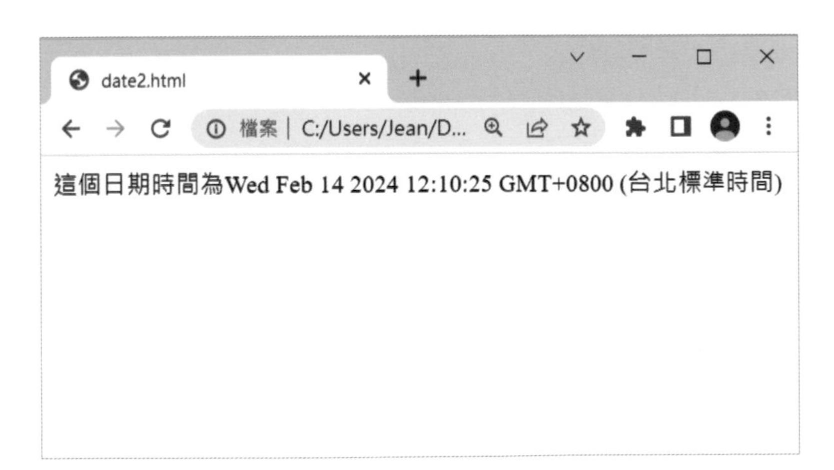

14-2-5 Array 物件

Array 物件提供了操作陣列的屬性與方法，包括陣列的長度以及一些用來進行搜尋陣列、擷取陣列元素、連接陣列元素、排序、反轉的方法。

一維陣列

陣列 (array) 可以用來儲存多個資料，這些資料叫做元素 (element)，每個元素有各自的索引 (index) 與值 (value)。

索引可以用來識別元素，例如第 1 個元素的索引為 0，第 2 個元素的索引為 1，...，第 n 個元素的索引為 n - 1。當陣列最多儲存 n 個元素時，表示它的長度 (length) 為 n。

除了一維陣列 (one-dimension) 之外，JavaScript 也允許我們使用多維陣列 (multi-dimension)，其中以二維陣列 (two-dimension) 較為常見。

以下面的敘述為例，我們先宣告一個名稱為 studentNames、包含 5 個元素的一維陣列，然後一一設定各個元素的值，注意索引是從 0 開始，而且前後要以中括號括起來：

```
var studentNames = new Array(5);
studentNames[0] = '小丸子';
studentNames[1] = '花輪';
studentNames[2] = '小玉';
studentNames[3] = '美環';
studentNames[4] = '永澤';
```

我們也可以在宣告一維陣列的同時設定各個元素的值，例如：

```
var studentNames = new Array('小丸子', '花輪', '小玉', '美環', '永澤');
```

我們還可以將上面的敘述簡寫成如下：

```
var studentNames = ['小丸子', '花輪', '小玉', '美環', '永澤'];
```

下面是一個例子，其中第 03 ~ 04 行是宣告一個名稱為 drinks 的一維陣列用來儲存飲料名稱，而第 07 ~ 10 行的 for 迴圈是以表格形式顯示飲料編號和一維陣列的內容。

請注意，第 07 行的 drinks.length 是透過 drinks 陣列的 length 屬性取得陣列的元素個數，而此例的 drinks 陣列包含七個飲料名稱，所以 drinks.length 的值為 7。

\Ch14\array1.html

```
01: <body>
02:   <script>
03:     var drinks = ['卡布奇諾咖啡', '拿鐵咖啡', '血腥瑪莉', '長島冰茶',
04:       '愛爾蘭咖啡', '藍色夏威夷', '英式水果冰茶'];
05:
06:     document.write('<table border="1">');
07:     for(var i = 0; i < drinks.length; i++) {
08:       document.write('<tr><td>飲料' + (i + 1) + '</td>');
09:       document.write('<td>' + drinks[i] + '</td></tr>');
10:     }
11:     document.write('</table>');
12:   </script>
13: </body>
```

飲料1	卡布奇諾咖啡
飲料2	拿鐵咖啡
飲料3	血腥瑪莉
飲料4	長島冰茶
飲料5	愛爾蘭咖啡
飲料6	藍色夏威夷
飲料7	英式水果冰茶

二維陣列

前面所介紹的陣列屬於一維陣列，事實上，我們還可以宣告多維陣列，而且最常見的就是二維陣列。以下面的成績單為例，由於總共有 m 列 n 行，因此，我們可以宣告一個 m×n 的二維陣列來儲存這個成績單，如下：

	第 0 行	第 1 行	第 2 行	……	第 n-1 行
第 0 列	姓名	國文	英文	……	數學
第 1 列	王小美	85	88	……	77
第 2 列	孫大偉	99	86	……	89
……	……	……	……	……	……
第 m-1 列	張婷婷	75	92	……	86

m×n 二維陣列有兩個索引，第一個索引是從 0 到 m - 1 (共 m 個)，第二個索引是從 0 到 n - 1 (共 n 個)，若要存取二維陣列，必須同時使用這兩個索引。以上面的成績單為例，我們可以使用二維陣列的兩個索引表示成如下：

	第 0 行	第 1 行	第 2 行	……	第 n-1 行
第 0 列	[0][0]	[0][1]	[0][2]	……	[0][n-1]
第 1 列	[1][0]	[1][1]	[1][2]	……	[1][n-1]
第 2 列	[2][0]	[2][1]	[2][2]	……	[2][n-1]
……	……	……	……	……	……
第 m-1 列	[m-1][0]	[m-1][1]	[m-1][2]	……	[m-1][n-1]

由上表可知，「王小美」這筆資料是儲存在二維陣列中索引為 [1][0] 的位置，而「王小美」的數學分數是儲存在二維陣列中索引為 [1][n - 1] 的位置；同理，「張婷婷」這筆資料是儲存在二維陣列中索引為 [m-1][0] 的位置，而「張婷婷」的數學分數是儲存在二維陣列中索引為 [m-1][n - 1] 的位置。

雖然 JavaScript 沒有直接支援多維陣列，但允許 Array 物件的元素為另一個 Array 物件，所以我們還是能夠順利使用二維陣列。

下面是一個例子，其中第 03 ~ 06 行是宣告一個二維陣列用來儲存學生的姓名與分數，而第 09 ~ 14 行的巢狀迴圈是以表格形式顯示二維陣列的內容。請注意，第 09 行的 scores.length 是透過 scores 陣列的 length 屬性取得陣列的元素個數，而此例的 scores 陣列包含四個陣列，而這四個陣列又各自包含四個元素。

\Ch14\array2.html

```
01: <body>
02:   <script>
03: ❶   var scores = [['姓名', '國文', '英文', '數學'],
04:                   ['王小美', 85, 88, 77],
05:                   ['孫大偉', 99, 86, 89],
06:                   ['張婷婷', 75, 92, 86]];
07:
08:     document.write('<table border="1">');
09:   ┌ for(var i = 0; i < scores.length; i++) {
10:   │   document.write('<tr>');
11:   │   for(var j = 0; j < scores[i].length; j++)
12: ❷ │     document.write('<td>' + scores[i][j] + '</td>');
13:   │   document.write('</tr>');
14:   └ }
15:     document.write('</table>');
16:   </script>
17: </body>
```

❶ 宣告一個二維陣列用來儲存學生的姓名與分數

❷ 以表格形式顯示二維陣列的內容

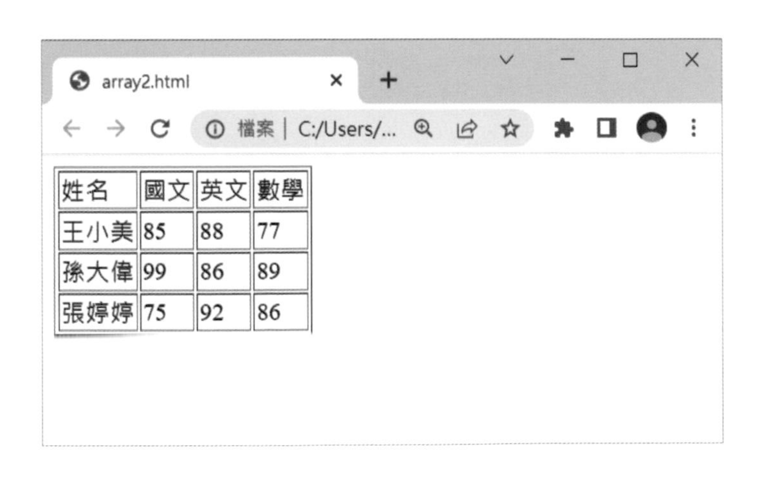

姓名	國文	英文	數學
王小美	85	88	77
孫大偉	99	86	89
張婷婷	75	92	86

Array 物件的屬性

Array 物件有一個常用的屬性 length，表示陣列的元素個數。舉例來說，假設變數 X 的值為 [10, 20, 30, 40, 50]，那麼它的長度 X.length 會傳回 5。

Array 物件的方法

Array 物件常用的方法如下。

方法	說明
基本操作	
isArray(*obj*)	若參數 *obj* 為陣列，就傳回 true，否則傳回 false，例如 Array.isArray(['a', 'b', 'c']) 會傳回 true，而 Array.isArray('abc') 會傳回 false。
of(*e0*[, *e1*[, ...]])	將參數 *e0*, *e1*, ... 轉換成陣列，例如 Array.of('a', 'b', 'c') 會傳回 ['a', 'b', 'c']。
toString()	將陣列的元素依照「元素 , 元素 ,...」格式轉換成字串，例如 [1, 2, 3].toString() 會傳回 1,2,3。
indexOf(*elm*[, *start*])	傳回參數 *elm* 首次出現在陣列中的索引，-1 表示找不到，若要指定從哪個索引開始搜尋，可以加上參數 *start*，例如 [1, 2, 3, 2, 1].indexOf(2) 會傳回 1。
lastIndexOf(*elm*[, *start*])	傳回參數 *elm* 最後出現在陣列中的索引 (由後往前找)，-1 表示找不到，若要指定從哪個索引開始搜尋，可以加上參數 *start*，例如 [1, 2, 3, 2, 1].lastIndexOf(2) 會傳回 3。
includes(*elm*[, *start*])	傳回陣列是否包含參數 *elm*，若要指定從哪個索引開始檢查，可以加上參數 *start*，例如 [1, 2, 3].includes(2) 會傳回 true。
entries()	傳回陣列的所有鍵 / 值，這是一個迭代物件。
keys()	傳回陣列的所有鍵，這是一個迭代物件。
values()	傳回陣列的所有值，這是一個迭代物件。
進階處理	
concat(*arr*)	傳回陣列與參數 *arr* 合併的陣列，例如 [1, 2].concat([3, 4, 5]) 會傳回 [1, 2, 3, 4, 5]。

方法	說明
fill(*value*[, *begin*[, *end*]])	傳回以 *value* 填滿索引為 *begin* ~ (*end* - 1) 的陣列，例如 ['a', 'b', 'c', 'd', 'e'].fill('x', 1, 3) 會傳回 ['a', 'x', 'x', 'd', 'e']。
join([*separator*])	傳回陣列各個元素連接而成的字串，若要指定以哪個字元隔開元素，可以加上參數 *separator*，例如 ['a', 'b', 'c', 'd', 'e'].join('-') 會傳回 'a-b-c-d-e'。
slice(*begin* [, *end*])	傳回索引為 *begin* ~ (*end* - 1) 的元素，例如 ['a', 'b', 'c', 'd', 'e'].slice(1, 3) 會傳回 ['b', 'c']。
排序	
sort([*compareFn*])	傳回將陣列由小到大排序的結果，若要設定用來做為比較依據的函式，可以加上參數 *compareFn*，例如 [1, 5, 3, 2, 4].sort() 會傳回 [1, 2, 3, 4, 5]。
reverse()	傳回將陣列的元素順序反轉過來的結果，例如 [1, 2, 3, 4, 5].reverse() 會傳回 [5, 4, 3, 2, 1]。
新增 / 刪除	
pop()	從陣列移除最後一個元素，並傳回該元素。舉例來說，假設陣列 A 為 ['a', 'b', 'c']，則 A.pop() 會傳回 'c'，而陣列 A 的值為 ['a', 'b']。
push(*e0*[, *e1*[, ...]])	新增一個或多個元素到陣列尾端，並傳回陣列的新長度。舉例來說，假設陣列 B 為 ['x', 'y']，則 B.push('z') 會傳回 3，而陣列 B 的值為 ['x', 'y', 'z']。
shift()	從陣列移除第一個元素，並傳回該元素。舉例來說，假設陣列 A 為 ['a', 'b', 'c']，則 A.shift() 會傳回 'a'，而陣列 A 的值為 ['b', 'c']。
unshift(*e0*[, *e1*[, ...]])	新增一個或多個元素到陣列開頭，並傳回陣列的新長度。舉例來說，假設陣列 A 為 ['a', 'b', 'c']，則 A.unshift('x', 'y') 會傳回 5，而陣列 A 的值為 ['x', 'y', 'a', 'b', 'c']。
splice(*start*[, *deleteCount*[, *item1*[, *item2*[, ...]]]])	從索引為 *start* 處刪除 *deleteCount* 個元素，接著插入 *item1*, *Item2*, ...等元素，然後傳回被刪除的元素。舉例來說，假設陣列 C 為 ['a', 'b', 'c', 'd', 'e', 'f']，則 C.splice(1, 3, 'x') 會傳回 ['b', 'c', 'd']，而陣列 C 的值為 ['a', 'x', 'e', 'f']。

14-2-6 Error 物件

常見的 JavaScript 程式錯誤有下列幾種類型：

- 語法錯誤 (syntax error)：這是在撰寫程式時最容易發生的錯誤，任何程式語言都有其專屬的語法必須加以遵循，一旦誤用語法，就會發生錯誤，例如遺漏必要的符號、誤用關鍵字等。對於語法錯誤，瀏覽器的開發人員工具會顯示哪裡有錯誤，以及造成錯誤的原因，只要依照提示做修正即可。舉例來說，假設我們遺漏標示字串結尾的單引號，Chrome 的開發人員工具就會出現如下圖的錯誤訊息。

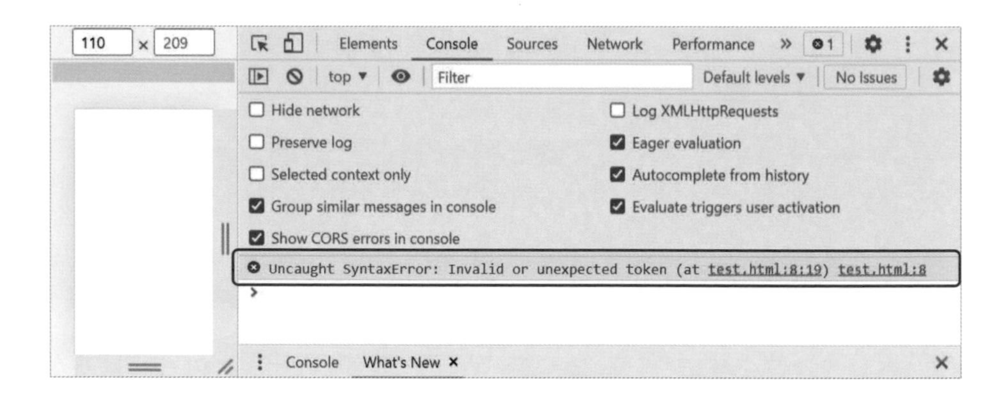

- 執行期間錯誤 (runtime error)：這是在程式執行期間所發生的錯誤，導致此種錯誤的往往不是語法問題，而是一些看起來似乎正確卻無法執行的程式碼。舉例來說，您可能撰寫一行語法正確的敘述來進行兩個變數相加，卻忘了定義其中一個變數的值，使得程式在執行時發生變數尚未定義的錯誤。對於執行期間錯誤，瀏覽器的開發人員工具會顯示哪裡有錯誤，以及造成錯誤的原因，只要依照提示做修正即可。

- 邏輯錯誤 (logical error)：這是在使用程式時所發生的錯誤，例如使用者輸入不符合要求的資料，程式卻沒有設計到如何處理這種情況，或是在撰寫迴圈時沒有充分考慮到結束條件，導致陷入無窮迴圈。邏輯錯誤是比較難修正的錯誤類型，因為不容易找出導致錯誤的真正原因，但還是可以從執行結果不符合預期來判斷是否有邏輯錯誤。

當 JavaScript 程式發生錯誤時，它會拋出例外 (exception)，此時，直譯器會停止執行程式，並尋找例外處理的程式碼。

JavaScript 會根據不同的錯誤建立不同的錯誤物件，例如 Error 物件用來表示錯誤，所有錯誤物件都是以 Error 物件為基底所衍生出來的；SyntaxError 物件用來表示語法錯誤，可能是遺漏結尾的括號、遺漏陣列的逗號、使用未成對的引號等；TypeError 物件用來表示型別錯誤，可能是變數或參數不是有效型別，或使用不存在的物件或方法；ReferenceError 物件用來表示參照錯誤，可能是變數尚未宣告或變數不在有效範圍內；RangeError 物件用來表示範圍錯誤，可能是使用超出定義範圍的數值；URIError 物件用來表示網址錯誤。

JavaScript 提供了 try...catch...finally 用來進行例外處理，其語法如下：

```
try {
  可能發生例外的敘述
} catch (exception) {
  發生例外時所要執行的敘述
} finally {
  無論有無發生例外都會執行的敘述
}
```

- try：可能發生例外的敘述要放在 try 區塊，若發生例外，控制權就會轉移到 catch 區塊，否則會轉移到 finally 區塊。

- catch：當 try 區塊發生例外時，控制權會轉移到 catch 區塊，執行一些用來處理例外的敘述，然後再轉移到 finally 區塊。此處有個變數 *exception* 用來儲存捕捉到的例外，這是一個 Error 物件，我們可以透過 name、message、fileName、lineNumber 等屬性取得錯誤的名稱、錯誤的描述、發生錯誤的檔案名稱及發生錯誤的行數。

- finally：無論有沒有發生例外，最後都會執行 finally 區塊，裡面可能是一些用來清除錯誤或收尾的敘述。finally 區塊為選擇性敘述，若不需要的話可以省略。

下面是一個例子，在沒有使用 try...catch...finally 的情況下，當程式執行到 var Z = X / Y; 時，由於變數 Y 尚未定義，所以程式會發生例外並終止執行，導致使用者只看到一片不明原因的空白。為了不要讓使用者感到這麼突然，於是我們將 var Z = X / Y; 放在 try 區塊，一旦發生例外，控制權就會轉移到 catch 區塊，並透過捕捉到的例外顯示錯誤的名稱及錯誤的訊息，然後再轉移到 finally 區塊，顯示「例外處理完畢！」。

\Ch14\error.html

```
<script>
  var X = 1;
  try {
    var Z = X / Y;
  } catch (e) {
    document.write(e.name + '<br>' + e.message);
  } finally {
    document.write('<br> 例外處理完畢！ ');
  }
</script>
```

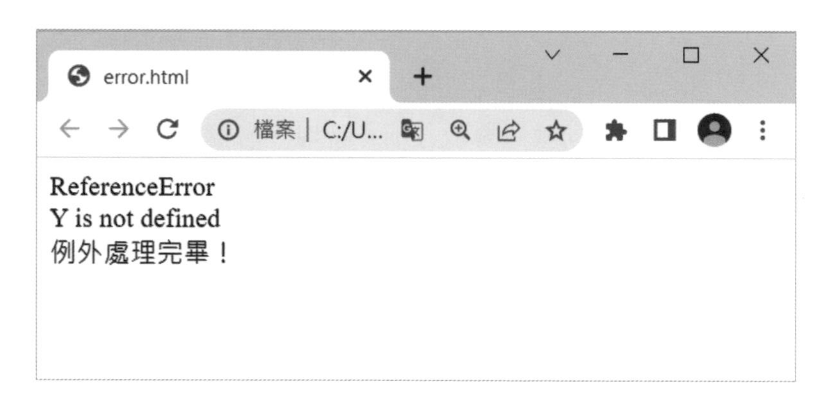

請注意，若您在 try 區塊或 catch 區塊裡面使用了 break 或 return 等關鍵字，程式的控制權將直接轉移到 finally 區塊。

此外，您可以視實際需要使用巢狀 try...catch...finally 進行多層次的例外處理，也就是將另一個 try...catch...finally 放在 catch 區塊，不過，這會影響到程式的效能，所以在使用之前務必考慮其必要性。

14-3 Window 物件

Window 物件是瀏覽器物件模型中最上層的物件，代表目前的瀏覽器視窗或索引標籤，我們可以透過它存取瀏覽器視窗的相關資訊，例如視窗的大小、位置等，也可以透過它進行開啟視窗、關閉視窗、移動視窗、捲動視窗、調整視窗大小、顯示對話方塊、啟動計時器、列印網頁等動作。

Window 物件常用的屬性與方法如下，其中 location、navigator、screen、history、document（注意是全部小寫）等屬性分別指向 Location、Navigator、Screen、History、Document（注意是大寫開頭）等子物件。

屬性	說明
location	指向 Location 物件。
navigator	指向 Navigator 物件。
screen	指向 Screen 物件。
history	指向 History 物件。
document	指向 Document 物件。
closed	傳回視窗是否已經關閉，true 表示是，false 表示否。
devicePixelRatio	傳回螢幕的裝置像素比（又稱為像素密度）。
fullScreen	傳回視窗是否為全螢幕顯示，true 表示是，false 表示否。
name	取得或設定視窗的名稱。
parent	指向父視窗。
top	指向頂層視窗。
self	指向 Window 物件本身。
innerHeight	傳回視窗中的網頁內容高度，包含水平捲軸（以像素為單位）。
innerWidth	傳回視窗中的網頁內容寬度，包含垂直捲軸（以像素為單位）。
scrollX	傳回網頁內容已經水平捲動幾個像素。
scrollY	傳回網頁內容已經垂直捲動幾個像素。
screenX	傳回視窗左上角在螢幕上的 X 軸座標。
screenY	傳回視窗左上角在螢幕上的 Y 軸座標。

方法	說明
alert(*msg*)	顯示包含參數 *msg* 所指定之文字的警告對話方塊。
prompt(*msg*, *default*)	顯示包含參數 *msg* 所指定之文字的輸入對話方塊，參數 *default* 為預設的輸入值，可以省略不寫。
confirm(*msg*)	顯示包含參數 *msg* 所指定之文字的確認對話方塊，若按 [確定]，就傳回 true；若按 [取消]，就傳回 false。
moveBy(*deltaX*, *deltaY*)	移動視窗位置，X 軸位移為 *deltaX*，Y 軸位移為 *deltaY*。
moveTo(*x*, *y*)	移動視窗到螢幕上座標為 (*x*, *y*) 的位置。
resizeBy(*deltaX*, *deltaY*)	調整視窗大小，寬度變化量為 *deltaX*，高度變化量為 *deltaY*。
resizeTo(*x*, *y*)	調整視窗到寬度為 *x*，高度為 *y*。
scrollBy(*deltaX*, *deltaY*)	調整捲軸，X 軸位移為 *deltaX*，Y 軸位移為 *deltaY*。
scrollTo(*x*, *y*)	調整捲軸，令網頁中座標為 (*x*, *y*) 的位置顯示在左上角。
open(*url*, *name*[, *features*])	開啟一個內容為 *url*、名稱為 *name*、外觀為 *features* 的視窗，傳回值為新視窗的 Window 物件。
close()	關閉視窗。
focus()	令視窗取得焦點。
print()	列印網頁。
setInterval(*exp*, *time*)	啟動週期計時器，以根據參數 *time* 所指定的時間週期性地執行參數 *exp* 所指定的運算式，參數 *time* 的單位為千分之一秒 (毫秒)。
clearInterval()	停止 setInterval() 所啟動的計時器。
setTimeOut(*exp*, *time*)	啟動單次計時器，當參數 *time* 所指定的時間到達時，就執行參數 *exp* 所指定的運算式，參數 *time* 的單位為千分之一秒 (毫秒)。
clearTimeOut()	停止 setTimeOut() 所啟動的計時器。

使用確認對話方塊

window.confirm() 方法的語法如下，用來顯示確認對話方塊，參數 *msg* 為提示文字，若按 [確定]，就傳回 true；若按 [取消]，就傳回 false：

```
window.confirm(msg)
```

下面是一個例子，當使用者按 [提交] 時，就顯示確認對話方塊詢問是否要提交表單，若按 [取消]，就取消提交表單這個預設的動作。

\Ch14\confirm.html

```
<body>
  <form id="myform">
    <label for="username">姓名：</label>
    <input type="text" id="username">
    <input type="submit">
  </form>
  <script>
    var myform = document.getElementById('myform');
    myform.addEventListener('submit', function(e) {   ❶
      if (!window.confirm('確定要提交表單？'))
        e.preventDefault(); ❷
    }, false);
  </script>
</body>
```

❶ 針對表單的 submit 事件設定處理程式，第 15 章有進一步的說明

❷ 這個方法可以取消元素預設的行為

開啟視窗 / 關閉視窗

window.open() 方法的語法如下，用來開啟一個內容為 *url*、名稱為 *name*、外觀為 *features* 的視窗，傳回值為新視窗的 Window 物件：

```
window.open(url, name[, features])
```

常用的外觀參數如下。

外觀參數	說明
menubar=1 或 0	是否顯示功能表列。
toolbar=1 或 0	是否顯示工具列。
location=1 或 0	是否顯示網址列。
status=1 或 0	是否顯示狀態列。
scrollbars=1 或 0	當網頁內容超過視窗時，是否顯示捲軸。
resizable=1 或 0	是否可以改變視窗大小。
height=*n*	視窗的高度，*n* 為像素數。
width=*n*	視窗的寬度，*n* 為像素數。

下面是一個例子 \Ch14\open.html，當使用者點取「開啟新視窗」超連結時，會開啟一個新視窗，而且新視窗的內容為 \Ch14\new.html，寬度為 400 像素、高度為 180 像素；當使用者點取「關閉新視窗」超連結時，會關閉剛才開啟的新視窗。

❶ 點取「開啟新視窗」超連結　❷ 成功開啟新視窗

\Ch14\open.html

```
<!DOCTYPE html>
<html>
  <head>
    <meta charset="utf-8">
  </head>
  <body>                         ❶
    <a href="javascript: openNewWindow();"> 開啟新視窗 </a>
    <a href="javascript: closeNewWindow();"> 關閉新視窗 </a>
    <script>
      var myWin = null;
      // 開啟新視窗
      function openNewWindow() {
        myWin = window.open('new.html', 'myWin', 'width=400, height=180'); ❷
      }

      // 關閉新視窗
      function closeNewWindow() {
        if (myWin) myWin.close(); ❸
      }
    </script>
  </body>
</html>
```

❶ 設定超連結所連結的函式

❷ 將 open() 方法所傳回的 Window 物件 (即新視窗) 指派給變數 myWin

❸ 若新視窗存在，就呼叫 close() 方法關閉新視窗

\Ch14\new.html

```
<!DOCTYPE html>
<html>
  <head>
    <meta charset="utf-8">
  </head>
  <body>
    <p> 這是寬度為 400 像素，高度為 180 像素的新視窗 </p>
  </body>
</html>
```

14-4 Location 物件

Location 物件包含目前開啟之網頁的網址資訊 (URL)，我們可以透過它取得或控制瀏覽器的網址、重新載入網頁或導向到其它網頁。

Location 物件常用的屬性與方法如下。

屬性	說明
href	網址，如欲將瀏覽器導向到其它網址，可以變更此屬性的值。
search	網址中 ? 符號與其後面的資料，假設網址為 "/docs/index.html?q=123"，則 search 屬性會傳回 "?q=123"。
hash	網址中 # 符號與其後面的資料，假設網址為 "/docs/index.html#Examples"，則 hash 屬性會傳回 "#Examples"。
host	網址中的主機名稱與通訊埠。
hostname	網址中的主機名稱。
pathname	網址中的檔案名稱與路徑。
port	網址中的通訊埠。
protocol	網址中的通訊協定。

方法	說明
reload()	重新載入目前開啟的網頁，相當於按一下瀏覽器的 [重新整理] 按鈕。
replace(*url*)	令瀏覽器載入並顯示參數 *url* 所指定的網頁，取代目前開啟的網頁在瀏覽歷程記錄中的位置。
assign(*url*)	令瀏覽器載入並顯示參數 *url* 所指定的網頁，相當於將 href 屬性設定為參數 *url*。
toString()	將網址 (location.href 屬性的值) 轉換成字串。

舉例來說，假設網址為 "https://www.lucky.com:4097/docs/index.html"，則 host 屬性會傳回 "www.lucky.com:4097"，hostname 屬性會傳回 "www.lucky.com"，pathname 屬性會傳回 "/docs/index.html"，port 屬性會傳回 "4097"，protocol 屬性會傳回 "https:"。

下面是一個例子，它會顯示 Location 物件各個屬性的值，並提供「重新載入」和「導向到 Google」兩個超連結，點取前者會重新載入目前開啟的網頁，而點取後者會導向到 Google 網站。

\Ch14\location.html

```
<!DOCTYPE html>
<html>
  <head>
    <meta charset="utf-8">
    <script>
      for(var property in window.location)
        document.write(property + ':' + window.location[property] + '<br>');
    </script>
  </head>
  <body>
    <a href="javascript: location.reload();"> 重新載入 </a>
    <a href="javascript: location.replace('https://www.google.com/');">
      導向到 Google</a>
  </body>
</html>
```

ⓐ 顯示 Location 物件各個屬性的值

ⓑ 點取此超連結會呼叫 location. reload() 方法重新載入網頁

ⓒ 點取此超連結會呼叫 location. replace() 方法導向到 Google

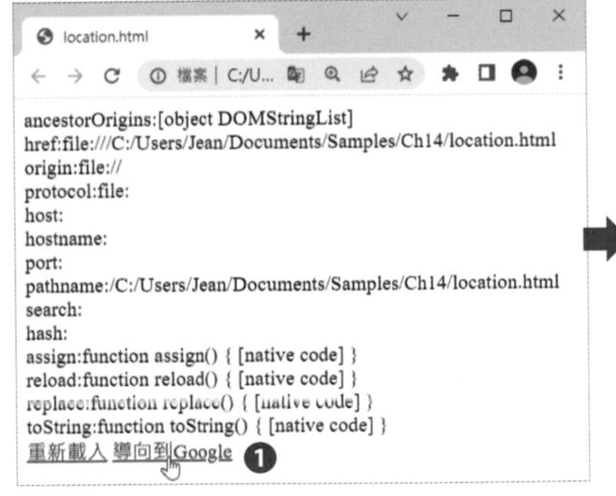

❶ 點取此超連結

❷ 導向到 Google

14-5 Navigator 物件

Navigator 物件包含瀏覽器的相關描述與系統資訊，常用的屬性如下，這些屬性只能讀取無法寫入。

屬性	說明
appCodeName	瀏覽器的內部程式碼名稱，例如 "Mozilla"。
appName	瀏覽器的正式名稱，例如 "Netscape"。
appVersion	瀏覽器的版本與作業系統的名稱，例如 "5.0 (Windows NT 10.0; Win64; x64) AppleWebKit/537.36 (KHTML, like Gecko) Chrome/89.0.4389.114 Safari/537.36"。
connection	裝置的網路連線資訊。
cookieEnabled	瀏覽器是否啟用 Cookie 功能，true 表示是，false 表示否。
geolocation	裝置的地理位置資訊。
javaEnabled	瀏覽器是否啟用 Java，true 表示是，false 表示否。
language	使用者偏好的語系，通常指的是瀏覽器介面的語系，例如 "zh-tw" 表示繁體中文。
languages	使用者偏好的語系，例如 zh-TW,zh,en-US,en。
mimeTypes	瀏覽器支援的 MIME 類型。
onLine	瀏覽器是否在線上，true 表示是，false 表示否。
oscpu	目前作業系統。
platform	瀏覽器平台，例如 "Win32"。
plugins	瀏覽器安裝的外掛程式。
product	任何瀏覽器均會傳回 'Gecko'，此屬性的存在是為了相容性的目的。
userAgent	HTTP Request 中 user-agent 標頭的值，我們可以利用此屬性判斷目前使用的瀏覽器種類，例如 Chrome 瀏覽器會傳回 "Mozilla/5.0 (Windows NT 10.0; Win64; x64) AppleWebKit/537.36 (KHTML, like Gecko) Chrome/89.0.4389.114 Safari/537.36"，而 Edge 瀏覽器會傳回 "Mozilla/5.0 (Windows NT 10.0; Win64; x64) AppleWebKit/537.36 (KHTML, like Gecko) Chrome/89.0.4389.114 Safari/537.36 Edg/89.0.774.75"。

下面是一個例子，它會顯示 Navigator 物件各個屬性的值。

\Ch14\navigator.html

```
<!DOCTYPE html>
<html>
  <head>
    <meta charset="utf-8">
    <script>
      for(var property in window.navigator)
        document.write(property + ":" + window.navigator[property] + "<br>");
    </script>
  </head>
  <body>
  </body>
</html>
```

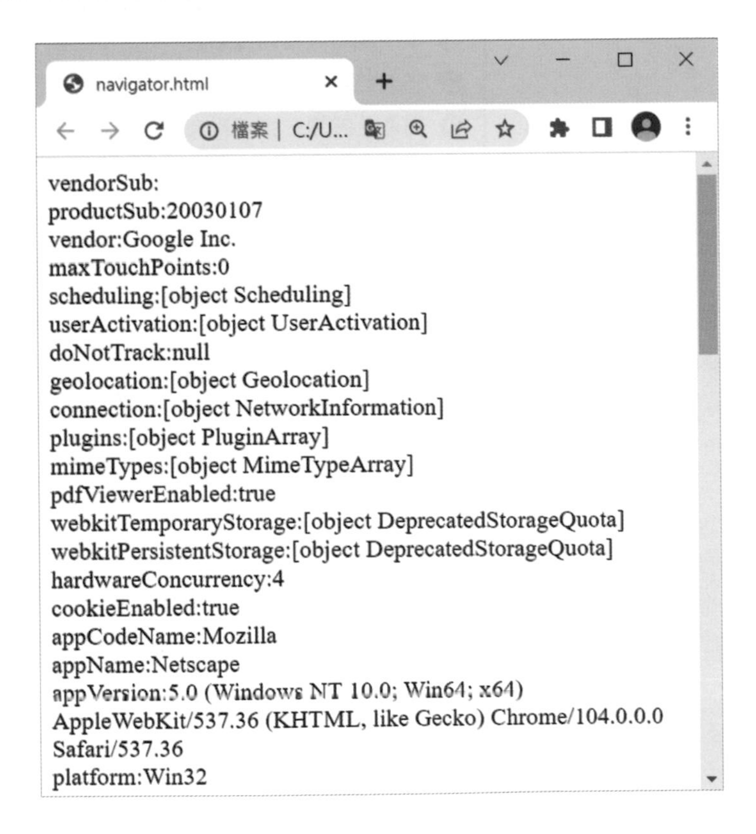

14-6 History 物件

History 物件包含瀏覽器的瀏覽歷程記錄，常用的屬性與方法如下。

屬性 / 方法	說明
length	瀏覽歷程記錄筆數。
back()	回到上一頁。
forward()	移到下一頁。
go(*num*)	回到上幾頁 (*num* 小於 0) 或移到下幾頁 (*num* 大於 0)。

下面是一個例子，它會顯示瀏覽歷程記錄筆數。

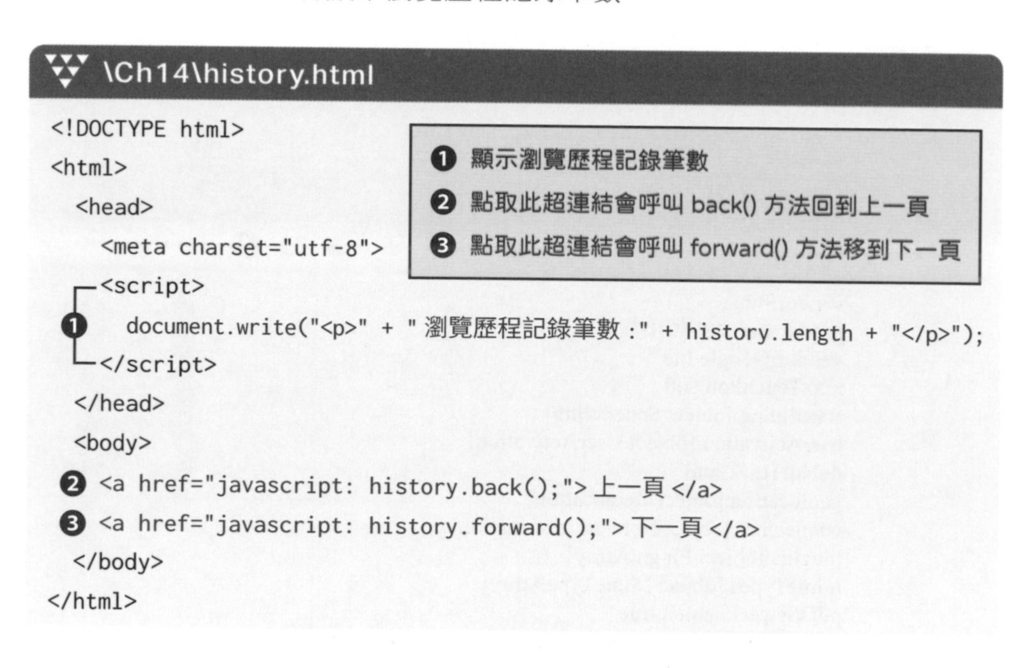

\Ch14\history.html

```
<!DOCTYPE html>
<html>
  <head>
    <meta charset="utf-8">
    <script>
❶     document.write("<p>" + " 瀏覽歷程記錄筆數 :" + history.length + "</p>");
    </script>
  </head>
  <body>
❷ <a href="javascript: history.back();"> 上一頁 </a>
❸ <a href="javascript: history.forward();"> 下一頁 </a>
  </body>
</html>
```

❶ 顯示瀏覽歷程記錄筆數
❷ 點取此超連結會呼叫 back() 方法回到上一頁
❸ 點取此超連結會呼叫 forward() 方法移到下一頁

14-7 Screen 物件

在設計網頁時，除了要考慮瀏覽器的類型，使用者的螢幕資訊也很重要，因為螢幕解析度愈高，就能顯示愈多網頁內容，但使用者的螢幕解析度卻不見得相同，此時，我們可以透過 Sreen 物件取得螢幕資訊，然後視實際情況調整網頁內容。Screen 物件常用的屬性如下，這些屬性只能讀取無法寫入。

屬性	說明
height	螢幕的高度，以像素為單位。
width	螢幕的寬度，以像素為單位。
availHeight	螢幕的可用高度 (不包括一直存在的桌面功能，例如工作列)。
availWidth	螢幕的可用寬度 (不包括一直存在的桌面功能，例如工作列)。
colorDepth	螢幕的色彩深度，也就是每個像素使用幾位元儲存色彩。

下面是一個例子，它會顯示前述幾個屬性的值。

\Ch14\screen.html

```
<script>
  document.write('height 屬性的值為 ' + screen.height + '<br>');
  document.write('width 屬性的值為 ' + screen.width + '<br>');
  document.write('availHeight 屬性的值為 ' + screen.availHeight + '<br>');
  document.write('availWidth 屬性的值為 ' + screen.availWidth + '<br>');
  document.write('colorDepth 屬性的值為 ' + screen.colorDepth + '<br>');
</script>
```

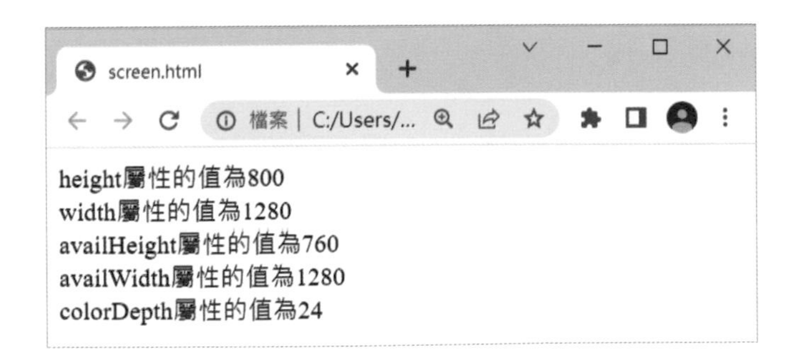

14-8 Document 物件

Document 物件是 Window 物件的子物件，Window 物件代表一個瀏覽器視窗或索引標籤，而 Document 物件代表目前的網頁，我們可以透過它存取 HTML 文件的元素，例如表單、圖片、表格、超連結等。

14-8-1 DOM (文件物件模型)

DOM (Document Object Model，文件物件模型) 是 W3C 制定的應用程式介面，用來存取以 HTML、XML 等標記語言所撰寫的文件。DOM 並不屬於 HTML、XML 或 JavaScript 的一部分，但所有瀏覽器都會實作此模型。目前 DOM 的規格有 Level 1 ~ Level 4，我們通常是使用 JavaScript 來存取 DOM，但它其實也可以被其它程式語言存取，只是比較少見。

當瀏覽器載入 HTML 文件時，它會在記憶體中建立該網頁的文件模型，稱為 DOM 樹 (DOM tree)，這是一個由多個物件所構成的集合，每個物件代表 HTML 文件中的一個元素，而且每個物件有各自的屬性、方法與事件，能夠透過 JavaScript 來操作。

以下面的 HTML 文件為例，瀏覽器會為它建立如下圖的 DOM 樹，文件中的每個元素、屬性和文字內容都有對應的 DOM 節點 (DOM node)。

```
<html>
  <head>
    <meta charset="utf-8">
  </head>
  <body>
    <h1> 美食推薦 </h1>
    <ul>
      <li id="one"> 珠寶盒 </li>
      <li id="two"> 法朋 </li>
    </ul>
  </body>
</html>
```

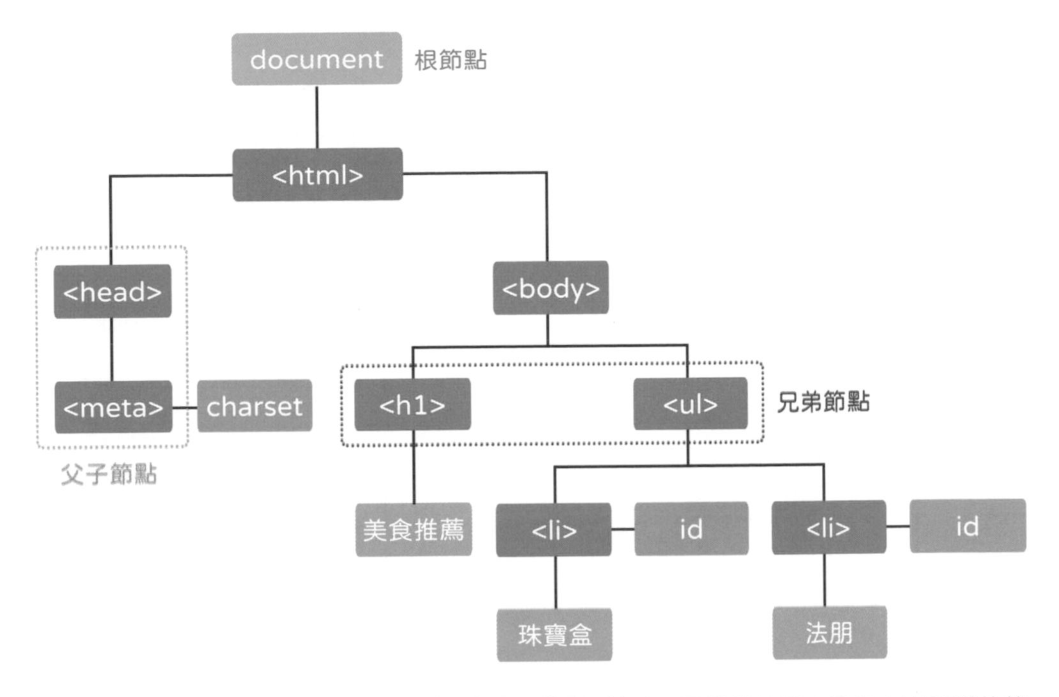

註：「根節點」是樹狀結構中最頂端的節點；「父子節點」是樹狀結構中具有上下關聯的節點，上層的稱為「父節點」，而下層的稱為「子節點」；「兄弟節點」是樹狀結構中父節點相同的節點。

DOM 樹中有下列四種節點，任何對 DOM 樹的改變都會反映到瀏覽器的執行畫面：

- 文件節點：DOM 樹的頂端被加入一個 document 節點，代表整個網頁。文件節點位於整棵 DOM 樹的起始位置，我們可以透過它走訪 DOM 樹中的各個節點。
- 元素節點：這代表 HTML 文件中的一個元素，只要能夠找到元素節點，就能進一步存取該節點的屬性或文字內容。
- 屬性節點：這代表 HTML 元素的屬性，屬性節點並不是其附屬元素節點的子節點，而是元素節點的一部分。
- 文字節點：這代表 HTML 元素的文字內容，而且文字節點不會再有子節點。

DOM 樹的每個節點都是一個隸屬於 Node 型別的物件，而 Node 型別又包含數個子型別，其型別階層架構如下圖，HTMLDocument 子型別代表 HTML 文件，HTMLElement 子型別代表 HTML 元素，而 HTMLElement 子型別又包含數個子型別，代表特殊類型的 HTML 元素，例如 HTMLInputElement 代表輸入類型的元素，HTMLTableElement 代表表格類型的元素。

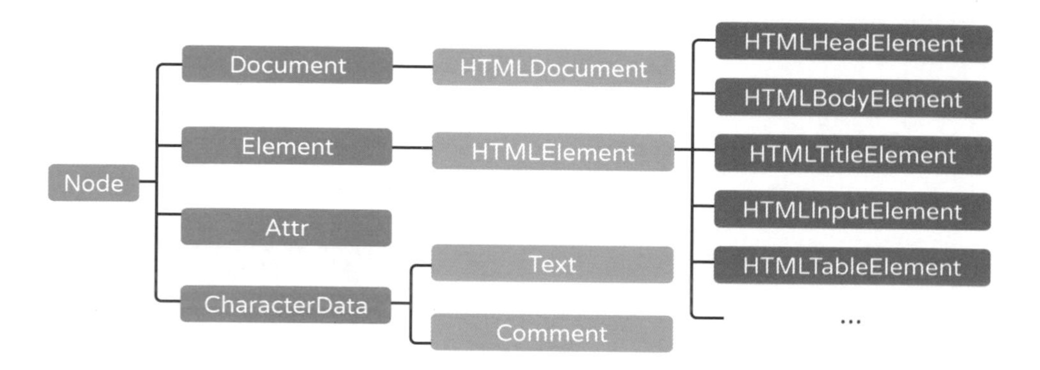

14-8-2 Document 物件的屬性與方法

我們可以透過 Document 物件的屬性與方法存取 HTML 文件的元素，常用的如下。

屬性	說明
title	HTML 文件的標題。
URL	HTML 文件的網址。
lastModified	HTML 文件最後一次修改的日期時間。
domain	HTML 文件的網域。
dir	HTML 文件的目錄。
characterSet	HTML 文件的字元編碼方式。
body	HTML 文件的 <body> 元素。
head	HTML 文件的 <head> 元素。
cookie	HTML 文件的 cookie。
referer	連結到此 HTML 文件的文件網址。
activeElement	目前取得焦點的元素。
readyState	HTML 文件的載入狀態。

方法	說明
open(*type*)	根據參數 *type* 所指定的 MIME 類型開啟新文件，若參數 *type* 為 "text/html" 或省略不寫，表示開啟新的 HTML 文件。
close()	關閉以 open() 方法開啟的文件資料流，使緩衝區的輸出顯示在瀏覽器。
getElementById(*id*)	取得 HTML 文件中 id 屬性為參數 *id* 的元素。
getElementsByName(*name*)	取得 HTML 文件中 name 屬性為參數 *name* 的元素。
getElementsByClassName(*name*)	取得 HTML 文件中 class 屬性為參數 *name* 的元素。
getElementsByTagName(*name*)	取得 HTML 文件中標籤名稱為參數 *name* 的元素。
querySelector(*selectors*)	根據參數 *selectors* 所指定的 CSS 選擇器去取得符合的第一個元素。
querySelectorAll(*selectors*)	根據參數 *selectors* 所指定的 CSS 選擇器去取得符合的所有元素。
write(*data*)	將參數 *data* 所指定的字串輸出至瀏覽器。
writeln(*data*)	將參數 *data* 所指定的字串和換行輸出至瀏覽器。
createComment(*data*)	根據參數 *data* 所指定的字串建立並傳回一個新的註解節點 (Comment)。
createElement(*name*)	根據參數 *name* 所指定的元素名稱建立並傳回一個新的、空的元素節點 (Element)。
createText(*data*)	根據參數 *data* 所指定的字串建立並傳回一個新的文字節點 (Text)。
execCommand(*command*[, *showUI*[, *value*]])	執行第一個參數所指定的指令，其它參數則會隨著該指令而定，例如下面的敘述是設定當使用者按下「送別」二字時，此二字會變成斜體： <h1 onclick="document.execCommand('italic')"> 送別 </h1> HTML5 針對第一個參數定義了下列指令： bold、insertParagraph、createLink、insertText、delete、italic、formatBlock、redo、forwardDelete、selectAll、insertImage、subscript、insertHTML、superscript、insertLineBreak、undo、insertOrderedList、unlink、insertUnorderedList、unselect

存取網頁資訊

下面是一個例子，它會顯示網頁的標題、URL 和最後修改日期。

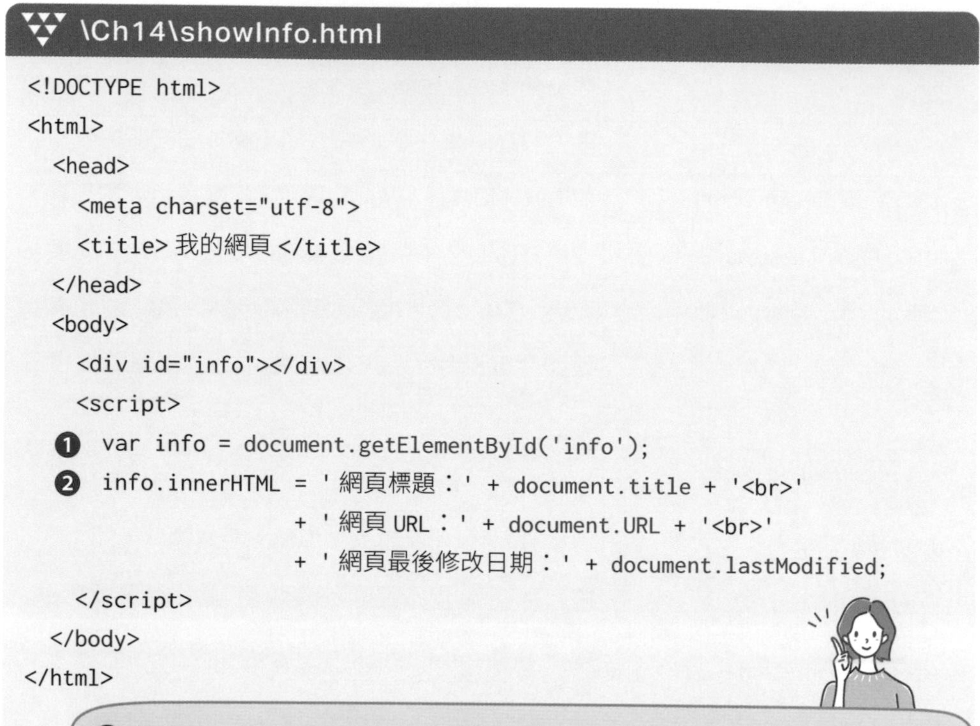

\Ch14\showInfo.html

```
<!DOCTYPE html>
<html>
  <head>
    <meta charset="utf-8">
    <title>我的網頁</title>
  </head>
  <body>
    <div id="info"></div>
    <script>
  ❶   var info = document.getElementById('info');
  ❷   info.innerHTML = '網頁標題：' + document.title + '<br>'
                     + '網頁 URL：' + document.URL + '<br>'
                     + '網頁最後修改日期：' + document.lastModified;
    </script>
  </body>
</html>
```

❶ 使用 getElementById() 方法根據 id 屬性值取得 <div> 元素

❷ 設定 <div> 元素的 HTML 內容，第 14-9 節有 innerHTML 屬性進一步的介紹

 存取網頁的 <body> 元素

Document 物件有一個 head 屬性，代表 HTML 文件的網頁標頭，即 <head> 元素，同時 Document 物件也有一個 body 屬性，代表 HTML 文件的網頁主體，即 <body> 元素。

下面是一個例子，它會透過 Document 物件的 body 屬性存取 <body> 元素的 onload 事件屬性，令網頁載入完畢時，就在對話方塊中顯示「Hello, world!」。

\Ch14\onload.html

```
<!DOCTYPE html>
<html>
  <head>
    <meta charset="utf-8">
  </head>
  <body>
    <script>
      document.body.onload = function(){
        window.alert('Hello, world!');
      };
    </script>
  </body>
</html>
```

開新文件

下面是一個例子，當使用者按一下「開啟新文件」時，會清除原來的文件，重新開啟 MIME 類型為 'text/html' 的新文件，並顯示「這是新的 HTML 文件」，要注意的是新文件會顯示在原來的索引標籤，不會開啟新的索引標籤。

\Ch14\opendoc1.html

```
<!DOCTYPE html>
<html>
  <head>
    <meta charset="utf-8">
  </head>
  <body>
    <button type="button" id="btn">開啟新文件</button>
    <script>
  ⓐ var btn = document.getElementById('btn');
  ┌ btn.addEventListener('click', function() {
  │   // 開啟新的 HTML 文件
  │   document.open('text/html');
  │   // 在新文件中顯示此字串
 ⓑ│   document.write('這是新的 HTML 文件');
  │   // 關閉新文件資料流
  │   document.close();
  └ }, false);
    </script>
  </body>
</html>
```

ⓐ 使用 getElementById() 方法根據 id 屬性值取得 <button> 元素

ⓑ 針對 <button> 元素的 click 事件設定處理程式，第 15 章有進一步的說明

❶ 按一下此鈕　　❷ 在原來的索引標籤開啟新文件

若要在新的索引標籤開啟新文件，可以將程式改寫成如下。

\Ch14\opendoc2.html

```
<!DOCTYPE html>
<html>
  <head>
    <meta charset="utf-8">
  </head>
  <body>
    <button type="button" id="btn">開啟新文件</button>
    <script>
      var btn = document.getElementById('btn');
      btn.addEventListener('click', function() {
        // 開啟新的索引標籤
        var newWin = window.open('', 'newWin');
        // 在新的索引標籤開啟新文件
        newWin.document.open('text/html');
        // 在新文件中顯示此字串
        newWin.document.write('這是新的 HTML 文件');
        // 關閉新文件資料流
        newWin.document.close();
      }, false);
    </script>
  </body>
</html>
```

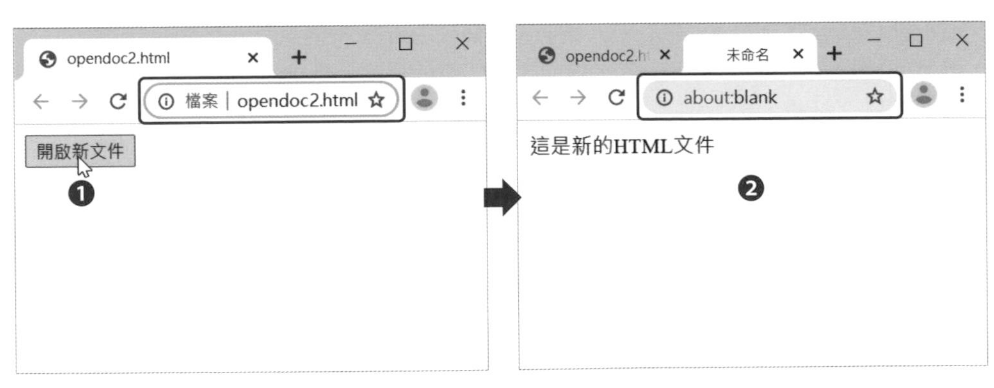

❶ 按一下此鈕　　❷ 在新的索引標籤開啟新文件

取得 HTML 文件的元素

我們可以使用 getElementById()、getElementsByName()、getElementsByClassName()、getElementsByTagName() 等方法取得 HTML 文件的元素。假設 HTML 文件中有下面幾個元素：

```
<input type="checkbox" name="phone" id="CB1" class="TW" value="Asus">Asus
<input type="checkbox" name="phone" id="CB2" class="TW" value="Acer">Acer
<input type="checkbox" name="phone" id="CB3" class="USA" value="Apple">Apple
<input type="checkbox" name="phone" id="CB4" class="USA" value="Google">Google
```

那麼下面第一個敘述會取得 id 屬性為 "CB1" 的元素，也就是第一個核取方塊；第二個敘述會取得 name 屬性為 "phone" 的元素，也就是這四個核取方塊；第三個敘述將會得 class 屬性為 "USA" 的元素，也就是第三、四個核取方塊；第四個敘述將會得標籤名稱為 "input" 的元素，也就是這四個核取方塊：

```
var element1 = document.getElementById("CB1");
var element2 = document.getElementsByName("phone");
var element3 = document.getElementsByClassName("USA");
var element4 = document.getElementsByTagName("input");
```

這些 HTML 元素都是 Element 物件，我們可以透過 Element 物件存取 HTML 元素的屬性，下面是一些例子，第 14-9 節有進一步的說明。

```
element1.id                 // 傳回第一個核取方塊的 id 屬性值 "CB1"
element1.className          // 傳回第一個核取方塊的 class 屬性值 "TW"
element1.tagName            // 傳回第一個核取方塊的標籤名稱 "input"
element1.type               // 傳回第一個核取方塊的 type 屬性值 "checkbox"
element1.value              // 傳回第一個核取方塊的 value 屬性值 "Asus"
element2.length             // 傳回 name 屬性為 "phone" 的元素個數為 4
element2[0].id              // 傳回第一個核取方塊的 id 屬性值 "CB1"
element2[1].className       // 傳回第二個核取方塊的 class 屬性值 "TW"
element2[2].tagName         // 傳回第三個核取方塊的標籤名稱 "input"
element2[3].type            // 傳回第四個核取方塊的 type 屬性值 "checkbox"
element3.length             // 傳回 class 屬性值為 "USA" 的元素個數為 2
element3[0].value           // 傳回第三個核取方塊的 value 屬性值 "Apple"
element4.length             // 傳回標籤名稱為 "input" 的元素個數為 4
element4[0].value           // 傳回第一個核取方塊的 value 屬性值 "Asus"
```

14-8-3 Document 物件的集合

除了前面介紹的屬性與方法之外，Document 物件還提供如下集合。

集合	說明
embeds	HTML 文件中使用 <embed> 元素嵌入的資源。
forms	HTML 文件中的表單。
images	HTML 文件中的圖片。
links	HTML 文件中具備 href 屬性的 <a> 與 <area> 元素。
plugins	HTML 文件中的外掛程式。
scripts	HTML 文件中使用 <script> 元素嵌入的程式碼。
styleSheets	HTML 文件中的樣式表。

舉例來說，假設 HTML 文件中有兩個表單，name 屬性為 form1、form2：

```
<form name="form1">
  <input type="button" id="B1" value=" 按鈕 1">
  <input type="button" id="B2" value=" 按鈕 2">
</form>

<form name="form2">
  <input type="button" id="B3" value=" 按鈕 3">
  <input type="button" id="B4" value=" 按鈕 4">
</form>
```

那麼我們可以透過 Document 物件的 forms 集合存取表單中的元素，例如：

```
// 傳回第一個表單中 id 屬性為 B1 之元素的 value 值，即 " 按鈕 1"
document.forms[0].B1.value
// 傳回第一個表單中 id 屬性為 B1 之元素的 value 值，即 " 按鈕 1"
document.forms.form1.B1.value
// 傳回第二個表單中 id 屬性為 B3 之元素的 value 值，即 " 按鈕 3"
document.forms[1].B3.value
// 將第二個表單中 id 屬性為 B4 之元素的 value 值設定為 " 提交 "
document.forms.form2.B4.value = ' 提交 ';
```

14-9 Element 物件

Element 物件代表 HTML 文件中的一個元素，隸屬於 HTMLElement 型別，而 HTMLElement 子型別又包含數個子型別，代表特殊類型的 HTML 元素，例如 HTMLInputElement 代表輸入類型的元素，HTMLTableElement 代表表格類型的元素。

凡透過 getElementById()、getElementsByName()、getElementsByClassName()、getElementsByTagName() 等方法所取得的 HTML 元素都是 Element 物件。由於 HTML 元素包含標籤與屬性兩個部分，因此，代表 HTML 元素的 Element 物件也有對應的屬性。

舉例來說，假設 HTML 文件中有一個 id 屬性為 "img1" 的 <img> 元素，那麼下面的第一個敘述會先取得該元素，而第二個敘述會將該元素的 src 屬性設定為 "car.jpg"：

```
var img1 = document.getElementById('img1');
img1.src = 'car.jpg';
```

除了對應至 HTML 元素的屬性，Element 物件還提供許多屬性，常用的如下。

屬性	說明
attributes	HTML 元素的屬性。
className	HTML 元素的 class 屬性值。
tagName	HTML 元素的標籤名稱。
textContent	HTML 元素的文字內容。
innerHTML	HTML 元素的 HTML 內容。

請注意，HTML 不會區分英文字母的大小寫，但 JavaScript 會，因此，在我們將 HTML 元素的屬性對應至 Element 物件的屬性時，必須轉換成小寫，若屬性是由多個單字所組成，那麼要採取字中大寫的格式，例如 contentEditable、tabIndex 等。

下面是一個例子，當使用者輸入姓名並按 [確定] 時，就會透過 textContent 屬性將 <p> 元素的文字內容設定為歡迎訊息並顯示在瀏覽器。

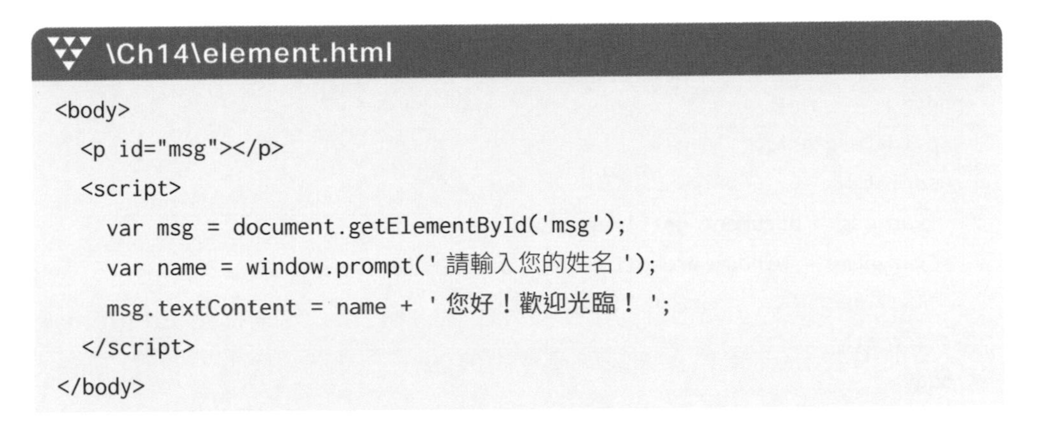

\Ch14\element.html

```
<body>
  <p id="msg"></p>
  <script>
    var msg = document.getElementById('msg');
    var name = window.prompt(' 請輸入您的姓名 ');
    msg.textContent = name + ' 您好！歡迎光臨！ ';
  </script>
</body>
```

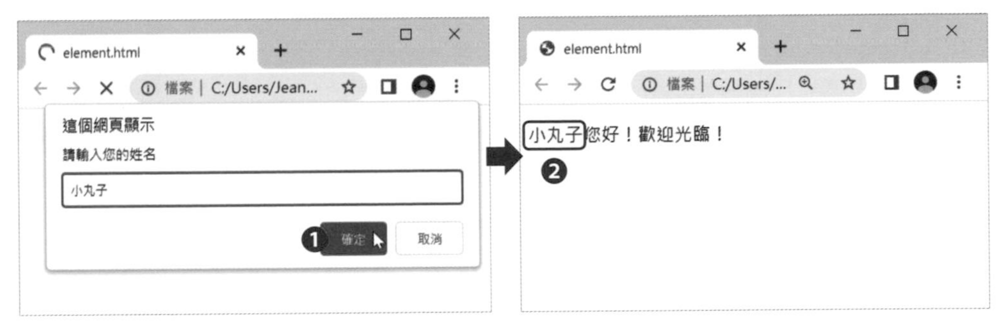

❶ 輸入姓名並按 [確定]　　❷ 設定並顯示段落的文字內容

若使用者在輸入姓名的同時輸入 HTML 元素，如左下圖的 <em> 元素，那麼該元素會被視為文字內容，不會進行解譯，如右下圖。

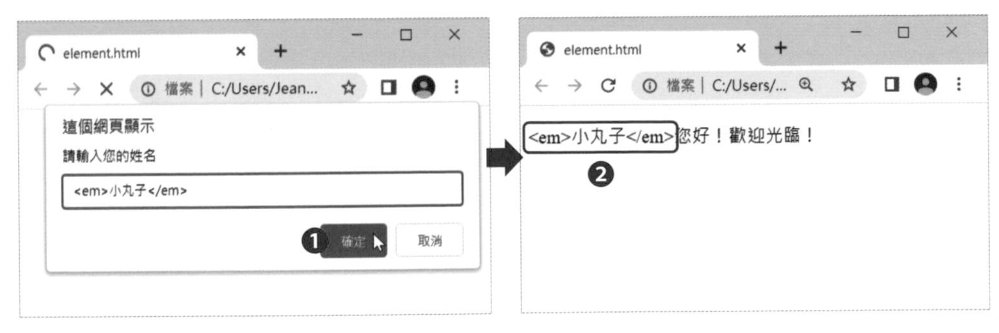

❶ 輸入姓名和 HTML 元素並按 [確定]　　❷ <em> 元素會被視為段落的文字內容

下面是另一個例子，當使用者輸入姓名並按 [確定] 時，就會透過 innerHTML 屬性將 <p> 元素的 HTML 內容設定為歡迎訊息並顯示在瀏覽器。

\Ch14\element2.html

```
<body>
  <p id="msg"></p>
  <script>
    var msg = document.getElementById('msg');
    var name = window.prompt(' 請輸入您的姓名 ');
    msg.innerHTML = name + ' 您好！歡迎光臨！';
  </script>
</body>
```

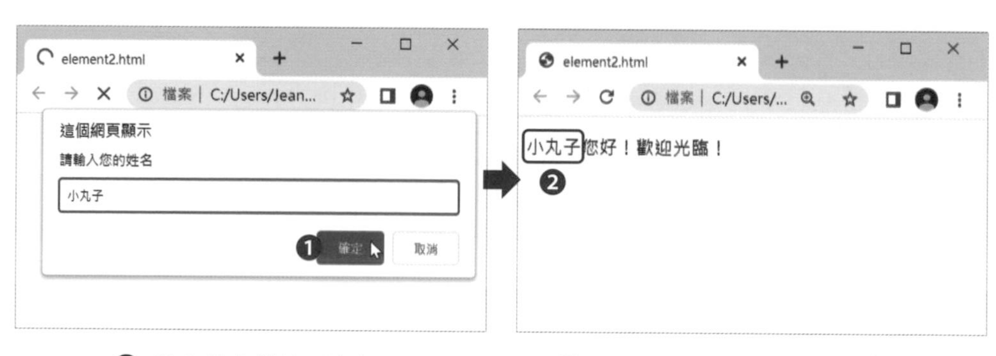

❶ 輸入姓名並按 [確定]　❷ 設定並顯示段落的 HTML 內容

若使用者在輸入姓名的同時輸入 HTML 元素，如左下圖的 <em> 元素，那麼該元素會被視為 HTML 內容進行解譯，如右下圖。

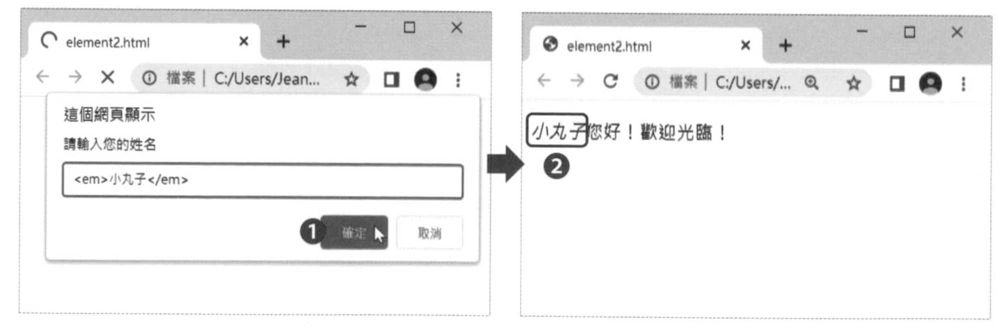

❶ 輸入姓名和 HTML 元素並按 [確定]　❷ <em> 元素會被解譯成斜體

15 CHAPTER

事件處理

15-1 事件驅動模式

在 Windows 作業系統中，每個視窗都有一個唯一的代碼，而且系統會持續監控每個視窗。當有視窗發生事件 (event) 時，例如使用者按一下按鈕、改變視窗大小、移動視窗、載入網頁等，該視窗就會傳送訊息給系統，然後系統會處理訊息並將訊息傳送給其它關聯的視窗，這些視窗再根據訊息做出適當的處理，此種運作模式稱為事件驅動 (event driven)。

諸如 JavaScript 等瀏覽器端 Script 也是採取事件驅動的運作模式，當有瀏覽器、HTML 文件或 HTML 元素發生事件時，例如瀏覽器在網頁內容載入完畢時會觸發 load 事件、在網頁內容卸載完畢時會觸發 unload 事件、在使用者按一下 HTML 元素時會觸發 click 事件等，就可以透過預先撰寫好的 JavaScript 程式來處理事件。

以 JavaScript 為例，它會自動進行低階的訊息處理工作，因此，我們只要針對可能發生或想要監聽的事件定義處理程式即可，屆時一旦發生指定的事件，就會執行該事件的處理程式，待處理程式執行完畢後，再繼續等待下一個事件或結束程式。

我們將觸發事件的物件稱為事件發送者 (event sender、event generator) 或事件來源 (event source)，而接收事件的物件稱為事件接收者 (event reciever、event consumer)。諸如 Window、Document、Element 等物件或使用者自訂的物件都可以是事件發送者，換句話說，除了系統所觸發的事件之外，程式設計人員也可以視實際需要加入自訂的事件，至於用來處理事件的程式則稱為事件處理程式 (event handler) 或事件監聽程式 (event listener)。

雖然有些事件會有預設的動作，例如在使用者輸入表單資料並按 [提交] 時，預設會將表單資料傳回 Web 伺服器，不過，我們還是可以針對這些事件另外撰寫處理程式，例如將表單資料以 E-mail 形式傳送給指定的收件人、寫入資料庫或檔案等。

15-2 事件的類型

在 Web 發展的初期，事件的類型並不多，可能就是 load、unload、click、mouseover、mouseout 等簡單的事件。不過，隨著 Web 平台與相關的 API 快速發展，事件的類型日趨多元化，常見的如下：

- 使用者介面 (UI) 事件：這是與操作瀏覽器介面相關的事件，例如：
    - load：當瀏覽器將網頁內容載入完畢時會觸發此事件。
    - unload：當瀏覽器將網頁內容卸載完畢時會觸發此事件。
    - error：當瀏覽器視窗發生錯誤時會觸發此事件。
    - resize：當瀏覽器視窗改變大小時會觸發此事件。
    - scroll：當瀏覽器視窗捲動時會觸發此事件。
    - DOMContentLoaded：當 HTML 文件載入完畢（不用等到樣式表、圖片或影片等資源也載入完畢）時會觸發此事件。
    - hashchange：當 URL 中 # 符號後面的資料變更時會觸發此事件。
    - beforeunload：當視窗、文件和相關的資源即將卸載時會觸發此事件，此時，文件仍舊是看得到的。

    請注意，error 事件也可能在其它元素上觸發，而 scroll 事件也可能在其它可捲動的元素上觸發。

- 鍵盤事件：這是與使用者操作鍵盤相關的事件，例如：
    - keydown：當使用者按下按鍵時會觸發此事件。
    - keyup：當使用者放開按鍵時會觸此事件。
    - keypress：當使用者按下再放開按鍵時會觸發此事件。

- 滑鼠事件：這是與使用者操作滑鼠相關的事件，例如：
  - click：當使用者在元素上按一下滑鼠按鍵時會觸發此事件。
  - dblclick：當使用者在元素上按兩下滑鼠按鍵時會觸發此事件。
  - mousedown：當使用者在元素上按下滑鼠按鍵時會觸發此事件。
  - mouseup：當使用者在元素上放開滑鼠按鍵時會觸發此事件。
  - mouseenter：當使用者將滑鼠移入元素時會觸發此事件。
  - mouseleave：當使用者將滑鼠移出元素時會觸發此事件。
  - mouseover：當使用者將滑鼠移入元素時會觸發此事件。
  - mouseout：當使用者將滑鼠移出元素時會觸發此事件。
  - mousemove：當使用者將滑鼠在元素上移動時會觸發此事件。
  - mousewheel：當使用者在元素上滾動滑鼠滾輪時會觸發此事件。

  請注意，mouseenter / mouseleave 和 mouseover / mouseout 都是使用者將滑鼠移入 / 移出元素時會觸發的事件，差別在於當有巢狀元素時，mouseenter / mouseleave 只會針對目標元素觸發事件，而 mouseover / mouseout 在移入 / 移出內部元素時也會觸發事件。

- 表單事件：這是與使用者操作表單相關的事件，例如：
  - input：當 <input>、<select> 或 <textarea> 等元素的值被輸入時會觸發此事件。
  - change：當 <input>、<select> 或 <textarea> 等元素的值被變更時會觸發此事件。
  - submit：當使用者提交表單時會觸發此事件。
  - reset：當使用者重設表單時會觸發此事件。

- select：當使用者在表單欄位選取內容時會觸發此事件。
- cut：當使用者在表單欄位剪下內容時會觸發此事件。
- copy：當使用者在表單欄位複製內容時會觸發此事件。
- paste：當使用者在表單欄位貼上內容時會觸發此事件。

✔ 焦點事件：這是與焦點相關的事件，例如：

- focus：當瀏覽器視窗或元素取得焦點時會觸發此事件。
- focusin：當瀏覽器視窗或元素取得焦點時會觸發此事件。
- blur：當瀏覽器視窗或元素失去焦點時會觸發此事件
- focusout：當瀏覽器視窗或元素失去焦點時會觸發此事件

請注意，focus 和 focusin 的差別在於 focusin 支援事件氣泡 (event bubbling)，而 blur 和 focusout 的差別在於 focusout 支援事件氣泡，有關事件氣泡進一步的說明可以參考《JavaScript 第一次學就上手》一書 (碁峯資訊出版，書號：EL0246)。

前面介紹的事件主要來自 DOM 規格、HTML5 規格和 BOM (Browser Object Model，瀏覽器物件模型)。此外，隨著配備觸控螢幕的裝置快速普及，W3C 亦提出 Touch Events 觸控規格，裡面主要有 touchstart、touchmove、touchend、touchcancel 等事件，當手指觸碰到螢幕時會觸發 touchstart 事件，當手指在螢幕上移動時會觸發 touchmove 事件，當手指離開螢幕時會觸發 touchend 事件，而當取消觸控或觸控點離開文件視窗時會觸發 touchcancel 事件，有興趣的讀者可以參考官方文件 https://www.w3.org/TR/touch-events/。

至於像 Apple iPhone、iPad 所支援的 gesture (手勢)、touch (觸控)、orientationchanged (旋轉方向) 等事件，可以參考 Apple Developer Center (https://developer.apple.com/)。

15-3 定義事件處理程式 / 事件監聽程式

在進行事件處理時，我們必須先想清楚下列三點：

- 要由哪個元素觸發事件
- 要觸發哪種事件
- 被觸發的事件要繫結哪個事件處理程式 / 事件監聽程式

至於繫結的方式則有下列三種：

- 利用 HTML 元素的事件屬性設定事件處理程式
- 傳統的 DOM 事件處理程式
- DOM Level 2 事件監聽程式

15-3-1 利用 HTML 元素的事件屬性設定事件處理程式

我們直接以下面的例子示範如何利用 HTML 元素的事件屬性設定事件處理程式，原則上，事件屬性的名稱就是在事件的名稱前面加上 on，而且要全部小寫，即便事件的名稱是由多個單字所組成，例如 onmousewheel、onmouseover、onkeydown、ondblclick 等。

這個例子的重點在於第 02 行將按鈕的 onclick 事件屬性設定為 "window.alert('Hello, world!');"，如此一來，當使用者按一下按鈕時，就會觸發 click 事件，進而執行該敘述，在對話方塊中顯示「Hello, world!」。

\Ch15\event1a.html

```
01: <body>
02:   <button type="button" onclick="window.alert('Hello, world!');">
03:     顯示訊息 </button>
04: </body>
```

❶ 按一下此鈕　　❷ 顯示對話方塊

雖然我們可以直接將事件處理程式寫入 HTML 元素的事件屬性，但有時這種做法卻不太方便，因為事件處理程式可能會有很多行敘述，此時，我們可以將事件處理程式撰寫成 JavaScript 函式，然後將 HTML 元素的事件屬性設定為該函式。

舉例來說，\Ch15\event1a.html 可以改寫成如下，然後另存新檔為 \Ch15\event1b.html，執行結果是相同的，其中第 02 行是將按鈕的 onclick 事件屬性設定為 "showMsg()"，這是一個 JavaScript 函式呼叫，至於 showMsg() 函式則是定義在獨立的 \Ch15\event1b.js 檔案中 (第 06 ~ 08 行)。

\Ch15\event1b.html

```
01: <body>
02:   <button type="button" onclick="showMsg()">   ⓐ
03:     顯示訊息 </button>
04:   <script src="event1b.js"></script>
05: </body>
```

\Ch15\event1b.js

```
06: function showMsg() {
07:   window.alert('Hello, world!');   ⓑ
08: }
```

ⓐ 將按鈕的 onclick 事件屬性設定為 showMsg() 函式，當使用者按一下按鈕時，就會觸發 click 事件，進而呼叫 showMsg() 函式

ⓑ 將事件處理程式撰寫在 showMsg() 函式

15-3-2 傳統的 DOM 事件處理程式

基於 HTML 原始碼應該與 JavaScript 程式碼分開處理的原則，第 15-3-1 節所介紹的做法雖然簡單又直覺，但我們並不建議您這麼做，比較好的做法是在獨立的 JavaScript 檔案中設定事件處理程式。

舉例來說，\Ch15\event1b.html 可以改寫成如下，執行結果是相同的。這次我們沒有在 HTML 檔案中設定 HTML 元素的事件屬性，改成在 JavaScript 檔案中使用 getElementById() 方法取得按鈕的元素節點（第 11 行），然後將按鈕的 onclick 事件屬性設定為 showMsg() 函式（第 12 行）。

\Ch15\event2.html

```
01: <!DOCTYPE html>
02: <html>
03:   <head>
04:     <meta charset="utf-8">
05:   </head>
06:   <body>
07:     <button type="button" id="btn">顯示訊息</button>
08:     <script src="event2.js"></script>
09:   </body>
10: </html>
```

\Ch15\event2.js

```
11: var btn = document.getElementById('btn'); ⓐ
12: btn.onclick = showMsg; ⓑ
13:
14: function showMsg() {
15:   window.alert('Hello, world!');  ⓒ
16: }
```

ⓐ 透過 DOM 取得按鈕的元素節點

ⓑ 將按鈕的 onclick 事件屬性設定為 showMsg() 函式，注意後面不能加上小括號

ⓒ 將事件處理程式撰寫在 showMsg() 函式

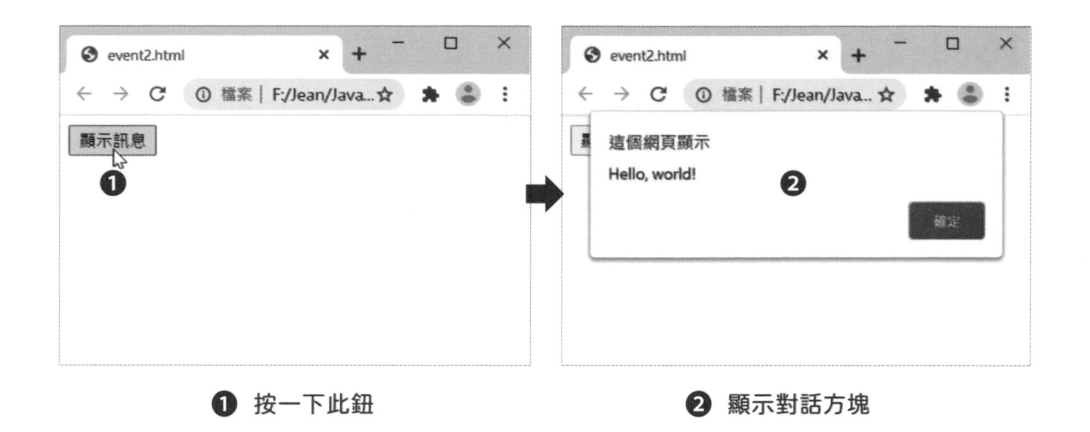

❶ 按一下此鈕　　❷ 顯示對話方塊

我們可以使用匿名函式將 \Ch15\event2.js 簡寫成如下，由於事件處理程式通常不會在多個地方使用，所以和具名函式比起來，匿名函式反而比較不會有命名衝突的問題，程式碼也比較簡潔：

```
var btn = document.getElementById('btn');
btn.onclick = function() { window.alert('Hello, world!'); };
```

本節所介紹的事件處理程式在 DOM 最初的規格中就已經制定，也是公認比上一節的做法來得好，因為可以將 HTML 原始碼和 JavaScript 程式碼分開處理，但它還是有個缺點，就是一個事件只能繫結一個函式，若是針對一個事件繫結多個函式，就會發生衝突，造成無法預期的結果。

舉例來說，假設我們希望在使用者填妥表單資料並按 [提交] 時，透過表單的 submit 事件先執行一個函式檢查表單資料，然後再執行另一個函式儲存表單資料，那麼就無法使用本節所介紹的做法，面對這種情況，我們可以改用下一節的事件監聽程式，它允許一個事件繫結多個函式。

15-3-3 DOM Level 2 事件監聽程式

DOM Level 2 事件監聽程式是近年來比較常見的做法，主要的技巧就是使用 addEventListener() 方法監聽事件並設定事件處理程式，其語法如下，參數 *event* 是要監聽的事件，參數 *function* 是要執行的函式，而選擇性參數 *useCapture* 是布林值，預設值為 false，表示當內層和外層元素都有發生參數 *event* 指定的事件時，就先從內層元素開始執行處理程式：

```
addEventListener(event, function [, useCapture])
```

我們可以使用 addEventListener() 方法將 \Ch15\event2.html 改寫成如下，執行結果是相同的。

\Ch15\event3.html

```
01: <!DOCTYPE html>
02: <html>
03:   <head>
04:     <meta charset="utf-8">
05:   </head>
06:   <body>
07:     <button type="button" id="btn">顯示訊息</button>
08:     <script src="event3.js"></script>
09:   </body>
10: </html>
```

\Ch15\event3.js

```
11: var btn = document.getElementById('btn'); ⓐ
12: btn.addEventListener('click', showMsg, false); ⓑ
13:
14: function showMsg() {
15:   window.alert('Hello, world!');           ⓒ
16: }
```

ⓐ 透過 DOM 取得按鈕的元素節點

ⓑ 監聽 click 事件並將事件處理程式設定為 showMsg() 函式，注意後面不能加上小括號

ⓒ 將事件處理程式撰寫在 showMsg() 函式

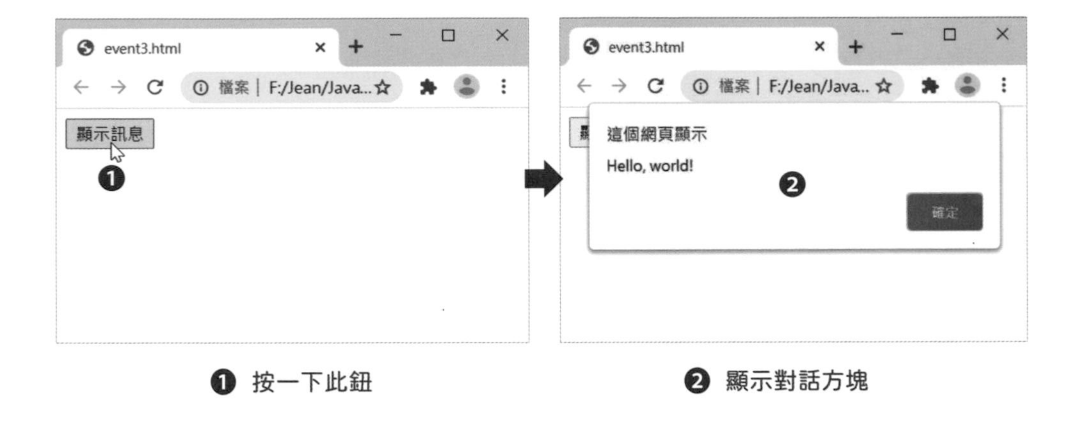

❶ 按一下此鈕　　❷ 顯示對話方塊

同樣的，我們可以使用匿名函式將 \Ch15\event3.js 簡寫成如下：

```
var btn = document.getElementById('btn');
btn.addEventListener('click', function() {
  window.alert('Hello, world!');
}, false);
```

和前兩節所介紹的做法相比，DOM Level 2 事件監聽程式的優點在於 addEventListener() 方法可以針對同一個物件的同一種事件設定多個處理程式。下面是一個例子，這次我們針對按鈕的 click 事件設定兩個處理程式，第一個處理程式會顯示「Hello, world!」，而第二個處理程式會顯示「歡迎光臨 !」。

\Ch15\event4.html

```
<!DOCTYPE html>
<html>
  <head>
    <meta charset="utf-8">
  </head>
  <body>
    <button type="button" id="btn">顯示訊息 </button>
    <script src="event4.js"></script>
  </body>
</html>
```

\Ch15\event4.js

```
var btn = document.getElementById('btn'); ⓐ
btn.addEventListener('click', function() {alert('Hello, world!');}, false); ⓑ
btn.addEventListener('click', function() {alert('歡迎光臨！');}, false); ⓒ
```

ⓐ 透過 DOM 取得按鈕的元素節點
ⓑ 監聽 click 事件並將事件處理程式設定為顯示「Hello, world!」
ⓒ 監聽 click 事件並將事件處理程式設定為顯示「歡迎光臨！」

執行結果如下圖，當按一下「顯示訊息」按鈕時，會依序顯示兩個對話方塊。

❶ 按一下此鈕
❷ 顯示第一個對話方塊，請按 [確定]
❸ 顯示第二個對話方塊，請按 [確定]

15-4 移除事件處理程式 / 事件監聽程式

若要移除事件處理程式，可以將事件屬性設定為 null。下面是一個例子，其中第 06 行將按鈕的 onclick 事件屬性設定為 showMsg() 函式，而第 08 行又將該事件屬性設定為 null，即移除事件處理程式，所以執行結果將不會顯示對話方塊。

\Ch15\removeEvent1.html

```
01: <body>
02:   <button type="button" id="btn">顯示訊息</button>
03:   <script src="removeEvent1.js"></script>
04: </body>
```

\Ch15\removeEvent1.js

```
05: var btn = document.getElementById('btn');
06: btn.onclick = showMsg; ❶
07:
08: btn.onclick = null; ❷
09:
10: function showMsg() {
11:   window.alert('Hello, world!');
12: }
```

❶ 繫結事件處理程式
❷ 移除事件處理程式

執行結果如下圖，當按一下「顯示訊息」時，將不會顯示對話方塊，因為事件處理程式已經被移除。

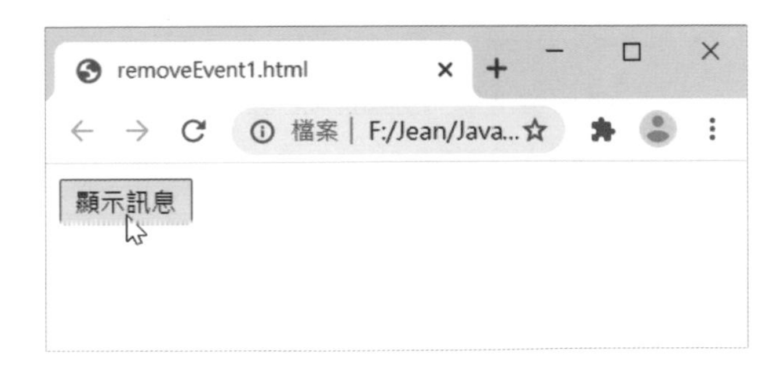

若要移除事件監聽程式，可以使用 removeEventListener() 方法，其語法如下，參數的意義和 addEventListener() 方法相同：

```
removeEventListener(event, function [, useCapture])
```

下面是一個例子，其中第 06 行針對按鈕的 click 事件繫結 showMsg() 函式，而第 08 行又針對該事件移除函式，所以執行結果將不會顯示對話方塊。

\Ch15\removeEvent2.html

```
01: <body>
02:   <button type="button" id="btn">顯示訊息</button>
03:   <script src="removeEvent2.js"></script>
04: </body>
```

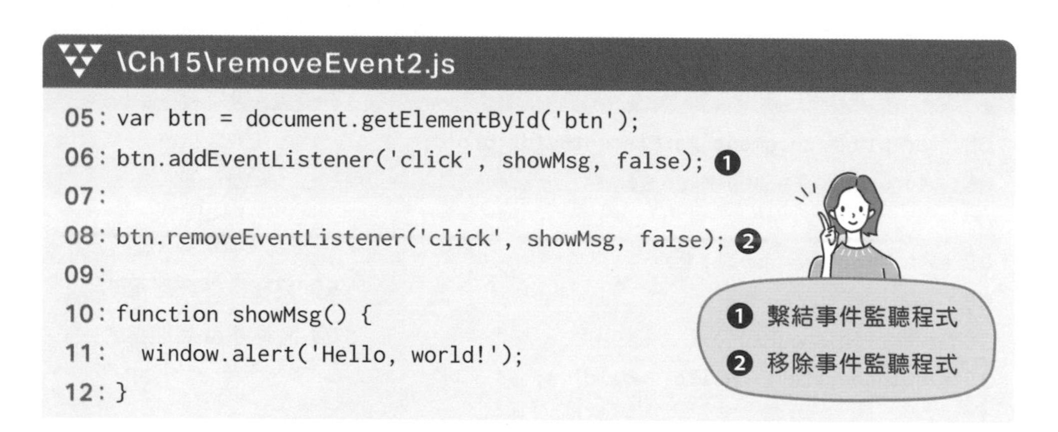

\Ch15\removeEvent2.js

```
05: var btn = document.getElementById('btn');
06: btn.addEventListener('click', showMsg, false); ❶
07:
08: btn.removeEventListener('click', showMsg, false); ❷
09:
10: function showMsg() {
11:   window.alert('Hello, world!');
12: }
```


執行結果如下圖，當按一下「顯示訊息」時，將不會顯示對話方塊，因為事件監聽程式已經被移除。

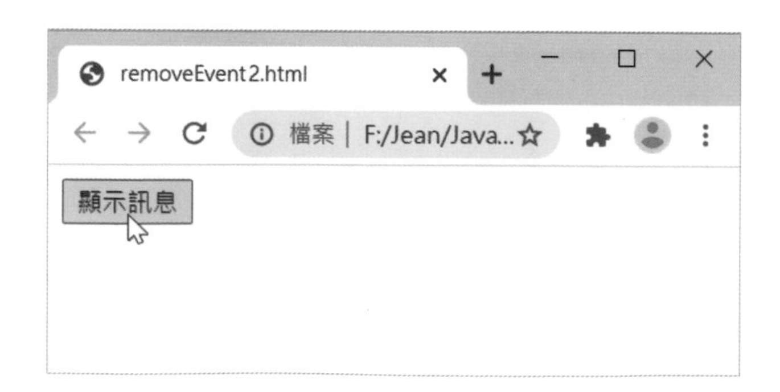

15-5 JavaScript 使用範例

在本節中，我們將介紹幾個 JavaScript 使用範例，讓您對 JavaScript 的應用有更進一步的體驗。

15-5-1 列印網頁

我們可以利用 Window 物件的 print() 方法提供列印網頁的功能，下面是一個例子。

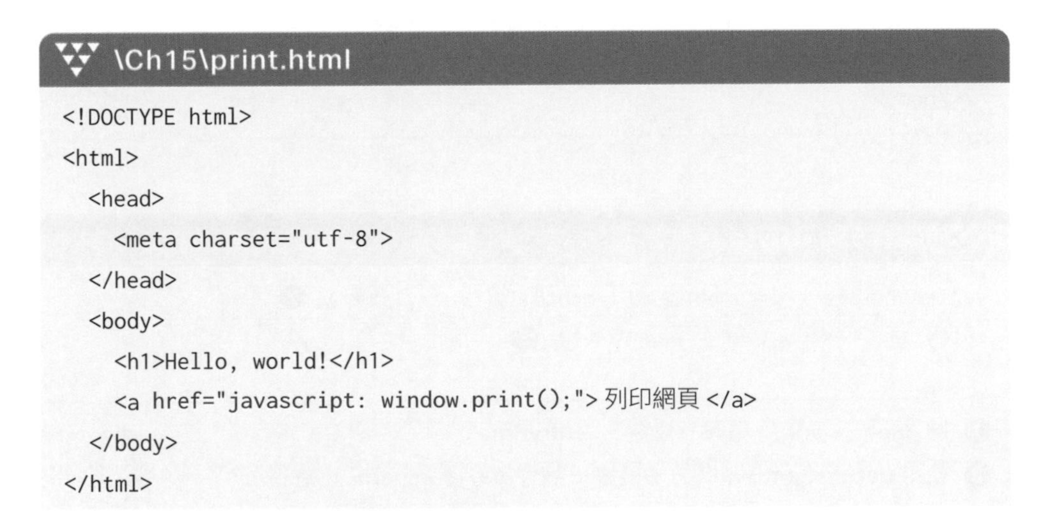

\Ch15\print.html

```
<!DOCTYPE html>
<html>
  <head>
    <meta charset="utf-8">
  </head>
  <body>
    <h1>Hello, world!</h1>
    <a href="javascript: window.print();"> 列印網頁 </a>
  </body>
</html>
```

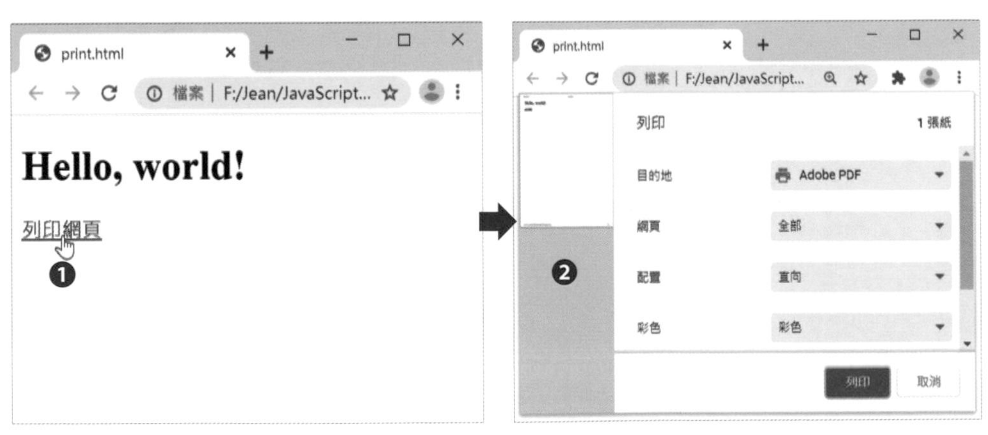

❶ 點取「列印網頁」超連結　　❷ 開啟列印對話方塊

15-5-2 顯示進入時間

我們可以在使用者一載入網頁時就顯示進入時間，下面是一個例子。

\Ch15\getbyid.html

```
<!DOCTYPE html>
<html>
  <head>
    <meta charset="utf-8">
  </head>
  <body>
    進入網頁時間：<span id="entrytime"></span> ❶
    <script src="getbyid.js"></script>
  </body>
</html>
```

\Ch15\getbyid.js

```
var entrytime = document.getElementById('entrytime'); ❷
entrytime.textContent = new Date(); ❸
```

❶ 將 <span> 元素的 id 屬性設定為 "entrytime"
❷ 使用 getElementById() 方法根據 id 屬性值取得 <span> 元素
❸ 透過 textContent 屬性將 <span> 元素的文字內容設定為目前日期時間

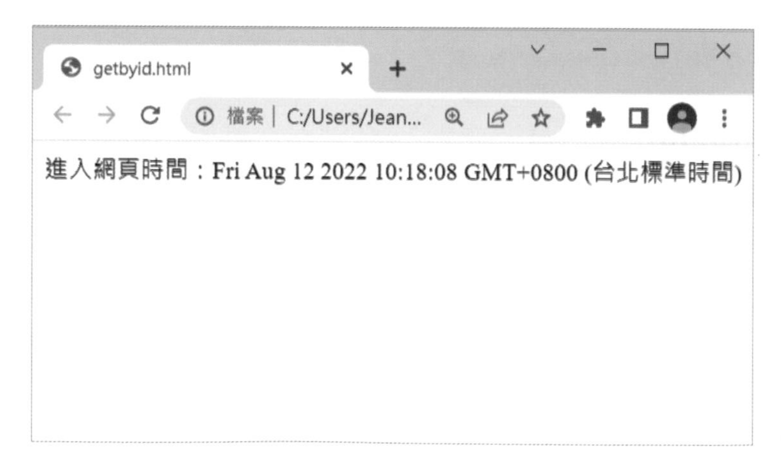

15-5-3 顯示線上時鐘

我們可以在網頁上顯示線上時鐘，下面是一個例子，它會每隔 1 秒更新一次時間，若按下 [停止線上時鐘]，就會停止更新時鐘。

\Ch15\setInterval.html

```
<body>
  <div id="clock"></div>
  <button type="button" id="btn">停止線上時鐘</button>
  <script src="setInterval.js"></script>
</body>
```

\Ch15\setInterval.js

```
window.addEventListener('load', function() {
  var timer = window.setInterval(function() {        ❶
    var clock = document.getElementById('clock');
    clock.textContent = (new Date()).toLocaleString();
  }, 1000);

  var btn = document.getElementById('btn');          ❷
  btn.addEventListener('click', function() {
    window.clearInterval(timer);
  }, false);
}, false);
```

❶ 每隔 1 秒更新一次時間

❷ 若按下 [停止線上時鐘]，就會清除計時器，停止更新時鐘

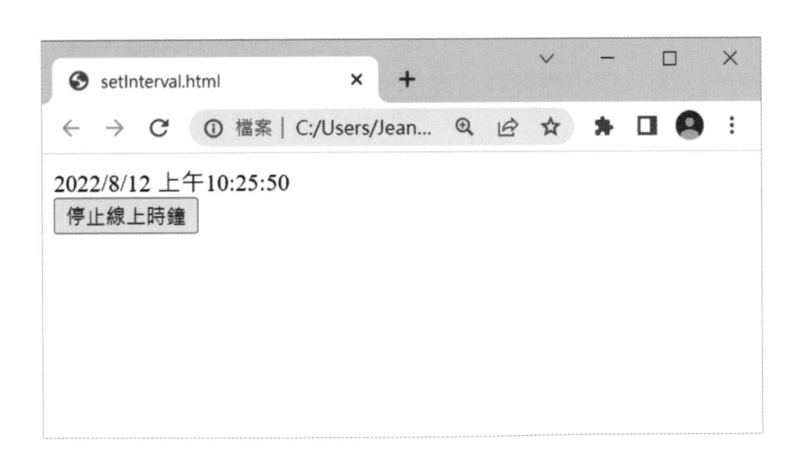

15-5-4 顯示停留時間

我們可以在網頁上顯示使用者的停留時間，下面是一個例子，它會每隔 0.1 秒更新一次停留時間。

\Ch15\setTimeout.html

```
<body>
  您的停留時間為 <input type="text" id="stay" size="5"> 秒
  <script src="setTimeout.js"></script>
</body>
```

\Ch15\setTimeout.js

```
var miliseconds = 0, seconds = 0;
var stay = document.getElementById('stay');
stay.value = '0';
window.addEventListener('load', showStayTime, false);
function showStayTime() {
  if (miliseconds >= 9) {
    miliseconds = 0;
    seconds += 1;
  }
  else miliseconds += 1;
  stay.value = seconds + '.' + miliseconds;
  setTimeout('showStayTime()', 100);
}
```

啟動計時器，每隔 0.1 秒呼叫一次 showStayTime() 函式

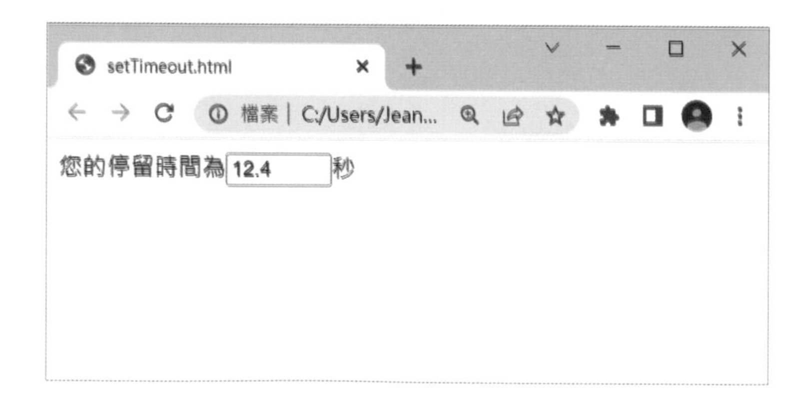

15-5-5 具有超連結功能的下拉式清單

我們可以在網頁上放置具有超連結功能的下拉式清單，下面是一個例子。

\Ch15\dropdown.html

```
<body>
  <form name="myForm">
    <select name="mySelect" size="1">
      <option value="https://www.google.com.tw/">Google
      <option value="https://tw.yahoo.com/">Yahoo! 奇摩
      <option value="https://www.bing.com/">Bing
    </select>
    <input type="button" value="GO!" onclick="javascript: GO();">
  </form>
  <script src="dropdown.js"></script>
</body>
```

\Ch15\dropdown.js

```
function GO() {
  newWin = open();
  newWin.location.href = document.myForm.mySelect.options[document.
    myForm.mySelect.selectedIndex].value;
}
```

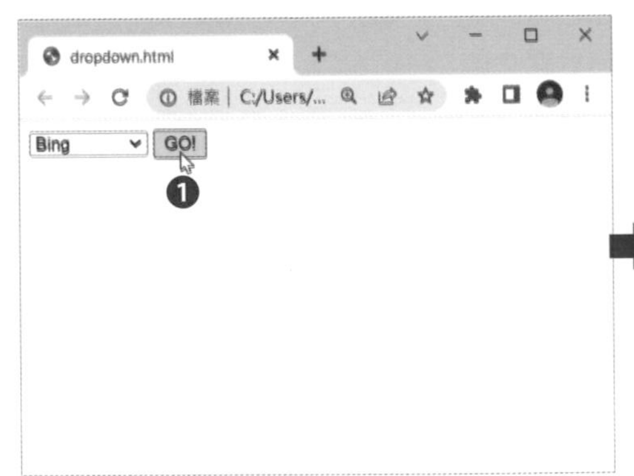

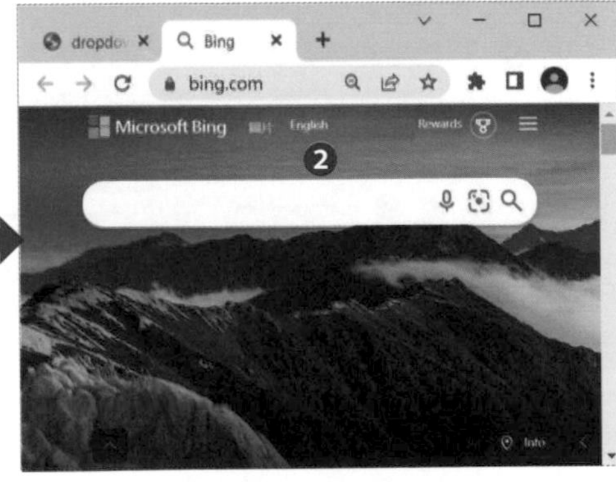

❶ 選擇網站後按 [GO!]　　❷ 在新索引標籤開啟網站

15-5-6 網頁跑馬燈

我們可以在網頁上放置跑馬燈，下面是一個例子。

\Ch15\marquee.html

```
<body onload="javascript: marquee();"> ❶
  <form name="myForm">
    <input type="text" name="myText" size="30">
  </form>
  <script src="marquee.js"></script>
</body>
```

\Ch15\marquee.js

```
var msg = " 歡迎光臨快樂小站～                                         "; ❷
var interval = 200; ❸
var index = 0;
function marquee() {
  document.myForm.myText.value = msg.substring(index, msg.length)
     + msg.substring(0, msg.length);
  index++;
  if (index > msg.length) index = 0;
  window.setTimeout("marquee();", interval); ❹
}
```

❶ 當瀏覽器載入網頁時，就呼叫 marquee() 函式
❷ 跑馬燈文字
❸ 跑馬燈的文字移動速度，數字愈大，移動就愈慢
❹ 設定計時器
❺ 網頁跑馬燈

響應式網頁設計 (RWD)

16-1 開發適用於不同裝置的網頁

隨著無線網路與行動通訊的蓬勃發展，行動上網的比例已經大幅超越 PC 上網，這意味著傳統以 PC 為主要考量的網頁設計思維必須要改變，因為行動瀏覽器雖然能夠顯示大部分的 PC 網頁，卻經常會遇到下面幾種情況：

- 行動裝置的螢幕較小，使用者往往得透過頻繁的拉近、拉遠、捲動，才能閱讀網頁的資訊，相當不方便。
- 行動裝置的執行速度較慢、上網頻寬較小，若網頁包含太大的圖片或影片，可能耗時過久無法順利顯示。
- 行動裝置的操作方式是以觸控為主，不再是傳統的滑鼠或鍵盤，因此，PC 網頁到了行動裝置可能會變得不好操作，例如網頁尺寸較大，超連結層次較多，按鈕太小不易觸控或沒有觸控回饋效果，以致於使用者重複點按。
- 行動裝置不支援 Flash 動畫，但相對的，行動瀏覽器對於 HTML5 與 CSS3 的支援程度則比 PC 瀏覽器更好。

為此，愈來愈多人希望開發適用於不同裝置的網頁，常見的做法有兩種，分別是「針對不同裝置開發不同網站」和「響應式網頁設計」。

16-1-1 針對不同裝置開發不同網站

為了因應行動上網的趨勢，有些網站會針對 PC 開發一種版本的網站，稱為「PC 網站」，同時亦針對行動裝置開發另一種版本的網站，稱為「行動網站」，兩者的網址不同，網頁內容也不盡相同，當使用者連線到網站時，會根據上網裝置自動轉址到 PC 網站或行動網站。

舉例來說，左下圖是 momo 的 PC 網站 (https://www.momoshop.com.tw/)，而右下圖是 momo 的行動網站 (https://m.momoshop.com.tw/)，對於這種購物網類型的網站來說，其行動網站除了著重執行效能，商品的分類與動線的設計更是重要，才能帶給行動裝置的使用者直覺流暢的操作經驗。

❶ momo 購物網的 PC 網站　❷ momo 購物網的行動網站

這種做法主要的優點是可以針對不同裝置量身訂做最適合的網站，不必因為要適用於不同裝置而有所妥協，例如可以保留 PC 網頁所使用的一些動畫或功能，可以發揮行動裝置的特點，同時網頁的程式碼比較簡潔。

雖然有著前述優點，而且也不乏大型的商業網站採取這種做法，不過，這會面臨下列問題：

- 開發與維護成本隨著網站規模遞增

  當網站規模愈來愈大時，光是針對 PC、平板電腦、智慧型手機等不同裝置開發專屬的網站就是日益沉重的工作，一旦資料需要更新，還得一一更新個別的網站，不僅耗費時間與人力，也容易導致資料不同步。

- 不同裝置的網站有各自的網址

  以前面舉的 momo 購物網為例，其 PC 網站的網址為 https://www.momoshop.com.tw/，而其行動網站的網址為 https://m.momoshop.com.tw/，多個網址可能不利於搜尋引擎為網站建立索引，影響自然排序名次；或者，當自動轉址程式無法正確判斷使用者的上網裝置時，可能會開啟不適合該裝置的網站。

16-1-2 響應式網頁設計

響應式網頁設計 (RWD，Responsive Web Design) 指的是一種網頁設計方式，目的是根據使用者的瀏覽器環境 (例如寬度或行動裝置的方向等)，自動調整網頁的版面配置，以提供最佳的顯示結果，換句話說，只要設計單一版本的網頁，就能完整顯示在 PC、平板電腦、智慧型手機等裝置。

以 LV 網站 (https://tw.louisvuitton.com/) 為例，它會隨著瀏覽器的寬度自動調整版面配置，當寬度夠大時，會顯示如下圖❶，隨著寬度縮小，就會按比例縮小，如下圖❷，最後變成單欄版面，如下圖❸，這就是響應式網頁設計的基本精神，不僅網頁的內容只有一種，網頁的網址也只有一個。

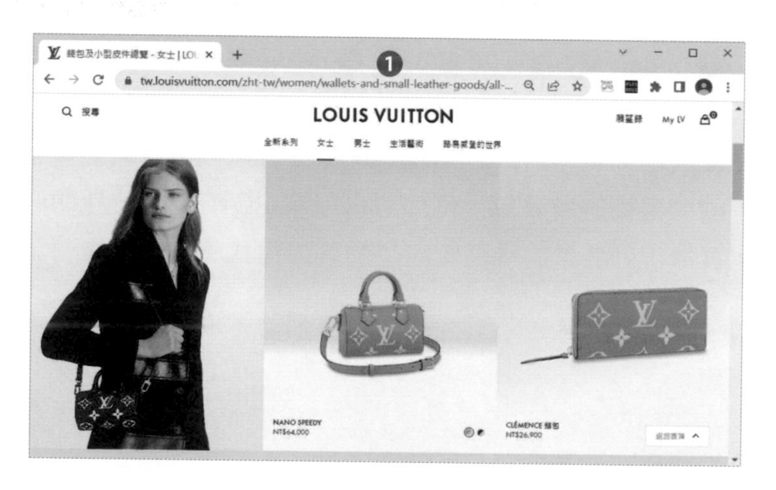

響應式網頁設計的優點

- 網頁內容只有一種

  由於響應式網頁是同一份 HTML 文件透過 CSS 的技巧，以根據瀏覽器的寬度自動調整版面配置，因此，一旦資料需要更新，只要更新同一份 HTML 文件即可，這樣就不用擔心費時費力和資料不同步的問題。

- 網址只有一個

  由於響應式網頁的網址只有一個，所以不會影響網站被搜尋引擎找到的自然排序名次，也不會發生自動轉址程式誤判上網裝置的情況，達到 One Web One URL（單一網站單一網址）的目標。

- 技術門檻較低

  響應式網頁只要透過 HTML 和 CSS 就能夠達成，不像自動轉址程式必須使用 JavaScript 或 PHP 來撰寫。

響應式網頁設計的缺點

- 舊版的瀏覽器不支援

  響應式網頁需要使用 HTML5 的部分功能與 CSS3 的媒體查詢功能，舊版的瀏覽器可能不支援。

- 開發時間較長

  由於響應式網頁要同時兼顧不同裝置，所以需要花費較多時間在不同裝置進行模擬操作與測試。

- 無法充分發揮裝置的特點

  為了要適用於不同裝置，響應式網頁的功能必須有所妥協，例如一些在 PC 廣泛使用的動畫或功能可能無法在行動裝置執行，而必須放棄不用；無法針對行動裝置的觸控、螢幕可旋轉、照相功能等特點開發專屬的操作介面。

響應式網頁設計的主要技術

響應式網頁設計主要會使用到下面三種技術：

- 媒體查詢 (media query)

  透過 CSS3 新增的媒體查詢功能以針對媒體類型量身訂做樣式表，例如根據瀏覽器的寬度自動調整版面配置。

- 流動圖片 (fluid image)

  流動圖片指的是在設定圖片或物件等元素的大小時，根據其容器的大小比例做縮放，而不要設定絕對大小，如此一來，當螢幕的大小改變時，元素的大小也會自動按比例縮放，以同時適用於 PC 和行動裝置。

- 流動格線 (fluid grid)

  流動格線包含格線設計 (grid design) 與液態版面 (liquid layout)，前者指的是利用固定的格子分割版面來設計布局，將內容排列整齊，而後者指的是根據瀏覽器的寬度自由縮放網頁上的元素。

TiP

隨著響應式網頁設計逐漸成為主流，許多網站開始導入「多欄式版面」，行動網頁通常採取如圖 ❶ 的單欄式，而 PC 網頁因為寬度較大，可以採取如圖 ❷ 的兩欄式或如圖 ❸ 的三欄式。

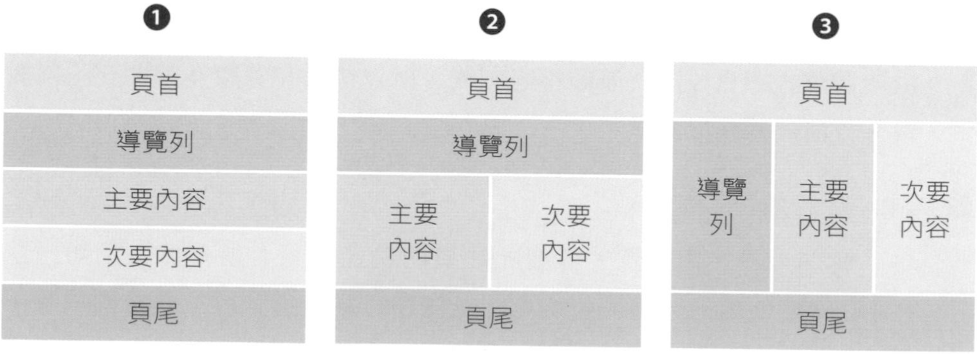

❶

頁首
導覽列
主要內容
次要內容
頁尾

❷

頁首	
導覽列	
主要內容	次要內容
頁尾	

❸

頁首		
導覽列	主要內容	次要內容
頁尾		

行動優先 (mobile first) 指的是在設計網站時應以優化行動裝置體驗為主要考量，其它裝置次之，但這並不是說要從行動網站開始設計，而是在設計網站的過程中優先考量網頁在行動裝置上的操作性與可讀性，不能將傳統的 PC 網頁直接移植到行動裝置，畢竟 PC 和行動裝置的特點不同。

事實上，在開發響應式網頁時，優先考量如何設計行動網頁是比較有效率的做法，畢竟手機的限制比較多，先想好要在行動網頁放置哪些必要的內容，再來想 PC 網頁可以加上哪些選擇性的內容並逐步加強功能。

目前已經有不少網站導入行動優先的概念，以下圖的微軟網站 (https:// www.microsoft.com/zh-tw) 為例，無論是 PC、平板電腦或手機的使用者都可以透過單一網址瀏覽網站，網頁會根據瀏覽器的寬度自動調整欄位的數目與順序。

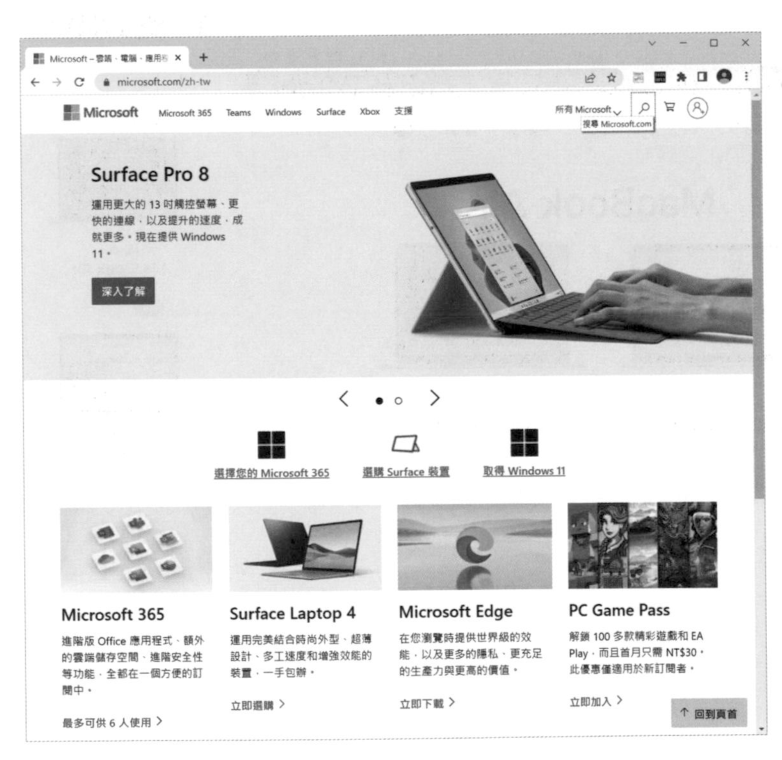

16-2 響應式網頁設計原則

雖然響應式網頁和傳統的 PC 網頁所使用的技術差不多，不外乎是 HTML、CSS、JavaScript 或 PHP、ASP.NET 等伺服器端 Script。不過，誠如我們在前面所提到的，行動裝置具有螢幕較小、執行速度較慢、上網頻寬較小、以觸控操作為主等特點，因此，在設計響應式網頁時請注意下面幾個事項：

- 確認網站的主題、品牌或產品的形象，使用者介面以簡明扼要為原則，簡單明確的內容比強大齊全的功能更重要。以下圖的蘋果電腦網站為例，它維持了蘋果電腦一貫的極簡風格，只使用文字與圖片來構成畫面，沒有多餘的裝飾，凸顯出產品的設計美學與獨特性，而且網頁上只放置基本內容與功能，讓使用者一眼就能看出主題。

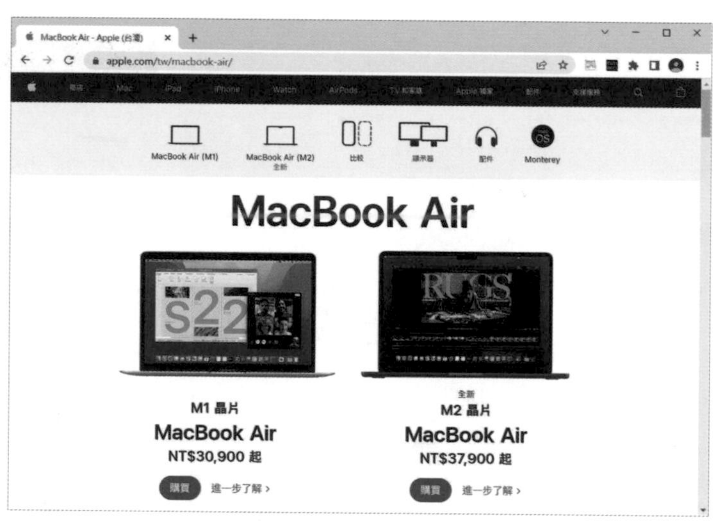

- 網站的架構不要太多層，舉例來說，傳統的 PC 網頁通常會包含首頁、分類首頁、各個分類的內容網頁等三層式架構，而響應式網頁則建議改成首頁、各個內容網頁等兩層式架構，以免使用者迷路了。

- 網頁的檔案愈小愈好，盡量減少使用動畫、影片、大圖檔或 JavaScript 程式碼，以免下載時間太久，或超過執行時間限制而被強制關閉，建議使用 CSS 來設定背景、透明度、變形、轉場、陰影、漸層、框線等效果。

- 按鈕要醒目容易觸碰，最好還有視覺回饋，在一觸碰按鈕時就產生色彩變化，讓使用者知道已經成功點擊按鈕，而且在載入網頁時可以加上說明或圖案，讓使用者知道正在載入，以免重複觸碰按鈕。
- 提供設計良好的導覽列或導覽按鈕，方便使用者查看進一步的內容，亦可導入「多欄排版」的概念。以下圖的 BBC 網站為例，它會根據瀏覽器的寬度自動調整版面配置，當寬度夠大時，會顯示三欄版面，隨著寬度縮小，會變成兩欄版面，最後變成單欄版面。

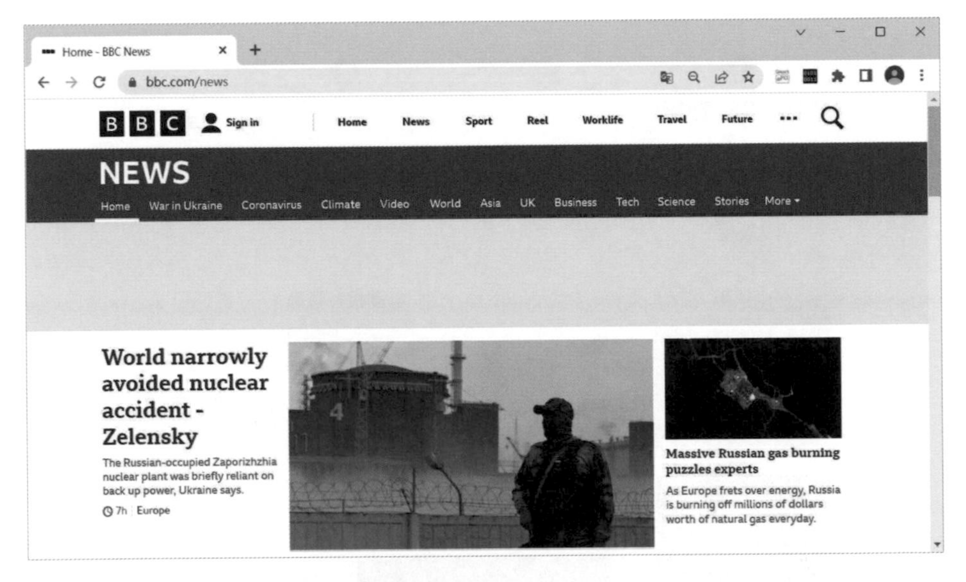

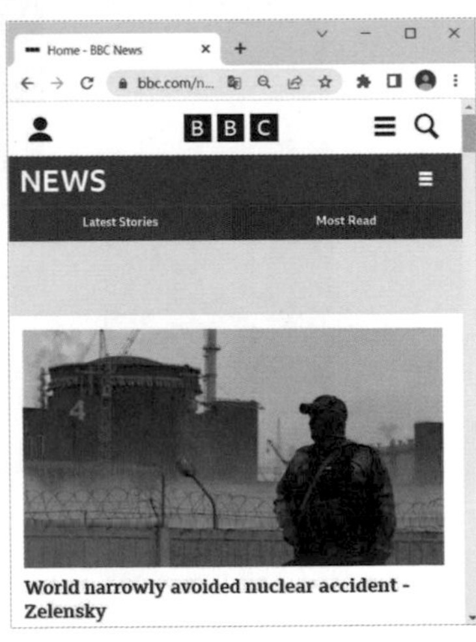

16-3 響應式網頁設計實例

在本節中，我們將透過下面的例子為您示範響應式網頁設計，裡面有 500px 和 768px 兩個斷點，網頁的最大寬度為 960px。

圖 ❶ 為小尺寸裝置的瀏覽結果，當瀏覽器的寬度小於等於 500px 時（手機版），主要內容會顯示單欄；圖 ❷ 為中尺寸裝置的瀏覽結果，當瀏覽器的寬度介於 501px ~ 768px 時（平板電腦版），主要內容會顯示兩欄。

圖❸為大尺寸裝置的瀏覽結果，當瀏覽器的寬度大於等於 769px 時 (PC 版)，主要內容會顯示三欄；圖❹亦為大尺寸裝置的瀏覽結果，當瀏覽器的寬度大於 960px 時，網頁內容會維持 960px，兩側顯示空白。

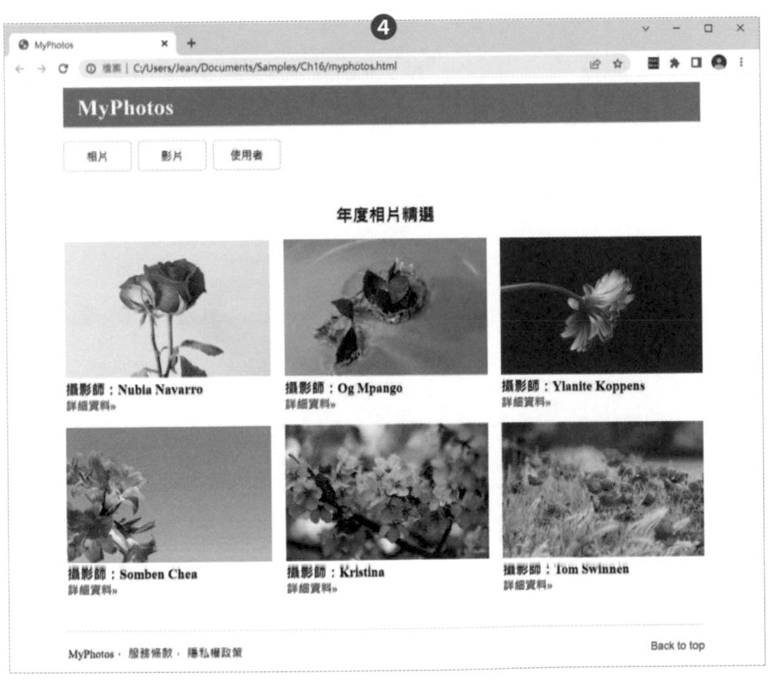

16-3-1 撰寫 HTML 文件

我們將這個例子的 HTML 程式碼列出來，包含頁首、導覽列、主要內容與頁尾等四個部分，其中主要內容裡面有一個標題和六張相片。這份程式碼雖然有點長，但是很容易理解，相關的講解如下：

- 05：http-equiv="X-UA-Compatible" 表示要以 Internet Explorer 瀏覽器相容模式來顯示網頁，而 content="IE=edge" 表示要使用 Edge 瀏覽器模式來顯示網頁。

- 06：這行敘述很重要，主要用來設定可視區域 (viewport)，做為瀏覽器顯示畫面時的縮放基準。width=device-width 表示將可視區域的寬度設定為裝置螢幕的邏輯解析度，也就是實際解析度除以裝置像素比（又稱為像素密度），而 initial-scale=1 表示將網頁讀取完畢時的初始縮放比設定為 1:1，如此一來，當使用者透過手機瀏覽網頁時，就能正確顯示畫面。

- 08：使用 <link> 元素連結樣式表檔案 myphotos.css。

- 12 ~ 14：此為頁首，裡面有網站名稱，您可以視實際需要進行調整，例如加上電子郵件輸入欄位、登入按鈕等。

- 17 ~ 23：此為導覽列，包含「相片」、「影片」和「使用者」等三個項目，會連結到 photos.html、videos.html 和 users.html 等網頁。

- 26 ~ 66：此為主要內容，裡面有一個標題和六張相片，包含相片圖檔、攝影師與詳細資料，其中「詳細資料」超連結會連結到 photo1.html ~ photo6.html 等網頁。

- 69 ~ 75：此為頁尾，包含「MyPhotos」、「服務條款」、「隱私權政策」和「Back to top」等四個超連結，前三者會連結到 about.html、service.html 和 privacy.html 等網頁，而後者用來返回網頁上方。

此外，請您稍微記一下 HTML 元素的 id 屬性或 class 屬性，因為在設定樣式的時候會用到。

\Ch18\myphotos.html （下頁續 1/2）

```
01: <!DOCTYPE html>
02: <html>
03:   <head>
04:     <meta charset="utf-8">
05:     <meta http-equiv="X-UA-Compatible" content="IE=edge">
06:     <meta name="viewport" content="width=device-width, initial-scale=1">
07:     <title>MyPhotos</title>
08:     <link rel="stylesheet" type="text/css" href="myphotos.css">
09:   </head>
10:   <body>
11:     <!-- 頁首 -->
12:     <header>
13:       <h1 id="title1">MyPhotos</h1>
14:     </header>
15:
16:     <!-- 導覽列 -->
17:     <nav>
18:       <ul>
19:         <li><a href="photos.html">相片</a></li>
20:         <li><a href="videos.html">影片</a></li>
21:         <li><a href="users.html">使用者</a></li>
22:       </ul>
23:     </nav>
24:
25:     <!-- 主要內容 -->
26:     <main>
27:       <h2 id="title2">年度相片精選</h2>
28:       <div class="gridcontainer">
29:         <!-- 第一張相片 -->
30:         <div class="griditem">
31:           <img src="photo1.jpg" class="img-photo">
32:           <h3>攝影師：Nubia Navarro</h3>
33:           <p><a class="a-detail" href="photo1.html">詳細資料 &raquo;</a></p>
34:         </div>
35:         <!-- 第二張相片 -->
36:         <div class="griditem">
37:           <img src="photo2.jpg" class="img-photo">
38:           <h3>攝影師：Og Mpango</h3>
39:           <p><a class="a-detail" href="photo2.html">詳細資料 &raquo;</a></p>
```

\Ch18\myphotos.html (接上頁 2/2)

```
40:         </div>
41:         <!-- 第三張相片 -->
42:         <div class="griditem">
43:           <img src="photo3.jpg" class="img-photo">
44:           <h3>攝影師：Ylanite Koppens</h3>
45:           <p><a class="a-detail" href="photo3.html">詳細資料 &raquo;</a></p>
46:         </div>
47:         <!-- 第四張相片 -->
48:         <div class="griditem">
49:           <img src="photo4.jpg" class="img-photo">
50:           <h3>攝影師：Somben Chea</h3>
51:           <p><a class="a-detail" href="photo4.html">詳細資料 &raquo;</a></p>
52:         </div>
53:         <!-- 第五張相片 -->
54:         <div class="griditem">
55:           <img src="photo5.jpg" class="img-photo">
56:           <h3>攝影師：Kristina</h3>
57:           <p><a class="a-detail" href="photo5.html">詳細資料 &raquo;</a></p>
58:         </div>
59:         <!-- 第六張相片 -->
60:         <div class="griditem">
61:           <img src="photo6.jpg" class="img-photo">
62:           <h3>攝影師：Tom Swinnen</h3>
63:           <p><a class="a-detail" href="photo6.html">詳細資料 &raquo;</a></p>
64:         </div>
65:       </div>
66:     </main>
67:
68:     <!-- 頁尾 -->
69:     <footer>
70:       <hr>
71:       <a class="a-about" href="about.html">MyPhotos</a>・
72:       <a class="a-about" href="service.html">服務條款</a>・
73:       <a class="a-about" href="privacy.html">隱私權政策</a>
74:       <a class="a-back"  href="#">Back to top</a>
75:     </footer>
76:   </body>
77: </html>
```

16-3-2 撰寫 CSS 樣式

手機版與共用樣式

在使用 HTML 將網頁的內容定義完畢後，接下來要使用 CSS 設計網頁的外觀，我們會先撰寫手機版與共用樣式，等測試無誤後，再來撰寫平板電腦版樣式和 PC 版樣式。

在設定好手機版與共用樣式後，網頁會以單欄的形式顯示主要內容的六張相片（包含相片圖檔、攝影師與詳細資料），瀏覽結果如下圖。

❶ 頁首　❷ 導覽列　❸ 主要內容（一個標題和六張相片）　❹ 頁尾

我們將手機版與共用樣式列出來，這份程式碼雖然有點長，但是很容易理解，相關的講解已經標示在程式碼裡面，比較重要的如下：

- 003 ~ 006：替所有元素去除瀏覽器預設的邊界與留白。
- 008 ~ 012：第 009 行是將網頁主體的寬度設定為瀏覽器寬度的 100%；第 010 行是將網頁主體的最大寬度設定為 960px，一旦可視區域超過 960px，網頁內容會維持 960px，兩側顯示空白；第 011 行是透過 margin: 0 auto 將網頁主體置中，後面還會使用相同技巧將區塊置中。
- 014 ~ 018：將頁首、導覽列、主要內容、頁尾的顯示層級設定為 block，寬度設定為容器寬度（即網頁主體）的 96%，剩下的 4% 會平均分配給左右邊界，讓這些區塊置中。
- 025 ~ 028：將項目清單的顯示層級設定為 flex（彈性版面），令三個項目由左往右排成一列。
- 030 ~ 037：設定三個項目的寬度、右邊界、留白、清單樣式（不顯示項目符號）、框線與框線圓角，讓它們看起來就像三個按鈕。
- 039 ~ 044：將項目超連結的顯示層級設定為 block，然後設定文字置中、黑色、沒有底線，因為超連結預設為藍色、加底線。
- 061 ~ 065：設定放置六張相片的格線容器，第 062 行是將顯示層級設定為 grid（格線版面）；第 063 行是將格線間距設定為 20px；第 064 行是設定一列有一個格線項目。
- 067 ~ 070：將圖片設定為響應式圖片，其中 max-width: 100% 表示圖片的寬度會隨著容器寬度做縮放，但最大寬度不得超過圖片的原始大小。
- 084 ~ 089：將「Back to top」超連結設定為靠右文繞圖，然後設定超連結的前景色彩、字型及沒有底線。
- 092 ~ 094：此為平板電腦版樣式 (501px ~ 768px)，稍後會介紹。
- 097 ~ 099：此為 PC 版樣式（≧ 769px)，稍後會介紹。

\Ch18\myphotos.css （下頁續 1/3）

```
001：@charset "UTF-8";
002：/* 手機版與共用樣式 */
003：* {
004：  margin: 0;
005：  padding: 0;
006：}
007：
008：body {
009：  width: 100%;
010：  max-width: 960px;
011：  margin: 0 auto;
012：}
013：
014：header, nav, main, footer {
015：  display: block;
016：  width: 96%;
017：  margin: 0 auto;
018：}
019：
020：header {
021：  color: white;
022：  background: seagreen;
023：}
024：
025：nav > ul {
026：  display: flex;
027：  margin-top: 20px;
028：}
029：
030：nav > ul > li {
031：  width: 75px;
032：  margin-right: 10px;
033：  padding: 10px;
034：  list-style: none;
035：  border: 1px solid silver;
036：  border-radius: 5px;
037：}
038：
```

去除所有元素的邊界與留白

設定網頁主體的寬度、最大寬度與邊界

設定頁首、導覽列、主要內容、頁尾的顯示層級（區塊）、寬度與邊界

設定頁首的前景色彩與背景色彩

設定項目清單的顯示層級（彈性版面）與上邊界

設定項目的寬度、右邊界、留白、清單樣式（不顯示項目符號）、框線與框線圓角

\Ch18\myphotos.css （下頁續 2/3）

```
039: nav > ul > li > a {
040:   display: block;
041:   text-align: center;
042:   text-decoration: none;
043:   color: black;
044: }
045:
046: hr {
047:   border-top: 1px solid rgba(0,0,0,0.2);
048:   margin: 50px 0 20px;
049: }
050:
051: #title1 {
052:   margin: 10px;
053:   padding: 10px;
054: }
055:
056: #title2 {
057:   text-align: center;
058:   margin: 50px 0 20px;
059: }
060:
061: .gridcontainer {
062:   display: grid;
063:   gap: 20px;
064:   grid-template-columns: 1fr;
065: }
066:
067: .img-photo {
068:   max-width: 100%;
069:   height: auto;
070: }
071:
072: .a-detail {
073:   text-decoration: none;
074:   color: #0066ff;
075:   font-weight: bold;
076: }
```

- 040～043：設定項目超連結的顯示層級（區塊）、文字對齊、文字裝飾（無）與前景色彩
- 046～049：設定水平線的上框線與邊界
- 051～054：設定網站名稱的邊界與留白
- 056～059：設定標題的文字對齊與邊界
- 061～065：設定放置六張相片的格線容器，顯示層級為 grid，格線間距為 20px，一列有一個格線項目
- 067～070：設定相片的最大寬度（原圖的 100%）與高度（按比例縮放）
- 072～076：設定「詳細資料」超連結的文字裝飾（無）、前景色彩與粗體

```
\Ch18\myphotos.css                                          ( 接上頁 3/3)
077:
078: .a-about {
079:   text-decoration: none;
080:   color: #000000;
081:   padding: 20px 0;
082: }
083:
084: .a-back {
085:   float: right;
086:   text-decoration: none;
087:   color: #0066ff;
088:   font-family: "Arial";
089: }
090:
091: /* 平板電腦版樣式 (501px ~ 768px) */
092: @media screen and (min-width: 501px) {
093:   /* 在此撰寫平板電腦版樣式 ( 稍後會介紹 ) */
094: }
095:
096: /* PC 版樣式 ( ≧ 769px) */
097: @media screen and (min-width: 769px) {
098:   /* 在此撰寫 PC 版樣式 ( 稍後會介紹 ) */
099: }
```

078-082：設定頁尾中前三個超連結的文字裝飾 (無)、前景色彩與留白

084-089：設定「Back to top」超連結靠右文繞圖、文字裝飾 (無)、前景色彩與字型

091-094：平板電腦版樣式

096-099：PC 版樣式

本例所使用的六張相片取材自「免費圖庫相片 Pexels」網站 (https://www.pexels.com/zh-tw/)，感謝攝影師 Nubia Navarro、Og Mpango、Ylanite Koppens、Somben Chea、Kristina Paukshtite 和 Tom Swinnen。

Pexels 提供許多免費相片和影片，同時加入搜尋、分類及標籤等功能，讓使用者能夠更快速精準地找到想要的素材，無須註冊就能下載，而且採取 CC0 (Creative Commons Zero) 授權，允許使用者加以複製、編輯與修改。

平板電腦版樣式

在設定好手機版與共用樣式後，接下來要來設定平板電腦版樣式，網頁會以兩欄的形式顯示主要內容的六張相片，瀏覽結果如下圖。

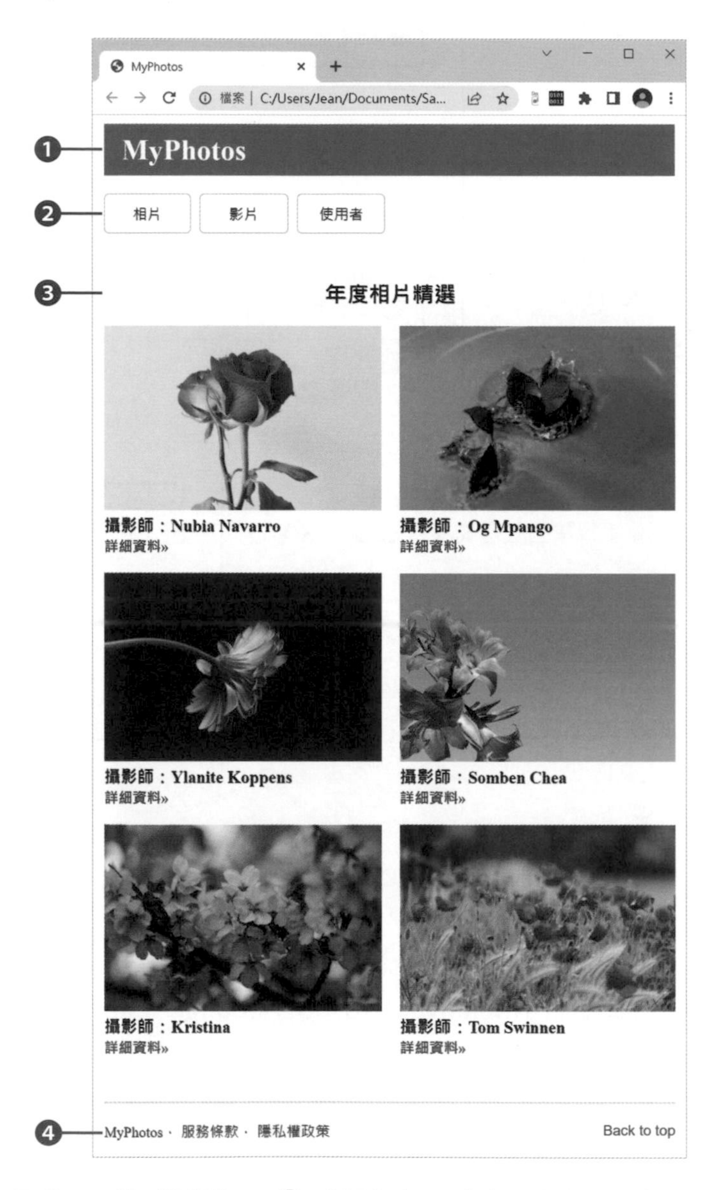

❶ 頁首　❷ 導覽列　❸ 主要內容（一個標題和六張相片）　❹ 頁尾

網頁程式設計

我們將平板電腦版樣式列出來，相關的講解如下：

- 092：使用媒體查詢功能設定當可視區域的寬度大於等於 501px 時，就套用此處的樣式。
- 093 ~ 095：在格線容器類別裡面加上 grid-template-columns: 1fr 1fr，表示一列有兩個格線項目，寬度比例為 1:1，如此一來，六張相片會排成三列，每列各有兩張相片。

\Ch18\myphotos.css

```
089: …（前面省略）
090:
091: /* 平板電腦版樣式 (501px ~ 768px) */
092: @media screen and (min-width: 501px) {
093:   .gridcontainer {
094:     grid-template-columns: 1fr 1fr;
095:   }
096: }
097:
098: /* PC 版樣式（≧ 769px) */
099: @media screen and (min-width: 769px) {
100:   /* 在此撰寫 PC 版樣式（稍後會介紹）*/
101: }
```

PC 版樣式

在設定好平板電腦版樣式後，接下來要來設定 PC 版樣式，網頁會以三欄的形式顯示主要內容的六張相片，瀏覽結果如下圖。

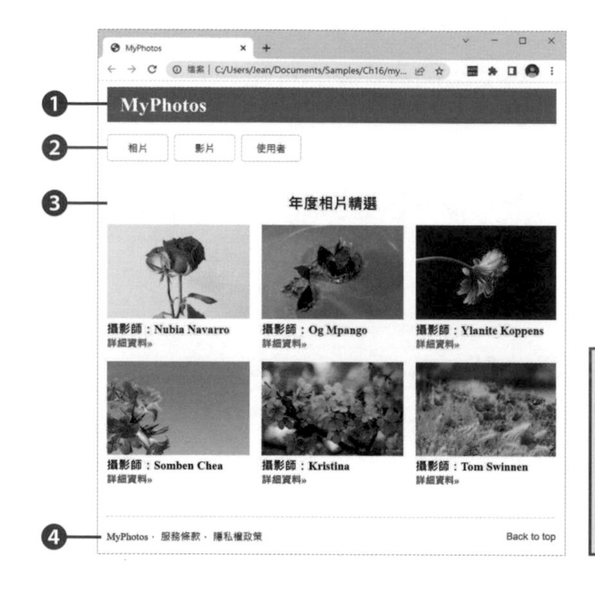

❶ 頁首
❷ 導覽列
❸ 主要內容（一個標題和六張相片）
❹ 頁尾

我們將 PC 版樣式列出來，相關的講解如下：

- 099：使用媒體查詢功能設定當可視區域的寬度大於等於 769px 時，就套用此處的樣式。
- 100 ~ 102：在格線容器類別裡面加上 grid-template-columns: 1fr 1fr 1fr，表示一列有三個格線項目，寬度比例為 1:1:1，如此一來，六張相片會排成兩列，每列各有三張相片。

\Ch18\myphotos.css

```
096: …（前面省略）
097:
098: /* PC 版樣式（≧ 769px）*/
099: @media screen and (min-width: 769px) {
100:   .gridcontainer {
101:     grid-template-columns: 1fr 1fr 1fr;
102:   }
103: }
```

17 CHAPTER

jQuery

17-1 認識 jQuery

根據 jQuery 官方網站 (https://jquery.com/) 的說明指出，「jQuery 是一個快速、輕巧、功能強大的 JavaScript 函式庫，透過它所提供的 API，可以讓諸如操作 HTML 文件、選擇 HTML 元素、處理事件、建立特效、使用 Ajax 技術等動作變得更簡單。由於其多樣性與擴充性，jQuery 改變了數以百萬計的人們撰寫 JavaScript 程式的方式。」。

簡單地說，jQuery 是一個開放原始碼、跨瀏覽器的 JavaScript 函式庫，目的是簡化 HTML 與 JavaScript 之間的操作，一開始是由 John Resig 於 2006 年釋出第一個版本，後來改由 Dave Methvin 領導的團隊進行開發，發展迄今，jQuery 已經成為使用最廣泛的 JavaScript 函式庫。

此外，jQuery 還有一些知名的外掛模組，例如 jQuery UI、jQuery Mobile 等，其中 jQuery UI 是奠基於 jQuery 的 JavaScript 函式庫，包含使用者介面互動、特效、元件與佈景主題等功能；而 jQuery Mobile 是奠基於 jQuery 和 jQuery UI 的行動網頁使用者介面函式庫，包括佈景主題、頁面切換動畫、對話方塊、按鈕、工具列、導覽列、可摺疊區塊、清單檢視、表單等元件。

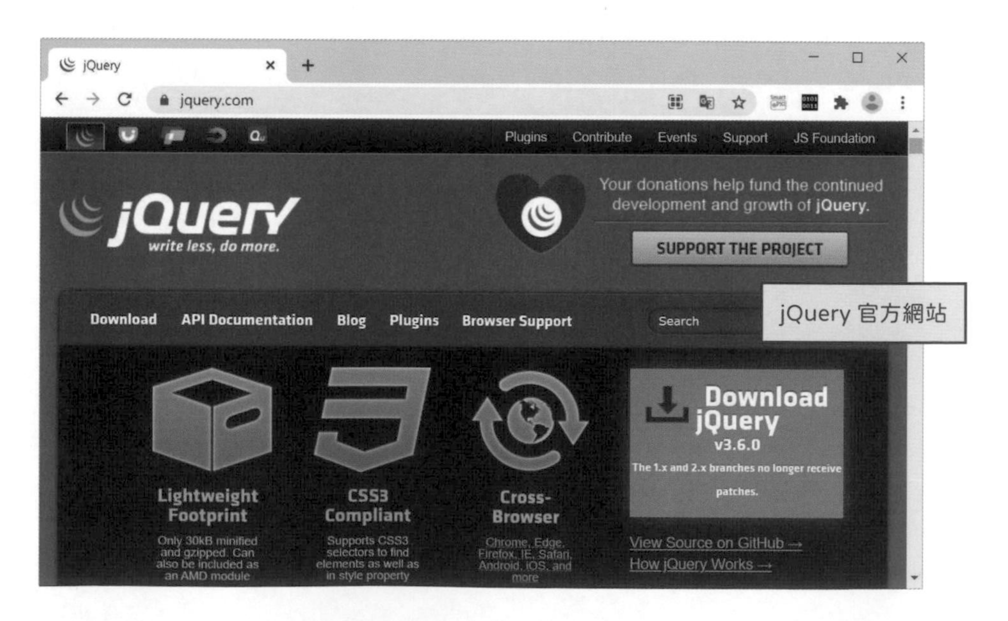

17-2 取得 jQuery 核心

在使用 jQuery 之前需要具有 jQuery 核心 JavaScript 檔案，我們可以透過下列兩種方式來取得：

- 下載 jQuery 套件：到官方網站 https://jquery.com/download/ 下載 jQuery 套件，如下圖，建議點取 [Download the compressed, production jQuery 3.6.0]，下載 jquery-3.6.0.min.js，然後將檔案複製到網站專案的根目錄，檔名中的 3.6.0 為版本，.min 為最小化的檔案，也就是去除空白、換行、註解並經過壓縮，推薦給正式版使用。由於 jQuery 仍在持續發展中，您可以到官方網站查看最新發展與版本。

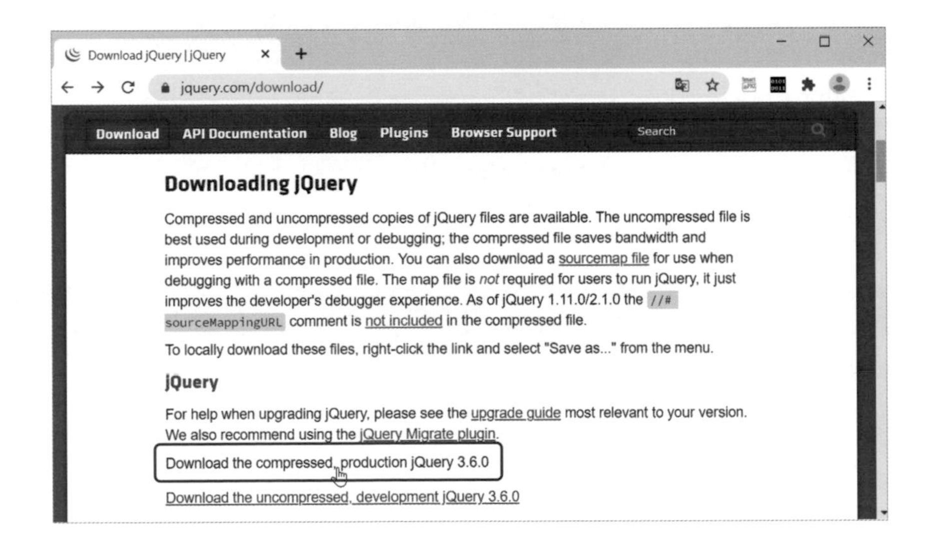

- 使用 CDN (Content Delivery Networks)：在網頁中參考 jQuery 官方網站提供的檔案，而不是將檔案複製到網站專案的根目錄。我們可以在 https://code.jquery.com/ 找到類似如下的程式碼，將之複製到網頁即可：

```
<script src="https://code.jquery.com/jquery-3.6.0.min.js"
  integrity="sha256-/xUj+3OJU5yExlq6GSYGSHk7tPXikynS7ogEvDej/m4="
  crossorigin="anonymous"></script>
```

jQuery 屬於開放原始碼，可以免費使用，注意不要刪除檔案開頭的版權資訊即可。使用 CDN 的好處如下：

- 無須下載任何套件。
- 減少網路流量，因為 Web 伺服器送出的檔案較小。
- 若使用者之前已經透過相同的 CDN 參考 jQuery 的檔案，那麼該檔案就會存在於瀏覽器的快取中，如此便能加快網頁的執行速度。

下面是一個例子，它會在 HTML 文件的 DOM 載入完畢後以對話方塊顯示「Hello, jQuery!」，其中第 02 行是使用 CDN 參考 jQuery 核心 JavaScript 檔案 jquery-3.6.0.min.js，至於第 05 行的 jQuery 語法稍後會做說明。

\Ch17\hello.html

```
01: <body>
02:   <script src="https://code.jquery.com/jquery-3.6.0.min.js"></script>
03:   <script src="hello.js"></script>
04: </body>
```

\Ch17\hello.js

```
05: $(document).ready(function() {
06:   window.alert('Hello, jQuery!');
07: });
```

17-3 使用 jQuery 核心

jQuery 核心提供許多方法可以用來操作 HTML 文件，我們習慣以小數點開頭加上方法名稱來辨識 jQuery 方法，以和 JavaScript 的內建函式做區別，例如 .html()、.text()、.val()、.after()、.before() 等。

17-3-1 選擇元素

jQuery 的基本語法如下：

```
$( 選擇器 ).method( 參數 );
```

$ 符號是 jQuery 物件的別名，而 $() 表示呼叫建構函式建立 jQuery 物件，至於選擇器 (selector) 指的是要進行處理的 DOM 物件，例如下面的敘述是針對 id 屬性為 "msg" 的元素呼叫 jQuery 提供的 .text() 方法，將該元素的文字內容設定為參數所指定的文字：

```
$("#msg").text("Hello, jQuery!");
```

jQuery 除了支援多數的 CSS3 選擇器，同時也提供一些專用的選擇器，常用的如下。

選擇器	範例
萬用選擇器	$("*") 表示選擇所有元素。
類型選擇器	$("h1") 表示選擇 <h1> 元素。
子選擇器	$("ul > li") 表示選擇 <ul> 的子元素 <li>。
子孫選擇器	$("p a") 表示選擇 <p> 元素的子孫元素 <a>。
相鄰兄弟選擇器	$("img + p") 表示選擇 <img> 元素後面的第一個兄弟元素 <p>。
全體兄弟選擇器	$("img ~ p") 表示選擇 <img> 元素後面的所有兄弟元素 <p>。
類別選擇器	$(".odd") 表示選擇 class 屬性為 "odd" 的元素。
ID 選擇器	$("#btn") 表示選擇 id 屬性為 "btn" 的元素。

選擇器	範例
屬性選擇器	
[*attr*]	$("[class]") 表示選擇有設定 class 屬性的元素。
[*attr=val*]	$("[class='apple']") 表示選擇 class 屬性的值為 'apple' 的元素。
[*attr~=val*]	$("[class~='apple']") 表示選擇 class 屬性的值為 'apple'，或以空白字元隔開並包含 'apple' 的元素。
[*attr|=val*]	$("[class|='apple']") 表示選擇 class 屬性的值為 'apple'，或以 - 字元連接並包含 'apple' 的元素。
[*attr*^=val]	$("[class^='apple']") 表示選擇 class 屬性的值以 'apple' 開頭的元素。
[*attr$=val*]	$("[class$='apple']") 表示選擇 class 屬性的值以 'apple' 結尾的元素。
[*attr*=val*]	$("[class*='apple']") 表示選擇 class 屬性的值包含 'apple' 的元素。
[*attr!=val*]	$("[class!='apple']") 表示選擇 class 屬性的值不包含 'apple' 的元素。
多重選擇器	$("div, span") 表示選擇 <div> 和 <span> 元素。
多重屬性選擇器	$("input[id][name$='man']") 表示選擇有設定 id 屬性且 name 屬性以 'man' 結尾的 <input> 元素。
表單虛擬選擇器	
:input	$(":input") 表示選擇所有 <input> 元素。
:text	$(":text") 表示選擇所有 type="text" 的 <input> 元素。
:password	$(":password") 表示選擇所有 type="password" 的 <input> 元素。
:radio	$(":radio") 表示選擇所有 type="radio" 的 <input> 元素。
:checkbox	$(":checkbox") 表示選擇所有 type="checkbox" 的 <input> 元素。
:image	$(":image") 表示選擇所有 type="image" 的 <input> 元素。
:file	$(":file") 表示選擇所有 type="file" 的 <input> 元素。
:submit	$(":submit") 表示選擇所有 type="submit" 的 <input> 元素。
:reset	$(":reset") 表示選擇所有 type="reset" 的 <input> 元素。
:button	$(":button") 表示選擇所有 <button> 元素。
:selected	$(":selected") 表示選擇下拉式清單中被選取的項目。
:enabled	$("input:enabled") 表示選擇所有被啟用的 <input> 元素。
:disabled	$("input:disabled") 表示選擇所有被停用的 <input> 元素。
:checked	$("input:checked") 表示選擇所有被核取的 <input> 元素。

17-3-2 存取元素的內容

jQuery 提供了數個方法可以用來存取元素的內容，例如 .text()、.html()、.val() 等，以下有進一步的說明。至於其它方法或更多的使用範例，有興趣的讀者可以到 jQuery Learning Center (https://learn.jquery.com/) 查看。

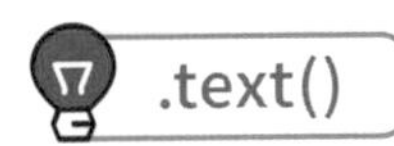

.text() 方法的語法如下，第一種形式沒有參數，用來取得所有符合之元素及其子孫元素的文字內容；而第二種形式有參數，用來將所有符合之元素的文字內容設定為參數所指定的內容：

```
.text()
.text( 參數 )
```

舉例來說，假設網頁中有如下的項目清單：

```
<ul>
  <li><em> 珠寶盒 </em></li>
  <li> 法朋 </li>
  <li>Lady M</li>
</ul>
```

那麼 $("ul").text() 會傳回如下的文字內容，包含 <ul> 元素及其子孫元素的文字內容：

```
珠寶盒
法朋
Lady M
```

而 $("li").text() 會傳回如下的文字內容 (不包含項目之間的空白)：

```
珠寶盒法朋 Lady M
```

.html()

.html() 方法的語法如下，第一種形式沒有參數，用來取得第一個符合之元素的 HTML 內容；而第二種形式有參數，用來將所有符合之元素的 HTML 內容設定為參數所指定的內容：

```
.html()
.html( 參數 )
```

舉例來說，假設網頁中有如下的項目清單：

```
<ul>
  <li><em> 珠寶盒 </em></li>
  <li> 法朋 </li>
  <li>Lady M</li>
</ul>
```

那麼 $("ul").html() 會傳回如下的 HTML 內容，也就是第一個 <ul> 元素的 HTML 內容：

```
<li><em> 珠寶盒 </em></li>
<li> 法朋 </li>
<li>Lady M</li>
```

而 $("li").html() 會傳回如下的 HTML 內容，也就是第一個 <li> 元素的 HTML 內容：

```
<em> 珠寶盒 </em>
```

至於下面的敘述則會將所有 <li> 元素的 HTML 內容設定為 "<b> 祥雲龍吟 </b>"，也就是加上粗體的「祥雲龍吟」：

```
$("li").html("<b> 祥雲龍吟 </b>")
```

.val() 方法的語法如下，第一種形式沒有參數，用來取得第一個符合之元素的值；而第二種形式有參數，用來將所有符合之元素的值設定為參數所指定的值，.val() 主要用來取得 <input>、<select>、<textarea> 等表單輸入元素的值：

```
.val()
.val( 參數 )
```

舉例來說，假設網頁中有如下的下拉式清單，那麼 $('#book').val() 會傳回選取的值，預設值為 1，而 $('#book option:selected').text() 會傳回選取的文字，預設值為「秧歌」：

```
<select id="book">
  <option value="1" selected> 秧歌 </option>
  <option value="2"> 半生緣 </option>
  <option value="3"> 小團圓 </option>
  <option value="4"> 雷峰塔 </option>
  <option value="5"> 易經 </option>
</select>
```

17-3-3 存取元素的屬性值

.attr() 方法的語法如下，第一種形式用來根據參數取得第一個符合之元素的屬性值；第二種形式用來根據參數設定所有符合之元素的屬性名稱與屬性值；而第三種形式用來根據參數的鍵 / 值設定所有符合之元素的屬性名稱與屬性值：

```
.attr( 屬性名稱 )
.attr( 屬性名稱 , 屬性值 )
.attr( 鍵 / 值 , 鍵 / 值 , ...)
```

例如下面的敘述是取得第一個 <a> 元素的 href 屬性值：

```
$('a').attr('href');
```

而下面的敘述是將所有 <a> 元素的 href 屬性設定為 'index.html'：

```
$('a').attr('href', 'index.html');
```

至於下面的敘述是將所有 <img> 元素的 src 和 alt 兩個屬性設定為 'hat.gif'、'jQuery Logo'：

```
$('img').attr({
  src: 'hat.gif',
  alt: 'jQuery Logo'
});
```


.removeAttr()

.removeAttr() 方法的語法如下，用來根據參數移除所有符合之元素的屬性：

```
.removeAttr( 屬性名稱 )
```

例如下面的敘述是移除所有 <a> 元素的 title 屬性：

```
$('a').removeAttr('title');
```

.addClass()

.addClass() 方法的語法如下，用來在所有符合之元素加入參數所指定的類別：

```
.addClass( 類別名稱 )
```

例如下面的敘述是在所有 <p> 元素加入 c1 和 c2 兩個類別：

```
$('p').addClass('c1 c2');
```

.removeClass() 方法的語法如下，用來根據參數移除所有符合之元素的類別：

```
.removeClass( 類別名稱 )
```

例如下面的敘述是移除所有 <p> 元素的 c1 和 c2 兩個類別：

```
$('p').removeClass('c1 c2');
```

17-3-4 插入元素

.append() 方法的語法如下，用來將參數所指定的元素加到符合之元素的後面：

```
.append( 參數 )
```

下面是一個例子，它會將 '<b><i>Gone with the Wind</i></b>' 加到 <p> 元素的後面，得到如下圖的瀏覽結果。

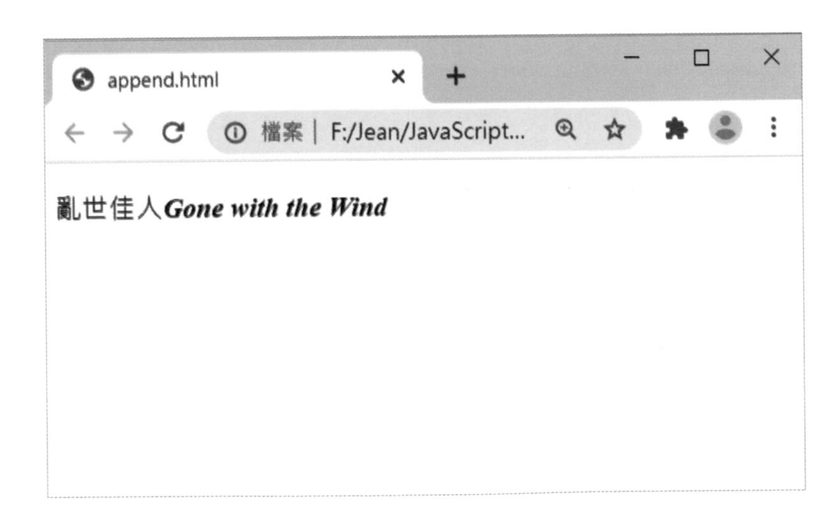

\Ch17\append.html

```
01: <!DOCTYPE html>
02: <html>
03:   <head>
04:     <meta charset="utf-8">
05:   </head>
06:   <body>
07:     <p> 亂世佳人 </p>
08:     <script src="https://code.jquery.com/jquery-3.6.0.min.js"></script>
09:     <script>
10:       $('p').append('<b><i>Gone with the Wind</i></b>');
11:     </script>
12:   </body>
13: </html>
```

.prepend()

.prepend() 方法的語法如下，用來將參數所指定的元素加到符合之元素的前面：

```
.prepend( 參數 )
```

假設將 \Ch17\append.html 的第 10 行改寫成如下，得到如下圖的瀏覽結果：

```
$('p').prepend('<b><i>Gone with the Wind</i></b>');
```

Gone with the Wind亂世佳人

.after()

.aftcr() 方法的語法如下，用來將參數所指定的元素加到符合之元素的後面。請注意，.append() 方法是將元素加到指定區塊內的後面，而 .after() 是將元素加到指定區塊外的後面：

```
.after( 參數 )
```

假設將 \Ch17\append.html 的第 10 行改寫成如下，得到如下圖的瀏覽結果：

```
$('p').after('<b><i>Gone with the Wind</i></b>');
```

亂世佳人

Gone with the Wind

.before()

.before() 方法的語法如下，用來將參數所指定的元素加到符合之元素的前面。請注意，.prepend() 方法是將元素加到指定區塊內的前面，而 .before() 是將元素加到指定區塊外的前面：

```
.before( 參數 )
```

假設將 \Ch17\append.html 的第 10 行改寫成如下，得到如下圖的瀏覽結果：

```
$('p').before('<b><i>Gone with the Wind</i></b>');
```

Gone with the Wind

亂世佳人

17-3-5 操作集合中的每個物件

.each() 方法的語法如下，用來針對物件或陣列進行重複運算：

```
.each( 物件 , callback)
.each( 陣列 , callback)
.each(callback)
```

下面是一個例子，它會使用 .each() 方法計算陣列的元素總和（第 04 ~ 06 行），然後顯示出來。

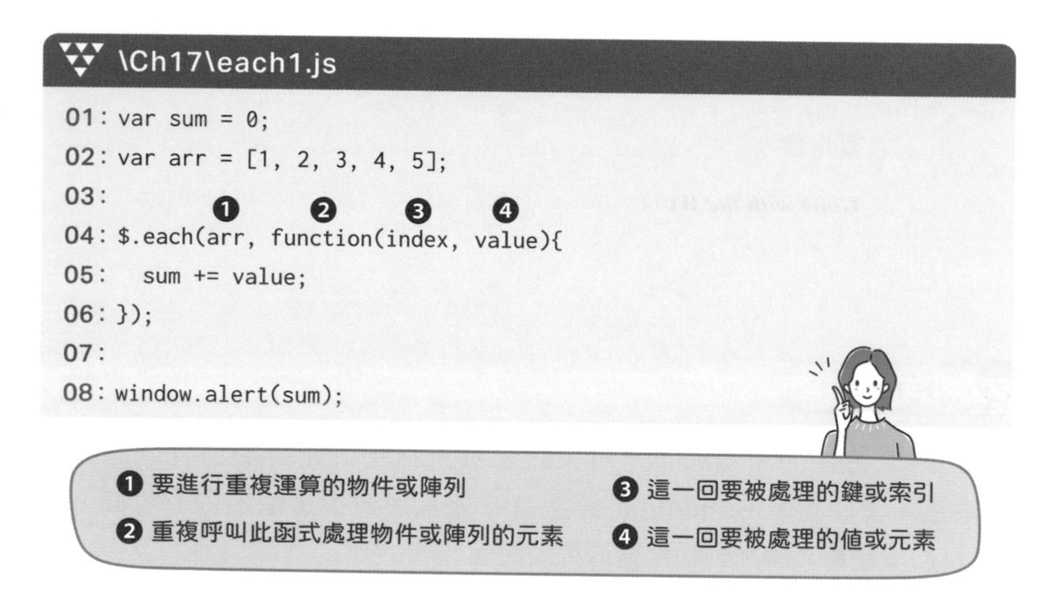

\Ch17\each1.js

```
01: var sum = 0;
02: var arr = [1, 2, 3, 4, 5];
03:
04: $.each(arr, function(index, value){
05:   sum += value;
06: });
07:
08: window.alert(sum);
```

❶ 要進行重複運算的物件或陣列
❷ 重複呼叫此函式處理物件或陣列的元素
❸ 這一回要被處理的鍵或索引
❹ 這一回要被處理的值或元素

each1.html
檔案 | F:/Jean/JavaScript/Sam...
這個網頁顯示
15
確定

17-3-6 存取 CSS 設定

.css() 方法的語法如下，第一種形式用來取得第一個符合之元素的 CSS 樣式；第二種形式用來根據參數設定所有符合之元素的 CSS 樣式；而第三種形式用來根據參數的鍵 / 值設定所有符合之元素的 CSS 樣式：

```
.css(CSS 屬性名稱 )
.css(CSS 屬性名稱 , CSS 屬性值 )
.css( 鍵 / 值 , 鍵 / 值 , ...)
```

例如下面的敘述是取得第一個 <h1> 元素的 color CSS 屬性值：

```
$('h1').css('color');
```

而下面的敘述是將所有 <h1> 元素的 color CSS 屬性設定為 'red'：

```
$('h1').css('color', 'red');
```

至於下面的敘述是將所有 <h1> 元素的 color、background-color 、text-shadow 等 CSS 屬性設定為 'red'、'yellow'、'gray 3px 3px'：

```
$('h1').css({
  'color' : 'red',
  'background-color' : 'yellow',
  'text-shadow' : 'gray 3px 3px'
});
```

下面是一個例子，當指標移到標題 1 時，會顯示紅色加陰影；當指標離開標題 1 時，會顯示黑色不加陰影。請注意，第 13 ~15 行和第 18 ~ 20 行是利用標題 1 的 mouseover、mouseout 事件處理程式來設定文字色彩與陰影，我們會在第 17-4 節說明如何使用 jQuery 處理事件。

\Ch17\css.html

```
01: <!DOCTYPE html>
02: <html>
03:   <head>
04:     <meta charset="utf-8">
05:   </head>
06:   <body>
07:     <h1>Hello, jQuery!</h1>
08:     <script src="https://code.jquery.com/jquery-3.6.0.min.js"></script>
09:     <script src="css.js"></script>
10:   </body>
11: </html>
```

\Ch17\css.js

```
12: /* 繫結 <h1> 元素的 mouseover 事件與處理程式 */
13: $('h1').on('mouseover', function(){
14:   $(this).css({'color' : 'red', 'text-shadow' : 'gray 3px 3px'});
15: });
16:
17: /* 繫結 <h1> 元素的 mouseout 事件與處理程式 */
18: $('h1').on('mouseout', function(){
19:   $(this).css({'color' : 'black', 'text-shadow' : 'none'});
20: });
```

❶ 指標移到標題 1 時會顯示紅色加陰影

❷ 指標離開標題 1 時會顯示黑色不加陰影

17-3-7 取得 / 設定元素的寬度與高度

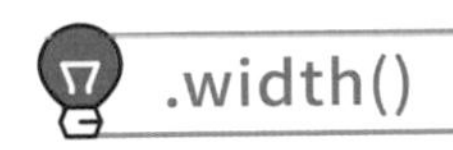

.width()

.width() 方法的語法如下，第一種形式用來取得第一個符合之元素的寬度，而第二種形式用來設定所有符合之元素的寬度：

```
.width()
.width( 參數 )
```

例如下面的敘述是取得第一個 <div> 元素的寬度：

```
$('div').width();
```

而下面的敘述是將所有 <div> 元素的寬度設定為 '20cm'，此例的單位為 cm (公分)，若沒有提供單位，則預設值為 px (像素)：

```
$('div').width('20cm');
```

若要取得瀏覽器視窗的寬度，可以寫成 $(window).width();，若要取得網頁內容的寬度，可以寫成 $(document).width();。

.width() 和 .css('width') 的差別在於前者傳回的寬度沒有加上單位，而後者有。舉例來說，假設元素的寬度為 300 像素，則前者會傳回 '300'，而後者會傳回 '300px'。若要進行數學運算，那麼 .width() 方法是比較適合的。

.height()

.height() 方法的語法如下，第一種形式用來取得第一個符合之元素的高度，而第二種形式用來設定所有符合之元素的高度：

```
.height()
.height( 參數 )
```

例如下面的敘述是取得第一個 <div> 元素的高度：

```
$('div').height();
```

而下面的敘述是將所有 <div> 元素的高度設定為父元素的 20% 高度：

```
$('div').height('20%');
```

同樣的，.height() 和 .css('height') 的差別在於前者傳回的高度沒有加上單位，而後者有。

17-3-8 移除元素

.remove() 方法的語法如下，用來移除參數所指定的元素：

```
.remove( 參數 )
```

例如下面的敘述會移除 id 屬性為 'book' 的元素：

```
$('#book').remove();
```

.empty() 方法的語法如下，用來移除參數所指定之元素的子節點：

```
.empty( 參數 )
```

例如下面的敘述會移除 id 屬性為 'book' 之元素的子節點，即清空元素的內容，但仍在網頁中保留此元素：

```
$('#book').empty();
```

17-4 事件處理

我們在第 15 章介紹過事件的類型，以及如何使用 JavaScript 處理事件，而在本節中，我們將說明如何使用 jQuery 提供的方法讓事件處理變得更簡單。

17-4-1 .on() 方法

jQuery 針對多數瀏覽器原生的事件提供了對應的方法，例如 .load()、.unload()、.error()、.scroll()、.resize()、.keydown()、.keyup()、.keypress()、.mousedown()、.mouseup()、.mouseover()、.mousemove()、.mouseout()、.mouseenter()、.mouseleave()、.click()、.dblclick()、.submit()、.select()、.change()、.focus()、.blur()、.focusin()、.focusout() 等。不過，您無須背誦這些方法的名稱，只要使用 .on() 方法，就可以繫結各種事件與處理程式。

.on() 方法的語法如下，用來針對被選擇之元素的一個或多個事件繫結處理程式：

```
.on(events [, selector] [, data], handler)
.on(events [, selector] [, data])
```

- *events*：設定一個或多個以空白隔開的事件名稱，例如 'click dblclick' 表示 click 和 dblclick 兩個事件。
- *selector*：設定觸發事件的元素。
- *data*：設定要傳遞給處理程式的資料。
- *handler*：設定當事件被觸發時所要執行的函式，即處理程式。

我們可以使用 .on() 方法繫結一個事件和一個處理程式，下面是一個例子，當使用者按一下單行文字方塊時，會在下方的段落顯示「單行文字方塊被按一下」。

\Ch17\event1.html

```
01: <body>
02:   <input type="text">
03:   <p></p>
04:   <script src="https://code.jquery.com/jquery-3.6.0.min.js"></script>
05:   <script src="event1.js"></script>
06: </body>
```

\Ch17\event1.js

```
07: $('input').on('click', function() {
08:   $('p').text(' 單行文字方塊被按一下 ');
09: });
```

使用 .on() 方法繫結 click 事件和處理程式

event1.html

檔案 | F:/Jean/JavaScript...

❶

單行文字方塊被按一下 ❷

❶ 按一下單行文字方塊 ❷ 顯示此訊息

我們也可以使用 .on() 方法繫結多個事件和一個處理程式，舉例來說，假設將 \Ch17\event1.js 改寫成如下，使用 .on() 方法繫結 click、dblclick 兩個事件和相同的處理程式，這麼一來，當使用者按一下或按兩下單行文字方塊時，均會在下方的段落顯示「單行文字方塊被按一下或按兩下」。

```
$('input').on('click dblclick', function() {
  $('p').text(' 單行文字方塊被按一下或按兩下 ');
});
```

❶ 按一下單行文字方塊會顯示此訊息

❷ 按兩下單行文字方塊會顯示相同訊息

我們還可以使用 .on() 方法繫結多個事件和多個處理程式，舉例來說，假設將 \Ch17\event1.js 改寫成如下，使用 .on() 方法繫結 click、dblclick 兩個事件和不同的處理程式，這麼一來，當使用者按一下單行文字方塊時，會在下方的段落顯示「單行文字方塊被按一下」；當使用者按兩下單行文字方塊時，會在下方的段落顯示「單行文字方塊被按兩下」。

```
$('input').on({
  'click' : function() {$('p').text(' 單行文字方塊被按一下 ');},
  'dblclick': function() {$('p').text(' 單行文字方塊被按兩下 ');}
});
```

❶ 按一下單行文字方塊會顯示此訊息

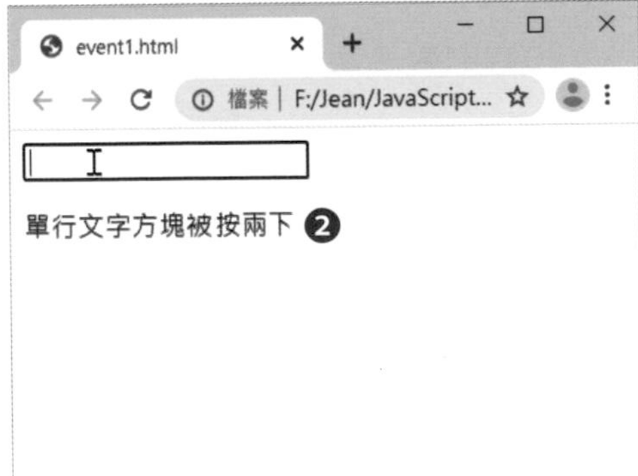

❷ 按兩下單行文字方塊會顯示另一個訊息

17-4-2 .off() 方法

.off() 方法的語法如下，用來移除參數所指定的事件處理程式，若沒有參數，表示移除使用 .on() 方法所繫結的事件處理程式：

```
.off(events [, selector] [, handler])
.off()
```

- *events*：設定一個或多個以空白隔開的事件名稱。
- *selector*：設定觸發事件的元素。
- *handler*：設定當事件被觸發時所要執行的函式，即處理程式。

例如下面的敘述是移除所有段落的所有事件處理程式：

```
$('p').off();
```

而下面的敘述是移除所有段落的所有 click 事件處理程式：

```
$('p').off('click', '**');
```

至於下面的敘述則是在第 01 ~ 03 行定義一個 f1() 函式，接著在第 06 行呼叫 .on() 方法繫結段落的 click 事件和 f1() 函式，令使用者按一下段落時，就執行 f1() 函式，最後在第 09 行呼叫 . off() 方法移除段落的 click 事件和 f1() 函式的繫結，令使用者按一下段落時，不再執行 f1() 函式。

```
01: var f1 = function() {
02:     // 在此撰寫處理事件的程式碼
03: };
04:
05: // 繫結段落的 click 事件和 f1() 函式
06: $('body').on('click', 'p', f1);
07:
08: // 移除段落的 lick 事件和 f1() 函式的繫結
09: $('body').off('click', 'p', f1);
```

17-4-3 .ready() 方法

.ready() 方法的語法如下，用來設定當 HTML 文件的 DOM 載入完畢時，就執行參數 *handler* 所指定的函式：

```
.ready(handler)
```

下面是一個例子，它會在 HTML 文件的 DOM 載入完畢時顯示「DOM 已經載入完畢！」。

\Ch17\ready.html

```
<body>
  <p>DOM 尚未完全載入！</p>
  <script src="https://code.jquery.com/jquery-3.6.0.min.js"></script>
  <script src="ready.js"></script>
</body>
```

\Ch17\ready.js

```
$(document).ready(function() {
  $('p').text('DOM 已經載入完畢！');
});
```

大部分的瀏覽器會透過 DOMContentLoaded 事件提供類似的功能，不過，兩者還是有所不同，若瀏覽器在呼叫 .ready() 方法之前就已經觸發 DOMContentLoaded 事件，.ready() 方法所指定的函式仍會執行；相反的，在觸發該事件之後所繫結的 DOMContentLoaded 事件處理程式則不會執行。

此外，執行 .ready() 方法的時間點亦有別於 Window 物件的 load 事件，前者是在 DOM 載入完畢時就會執行，無須等到圖檔、影音檔等資源載入完畢，而後者是在所有資源載入完畢時才會執行，時間點比 .ready() 方法晚。

對於一開啟網頁就要執行的動作，例如設定事件處理程式、初始化外掛程式等，可以使用 .ready() 方法來處理，而一些會用到資源的動作，例如設定圖檔的寬度、高度等，就要使用 Window 物件的 load 事件來處理。

最後要說明的是 jQuery 提供下列數種語法，用來設定當 HTML 文件的 DOM 載入完畢時所要執行的函式：

- $(*handler*)
- $(document).ready(*handler*)
- $("document").ready(*handler*)
- $("img").ready(*handler*)
- $().ready(*handler*)

不過，jQuery 3.0 只推薦使用第一種語法，其它語法雖然能夠運作，但被認為過時 (deprecated)，因此，我們可以將 \Ch17\ready.js 改寫成如下：

```
$(function() {
  $('p').text('DOM 已經載入完畢！');
});
```

jQuery 3.0 已經移除下列語法，原因是若 DOM 在繫結 ready 事件處理程式之前就已經載入完畢，那麼該處理程式將不會被執行：

```
$(document).on("ready", handler)
```

17-5 特效與動畫

jQuery 針對特效與動畫提供許多方法，以下介紹一些常用的方法。至於其它方法或更多的使用範例，有興趣的讀者可以到 jQuery Learning Center 查看。

17-5-1 基本特效

常用的基本特效如下：

- .hide()：語法如下，用來隱藏符合的元素，參數 *duration* 為特效的執行時間，預設值為 400（毫秒），數字愈大，執行時間就愈久，而參數 *complete* 為特效結束時所要執行的函式：

```
.hide()
.hide([duration] [, complete])
```

- .show()：語法如下，用來顯示符合的元素，兩個參數的意義和 .hide() 方法相同：

```
.show()
.show([duration] [, complete])
```

- .toggle()：語法如下，用來循環切換顯示和隱藏符合的元素，其中參數 *display* 為布林值，true 表示顯示，false 表示隱藏，而另外兩個參數的意義和 .hide() 方法相同：

```
.toggle()
.toggle(display)
.toggle([duration] [, complete])
```

下面是一個例子，當使用者按一下 [隱藏] 時，會在 600 毫秒內以特效隱藏標題 1；當使用者按一下 [顯示] 時，會在 600 毫秒內以特效顯示標題 1。

\Ch17\effect1.html

```
<body>
  <button id="btn1">隱藏</button>
  <button id="btn2">顯示</button>
  <h1>Hello, jQuery!</h1>
  <script src="https://code.jquery.com/jquery-3.6.0.min.js"></script>
  <script src="effect1.js"></script>
</body>
```

\Ch17\effect1.js

```
$('#btn1').on('click', function() {
  $('h1').hide(600);
});

$('#btn2').on('click', function() {
  $('h1').show(600);
});
```

❶ 按一下 [隱藏] 會以特效隱藏標題 1　❷ 按一下 [顯示] 會以特效顯示標題 1

17-5-2 淡入 / 淡出 / 移入 / 移出特效

常用的淡入 / 淡出 / 移入 / 移出特效如下：

- .fadeIn()：語法如下，用來以淡入特效顯示元素，參數 *duration* 為淡入特效的執行時間，預設值為 400（毫秒），數字愈大，執行時間就愈久，而參數 *complete* 為淡入特效結束時所要執行的函式：

```
.fadeIn([duration] [, complete])
```

- .fadeOut()：語法如下，用來以淡出特效隱藏元素，兩個參數的意義和 .fadeIn() 方法相同：

```
.fadeOut([duration] [, complete])
```

- .fadeTo()：語法如下，用來調整元素的透明度，其中參數 *opacity* 是透明度，值為 0.0 ~ 1.0 的數字，表示完全透明 ~ 完全不透明，而另外兩個參數的意義和 .fadeIn() 方法相同：

```
.fadeTo(duration, opacity [, complete])
```

  例如下面的敘述會在 400 毫秒內將 <img> 元素（即圖片）的透明度調整為 50%：

```
$('img').fadeTo(400, 0.5);
```

- .fadeToggle()：語法如下，用來循環切換淡入和淡出元素，兩個參數的意義和 .fadeIn() 方法相同：

```
.fadeToggle([duration] [, complete])
```

- .slideDown()：語法如下，用來以移入（由上往下滑動）特效顯示元素，兩個參數的意義和 .fadeIn() 方法相同：

```
.slideDown([duration] [, complete])
```

- .slideUp()：語法如下，用來以移出（由下往上滑動）特效隱藏元素，兩個參數的意義和 .fadeIn() 方法相同：

```
.slideUp([duration] [, complete])
```

- .slideToggle()：語法如下，用來循環切換移入和移出元素，兩個參數的意義和 .fadeIn() 方法相同：

```
.slideToggle([duration] [, complete])
```

舉例來說，假設將 \Ch17\effect1.js 改寫成如下，這麼一來，當使用者按一下 [隱藏] 時，會在 600 毫秒內以淡出特效隱藏標題 1；當使用者按一下 [顯示] 時，會在 600 毫秒內以淡入特效顯示標題 1。

```
$('#btn1').on('click', function() {
  $('h1').fadeOut(600);
});

$('#btn2').on('click', function() {
  $('h1').fadeIn(600);
});
```

❶ 按一下 [隱藏] 會以淡出特效隱藏標題 1 ❷ 按一下 [顯示] 會以淡入特效顯示標題 1

17-5-3 自訂動畫

jQuery 提供的 .animate() 方法可以針對元素的 CSS 屬性自訂動畫，其語法如下：

```
.animate(properties [, duration] [, easing] [, complete])
```

- *properties*：設定欲套用動畫的 CSS 屬性與值。
- *duration*：設定動畫的執行時間，預設值為 400（毫秒）。
- *easing*：設定在動畫套用不同的行進速度，預設值為 swing（在中段會加速，在前段和後段則較慢），亦可設定為 linear（維持一致的速度）。
- *complete*：設定動畫結束時所要執行的函式。

下面是一個例子，當使用者按一下 [放大] 時，會在 1500 毫秒內將圖片從寬度 100px、透明度 0.5、框線寬度 1px 逐漸放大到寬度 300px、完全不透明、框線寬度 10px。

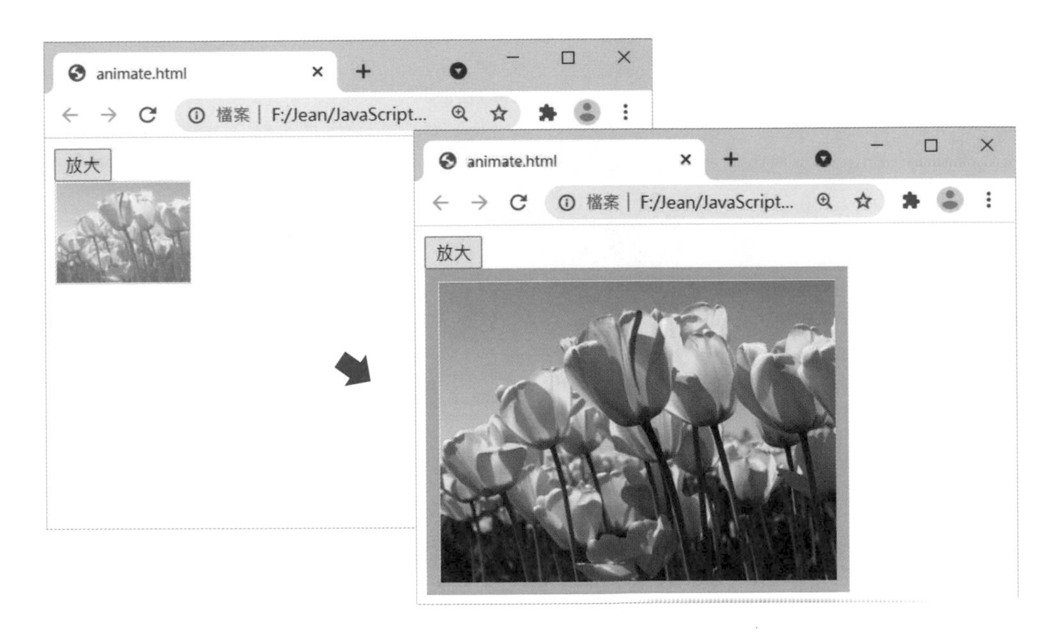

\Ch17\animate.html

```
<!DOCTYPE html>
<html>
  <head>
    <meta charset="utf-8">
    <style>
      img {
        width: 100px;
        opacity: 0.5;
        border: 1px solid lightgreen;
      }
    </style>
  </head>
  <body>
    <button id="enlarge"> 放大 </button><br>
    <img src="Tulips.jpg">
    <script src="https://code.jquery.com/jquery-3.6.0.min.js"></script>
    <script src="animate.js"></script>
  </body>
</html>
```

\Ch17\animate.js

```
/* 令圖片在 1500 毫秒內逐漸放大到寬度 300px、完全不透明、框線寬度 10px */
$('#enlarge').on('click', function() {
  $('img').animate({
    width: '300px',
    opacity: 1,
    borderWidth: '10px'
  }, 1500);
});
```

Vue.js

18-1 認識 Vue.js

根據 Vue.js 官方網站 (https://vuejs.org/) 的說明指出，「Vue (唸做 /vju:/) 是一個用來建立使用者介面的 JavaScript 框架 (framework)，建立在標準的 HTML、CSS 和 JavaScript 之上，並提供一個宣告式 (declarative) 與基於元件 (component-based) 的程式設計模式，可以幫助您有效率地開發簡單或複雜的使用者介面。」。

簡單地說，Vue.js 是一個 JavaScript 函式庫，提供 API 讓 Web 開發人員進行資料繫結及操作網頁上的元素。

Vue.js 是由尤雨溪所開發，他在 Google Creative Lab 任職期間接觸到 Angular，並對於 Angular 能夠透過資料繫結來處理網頁 DOM 的運作方式深感興趣，於是在 2014 年推出功能類似但內容較為輕巧的 Vue.js 0.8 版，之後於 2015 年、2016 年、2020 年推出 1.0、2.0、3.0 版，其中 3.0 版的底層核心以 TypeScript 重寫，有九成以上的 API 與 2.x 版相容，但效率更高、編譯出來的檔案更小，本章所介紹的 Vue.js 就是以 3.0 版為主。

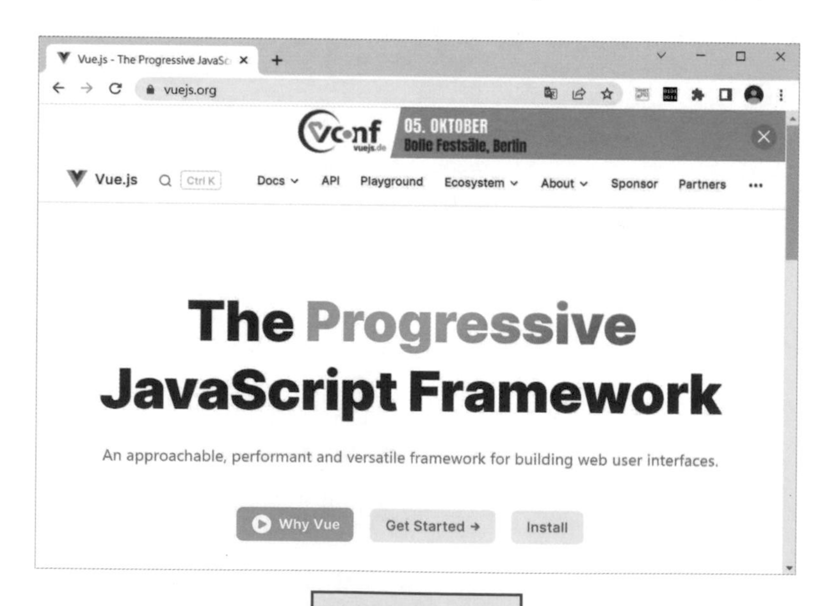

Vue.js 官方網站

Vue.js 與 MVVM

MVVM (Model-View-ViewModel) 是一種軟體架構模式，有助於將軟體開發的商業邏輯與畫面顯示分隔開來。MVVM 是由下列三個部分所組成：

- Model：資料狀態（資料層），負責管理資料。
- View：畫面顯示（視圖層），也就是使用者所看到的網頁畫面。
- ViewModel：資料連結器，做為 Model 與 View 之間溝通的橋梁，無論 Model 或 View 哪方發生變動，ViewModel 都會即時更新另一方。

Vue.js 所扮演的正是 MVVM 架構中 ViewModel 的角色，也就是「資料狀態」與「畫面顯示」之間溝通的橋梁，如下圖所示，Vue.js 將 DOM 事件監聽程式與資料繫結封裝起來，當 Model 裡面的資料狀態改變時，例如將資料進行運算產生新的結果，Vue.js 會同步更新 View 裡面的畫面顯示；相反的，當 View 裡面的畫面顯示改變時，例如使用者在表單欄位輸入資料或觸發某些事件，Vue.js 會同步更新 Model 裡面的資料狀態，而該資料狀態是由 JavaScript 物件所表示。

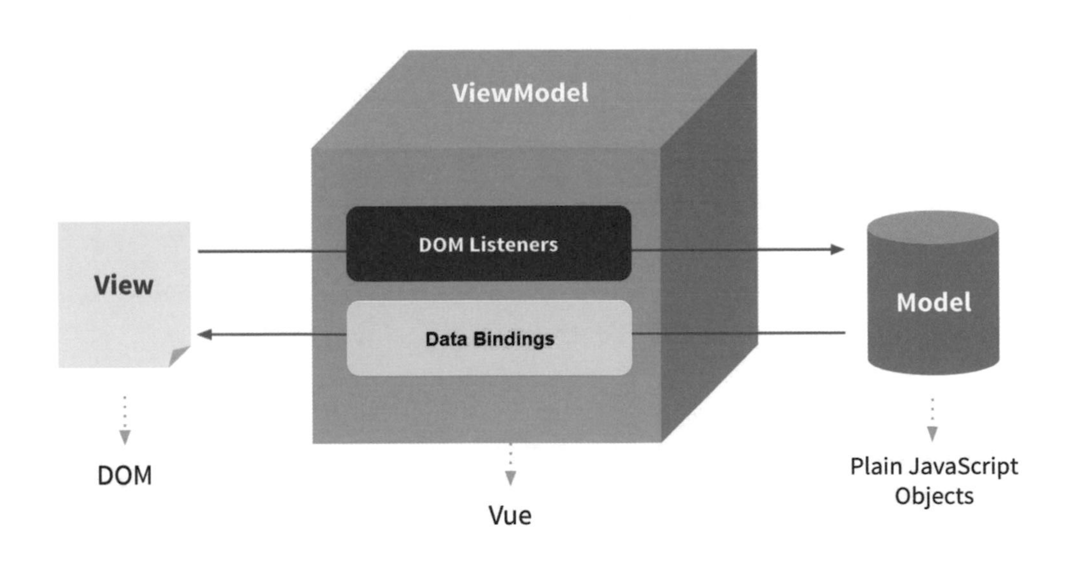

參考資料來源：https://012.vuejs.org/guide/#Concepts_Overview

18-2 安裝與使用 Vue.js

在開始使用 Vue.js 之前，我們可以透過 npm、bower、yarn 等套件管理工具安裝 Vue.js，也可以透過 CDN (Content Delivery Networks) 的方式參考 Vue.js，對初學者來說，後者是比較簡單的。

下面的敘述可以用來參考 Vue.js 3.0 版：

```
<script src="https://unpkg.com/vue@3"></script>
```

或者，也可以寫成如下，參考最新的 Vue.js 3.x 版：

```
<script src="https://unpkg.com/vue@next"></script>
```

現在，我們來示範一個例子，請您也跟著一起做：

1 首先，撰寫如下的 HTML 文件。

\Ch18\hello.html

```
01: <!DOCTYPE html>
02: <html>
03:   <head>
04:     <meta charset="utf-8">
05:     <script src="https://unpkg.com/vue@3"></script>
06:   </head>
07:   <body>
08:     <div id="app">{{ message }}</div>
09:     <script src="hello.js"></script>
10:   </body>
11: </html>
```

- 08：這行敘述使用了 Vue.js 稱為 Mustache 標籤的樣板語法，兩組大括號裡面的內容 {{ ○○ }} 會對應到 Vue 應用程式實體裡面同名的資料。
- 09：載入 hello.js，使用 Vue.js 的程式碼就是放在這個檔案。

2 接著，撰寫如下的 JavaScript 程式檔。每個 Vue 應用程式都是從呼叫 Vue.createApp() 函式建立應用程式實體 (application instance) 開始，該函式的參數是一個物件，稱為 Options 物件，裡面有與樣板相關的資料、方法或事件，例如第 02 ~ 06 行是一個 data 屬性，該屬性以函式的形式呈現，會傳回第 04 行的鍵 / 值對，而 Vue.js 會將「值」指派給與「鍵」同名的 Mustache 標籤，也就是 \Ch18\hello.html 中第 08 行的 {{ message }}。

在建立應用程式實體後，我們必須呼叫其 mount() 方法將之掛載到 HTML 文件中的元素，才能控制該元素的內容，例如此處的參數 '#app' 代表 HTML 文件中 id 屬性為 app 的元素，即 \Ch18\hello.html 中第 08 行的 <div> 元素。

\Ch18\hello.js

```
01: Vue.createApp({
02:   data() {
03:     return {
04:       message: 'Hello, Vue.js!'
05:     }
06:   }
07: }).mount('#app');
```

3 最後，使用瀏覽器開啟 \Ch18\hello.html，瀏覽結果如下圖，Mustache 標籤 {{ message }} 所在的位置會顯示「Hello, Vue.js!」。

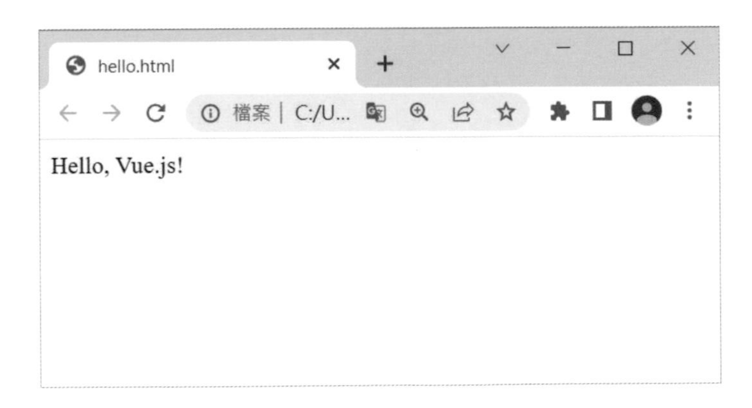

- mount() 方法用來將應用程式實體掛載到 HTML 文件中的元素，其語法如下，參數 *container* 是 DOM 節點或 CSS 選擇器，若同時有多個元素符合條件，則會掛載到第一個元素：

```
mount(container)
```

在呼叫 mount() 方法之前，應用程式實體不會渲染 (render) 任何資料，而且每個應用程式實體的 mount() 方法只能被呼叫一次。

- 相同網頁可以有多個應用程式實體，它們有各自的存取範圍，例如：

```
// 將應用程式實體指派給變數 vm1，同時呼叫 mount() 方法掛載到 HTML 元素
const vm1 = Vue.createApp({
  /* ... */
}).mount('#container1');

// 將應用程式實體指派給變數 vm2，之後再呼叫 mount() 方法掛載到 HTML 元素
const vm2 = Vue.createApp({
  /* ... */
});

vm2.mount('#container2');
```

- Vue 3.0 規定 data 屬性必須以函式的形式呈現，所以 \Ch18\hello.js 就相當於如下程式碼，JavaScript ES6 允許我們將物件裡面的函式 data: function() {...} 簡寫成 data() {...} 的形式。

```
Vue.createApp({
  data: function() {
    return {
      message: 'Hello, Vue.js!'
    }
  }
}).mount('#app');
```

18-3 樣板語法

Vue.js 所使用的是一種基於 HTML 的樣板語法 (template syntax)，在本節中，我們會介紹一些樣板語法，例如資料繫結、屬性繫結、運算式、指令等。

18-3-1 資料繫結

資料繫結最基本的形式是一種名叫 Mustache 標籤的樣板語法，它會將兩組大括號裡面的內容 {{ ○○ }} 對應到 Vue 應用程式實體裡面同名的資料。下面是一個例子，資料所包含的 <h1> 元素會被當作純文字顯示出來。

\Ch18\showMsg.html

```
<body>
  <div id="app"><p>{{ msg }} 初體驗！ </p></div>
  <script src="showMsg.js"></script>
</body>
```

\Ch18\showMsg.js

```
Vue.createApp({
  data() {
    return {
      msg: '<h1>Vue.js!</h1>'
    }
  }
}).mount('#app');
```

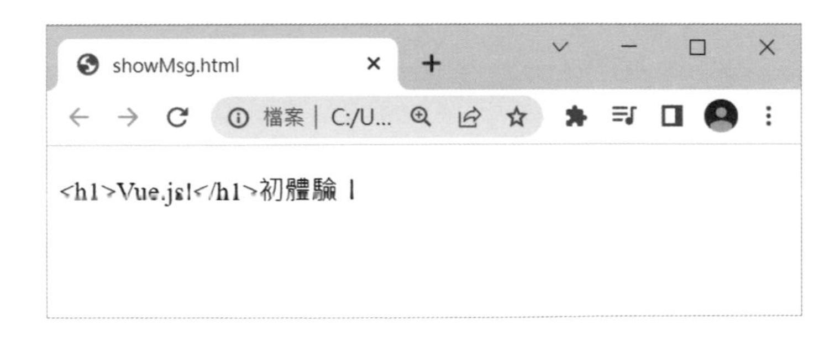

v-text

Vue.js 提供了一組以 v- 開頭的特殊屬性，稱為 Directive（指令），其中 v-text 指令用來更新元素的 textContent 屬性，也就是文字內容。下面是一個例子，資料所包含的 <h1> 元素會被當作純文字顯示出來，但和 \Ch18\showMsg.html 不同的是 v-text 指令會覆寫元素裡面既有的內容，若您只要更新部分的內容，那麼必須使用 Mustache 標籤。

\Ch18\v-text.html

```
<body>
  <div id="app"><p v-text="msg">初體驗！</p></div>
  <script src="showMsg.js"></script>
</body>
```

v-html

v-html 指令用來更新元素的 innerHTML 屬性，也就是 HTML 內容。下面是一個例子，資料所包含的 <h1> 元素會被解譯成標題 1 格式，而且 v-html 指令會覆寫元素裡面既有的內容。

\Ch18\v-html.html

```
<body>
  <div id="app"><p v-html="msg">初體驗！</p></div>
  <script src="showMsg.js"></script>
</body>
```

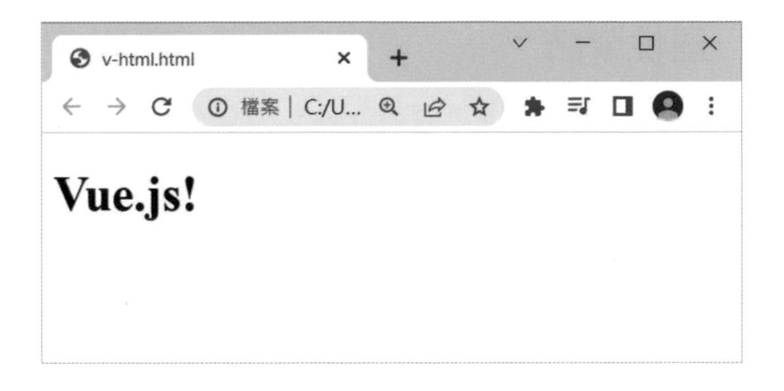

v-pre

v-pre 指令用來略過樣板解譯，換句話說，若元素有加上 v-pre 指令，瀏覽器將不會解譯其內的樣板語法。下面是一個例子，瀏覽結果會直接顯示「{{ msg }} 初體驗！」，而不會將 {{ msg }} 當作 Mustache 標籤進行解譯。

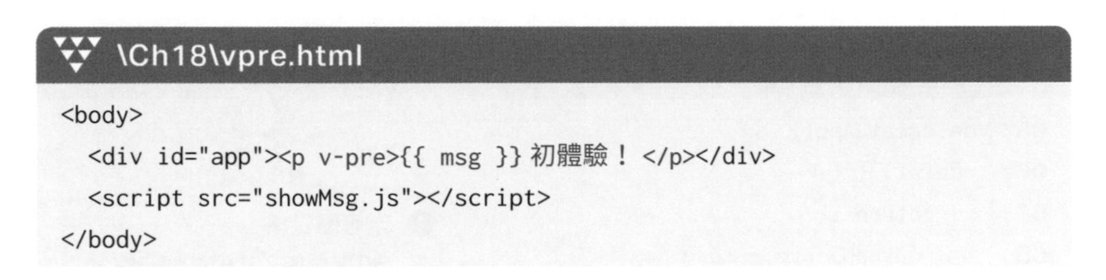
\Ch18\vpre.html

```
<body>
  <div id="app"><p v-pre>{{ msg }} 初體驗！ </p></div>
  <script src="showMsg.js"></script>
</body>
```

在接下來的小節中，我們會陸續介紹一些常見的指令，例如 v bind、v on、v-model、v-if、v-else、v-else-if、v-show、v-for 等，至於完整的指令說明可以到 Vue.js 官方網站查看 (https://vuejs.org/api/)。

18-3-2 屬性繫結

在看過如何以 Mustache 標籤進行資料繫結後，或許您也會想以同樣的方式進行屬性繫結，不過，Mustache 標籤並不能使用在 HTML 元素的屬性，此時必須改用 v-bind 指令。

下面是一個例子，它在 <img> 元素加上 v-bind 指令，後面跟著冒號與屬性名稱 src（第 02 行），表示要進行繫結的屬性為 src，其值會和 Vue 應用程式實體的 dynamicSrc 同步（第 08 行），也就是在網頁上嵌入圖片 rose.jpg。

\Ch18\v-bind.html

```
01: <body>
02:   <div id="app"><img v-bind:src="dynamicSrc"></div>   ❶
03:   <script src="v-bind.js"></script>
04: </body>
```

\Ch18\v-bind.js

```
05: Vue.createApp({
06:   data() {
07:     return {
08:       dynamicSrc: 'rose.jpg'
09:     }
10:   }
11: }).mount('#app');
```

❶ 亦可簡寫成 <img :src="dynamicSrc">

❷ 網頁上會顯示 rose.jpg 且圖片為原始大小

動態繫結多個屬性

我們也可以動態繫結多個屬性，下面是一個例子，它使用 v-bind 指令將 objectOfAttrs 物件繫結到 <img> 元素 (第 02 行)，這個物件裡面有兩個鍵 / 值對，分別代表 src 和 width 屬性的值 (第 08 ~ 11 行)。

\Ch18\v-bind2.html

```
01: <body>
02:   <div id="app"><img v-bind="objectOfAttrs"></div>
03:   <script src="v-bind2.js"></script>
04: </body>
```

\Ch18\v-bind2.js

```
05: Vue.createApp({
06:   data() {
07:     return {
08:       objectOfAttrs: {
09:         src: 'rose.jpg',
10:         width: '100'
11:       }
12:     }
13:   }
14: }).mount('#app');
```

瀏覽結果如下圖，網頁上會顯示 rose.jpg 且圖片寬度為 100 像素。

布林屬性

布林屬性 (Boolean attributes) 指的是值為 true 或 false 的屬性，例如 disabled 就是一個常見的布林屬性。

我們可以對 HTML 元素的布林屬性進行動態繫結，下面是一個例子，若應用程式實體的 isBtnDisabled 為 true，表示 <button> 元素包含 disabled 屬性，因而顯示不可點按的按鈕；相反的，若應用程式實體的 isBtnDisabled 為 false，表示 <button> 元素沒有包含 disabled 屬性，因而顯示可以點按的按鈕。

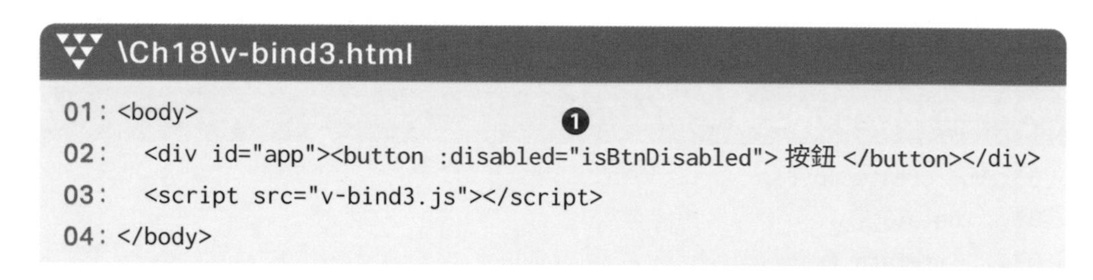

\Ch18\v-bind3.html

```
01: <body>
02:   <div id="app"><button :disabled="isBtnDisabled"> 按鈕 </button></div>
03:   <script src="v-bind3.js"></script>
04: </body>
```

❶

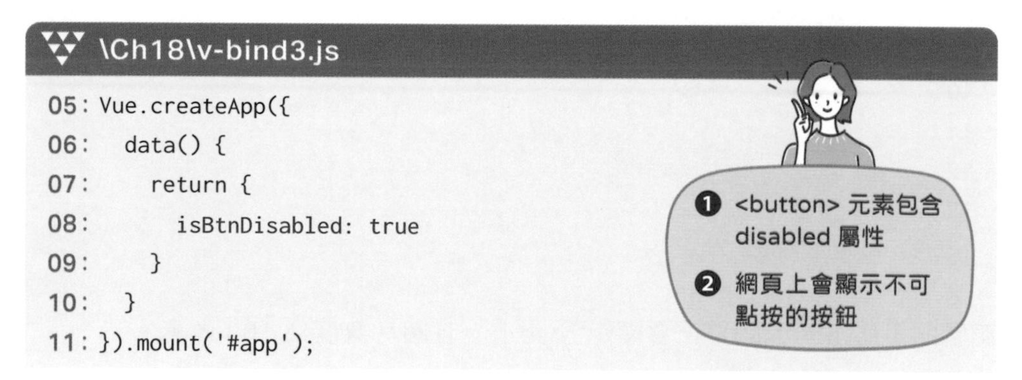

\Ch18\v-bind3.js

```
05: Vue.createApp({
06:   data() {
07:     return {
08:       isBtnDisabled: true
09:     }
10:   }
11: }).mount('#app');
```

❶ <button> 元素包含 disabled 屬性
❷ 網頁上會顯示不可點按的按鈕

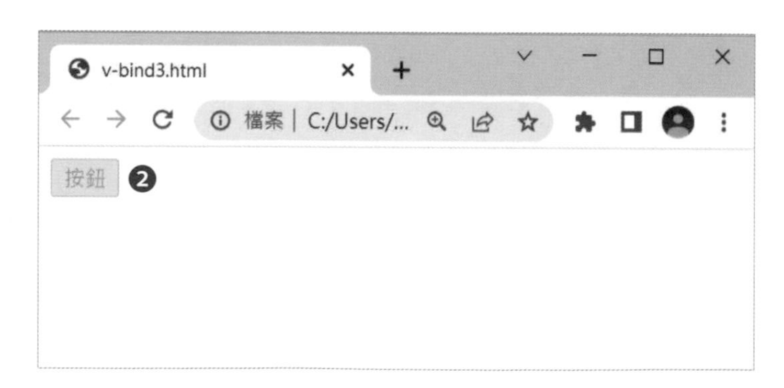
v-bind3.html
檔案 | C:/Users/...
按鈕
❷

18-3-3 使用 JavaScript 運算式

除了單純的資料之外，我們也可以在 Mustache 標籤中使用 JavaScript 運算式，下面是一個例子，它會顯示底、高及三角形面積，其中三角形面積是利用 JavaScript 運算式所計算出來的結果。

\Ch18\expr.html

```
<body>
  <div id="app">
    <p> 底：{{ base }}</p>
    <p> 高：{{ height }}</p>
    <p> 三角形面積：{{ (base * height) / 2 }}</p>
  </div>
  <script src="expr.js"></script>
</body>
```

\Ch18\expr.js

```
Vue.createApp({
  data() {
    return {
      base: 10,
      height: 5
    }
  }
}).mount('#app');
```

事實上，JavaScript 運算式並不侷限於算術運算這種簡單的式子，只要是最終能夠產生值的敘述都可以，包括函式呼叫在內。下面是一個例子，它在 Mustache 標籤中呼叫 Array 物件的 join() 方法，傳回值是以參數所指定的字串連接陣列的元素。

\Ch18\expr2.html

```
<body>
  <div id="app">{{ fruits.join("--") }}</div>
  <script src="expr2.js"></script>
</body>
```

\Ch18\expr2.js

```
Vue.createApp({
  data() {
    return {
      fruits: ['香蕉', '蘋果', '芭樂']
    }
  }
}).mount('#app');
```

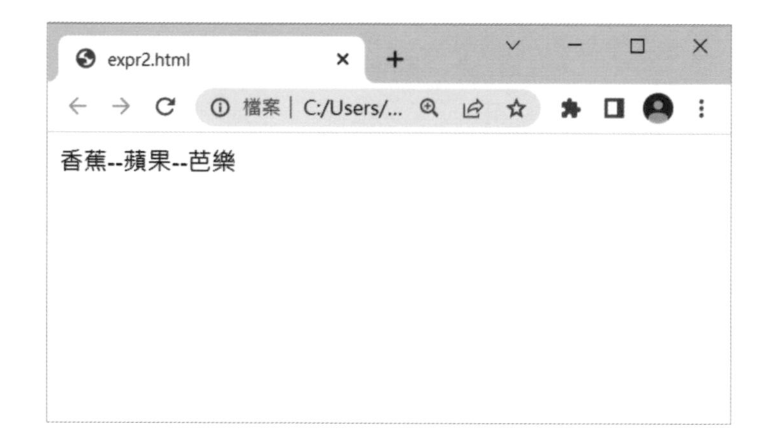

請注意，元件每次更新時都會呼叫運算式裡面的函式，因此，函式不應該有變更資料或觸發非同步操作的副作用，比方說，此例的 join() 方法不能換成 reverse() 方法，因為該方法會變更陣列，將元素的順序顛倒過來。

18-4 methods 與 computed 屬性

在前面的例子中，我們都是藉由 Vue 應用程式實體的 data 屬性來設定資料，然後直接將資料渲染到網頁畫面，但有時資料可能需要經過運算才進行渲染，此時，我們可以利用 methods 或 computed 屬性來定義運算過程。

18-4-1 methods 屬性

methods 屬性可以用來定義方法，下面是一個例子，它利用 methods 屬性定義一個 BMI() 方法，以根據身高與體重計算 BMI。

\Ch18\methods.html

```
01: <body>
02:   <div id="app">
03:     <p>身高(cm)：{{ height }}</p>
04:     <p>體重(kg)：{{ weight }}</p>
05:     <p>BMI：{{ BMI() }}</p>
06:   </div>        ❶
07:   <script src="methods.js"></script>
08: </body>
```

\Ch18\methods.js

```
09: Vue.createApp({
10:   data() {
11:     return {
12:       height: 160,
13:       weight: 45
14:     }
15:   },
16:   methods: {
17:     BMI() {
18:❷      return (this.weight / (this.height / 100) ** 2).toFixed(2);
19:     }
20:   }
21: }).mount('#app');
```

❶ 在 Mustache 標籤中呼叫 BMI() 方法

❷ 在 methods 屬性中定義 BMI() 方法

- 05：在 Mustache 標籤中呼叫 BMI() 方法，所謂「方法」其實就是物件裡面的函式，正因為是函式呼叫，所以必須加上小括號，若函式有參數，寫在小括號裡面即可。

- 16 ~ 20：在 methods 屬性中定義一個名稱為 BMI 的方法，傳回值為體重 (公斤) 除以身高 (公尺) 的平方，呼叫 toFixed(2) 方法可以取到小數點後面二位數，瀏覽結果如下圖。

  請注意，第 18 行有一個 this 關鍵字，指的是此物件本身，也就是目前的應用程式實體，我們可以透過 this.weight 和 this.height 存取 data 屬性中的 weight 和 height；同理，若要在相同應用程式實體的其它方法中呼叫 BMI() 方法，只要寫成 this.BMI() 即可。

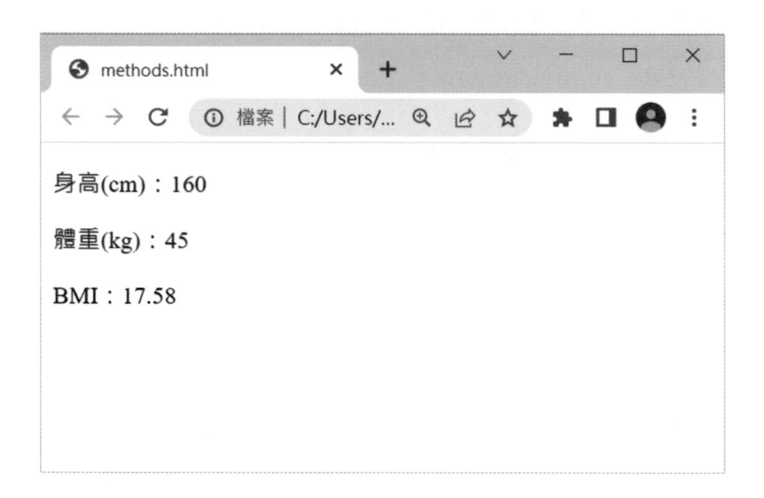

18-4-2 computed 屬性

computed 屬性可以用來將一些程式碼執行完畢的結果當作取出的資料值，它同樣是以函式的形式呈現。

舉例來說，我們可以換用 computed 屬性將前一節的例子改寫成如下，瀏覽結果是相同的。從這兩個例子可以看出，methods 與 computed 屬性都能夠用來將一些運算過程包裝起來以供重複使用。

\Ch18\computed.html

```
<body>
  <div id="app">
    <p>身高(cm)：{{ height }}</p>
    <p>體重(kg)：{{ weight }}</p>
    <p>BMI：{{ BMI }}</p>  ❶
  </div>
  <script src="computed.js"></script>
</body>
```

\Ch18\computed.js

```
Vue.createApp({
  data() {
    return {
      height: 160,
      weight: 45
    }
  },
  computed: {                                                        ❷
    BMI() {
      return (this.weight / (this.height / 100) ** 2).toFixed(2);
    }
  }
}).mount('#app');
```

❶ 在 Mustache 標籤中存取 BMI 的值，注意此處沒有小括號

❷ 在 computed 屬性中定義 BMI 的值

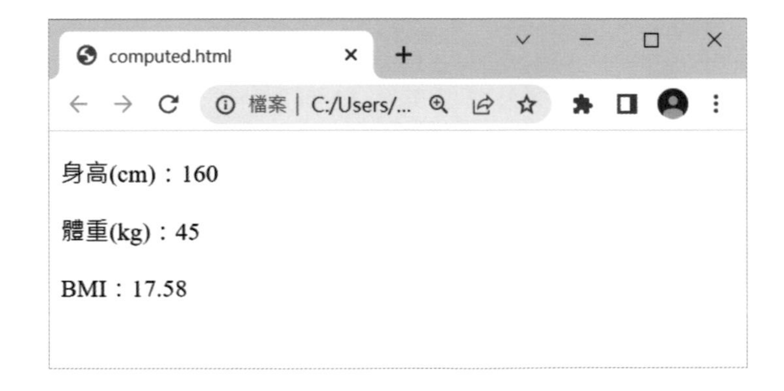

乍看之下，methods 與 computed 屬性的用法非常類似，只是前者在 Mustache 標籤中是寫成 {{ BMI() }}，有小括號，而後者在 Mustache 標籤中是寫成 {{ BMI }}，沒有小括號，然事實上，兩者還存在著如下差異：

- computed 屬性會將執行結果暫存起來，若所參考的資料 (例如前面例子中的 this.height、this.weight) 沒有改變，運算過程就不會重複執行；相反的，methods 屬性中的方法在每次呼叫時都會執行，無論所參考的資料有無改變。
- computed 屬性無法傳入參數，若遇到需要傳入參數的情況，必須使用 methods 屬性。

18-4-3 可寫入的 computed 屬性

在預設的情況下，computed 屬性只能用來取出資料值，若要允許改變資料值，可以使用如下語法，其中 get() 方法用來撰寫取出資料值的程式碼，而 set() 方法用來透過參數接收被改變的資料值並據此更新其它值：

```
computed: {
  屬性名稱: {
    get() {... 取出資料值的程式碼 ...},
    set( 參數 ) {... 接收資料值並據此更新其它值的程式碼 ...}
  }
}
```

下面是一個例子，它會轉換公分與英吋 (1 英吋 =2.54 公分)，當使用者在第一個欄位輸入公分數時，第二個欄位會自動顯示對應的英吋數；當使用者在第二個欄位輸入英吋數時，第一個欄位會自動顯示對應的公分數。

請注意，第 03、04 行有兩個單行文字方塊，裡面各自加上 v-model 指令，用來將輸入的資料和應用程式實體中的 cm 與 inch 做繫結，我們會在第 18-6 節進一步介紹 v-model 指令。

\Ch18\computed2.html

```
01: <body>
02:   <div id="app">
03:     <p>公分：<input type="text" v-model="cm"></p>
04:     <p>英吋：<input type="text" v-model="inch"></p>
05:   </div>
06:   <script src="computed2.js"></script>
07: </body>
```

\Ch18\computed2.js

```
08: Vue.createApp({
09:   data() {
10:     return {
11:       cm: 2.54
12:     }
13:   },
14:   computed: {
15:     inch: {
16:       get() {
17:         return Number.parseFloat(Number(this.cm) / 2.54).toFixed(2);
18:       },
19:       set(val) {
20:         this.cm = Number.parseFloat(Number(val) * 2.54).toFixed(2);
21:       }
22:     }
23:   }
24: }).mount('#app');
```

❶ get() 方法用來取出 inch 的值，也就是公分數除以 2.54

❷ 當使用者輸入英吋數時，會呼叫 set() 方法接收英吋數並據此更新 cm 的值，也就是英吋數乘以 2.54

❸ 輸入公分數會自動更新英吋數，而輸入英吋數會自動更新公分數

公分：5.08

英吋：2.00

18-5 事件處理

Vue.js 提供了 v-on 指令用來處理事件，其語法如下，後者為簡寫：

```
v-on:事件名稱="事件處理程式" 或 @事件名稱="事件處理程式"
```

下面是一個例子，它會監聽按鈕的 click 事件，每次點取按鈕，就會將 count 的值遞增 1。

\Ch18\count.html

```
<body>
  <div id="app">                ❶
    <button v-on:click="count++">點按次數：{{ count }}</button>
  </div>
  <script src="count.js"></script>
</body>
```

\Ch18\count.js

```
Vue.createApp({
  data() {
    return {
      count: 0
    }
  }
}).mount('#app');
```

❶ 亦可簡寫成 @click="count++"
❷ 每次點取按鈕，所顯示的次數就會遞增 1

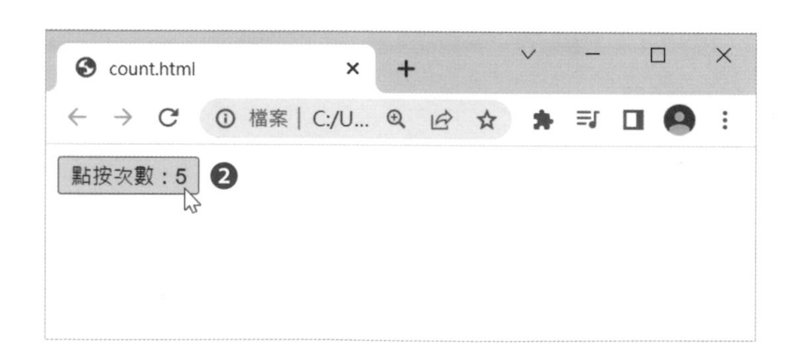

網頁程式設計

我們也可以將事件處理程式定義在 Vue 應用程式實體的 methods 屬性，這種方式適合用來定義一些運算邏輯比較複雜的事件處理程式。

下面是一個例子，它會監聽按鈕的 click 事件，每次點取按鈕，就會呼叫 increment() 方法將 count 的值遞增 1。

\Ch18\count2.html

```
<body>
  <div id="app"> ❶
    <button v-on:click="increment">點按次數：{{ count }}</button>
  </div>
  <script src="count2.js"></script>
</body>
```

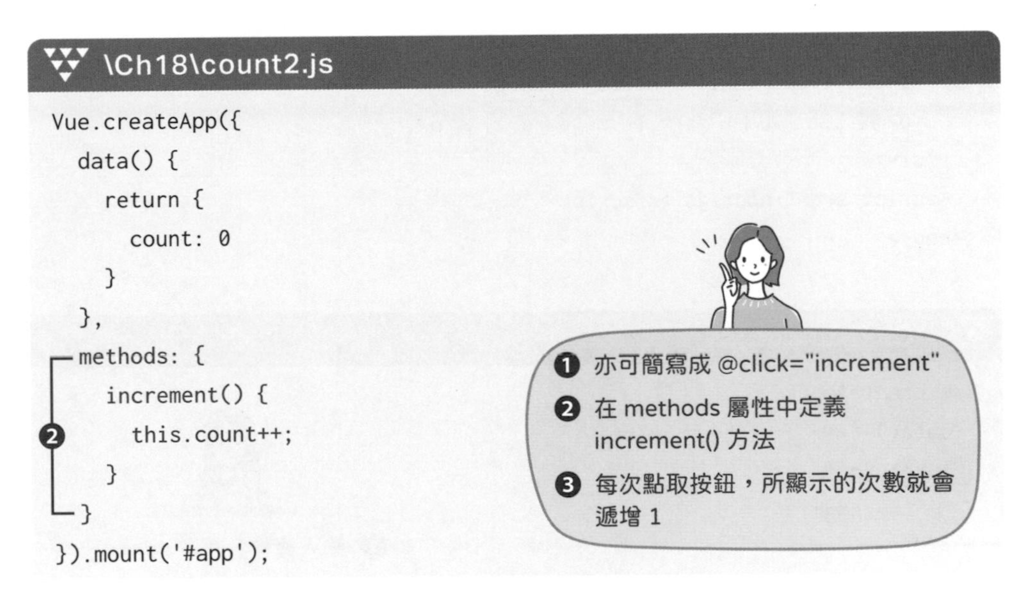

\Ch18\count2.js

```
Vue.createApp({
  data() {
    return {
      count: 0
    }
  },
  methods: {        ❷
    increment() {
      this.count++;
    }
  }
}).mount('#app');
```

❶ 亦可簡寫成 @click="increment"
❷ 在 methods 屬性中定義 increment() 方法
❸ 每次點取按鈕，所顯示的次數就會遞增 1

count2.html
檔案 | C:/U...
點按次數：8
❸

18-6 表單欄位繫結

Vue.js 提供了 v-model 指令用來進行表單欄位繫結，將使用者在 <input>、<textarea>、<select> 等表單欄位所輸入的資料同步更新到應用程式實體。

18-6-1 單行文字方塊

下面是一個例子，它會監聽單行文字方塊的 input 事件，只要其內的資料改變，v-model="message" 指令就會將資料同步更新到 data 屬性中的 message。

\Ch18\input.html

```
<body>
  <div id="app">
    <input type="text" v-model="message">
    <p> 輸入訊息如下：<br> {{ message }} </p>
  </div>
  <script src="input.js"></script>
</body>
```

\Ch18\input.js

```
Vue.createApp({
  data() {
    return {
      message: ''
    }
  }
}).mount('#app');
```

❶ 輸入資料

❷ 資料會逐字同步顯示在此

下面是另一個例子，使用者所輸入的身高與體重會同步更新到 data 屬性中的 height 和 weight，只要點取「計算 BMI」，就會據此計算 BMI 的值。

\Ch18\input2.html

```
<body>
  <div id="app">
    <p> 身高 (cm)：<input type="text" v-model="height"></p>
    <p> 體重 (kg)：<input type="text" v-model="weight"></p>
    <button @click="evalBMI"> 計算 BMI</button>
    <p>BMI：{{ BMI }}</p>
  </div>
  <script src="input2.js"></script>
</body>
```

\Ch18\input2.js

```
Vue.createApp({
  data() {
    return {
      height: 0,
      weight: 0,
      BMI: 0
    }
  },
  methods: {
    evalBMI() {
      this.BMI = (this.weight / (this.height / 100) ** 2).toFixed(2);
    }
  }
}).mount('#app');
```

❶ 輸入身高
❷ 輸入體重
❸ 點取此鈕
❹ 顯示 BMI 的值

身高(cm)：180 ❶
體重(kg)：70 ❷
計算BMI ❸
BMI：21.60 ❹

18-6-2 選擇鈕

下面是一個例子，它會監聽選擇鈕的 change 事件，只要變更所點取的選擇鈕，v-model="married" 指令就會將其值同步更新到 data 屬性中的 married。由於我們在 Vue 應用程式實體中將 married 的初始值設定為 '是'，所以在載入網頁時預設會點取「是」。

\Ch18\radio.html

```
<body>
  <div id="app">
    <p>已婚：{{ married }}</p>
    <input type="radio" id="yes" value="是" v-model="married">
    <label for="yes">是</label>
    <input type="radio" id="no" value="否" v-model="married">
    <label for="no">否</label>
  </div>
  <script src="radio.js"></script>
</body>
```

\Ch18\radio.js

```
Vue.createApp({
  data() {
    return {
      married: '是'
    }
  }
}).mount('#app');
```

已婚：否 ❷

○是 ◉否

❶

❶ 點取選擇鈕　❷ 顯示被點取之選擇鈕的值

18-6-3 核取方塊

下面是一個例子，它會監聽核取方塊的 change 事件，只要變更所點取的核取方塊，v-model="interest" 指令就會將其值同步更新到 data 屬性中的 interest。

\Ch18\checkbox.html

```
<body>
  <div id="app">
    <p>興趣(可複選)：{{ interest }}</p>
    <input type="checkbox" id="item1" value="閱讀" v-model="interest">
    <label for="item1">閱讀</label>
    <input type="checkbox" id="item2" value="運動" v-model="interest">
    <label for="item2">運動</label>
    <input type="checkbox" id="item3" value="園藝" v-model="interest">
    <label for="item3">園藝</label>
  </div>
  <script src="checkbox.js"></script>
</body>
```

\Ch18\checkbox.js

```
Vue.createApp({
  data() {
    return {
      interest: []
    }
  }
}).mount('#app');
```

由於核取方塊允許複選，所以 interest 的值必須是陣列

興趣(可複選)：["運動", "園藝"] ❷

☐閱讀 ☑運動 ☑園藝

❶

❶ 點取核取方塊　❷ 顯示被點取之核取方塊的值

18-6-4 多行文字方塊

下面是一個例子，它會監聽多行文字方塊的 input 事件，只要其內的資料改變，v-model="message" 指令就會將資料同步更新到 data 屬性中的 message。

\Ch18\textarea.html

```
<body>
  <div id="app">
    <textarea rows="5" v-model="message"></textarea>
    <p style="white-space: pre-line;">輸入訊息如下：<br>{{ message }}</p>
  </div>
  <script src="textarea.js"></script>
</body>
```

\Ch18\textarea.js

```
Vue.createApp({
  data() {
    return {
     message: ''
    }
  }
}).mount('#app');
```

早安！
大家好！
今天的天氣很好！ ❶

輸入訊息如下：
早安！
大家好！
今天的天氣很好！ ❷

❶ 輸入資料　❷ 資料會逐字同步顯示在此

18-6-5 下拉式清單

下面是一個例子，它會監聽 <select> 元素的 change 事件，只要變更所點取的選項，v-model="education" 指令就會將其值同步更新到 data 屬性中的 education。

\Ch18\select.html

```
<body>
  <div id="app">
    <p> 最高學歷：{{ education }}</p>
    <select v-model="education">
      <option disabled value=""> 請選擇一個 </option>
      <option> 碩士或以上 </option>
      <option> 大專 </option>
      <option> 高中或以下 </option>
    </select>
  </div>
  <script src="select.js"></script>
</body>
```

\Ch18\select.js

```
Vue.createApp({
  data() {
    return {
      education: ''
    }
  }
}).mount('#app');
```

❶ 點取選項　❷ 顯示被點取之選項的值

18-6-6 v-model 指令與修飾字

修飾字 (modifier) 是一種後置詞，能夠讓指令以某種特殊的方式進行繫結。v-model 指令有 .lazy、.trim、.number 等修飾字，以下就為您做說明。

.lazy

v-model 指令預設會監聽文字方塊的 input 事件，只要使用者一敲擊鍵盤就會觸發 input 事件，令應用程式實體中對應的資料馬上更新，若希望在輸入完畢後才更新，可以加上修飾字 .lazy，改成監聽 change 事件。下面是一個例子，它在 \Ch18\input.html 的 v-model 指令後面加上 .lazy，這樣就可以等到輸入完畢並按 [Enter] 鍵後才顯示資料。

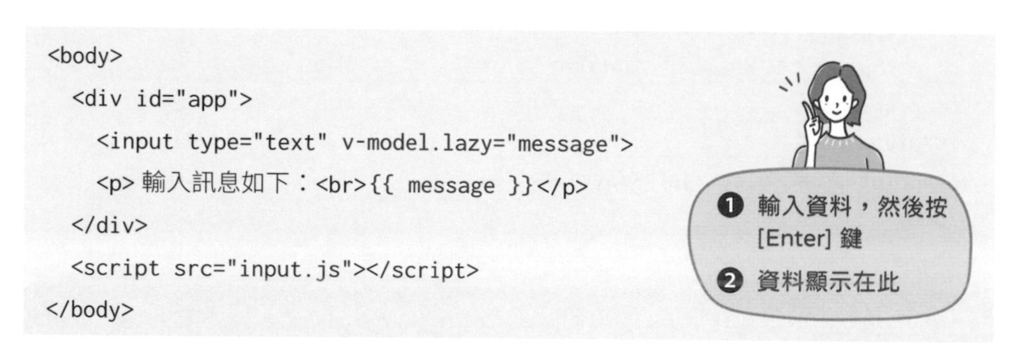

```
<body>
  <div id="app">
    <input type="text" v-model.lazy="message">
    <p> 輸入訊息如下：<br>{{ message }}</p>
  </div>
  <script src="input.js"></script>
</body>
```

❶ 輸入資料，然後按 [Enter] 鍵
❷ 資料顯示在此

Hello, world! ❶
輸入訊息如下：
Hello, world! ❷

.trim

針對使用者在文字方塊所輸入的資料，若要自動去除前後的空白字元，可以在 v-model 指令後面加上修飾字 .trim，例如：

```
<input type="text" v-model.trim="message">
```

.number

使用者在文字方塊所輸入的資料（包括數值）都會被當作字串，若要視為數值，可以在 v-model 指令後面加上修飾字 .number。

下面是一個例子，使用者所輸入的數字 1 和數字 2 會被視為數值進行加法運算，而不是字串連接。

\Ch18\number.html

```
<body>
  <div id="app">
    <p> 數字 1：<input type="text" v-model.number="num1"></p>
    <p> 數字 2：<input type="text" v-model.number="num2"></p>
    <p> 數字 1+ 數字 2：{{ num1 + num2 }}</p>
  </div>
  <script src="number.js"></script>
</body>
```

\Ch18\number.js

```
Vue.createApp({
  data() {
    return {
      num1: 0,
      num2: 0
    }
  }
}).mount('#app');
```

❶ 輸入數字 1
❷ 輸入數字 2
❸ 顯示兩數相加的結果

數字1：15 ❶
數字2：1.8 ❷
數字1+數字2：16.8 ❸

18-7 類別與樣式繫結

當我們進行資料繫結時，有時會需要操作元素的類別或行內樣式，為了簡化繫結的動作，Vue.js 提供 v-bind:class 與 v-bind:style 指令用來動態繫結 class（類別）和 style（樣式）屬性的值。

v-bind:class 指令的語法如下，亦可簡寫成 :class，其中 Vue 屬性是一個布林值，若值為 true，表示對應的 class 有效，會套用樣式；若值為 false，表示對應的 class 無效，不會套用樣式：

```
v-bind:class="{'class 名稱 ': Vue 屬性 }"   或   :class="{'class 名稱 ': Vue 屬性 }"
```

以下面的敘述為例，若 isActive 的值為 true，<div> 元素就會套用 active 類別；若 isActive 的值為 false，<div> 元素就不會套用 active 類別：

```
<div v-bind:class="{'active': isActive}"></div>
```

下面是一個例子，當指標移到標題 1 時，就變成紅底白字；當指標離開標題 1 時，就變成白底藍字。

\Ch18\classbind.html

```
<!DOCTYPE html>
<html>
  <head>
    <meta charset="utf-8">
    <script src="https://unpkg.com/vue@3"></script>
    <link rel="stylesheet" href="classbind.css" type="text/css">
  </head>
  <body>
    <div id="app">
      <h1 v-bind:class="{'class1': isOne, 'class2': isTwo}" ❶
        @mouseover="change" @mouseout="restore">
        Hello, Vue.js!</h1>❷                ❸
    </div>
    <script src="classbind.js"></script>
  </body>
</html>
```

❶ 若 isOne 為 true，就套用 class1 類別（白底藍字）；若 isTwo 為 true，就套用 class2 類別（紅底白字）

❷ 當指標移到時，就呼叫 change() 函式

❸ 當指標離開時，就呼叫 restore() 函式

\Ch18\classbind.css

```
class1 {
  color: blue; background: white;
}
.class2 {
  color: white; background: red;
}
```

\Ch18\classbind.js

```
Vue.createApp({
  data() {
    return {
 ❹   isOne: true,
      isTwo: false
    }
  },
  methods: {
 ❺ change() {
      this.isOne = false;
      this.isTwo = true;
    },
 ❻ restore() {
      this.isOne = true;
      this.isTwo = false;
    }
  }
}).mount('#app');
```

❹ isOne 的初始值為 true，isTwo 的初始值為 false，表示網頁載入時會套用 class1 類別

❺ 當指標移到時，就將 isOne 設定為 false，isTwo 設定為 true，表示套用 class2 類別

❻ 當指標離開時，就將 isOne 設定為 true，isTwo 設定為 false，表示套用 class1 類別

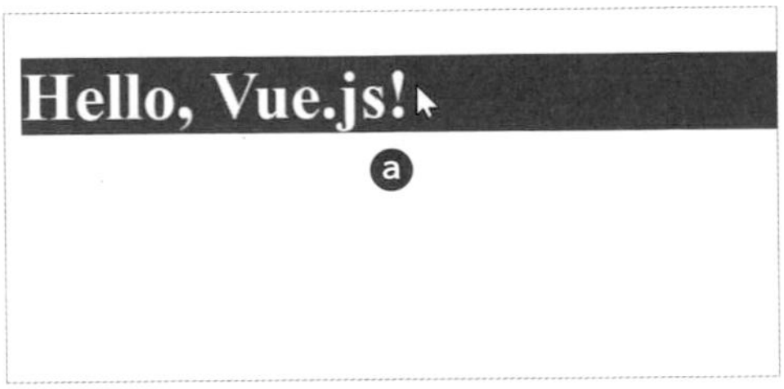

Hello, Vue.js! ⓐ

Hello, Vue.js! ⓑ

ⓐ 指標移到時會變成紅底白字

ⓑ 指標離開時會變成白底藍字

v-bind:style 指令的語法如下，亦可簡寫成 :style，表示將 CSS 屬性設定為 Vue 屬性的值：

```
v-bind:style="{'CSS 屬性': Vue 屬性}"  或  :style="{'CSS 屬性': Vue 屬性}"
```

我們可以使用 v-bind:style 指令將前面的例子改寫成如下，瀏覽結果是相同的。

\Ch18\stylebind.html

```
<body>
  <div id="app">
    <h1 v-bind:style="{'color': fgColor, 'background': bgColor}" ❶
      @mouseover="change" @mouseout="restore">
      Hello, Vue.js!</h1>
  </div>
  <script src="stylebind.js"></script>
</body>
```

\Ch18\stylebind.js

```
Vue.createApp({
  data() {
    return {
  ❷ fgColor: 'blue',
     bgColor: 'white'
    }
  },
  methods: {
 ❸ change() {
      this.fgColor = 'white';
      this.bgColor = 'red';
    },
 ❹ restore() {
      this.fgColor = 'blue';
      this.bgColor = 'white';
    }
  }
}).mount('#app');
```

❶ 將 color 屬性設定為 fgColor 的值；將 background 屬性設定為 bgColor 的值

❷ fgColor 的初始值為 blue，bgColor 的初始值為 white，表示白底藍字

❸ 當指標移到時，就將 fgColor 設定為 white，bgColor 設定為 red，表示紅底白字

❹ 當指標離開時，就將 fgColor 設定為 blue，bgColor 設定為 white，表示白底藍字

18-8 條件式渲染

條件式渲染 (conditional rendering) 會根據條件式的結果決定所要渲染的區塊，Vue.js 為此提供了 v-if、v-else、v-else-if 等指令，以下就為您做說明。

v-if

若 v-if 指令的值為 true，就顯示元素；若 v-if 指令的值為 false，就移除元素。下面是一個例子，每次點取按鈕，就會在顯示或移除 <h1> 元素之間切換。

\Ch18\vif.html

```
<body>
  <div id="app">
  ❶ <button @click="toggle = !toggle"> 切換 </button>
  ❷ <h1 v-if="toggle">Hello, Vue.js!</h1>
  </div>
  <script src="vif.js"></script>
</body>
```

\Ch18\vif.js

```
Vue.createApp({
  data() {
    return {
      toggle: true
    }
  }
}).mount('#app');
```

❶ 每次點取按鈕，toggle 會由 true 變成 false，或由 false 變成 true

❷ 若 toggle 為 true，就顯示 <h1> 元素；若 toggle 為 false，就移除 <h1> 元素

切換

Hello, Vue.js! ⓐ

ⓑ

ⓐ 網頁載入時會顯示 <h1> 元素

ⓑ 點取此鈕會移除 <h1> 元素

v-else

v-else 指令用來設定 v-if 指令的 else 區塊，若 v-if 指令的值為 true，就顯示 v-if 所在的元素；若 v-if 指令的值為 false，就顯示 v-else 所在的元素。

下面是一個例子，每次點取按鈕，就會在兩個 <h1> 元素之間切換。

\Ch18\velse.html

```
<body>
  <div id="app">
  ❶ <button @click="toggle = !toggle"> 切換 </button>
  ❷ <h1 v-if="toggle">Hello, Vue.js!</h1>
  ❸ <h1 v-else>Vue.js 初體驗 </h1>
  </div>
  <script src="vif.js"></script>
</body>
```

\Ch18\vif.js

```
Vue.createApp({
  data() {
    return {
      toggle: true
    }
  }
}).mount('#app');
```

❶ 每次點取按鈕，toggle 會由 true 變成 false，或由 false 變成 true

❷ 若 toggle 為 true，就顯示第一個 <h1> 元素

❸ 若 toggle 為 false，就顯示第二個 <h1> 元素

切換

Hello, Vue.js! ⓐ

ⓑ

Vue.js初體驗

ⓐ 網頁載入時會顯示第一個 <h1> 元素

ⓑ 點取此鈕會顯示第二個 <h1> 元素

v-else-if

v-else-if 指令用來設定 v-if 指令的 else if 區塊，下面是一個例子，由於 type 的值為 'A'，因此，第 03、04、05 行中 v-if、v-else-if、v-else-if 指令的值均為 false，所在的 <div> 元素都會被移除，只會顯示第 06 行中 v-else 指令所在的 <div> 元素。

\Ch18\velseif.html

```
01: <body>
02:   <div id="app">
03:     <div v-if="type === 'X'">X</div>
04:     <div v-else-if="type === 'Y'">Y</div>
05:     <div v-else-if="type === 'Z'">Z</div>
06:     <div v-else>Not X/Y/Z</div>
07:   </div>
08:   <script src="velseif.js"></script>
09: </body>
```

\Ch18\velseif.js

```
10: Vue.createApp({
11:   data() {
12:     return {
13:       type: 'A'
14:     }
15:   }
16: }).mount('#app');
```

Not X/Y/Z

Note

針對條件式渲染，Vue.js 提供了另一個 v-show 指令，用法幾乎與 v-if 相同。下面是一個例子，它和 \Ch18\vif.html、\Ch18\vif.js 的差別在於將 v-if 換成 v-show，每次點取按鈕，就會在顯示或隱藏 <h1> 元素之間切換，也就是說 <h1> 元素不會被移除，而是被加上 style="display: none;" 屬性隱藏起來。

原則上，v-if 指令會等到條件式成立才進行渲染，而 v-show 指令是不管條件式成立與否都會進行渲染，只是當條件式不成立時，元素會被隱藏起來。

\Ch18\vshow.html

```
<body>
  <div id="app">
    <button @click="toggle = !toggle">切換</button>
    <h1 v-show="toggle">Hello, Vue.js!</h1>
  </div>
  <script src="vshow.js"></script>
</body>
```

\Ch18\vshow.js

```
Vue.createApp({
  data() {
    return {
      toggle: true
    }
  }
}).mount('#app');
```

切換

Hello, Vue.js! ❶

❷

❶ 網頁載入時會顯示 <h1> 元素

❷ 點取此鈕會隱藏 <h1> 元素

18-9 清單渲染

Vue.js 提供了 v-for 指令用來進行清單渲染 (list rendering)，該指令就像 for 迴圈一樣可以用來存取陣列或物件。

v-for 指令與陣列

v-for 指令可以用來取出陣列的元素，下面是一個例子，它會從應用程式實體中取出陣列 arr 的元素，儲存在變數 item 中，然後顯示出來。

\Ch18\vfor.html

```
<body>
  <div id="app">❶        ❷        ❸
    <li v-for="item in arr">{{ item }}</li>
  </div>
  <script src="vfor.js"></script>
</body>
```

❶ item 是變數名稱，用來儲存陣列的元素

❷ arr 是應用程式實體中的陣列名稱

❸ 顯示變數 item 的值

\Ch18\vfor.js

```
Vue.createApp({
  data() {
    return {
      arr: ['Dog', 'Cat', 'Bird']
    }
  }
}).mount('#app');
```

- Dog
- Cat
- Bird

下面是另一個例子，它利用 v-for 指令取出使用者在核取方塊中所核取的興趣，然後顯示出來。

\Ch18\vfor2.html

```
<body>
  <div id="app">
    <p>興趣（可複選）：</p>
    <input type="checkbox" id="item1" value="閱讀" v-model="interest">
    <label for="item1">閱讀</label>
    <input type="checkbox" id="item2" value="運動" v-model="interest">
    <label for="item2">運動</label>
    <input type="checkbox" id="item3" value="園藝" v-model="interest">
    <label for="item3">園藝</label>
    <p>您核取的興趣如下：</p>
    <ul>
      <li v-for="item in interest">{{ item }}</li>
    </ul>
  </div>
  <script src="vfor2.js"></script>
</body>
```


\Ch18\vfor2.js

```
Vue.createApp({
  data() {
    return {
      interest: []
    }
  }
}).mount('#app');
```

❶ 核取興趣（可複選）
❷ 顯示所核取的興趣

興趣(可複選)：

❶ ☑閱讀 ☐運動 ☑園藝

您核取的興趣如下：

❷
- 閱讀
- 園藝

v-for 指令與物件

除了陣列之外，v-for 指令也可以用來取出物件的屬性，下面是一個例子，它會從應用程式實體中取出物件 obj 的屬性，儲存在變數中，然後顯示出來。

\Ch18\vfor3.html

```
<body>
  <div id="app">  ❶       ❷       ❸         ❹            ❺
    <li v-for="(value, key) in obj">{{ key }}：{{ value }}</li>
  </div>
  <script src="vfor3.js"></script>
</body>
```

\Ch18\vfor3.js

```
Vue.createApp({
  data() {
    return {
      obj: {
        height: '160cm',
        weight: '45kg',
        birthday: '2000-02-14'
      }
    }
  }
}).mount('#app');
```

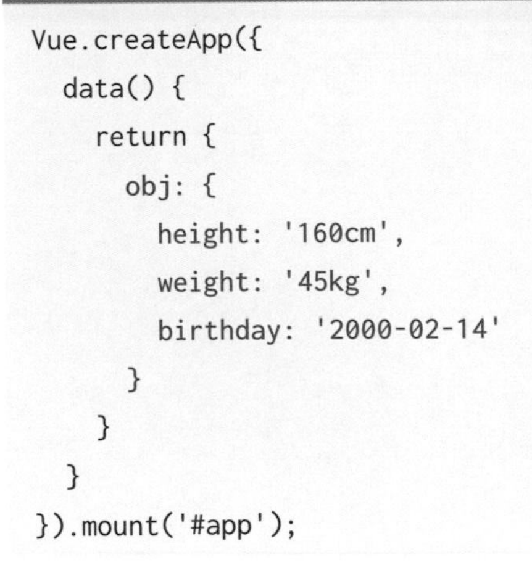

❶ value 是變數名稱，用來儲存物件的值

❷ key 是變數名稱，用來儲存物件的鍵

❸ obj 是應用程式實體中的物件名稱

❹ 顯示變數 key 的值

❺ 顯示變數 value 的值

- height：160cm
- weight：45kg
- birthday：2000-02-14

v-for 指令與數字範圍

v-for 指令還可以搭配正整數 n，以將樣板重複 n 次，要注意的是 n 的值是從 1 開始遞增，不是 0。下面是一個例子，它利用 v-for 指令讓 n 從 1 開始遞增到 7，然後顯示出來。

\Ch18\vfor4.html

```
<body>
  <div id="app">
    <p v-for="n in 7">第 {{ n }} 次</p>
  </div>
  <script src="vfor4.js"></script>
</body>
```

\Ch18\vfor4.js

```
Vue.createApp({
  data() {
    return {
      n: 1
    }
  }
}).mount('#app');
```

第 1 次

第 2 次

第 3 次

第 4 次

第 5 次

第 6 次

第 7 次

HTML5、CSS3、JavaScript、jQuery、Vue.js、RWD 網頁設計 (第八版)

作　　者：陳惠貞
企劃編輯：江佳慧
文字編輯：江雅鈴
設計裝幀：張寶莉
發 行 人：廖文良

發 行 所：碁峰資訊股份有限公司
地　　址：台北市南港區三重路 66 號 7 樓之 6
電　　話：(02)2788-2408
傳　　真：(02)8192-4433
網　　站：www.gotop.com.tw
書　　號：AEL025600
版　　次：2022 年 12 月八版
　　　　　2024 年 06 月八版三刷
建議售價：NT$560

國家圖書館出版品預行編目資料

HTML5、CSS3、JavaScript、jQuery、Vue.js、RWD 網頁設計 / 陳惠貞著. -- 八版. -- 臺北市：碁峰資訊, 2022.12
面；　公分
ISBN 978-626-324-357-6(平裝)
1.CST：HTML(文件標記語言)　2.CST：CSS(電腦程式語言)
3.CST：Java Script(電腦程式語言)　4.CST：網頁設計
5.CST：全球資訊網
312.1695　　111017718